普通高等院校"新工科"创新教育精品课程系列教材

普通高等院校能源与动力类"十四五"规划教材

工程传热学(第 2 版)

ENGINEERING HEAT TRANSFER

邬田华　王晓墨　许国良　编　著

U0362729

华中科技大学出版社

中国·武汉

内 容 简 介

本书包括如下内容:第1章绪论;第2章稳态导热过程分析,含一维及多维稳态导热;第3章非稳态导热过程分析;第4章和第5章介绍对流换热的理论和计算方法,包括层流对流换热、紊流对流换热、自然对流换热、沸腾与凝结换热;第6章热辐射基础;第7章辐射换热;第8章讨论传热过程分析与换热器计算;第9章流动与传热数值计算。本书内容既可以满足大机械类本科32学时的教学要求,又可以满足能源动力类本科24～32学时后续深入学习的需要,这部分内容以带 * 号章节来标示。书中所附二维码中含有流动与传热数值计算专业软件 Saints2D 的教学版,用于传热学课程的虚拟实验教学。

本书除可作为大机械类传热学课程的教材外,也可用作动力、化工、冶金、交通等专业的教科书,还可供有关工程技术人员参考。

图书在版编目(CIP)数据

工程传热学/邬田华,王晓墨,许国良编著.—2版.—武汉:华中科技大学出版社,2020.1(2023.8 重印)
普通高等院校"新工科"创新教育精品课程系列教材
普通高等院校能源与动力类"十四五"规划教材
ISBN 978-7-5680-6020-2

Ⅰ.①工… Ⅱ.①邬… ②王… ③许… Ⅲ.①工程传热学-高等学校-教材 Ⅳ.①TK124

中国版本图书馆 CIP 数据核字(2020)第 023002 号

工程传热学(第 2 版)　　　　　　　　　　　　　邬田华　　王晓墨　许国良　编　著
Gongcheng Chuanrexue(Di-er Ban)

策划编辑:余伯仲
责任编辑:程　青
封面设计:廖亚萍
责任监印:周治超
出版发行:华中科技大学出版社(中国·武汉)　　电话:(027)81321913
　　　　　武汉市东湖新技术开发区华工科技园　　邮编:430223
录　排:武汉三月禾文化传播有限公司
印　刷:武汉科源印刷设计有限公司
开　本:787mm×1092mm　1/16
印　张:16.5
字　数:414 千字
版　次:2023 年 8 月第 2 版第 5 次印刷
定　价:45.00 元

前　言

工程传热学是研究工程应用中热量传递规律的科学。在人们的日常生活及工、农业生产和高科技实践等各项活动中,经常伴随着热量传递的现象,传热过程是动力系统中非常普遍而又十分重要的过程。学习、研究热量的传递规律对改变人们的生活方式、提高能源利用效率、保证工业生产的安全可靠等都极为重要。传热学已经成为现代技术科学中充满活力的主要基础学科之一。

由于热科学及技术的重要性,传热学课程的教学改革已成为热工课程教育研究中一项十分迫切的任务。1997 年国家教育委员会热工课程教学指导委员会颁发的《重点高校工科热工系列课程教学改革指南》明确指出:"热工课程不仅应是许多大类专业的重要的技术基础课,也应是面向 21 世纪所有工科类专业的一门公共技术基础课。"2002 年华中科技大学开始了大机械类本科培养模式的改革,将传热学定位为大机械类(机械科学与工程、材料科学与工程、能源与动力工程、环境科学与工程以及交通科学与工程共 5 个学院)的技术基础课程。本书以大机械类培养模式改革为背景,其基本指导思想是以培养满足国家和地方发展需要的高素质人才为目标,以提高学生国际竞争能力为重点,以教材建设、教学方法、实验手段的改进为主要途径,加大教学过程中使用信息技术的力度,加强科研与教学的紧密结合,改进和更新实验手段和方法,大力提倡和促进学生主动、自主地学习;本书同时也考虑到了与国际著名大学同类学科的接轨和要求。

为适应大机械类本科培养模式的改革,本书安排了如下内容:第 1 章绪论;第 2 章稳态导热过程分析,含一维及多维稳态导热;第 3 章非稳态导热过程分析;第 4 章和第 5 章介绍对流换热的理论和计算方法,包括层流对流换热、紊流对流换热、自然对流换热、沸腾与凝结换热;第 6 章热辐射基础;第 7 章辐射换热;第 8 章讨论传热过程分析与换热器计算;第 9 章流动与传热数值计算。本书内容既可以满足大机械类本科 32 学时的教学要求,又可以满足能源动力类本科 24~32 学时后续深入学习的需要,这部分内容以带 * 号章节来标示。

在内容特色上,本书注重加强实验环节,增加了虚拟实验的内容,同时考虑到数值方法在传热学中的重要性,加强了流动与传热问题数值计算方面的知识。具体做法:一是使用自主开发的流动与传热数值计算专业软件 Saints2D;二是在国际一流专业软件 FLUENT 的基础上进行二次开发,并且两者可以进行对比分析。可扫描本书附带的二维码免费获取 Saints2D 软件的教学版。

　　本书由华中科技大学邬田华、王晓墨、许国良编写,书中所附教学软件 Saints2D 由许国良和日本静冈大学教授 Akira Nakayama 合作开发,并在两校以及其他多所大学的本科教学中使用;黄素逸教授对全文进行了审阅,提出了许多宝贵的修改意见,在此表示真挚的感谢!

　　由于作者水平所限,本书内容难免存在不妥或错误之处,恳请读者批评指正。

　　Saints2D 软件的版权归许国良和 Akira Nakayama 所有。未经书面同意,请勿以任何形式转载发表。

作者

2019 年 8 月于华中科技大学

扫一扫,下载 Saints2D 软件

本书主要符号

a	热扩散系数,m^2/s	S_h	热源项
$a_{E,W,N,S}$	离散方程系数	S_ϕ	通用变量 ϕ 的源项
A	表面积,m^2	t	摄氏温度,℃
A_c	截面积,m^2	T	热力学温度,K
c	比热容,$J/(kg \cdot K)$	u,v,w	速度分量,m/s
c_f	范宁摩擦系数	u',v'	速度偏差值,m/s
c_D	涡扩散中的经验常数	x,y	笛卡儿坐标,m
c_x	x 向重力方向角余弦	y^+	壁面法则相关的无量纲坐标
c_1,c_2	ε 方程经验常数	τ	时间,s;
C_F	Forchheimer 系数		透射比
c_1	普朗克第一常数,W/m^2	α	吸收比
c_2	普朗克第二常数,$m \cdot K$	β	热膨胀系数,$1/K$
d	直径,m	δ	厚度,m
d_x,d_y	压力偏差项系数	θ	过余温度,K
E	辐射力,W/m^2	Θ	无量纲过余温度
$F_{e,w,n,s}$	经控制体界面的流动	λ	导热系数,$W/(m \cdot K)$或 $W/(m \cdot ℃)$;
$f_{e,w,n,s}$	插值因子		波长,m 或 μm
f_τ	加权系数	γ	潜热,kJ/kg
g	重力加速度,m/s^2	Γ_ϕ	通用扩散系数
h	表面传热系数,$W/(m^2 \cdot K)$;	ε	紊流动能耗散率,m^2/s;
	比焓,J/kg		发射率
k	单位面积传热系数,$W/(m^2 \cdot K)$;	ε_h	紊流热扩散率,m^2/s
	紊流动能	ε^+	空隙率
L	长度,m	μ	动力黏度,$kg/(m \cdot s)$
L_{ref}	参考长度,m	ν	运动黏度,m^2/s
p	压力,Pa	ρ	密度,kg/m^3;
p'	修正压力,Pa		反射比
P	周长,m;	σ	表面张力,N/m
	功率,W	$\sigma_k,\sigma_T,\sigma_\varepsilon$	等效普朗特数
q	热流密度,W/m^2	Φ	热流量,W
r	径向坐标,m	ϕ	通用变量
R	半径,m		

下角标

B	容积平均的
E,e	东边的点
N,n	北边的点
P	中心节点的
p	定压的
ref	参考的
S,s	南边的点
t	紊流的
W,w	西边的点

上角标

n	新数据
o	原数据

*	无量纲
~	估计值

准则数

Bi	毕渥数,hL/λ
Eu	欧拉数,$\Delta p/(\rho u^2)$
Fo	傅里叶数,$a\tau/L^2$
Gr	格拉晓夫数,$gL^3\beta\Delta t/\nu^2$
Nu	努塞尔数,hL/λ
Pe	贝克莱数,uL/a
Pr	普朗特数,ν/a
Re	雷诺数,uL/ν
St	斯坦顿数,$h/(\rho v c_p)$

目　　录

第1章　绪论 ………………………………………………………………………………… (1)

1.1　传热概述 ……………………………………………………………………………… (1)

1.2　传热过程与传热系数 ………………………………………………………………… (5)

思考题 ……………………………………………………………………………………… (7)

习题 ………………………………………………………………………………………… (7)

参考文献 …………………………………………………………………………………… (9)

第2章　稳态导热过程分析 ……………………………………………………………… (11)

2.1　分析基础 ……………………………………………………………………………… (11)

2.2　一维稳态导热分析 …………………………………………………………………… (19)

* 2.3　多维稳态导热分析 ………………………………………………………………… (34)

思考题 ……………………………………………………………………………………… (37)

习题 ………………………………………………………………………………………… (38)

参考文献 …………………………………………………………………………………… (40)

第3章　非稳态导热过程分析 …………………………………………………………… (42)

3.1　基本概念 ……………………………………………………………………………… (42)

3.2　集总参数法 …………………………………………………………………………… (44)

3.3　一维非稳态导热 ……………………………………………………………………… (48)

* 3.4　半无限大物体的非稳态导热 ……………………………………………………… (62)

* 3.5　二维及三维非稳态导热 …………………………………………………………… (64)

思考题 ……………………………………………………………………………………… (67)

习题 ………………………………………………………………………………………… (68)

参考文献 …………………………………………………………………………………… (70)

第4章　对流换热原理 …………………………………………………………………… (71)

4.1　对流换热概述 ………………………………………………………………………… (71)

4.2　层流流动换热的微分方程组 ………………………………………………………… (73)

4.3　对流换热过程的相似理论 …………………………………………………………… (79)

4.4　边界层理论 …………………………………………………………………………… (86)

* 4.5　紊流流动换热 ……………………………………………………………………… (93)

思考题 …………………………………………………………………………………… (100)

习题 ……………………………………………………………………………………… (101)

参考文献 ………………………………………………………………………………… (102)

第5章　对流换热计算 ………………………………………………………………… (104)

5.1　流体外掠(绕过)物体的强制对流换热 …………………………………………… (104)

　　5.2　管内流体强制对流换热 ·· (110)

　　5.3　自然对流换热 ·· (117)

　　5.4　沸腾换热 ·· (125)

　　5.5　凝结换热 ·· (131)

　　思考题 ·· (136)

　　习题 ·· (137)

　　参考文献 ·· (145)

第6章　热辐射基础 ·· (146)

　　6.1　基本概念 ·· (146)

　　6.2　黑体辐射和吸收的基本定律 ·· (148)

　　6.3　实际物体的辐射和吸收 ·· (154)

　　6.4　气体的辐射和吸收 ·· (160)

　　思考题 ·· (165)

　　习题 ·· (165)

　　参考文献 ·· (167)

第7章　辐射换热计算 ·· (168)

　　7.1　两黑体表面间的辐射换热 ·· (168)

　　7.2　灰体表面间的辐射换热 ·· (173)

　　思考题 ·· (180)

　　习题 ·· (181)

　　参考文献 ·· (184)

第8章　传热过程与换热器 ·· (185)

　　8.1　传热过程的计算 ·· (185)

　　8.2　换热器类型 ·· (189)

　　8.3　对数平均温差 ·· (191)

　　*8.4　换热器计算 ·· (194)

　　思考题 ·· (199)

　　习题 ·· (200)

　　参考文献 ·· (203)

第9章　流动与传热数值计算 ·· (204)

　　9.1　数值计算的基本思想 ·· (204)

　　*9.2　流动与传热的数值计算 ·· (210)

　　9.3　Saints2D软件简介 ·· (216)

　　思考题 ·· (238)

　　习题 ·· (239)

　　参考文献 ·· (242)

附录 ·· (244)

第1章

绪 论

工程传热学是研究工程应用中热量传递规律的科学。在人们的日常生活及工、农业生产和高科技实践等各项活动中,由于温差的存在,经常伴随着热量传递的现象,传热过程是动力系统中非常普遍而又十分重要的过程。学习、研究热量的传递规律对改变人们的生活方式、提高能源利用效率、保证工业生产的安全可靠等都极为重要。传热学已经成为现代技术科学中充满活力的主要基础学科之一。

热量传递简称传热。根据热力学第二定律,热量可以自发地由高温热源传给低温热源,因此,只要有温差存在,就会有热量传递,温差是热量传递的动力。传热学不但要解释热量是如何传递的,而且也将计算传热的速率,预测热量传递的快慢程度。由于有温差才能传热,因此,必须知道所考虑对象的温度分布才能计算传热量的大小。故传热学的基本任务,一是求解温度分布,二是计算热量传递的速率。传热学与工程热力学是有区别的。工程热力学研究热能的性质、热能与机械能及其他形式能量之间相互转换的规律,讨论的是平衡系统,它可以计算需要多少能量才能使系统从一个平衡态变为另一个平衡态。由于实际的转变过程是非平衡态,工程热力学不能计算这一转变需要多长时间。传热学则以热力学第一定律和第二定律为基础,再利用一些实验规律来研究热量传递的速率,不但要计算传递了多少热量,而且要计算在多长时间内传递了这些热量。

依据物体温度与时间的依变关系,可将传热过程分为稳态传热过程和非稳态传热过程。若物体中各点温度不随时间改变,则对应的传热过程称为稳态热传递过程;若物体中各点温度随时间改变,则对应的传热过程称为非稳态热传递过程。稳态热传递过程和非稳态热传递过程又称为定常过程和非定常过程。

1.1 传 热 概 述

虽然热量传递过程非常复杂,但自然界的所有热量传递过程都可以分解为三种基本方式:热传导、热对流和热辐射。所有热量传递过程都是以这三种方式进行的。一个实际的热量传递过程可以以其中一种热量传递方式进行,但多数情况下都以两种或三种方式同时进行。

1. 热传导

热传导简称导热,是物体内部或相互接触的物体表面之间,由于分子、原子及自由电子等微观粒子的热运动而产生的热量传递现象。热传导的发生不需要物体各部分之间有宏观的相对位移。

当物体内部存在温度梯度时,能量就会通过热传导从温度高的区域传递到温度低的区域。单位时间通过单位面积的热流量称为热流密度,用 q 来表示。本书使用国际单位制,热流密度的单位为 W/m^2。经验发现,热流密度和垂直传热截面方向的温度变化率成正比,即

$$q = \frac{\Phi}{A} = -\lambda \frac{\partial t}{\partial x} \tag{1-1}$$

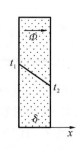

图 1-1　大平板的
稳态导热

式(1-1)就是传热学中非常重要的傅里叶定律,由傅里叶(Joseph Fourier)于 1822 年提出。式中负号是为了满足热力学第二定律,表示热量传递的方向同温度升高的方向相反。Φ 为通过面积 A 的总热量,称为热流量,单位是 W。式中的比例系数 λ 称为材料的热导率,又称导热系数,单位是 $W/(m \cdot K)$,其数值大小反映材料的导热能力,热导率越大,材料的导热能力就越强。热导率与材料及温度等因素有关,金属是良导热体,热导率最大,液体次之,气体最小。

对于图 1-1 所示的大平板稳态导热,由于其是一维问题,且 Φ 和 q 为常量,故 $\partial t/\partial x = dt/dx$ 为常数,这时傅里叶定律为

$$\Phi = -\lambda A \frac{dt}{dx} = \lambda A \frac{\Delta t}{\delta} \tag{1-2}$$

即稳态情况下流过大平板的导热量与平板的截面积和两侧的温差成正比,与平板的厚度成反比。

这里有必要引入热阻的概念。热量传递是自然界中的一种转移过程,各种转移过程有一个共同规律,即

$$过程中的转移量 = \frac{过程的动力}{过程的阻力}$$

如电学中的欧姆定律是这一规律的具体体现:

$$I(电流) = \frac{U(电压)}{R(电阻)}$$

平板导热可类似得出:

$$\Phi = \frac{\Delta t}{\delta/(\lambda A)} \tag{1-3}$$

即

$$热流量 = \frac{温压}{热阻}$$

这样导热过程中的导热热阻可表示为

$$R = \frac{\delta}{A\lambda}$$

导热热阻的单位是 K/W。对单位面积而言,面积热阻为

$$R_A = \frac{\delta}{\lambda}$$

面积热阻的单位是 $m^2 \cdot K/W$。

2. 热对流

若流体有宏观运动,且内部存在温差,则由于流体各部分之间发生相对位移,冷热流体相互掺混而产生的热量传递现象称为热对流。这时,除了有因流体各部分间宏观相对位移而引起的热对流外,流体分子的热运动还会产生导热过程。故热对流和热传导总是同时存

在的。

在日常生活及工程实践中,人们遇到更多的是流体流过一个温度不同的物体表面时产生热量传递,这种情况称为对流换热。在本书中我们只讨论对流换热。当实际流体流过物体表面时,由于黏性作用,紧贴物体表面的流体是静止的,热量传递只能以导热的方式进行;离开物体表面,流体有宏观运动,热对流方式将发生作用。因此,对流换热是热对流和导热两种基本传热方式共同作用的结果。

对流换热可分为强制对流和自然对流两大类。如果流体的运动是由于水泵、风机或其他压差作用引起的,则该对流换热称为强制对流。自然对流是由于流体冷、热各部分之间密度不同而导致的流体的运动。另外,流体有相变时的热量传递也是对流换热研究的范畴,如液体在热表面上沸腾或蒸汽在冷表面上凝结。

1701 年,英国科学家牛顿提出当物体受到流体冷却时,表面温度对时间的变化率与流体和物体表面间的温差 Δt 成正比。在此基础上,人们后来总结出了计算对流换热的基本公式,称为牛顿冷却公式,形式如下:

$$q = h\Delta t \quad 或 \quad \Phi = Ah\Delta t \tag{1-4}$$

式中:Δt 为流体和物体表面间的温差,约定永远为正,当流体被加热时 $\Delta t = t_w - t_f$,当流体被冷却时 $\Delta t = t_f - t_w$,t_f 为流体温度,t_w 为物体表面温度,单位为 K 或 ℃;h 为表面传热系数,单位为 $W/(m^2 \cdot K)$。习惯上常将表面传热系数称为换热系数。

式(1-4)同样可表示成热阻的形式,即

$$\Phi = \frac{\Delta t}{1/(Ah)} \tag{1-5}$$

式中:$\frac{1}{Ah}$ 为对流热阻,单位是 K/W。

式(1-4)只是给出了表面传热系数的定义式,并没有指出具体的计算方法。影响表面传热系数的因素很多,包括流体的物性(导热系数、黏度、密度、比热容等)、流动的形态(层流、紊流)、流动的成因(自然对流或强制对流)、物体表面的形状和尺寸、换热时流体有无相变(沸腾或凝结)等。研究对流换热的基本任务就是用理论分析或实验方法得出不同情况下表面传热系数的计算关系式。表 1-1 列举了一些对流换热过程的 h 值的大致范围。由表 1-1 可知,水的对流换热表面传热系数比空气的大,强制对流的比自然对流的大,有相变的比无相变的大。

表 1-1　对流换热表面传热系数的大致范围

对流换热类型	表面传热系数 $h/(W/(m^2 \cdot K))$
空气自然对流	1~20
水自然对流	200~1000
空气强制对流	20~200
高压水蒸气强制对流	1000~15000
水强制对流	500~15000
水沸腾	2500~50000
水蒸气凝结(在垂直面上)	4000~11000
水蒸气凝结(在水平管外)	9000~50000

3. 热辐射

一切温度高于 0 K 的物体都会以电磁波的方式发射具有一定能量的微观粒子,即光子,这样的过程称为辐射,光子所具有的能量称为辐射能。因此辐射是物体通过电磁波来传递能量的方式。物体会因不同的原因发出辐射能。由于热的原因而发出辐射能的现象称为热辐射,这时辐射能是由物体的内能转化而来的,物体的温度越高,辐射能力越强。

自然界各个物体都不停地向空间发出热辐射,也不断地吸收其他物体发出的热辐射,其综合过程即为辐射换热。前面所述的热传导和热对流两种传热方式必须借助介质才能进行,而辐射可以在真空中进行,并且真空中的辐射换热最有效。物体进行辐射换热时内能和辐射能将相互转换,一方面物体将内能转换为辐射能辐射出去,另一方面又将吸收到的辐射能转换为内能。物体间以热辐射的方式进行的热量传递是双向的。当两个物体温度不同时,高温物体向低温物体发射热辐射,低温物体也向高温物体发射热辐射,即使两个物体温度相同,辐射换热量等于零,但它们之间的热辐射交换仍在进行,只不过处于动态平衡状态。

物体的辐射能力与温度有关,同一温度下不同物体的辐射与吸收能力也大不一样。为此,定义一种理想物体——绝对黑体。绝对黑体(简称黑体)是理想化的能吸收投入到其表面的所有热辐射能的物体。这种物体的吸收能力和辐射能力在同温度的物体中最大。黑体在单位时间内发出的热辐射能由斯特藩-玻尔兹曼(Stefan-Boltzmann)定律计算:

$$\Phi = A\sigma T^4 \tag{1-6}$$

式中:A 为辐射表面积,m^2;T 为黑体的热力学温度,K;σ 为斯特藩-玻尔兹曼常数,$\sigma = 5.67 \times 10^{-8}$ W/($m^2 \cdot K^4$),也称黑体辐射常数。

斯特藩-玻尔兹曼定律又称四次方定律,是计算辐射换热的基础。

有了黑体的概念后,实际物体的辐射能力就可由黑体的辐射能力进行修正:

$$\Phi = \varepsilon A\sigma T^4 \tag{1-7}$$

式中:ε 为是物体的发射率,或称黑度。一切实际物体的辐射能力都小于同温度下的黑体,即 $\varepsilon \leqslant 1$。

两个表面间的辐射传热量的计算较为复杂,需要考虑各表面辐射的热量和吸收的热量的总和。但有一种情况计算很简单。当一个面积为 A_1,发射率为 ε_1,温度为 T_1 的表面被另一个温度为 T_2 的大得多的表面包围时,两表面间的辐射热量为

$$\Phi = \varepsilon_1 A_1 \sigma (T_1^4 - T_2^4) \tag{1-8}$$

例 1-1 有三块分别由纯铜、碳钢和硅藻土砖制成的大平板,它们的厚度都为 $\delta = 25$ mm,两侧表面的温差都维持为 $\Delta t = t_{w1} - t_{w2} = 100$ ℃,试求通过每块平板的导热热流密度。纯铜、碳钢和硅藻土砖的导热系数分别为 $\lambda_1 = 398$ W/(m·K),$\lambda_2 = 40$ W/(m·K),$\lambda_3 = 0.242$ W/(m·K)。

解　这是通过大平壁的一维稳态导热问题,根据式(1-2),对于纯铜板,热流密度为

$$q_1 = \lambda_1 \frac{t_{w1} - t_{w2}}{\delta} = 398 \times \frac{100}{0.025} \text{ W/m}^2 = 1.59 \times 10^6 \text{ W/m}^2$$

对于碳钢板,

$$q_2 = \lambda_2 \frac{t_{w1} - t_{w2}}{\delta} = 40 \times \frac{100}{0.025} \text{ W/m}^2 = 1.6 \times 10^5 \text{ W/m}^2$$

对于硅藻土砖,

$$q_3 = \lambda_3 \frac{t_{w1} - t_{w2}}{\delta} = 0.242 \times \frac{100}{0.025} \text{ W/m}^2 = 9.68 \times 10^2 \text{ W/m}^2$$

由计算可见,由于几种材料的导热系数各不相同,即使在相同的条件下,通过它们的热流密度也是不相同的。通过纯铜的热流密度是通过硅藻土砖的热流密度的 1600 多倍。

例 1-2 一室内暖气片的散热面积为 $A = 2.5 \ \text{m}^2$,表面温度为 $t_w = 50 \ ℃$,和温度为20 ℃ 的室内空气之间自然对流换热的表面传热系数为 $h = 5.5 \ \text{W}/(\text{m}^2 \cdot \text{K})$。试计算该暖气片的对流散热量。

解 暖气片和室内空气之间是稳态的自然对流换热,根据式(1-4),有

$$\Phi = Ah(t_w - t_f) = 2.5 \times 5.5 \times (50 - 20) \ \text{W} = 412.5 \ \text{W}$$

故该暖气片的对流散热量为 412.5 W。

例 1-3 若例 1-2 中暖气片的发射率为 $\varepsilon_1 = 0.8$,室内墙壁温度为 20 ℃。试计算该暖气片和室内墙壁的辐射传热量。

解 由于墙壁面积比暖气片大得多,由式(1-8),两者间的辐射传热量为

$$\Phi = \varepsilon_1 A_1 \sigma (T_1^4 - T_2^4) = 0.8 \times 2.5 \times 5.67 \times 10^{-8} \times (323^4 - 293^4) \ \text{W}$$
$$= 398.5 \ \text{W}$$

可见,此暖气片室内的对流散热量和辐射散热量大致相当。

1.2 传热过程与传热系数

在传热学中,传热过程是指热量从固体壁面一侧的流体通过固体壁面传递到另一侧流体的过程。这一定义有其特定的含义,它不是泛指的热量传递过程。这样的定义是为了计算工程上经常遇到的处于固体壁面两侧冷热流体之间的热交换问题,例如热量从暖气片中的热水或蒸汽传给室内空气的过程,热量从蒸汽管道内的高温蒸汽通过管壁传给周围空气的过程,电厂冷凝器中热量从乏汽通过冷凝管传给冷却水的过程,电冰箱冷凝器中热量从制冷剂传给室内空气的过程,等等。上面介绍了热量传递的三种方式,而这里的传热过程由三个相互串联的热量传递环节组成:

(1) 热量以对流换热和辐射换热的方式从高温流体传给高温流体侧壁面;

(2) 热量以导热的方式从高温流体侧壁面传递到低温流体侧壁面;

(3) 热量以对流换热和辐射换热的方式从低温流体侧壁面传给低温流体。

在第一和第三个环节中的辐射换热有时可以忽略不计。考虑图 1-2 所示的稳态传热过程,一个导热系数 λ 为常数、厚度为 δ 的大平壁,两侧分别有冷热流体流过。平壁左侧远离壁面处的流体温度为 t_{f1},表面传热系数为 h_1,平壁右侧远离壁面处的流体温度为 t_{f2},表面传热系数为 h_2,且 $t_{f1} > t_{f2}$。传热过程的三个环节由平壁左侧的对流换热、平壁的导热及平壁右侧的对流换热三个相互串联的热量传递过程组成,各环节的热流量计算如下。

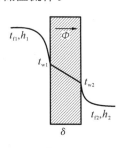

图 1-2 传热过程示意图

(1) 热流体到壁面一的对流换热:

$$\Phi = Ah_1(t_{f1} - t_{w1})$$

(2) 从壁面一到壁面二的导热:

$$\Phi = \frac{A\lambda}{\delta}(t_{w1} - t_{w2})$$

(3) 壁面二到冷流体的对流换热：

$$\Phi = A h_2 (t_{w2} - t_{f2})$$

上面三式中的热流量 Φ 相等,联立可解得

$$\Phi = \frac{A(t_{f1} - t_{f2})}{\frac{1}{h_1} + \frac{\delta}{\lambda} + \frac{1}{h_2}} = Ak\Delta t = \frac{\Delta t}{\frac{1}{Ak}} \tag{1-9}$$

式中: k 为传热系数或总传热系数,单位为 $W/(m^2 \cdot K)$。当壁面为平壁时,其计算式为

$$k = \frac{1}{\frac{1}{h_1} + \frac{\delta}{\lambda} + \frac{1}{h_2}} \tag{1-10}$$

或

$$\frac{1}{Ak} = \frac{1}{Ah_1} + \frac{\delta}{A\lambda} + \frac{1}{Ah_2} \tag{1-11}$$

式中: $\frac{1}{Ak}$ 为传热过程的总热阻,由各环节的热阻串联而成; $\frac{\delta}{\lambda}$、$\frac{1}{h}$ 为面积热阻,单位为 $m^2 \cdot K/W$。

式(1-11)同样适用于各环节的热量传递面积不相等的情形,如通过圆筒壁的传热,这时通过壁面的导热热阻的计算须相应改变。

例 1-4 有一氟利昂冷凝器,管内有冷却水流过,对流表面传热系数为 $h_1 = 8000$ $W/(m^2 \cdot K)$,管外是氟利昂蒸汽凝结,表面传热系数为 $h_2 = 2000 \ W/(m^2 \cdot K)$,管壁厚为 $\delta = 1.5 \ mm$,导热系数为 $\lambda = 375 \ W/(m \cdot K)$,试计算三个环节的热阻和总传热系数,欲增强传热应从哪个环节入手(假设管壁可作为平壁处理)。

解 三个环节的面积热阻如下。

水侧换热热阻：
$$\frac{1}{h_1} = \frac{1}{8000} \ m^2 \cdot K/W = 1.25 \times 10^{-4} \ m^2 \cdot K/W$$

管壁导热热阻：
$$\frac{\delta}{\lambda} = \frac{1.5 \times 10^{-3}}{375} \ m^2 \cdot K/W = 4 \times 10^{-6} \ m^2 \cdot K/W$$

蒸汽凝结侧热阻：
$$\frac{1}{h_2} = \frac{1}{2000} \ m^2 \cdot K/W = 5 \times 10^{-4} \ m^2 \cdot K/W$$

冷凝器的总传热系数：
$$k = \frac{1}{\frac{1}{h_1} + \frac{\delta}{\lambda} + \frac{1}{h_2}} = \frac{1}{1.25 \times 10^{-4} + 4 \times 10^{-6} + 5 \times 10^{-4}} \ W/(m^2 \cdot K)$$
$$= 1590 \ W/(m^2 \cdot K)$$

三个环节的热阻比例为 20.0%、0.6%、79.4%。

故氟利昂蒸汽凝结侧的热阻占主要部分,应从这一环节入手增强传热。

例 1-5 一房屋的外墙为混凝土,其厚度为 $\delta = 225 \ mm$,混凝土的热导率为 $\lambda = 1.5$ $W/(m \cdot K)$,冬季室外空气温度为 $t_{f2} = -8 \ ℃$,有风天和墙壁之间的表面传热系数为 $h_2 = 20$ $W/(m^2 \cdot K)$,室内空气温度为 $t_{f1} = 24 \ ℃$,和墙壁之间的表面传热系数为 $h_1 = 5 \ W/(m^2 \cdot K)$。假设墙壁及两侧的空气温度及表面传热系数都不随时间而变化,求单位面积墙壁的散热损失及内外墙壁面的温度 t_{w1} 和 t_{w2}。

解 这是一个稳态传热过程,冷热流体由混凝土墙壁隔开。

根据式(1-9),通过墙壁的热流密度,即单位面积墙壁的散热损失为

$$q = \frac{t_{f1} - t_{f2}}{\dfrac{1}{h_1} + \dfrac{\delta}{\lambda} + \dfrac{1}{h_2}} = \frac{24 - (-8)}{\dfrac{1}{5} + \dfrac{0.225}{1.5} + \dfrac{1}{20}} \text{ W/m}^2 = 80 \text{ W/m}^2$$

根据式(1-4),对于内、外墙面与空气之间的对流换热,

$$q = h_1 (t_{f1} - t_{w1})$$
$$q = h_2 (t_{w2} - t_{f2})$$

于是可求得

$$t_{w1} = t_{f1} - q\frac{1}{h_1} = 24 - 80 \times \frac{1}{5} \text{ ℃} = 8 \text{ ℃}$$

$$t_{w2} = t_{f2} + q\frac{1}{h_2} = -8 + 80 \times \frac{1}{20} \text{ ℃} = -4 \text{ ℃}$$

分析本例中三个传热环节的热阻可以发现,自然对流表面传热系数小,热阻大,总的传热温差($24 - (-8)$ ℃ $= 32$ ℃)中,室内自然对流所占温差最大,为 $24 - 8$ ℃ $= 16$ ℃,墙壁的导热温差次之,为 12 ℃,室外的强制对流热阻最小,所占温差也最小,为 4 ℃。

思　考　题

1. 试说明热传导、热对流和热辐射三种热量传递基本方式之间的联系与区别。
2. 试说明工程传热学与工程热力学之间的联系与区别。
3. 试说明热对流与对流换热之间的联系与区别。
4. 请用生活和生产中的实例说明导热、对流换热、辐射换热与哪些因素有关。
5. 热导率(导热系数)和表面传热系数是物性参数吗? 请写出它们的定义式,说明其物理意义。
6. 平壁的导热热阻与哪些因素有关,请写出其表达式。
7. 从传热的角度出发说明暖气片和家用空调机放在室内什么位置合适。
8. 试说明暖水瓶的散热过程与保温机理。
9. 在深秋晴朗无风的夜晚,气温高于 0 ℃,清晨可看见草地披上一身白霜,但在阴天或有风,同样的气温下草地上却不会出现白霜,试解释这种现象。
10. 在有空调的房间内,夏天和冬天的室温均控制在 20 ℃,夏天只需穿衬衫,但冬天穿衬衫会感到冷,这是为什么?
11. 在自然对流和强制对流的条件下,液体和气体对流换热的表面传热系数的数量级分别是多少? 相变时的表面传热系数的数量级是多少?
12. 为什么计算机主机箱中 CPU 处理器上和电源旁要加风扇?
13. 根据热力学第二定律,热量总是从高温物体传向低温物体。但辐射换热时,低温物体也向高温物体辐射热量,这是否违反热力学第二定律?
14. 辐射换热在什么条件下非常重要?

习　　题

1-1　一炉墙厚度为 0.18 m,由平均导热系数为 1.2 W/(m·K)的材料建成,墙的一侧包有平均导热系数为 0.12 W/(m·K)的保温材料,使其单位面积的漏热不超过 1600 W/m²。

假设炉墙两侧的壁面温度分别 50 ℃和 1800 ℃,计算所需的保温层厚度。

1-2　一厚度为 0.15 m 的玻璃纤维两侧面有 80 ℃的温差,若玻璃纤维的导热系数为 0.035 W/(m·K),计算流过材料的热流密度。

1-3　一厚度为 0.12 m 的玻璃纤维板,导热系数为 0.032 W/(m·K),其两侧面具有 75 ℃的温差,求通过纤维板的热流密度。

1-4　已知一块很大的平板保温材料,导热系数为 0.11 W/(m·K),厚度为 20 mm,若流过它的热流密度为 1500 W/m²,求平板两侧面之间的温差。

1-5　一大平板,高 2.5 m,宽 2 m,厚 0.03m,导热系数为 45 W/(m·K),两侧表面温度分别为 $t_1 = 100$ ℃,$t_2 = 80$ ℃,试求该板的热阻、热流量、热流密度。

1-6　一炉子的炉墙厚 13 cm,总面积为 20 m²,平均导热系数为 1.04 W/(m·K),内外壁温分别是 520 ℃及 50 ℃。试计算通过炉墙的热损失。如果所燃用的煤的发热量是 2.09 ×10⁴ kJ/kg,问每天因热损失要用掉多少煤?

1-7　空气在一根内径 50 mm、长 3.0 m 的管子内流动并被加热,已知空气平均温度为 80 ℃,管内对流换热的表面传热系数为 $h = 70$ W/(m²·K),热流密度为 $q = 5000$ W/m²,试求管壁温度及热流量。

1-8　一单层玻璃窗,高 1.2 m,宽 1.5 m,玻璃厚 3 mm,玻璃的导热系数为 $\lambda = 0.5$ W/(m·K),室内外的空气温度分别为 20 ℃和 5 ℃,室内外空气与玻璃窗之间对流换热的表面传热系数分别为 $h_1 = 5.5$ W/(m²·K)和 $h_2 = 20$ W/(m²·K),试求玻璃窗的散热损失及玻璃的导热热阻、两侧的对流换热热阻。

1-9　如果采用双层玻璃窗,玻璃窗的大小、玻璃的厚度及室内外的对流换热条件与 1-8 题相同,双层玻璃间的空气夹层厚度为 5 mm,夹层中的空气完全静止,空气的导热系数为 $\lambda = 0.026$ W/(m·K)。试求玻璃窗的散热损失及空气夹层的导热热阻。

1-10　为测定一种材料的导热系数,用该材料制成厚 5 mm 的大平板。在稳态下,保持平板两表面间的温差为 30 ℃。并测得通过平板的热流密度为 6210 W/m²,试确定该材料的导热系数。

1-11　对于图 1-3 所示的两种水平夹层,试分析冷、热表面间热量交换的方式有何不同?如果要通过实验来测定夹层中流体的导热系数,应采用哪一种布置方式?

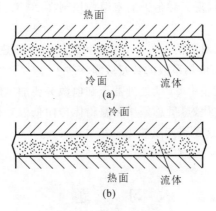

图 1-3　习题 1-11 图

1-12　有一厚度为 400 mm 的房屋外墙,导热系数为 0.5 W/(m·K)。冬季室内空气温度为 20 ℃,和墙内壁面之间对流换热的表面传热系数为 $h_1 = 5$ W/(m²·K)。室外空气温

度为 -10 ℃,和外墙之间对流换热的表面传热系数为 $h_2=8.5$ W/(m²·K)。如果不考虑热辐射,试求通过墙壁的传热系数、单位面积的传热量和内、外壁面温度。

1-13　在一次测定空气横向流过单根圆管的对流换热实验中,得到下列数据:管壁平均温度 $t_w=69$ ℃,空气温度 $t_f=20$ ℃,管子外径 $d=14$ mm,加热段长 80 mm,输入加热段的功率为 8.5 W,如果全部热量通过对流换热传给空气,试问此时的对流换热表面传热系数多大?

1-14　一绝对黑体,表面温度为 1000 ℃,计算其单位面积的热辐射能。

1-15　太阳的表面温度约为 5500 ℃,且可认为是黑体,计算太阳单位面积向外辐射的能量。

1-16　宇宙空间可近似看作 0 K 的真空空间。一航天器在太空中飞行,其外表面平均温度为 250 K,表面发射率为 0.7,试计算航天器表面单位面积上的换热量。

1-17　一台小型辐射加热器,其金属辐射面的尺寸为 8 cm×4 cm,发射率为 0.85,若要求加热器向 20 ℃ 的房间的散热量为 2500 W,问金属面要加热到多高的温度。

1-18　图 1-4 所示的空腔由两个平行黑体表面组成,空腔内抽成真空,且空腔的厚度远小于其高度与宽度,其余已知条件如图所示。表面 2 是厚 $\delta=0.1$ m 的平板的一侧面,其另一侧表面 3 被高温流体加热,平板的平均导热系数 $\lambda=17.5$ W/(m·K),试问在稳态工况下表面 3 的温度 t_{w3} 为多少?

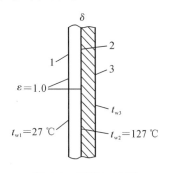

图 1-4　习题 1-18 图

1-19　一炉墙覆盖有一层厚度为 25 mm、导热系数为 1.4 W/(m·K) 的保温层。保温层内侧的墙面温度为 315 ℃,外侧处于温度为 38 ℃ 的流体中,若要求保温层外侧的温度不高于 41 ℃,问流体和保温层的对流换热系数应为多少?

1-20　一厚度为 0.4 m,导热系数为 1.6 W/(m·K) 的平面墙壁,其一侧维持 100 ℃ 的温度,另一侧和温度为 10 ℃ 的流体进行对流换热,表面传热系数为 10 W/(m²·K),求通过墙壁的热流密度。

1-21　一金属板的一侧绝热,另一侧一方面吸收太阳 700 W/m² 的辐射能,另一方面和 20 ℃ 的流体进行对流换热,表面传热系数为 10 W/(m²·K),求热平衡时金属板的温度。

1-22　涡轮机叶片可理想化为厚 1.2 mm 的平板。1000 ℃ 的高温燃气流过叶片上表面,对流换热的表面传热系数为 2500 W/(m²·K);下表面被压气机排出的空气冷却,表面传热系数为 1500 W/(m²·K)。为使叶片温度最高处不超过 600 ℃。试求冷却空气的温度。设叶片材料的导热系数为 40 W/(m·K),传热是稳态的。

参 考 文 献

[1] 王补宣. 工程传热传质学(上册)[M]. 2 版. 北京:科学出版社,2015.

[2] 杨世铭,陶文铨. 传热学[M]. 4 版. 北京:高等教育出版社,2006.

[3] 戴锅生. 传热学[M]. 2 版. 北京:高等教育出版社,1999.

[4] 俞佐平,陆煜. 传热学[M]. 3 版. 北京:高等教育出版社,1995.

[5] 章熙民,任泽霈,梅飞鸣. 传热学[M]. 5 版. 北京:中国建筑工业出版社,2007.

[6] 埃克尔特 E R G,德雷克 R M. 传热与传质分析[M]. 航青,译. 北京:科学出版

社,1983.

[7] HOLMAN J P. Heat transfer[M]. 10th ed. Boston：McGraw-Hill,2011.

[8] HAHN D W,ÖZISIK M N. Heat conduction[M]. 3rd ed. New York：John Wiley & Sons,2012.

[9] INCROPERA F P,DEWITT D P. Introduction to heat transfer[M]. 3rd ed. New York：John Wiley & Sons,1996.

[10] SCHNEIDER P J. Conduction[M]∥ROHSENOW W M,HARTNETT J P,GANIC E N. Handbook of heat transfer,fundamentals. 2nd ed. New York：McGraw-Hill,1985.

[11] KAKAC S,YENER Y. Heat conduction[M]. 2nd ed. Washington：Hemisphere Publishing Corp. ,1986.

第2章

稳态导热过程分析

第1章介绍了热量传递存在的三种基本方式,从本章开始将讨论此三种热量传递方式的基本规律。分析传热问题基本遵循经典力学的研究方法,即针对物理现象建立物理模型,而后由基本定律导出其数学描述(常以微分方程的形式表达,故称数学模型),接下来分析求解的理论分析方法。采用这种理论分析方法,我们就能够达到预测传热系统的温度分布和计算传递的热流量的目的。

第2章及第3章先讨论热传导。热传导问题是传热学中最易于采用上述方法处理的热传递方式。在这一章中我们针对热传导系统利用能量守恒定律和傅里叶定律建立起相应的导热微分方程,然后以简单的导热问题为例确定其微分方程和初始条件、边界条件,从而分析求解其温度分布和热流量,以达到掌握分析简单传热问题的方法的目的。

2.1 分析基础

1. 温度场

由于温差是热量传递过程的驱动力,因此,我们有必要了解温度分布的概念。温度场是指某一瞬间,空间(或物体内)所有各点温度分布的总称。求解导热问题的关键之一是得到所讨论对象的温度场,由温度场进而得到某一点的温度梯度和导热量。

温度场是个数量场,可以用一个数量函数来表示。一般来说,温度场是空间坐标和时间的函数,在直角坐标系中,温度场可表示为

$$t = f(x, y, z, \tau) \tag{2-1}$$

依照温度分布是否随时间变化,可将温度场分为稳态温度场和非稳态温度场。稳态温度场指稳态情况下的温度场,这时物体中各点温度不随时间改变,温度分布只与空间坐标有关,即

$$t = f(x, y, z)$$

稳态温度场中的导热称为稳态导热,其温度对时间的偏导数为零。

非稳态温度场指变动工作条件下的温度场,这时物体中各点温度随时间改变。非稳态温度场中的导热称为非稳态导热,其温度对时间的偏导数不为零。显然,非稳态导热的计算比稳态导热的计算更加复杂。

依照温度在空间三个坐标方向的变化情况,又可将温度场分为一维温度场、二维温度场和三维温度场。

同一瞬间温度场中温度相同的点连成的线或面称为等温线或等温面。在三维情况下可

以画出物体中的等温面,而等温面上的任何一条线都是等温线。在二维情况下等温面则变为等温曲线。选择一系列不同且特定的温度值,就可以得到一系列不同的等温线或等温面,它们可以用来表示物体的温度场图。

由于同一时刻物体中任一点不可能具有两个温度值,因此不同的等温线或等温面不可能相交。等温线要么形成一个封闭的曲线,要么终止在物体表面上。

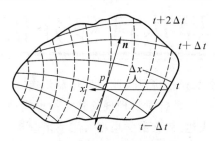

**图 2-1　温度梯度与热流矢量、等温
线(实线)与热流线(虚线)**

物体中等温线较密集的地方说明温度的变化率较大,导热热流密度也较大。温度的变化率沿不同的方向一般是不同的,如图 2-1 所示。温度沿某一方向 x 的变化率在数学上可以用该方向上温度对坐标的偏导数来表示,即

$$\frac{\partial t}{\partial x} = \lim_{\Delta x \to 0} \frac{\Delta t}{\Delta x} \tag{2-2}$$

在各个不同方向的温度变化率中,有一个方向的变化率是最大的,这个方向是等温线或等温面的法线方向。在数学上用矢量-梯度来表示这个方向的变化率:

$$\mathbf{grad}t = \frac{\partial t}{\partial n}\mathbf{n} \tag{2-3}$$

式中:$\mathbf{grad}t$ 表示温度梯度;$\frac{\partial t}{\partial n}$ 为等温面法线方向的温度变化率;$\mathbf{n}$ 为等温面法线方向的单位矢量,指向温度增加的方向。

温度梯度是矢量,其方向为沿等温面的法线方向指向温度增加的方向,如图 2-1 所示。在直角坐标系中,温度梯度可表示为

$$\mathbf{grad}t = \frac{\partial t}{\partial x}\mathbf{i} + \frac{\partial t}{\partial y}\mathbf{j} + \frac{\partial t}{\partial z}\mathbf{k} \tag{2-4}$$

式中:$\frac{\partial t}{\partial x}, \frac{\partial t}{\partial y}, \frac{\partial t}{\partial z}$ 分别为温度对 x, y, z 方向的偏导数;$\mathbf{i}, \mathbf{j}, \mathbf{k}$ 分别为 x, y, z 方向的单位矢量。

若引入哈密顿(Hamilton)算子 ∇:

$$\nabla = \frac{\partial}{\partial x}\mathbf{i} + \frac{\partial}{\partial y}\mathbf{j} + \frac{\partial}{\partial z}\mathbf{k} \tag{2-5}$$

则:

$$\mathbf{grad}t = \nabla t \tag{2-6}$$

2. 傅里叶定律

由第 1 章可知,当物体内部存在温度梯度时,能量就会通过热传导从温度高的区域传递到温度低的区域。热流密度定义为单位时间通过单位面积的热流量,用 q 来表示,单位为 W/m^2。经验发现,热流密度和垂直传热截面方向的温度变化率成正比。热流密度也是矢量,其方向指向温度降低的方向,因而和温度梯度的方向相反。傅里叶定律的一般形式为

$$q = -\lambda\mathbf{grad}t = -\lambda\frac{\partial t}{\partial n}\mathbf{n} \tag{2-7}$$

式(2-7)又称导热基本定律,或傅里叶定律的数学表达式。它可进一步表示为

$$q = -\lambda\nabla t = -\lambda\left(\frac{\partial t}{\partial x}\mathbf{i} + \frac{\partial t}{\partial y}\mathbf{j} + \frac{\partial t}{\partial z}\mathbf{k}\right) \tag{2-8}$$

这样热流密度在 x, y, z 方向的投影的大小分别为

$$q_x = -\lambda \frac{\partial t}{\partial x}, \quad q_y = -\lambda \frac{\partial t}{\partial y}, \quad q_z = -\lambda \frac{\partial t}{\partial z} \tag{2-9}$$

由于热流密度方向与等温面的法线方向总是处在同一条直线上,故热流线和等温线是相互正交的。应该指出,如上形式的傅里叶定律只适用于各向同性材料,这时,不同方向上的导热系数是相同的。而对于各向异性材料,导热系数随选定方向的不同而不同。各向异性材料中的傅里叶定律可参考文献[1]。

根据傅里叶定律,当物体中某处由于热扰动温度发生变化时,整个物体内的温度分布及热流密度立刻发生变化。即热扰动是以无限大的速度传播的。这一结论有很大的局限性。

由统计热力学可知,热扰动只能以有限的速度 c 传播,这时傅里叶定律修正为

$$\frac{a}{c^2} \frac{\partial \boldsymbol{q}}{\partial \tau} + \boldsymbol{q} = -\lambda \mathbf{grad} t \tag{2-10}$$

式中:a 是材料的热扩散率;c 是热传播速度。$a/c^2 = \tau_0$,τ_0 为松弛时间。在大多数实际导热问题中,a 比 c^2 小 10 个量级,式(2-10)第一项可以忽略不计。但在下面两种情况下,式(2-10)第一项不能忽略不计:

(1) 在深冷条件下,c 很小;

(2) 在热负荷急剧变化时,$\partial \boldsymbol{q}/\partial \tau$ 很大。

3. 导热系数

导热系数(即热导率)是出现在傅里叶定律中的比例常数,它表示物质导热能力的大小,是重要的热物性参数。由式(2-7),导热系数的定义式为

$$\lambda = -\frac{\boldsymbol{q}}{\mathbf{grad} t} \tag{2-11}$$

由此可知,导热系数在数值上等于温度梯度的绝对值为 1 K/m 时的热流密度值,单位为 W/(m·K)。由 x 方向的傅里叶定律可以得出:

$$\lambda = -\frac{\Phi}{A} \Big/ \frac{\partial t}{\partial x}$$

绝大多数材料的导热系数都是根据上式通过实验测得的。如根据一维稳态平壁导热模型,可以采用平板法测量物质的导热系数。对于图 2-2 所示的大平板的一维稳态导热,流过平板的热流量与平板两侧温度和平板厚度之间的关系为

$$\Phi = \lambda A \frac{t_1 - t_2}{\delta}$$

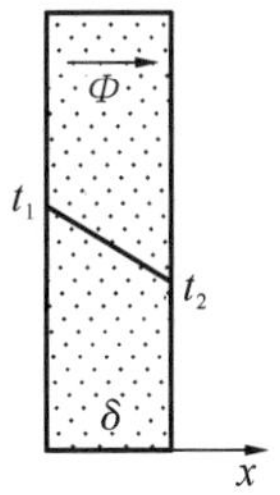

若通过实验测出了流过平板的热流量、平板两侧温度和平板厚度,则材料的导热系数就可以按下式计算:

$$\lambda = \frac{\Phi}{A} \frac{\delta}{t_1 - t_2} = \frac{q\delta}{t_1 - t_2} \tag{2-12}$$

图 2-2　大平板的一维稳态导热

导热系数的测量,除了采用稳态法外,也可以采用非稳态法。

从微观角度看,气体导热、固体导热和液体导热在机理上是不同的。按照热力学的观点,温度是物体微观粒子平均动能大小的标志,温度愈高,微观粒子的平均动能愈大。当物体内部或相互接触的物体表面之间存在温差时,高温处的微观粒子就会通过运动(位移、振动)或碰撞将热量传向低温处。例如气体中分子、原子的不规则热运动或碰撞;金属中自由电子的运动;非金属中晶格的振动,等等。所以,气体导热是分子不规则热运动时相互碰撞

的结果。固体导热可分为导电固体和非导电固体两种情况。对于导电固体,自由电子在晶格之间像气体分子那样运动而传递能量。对于非导电固体,能量的传递依赖于晶格结构的振动,即原子、分子在平衡位置附近的振动。液体的导热机理在定性上类似于气体,但比气体的情况要复杂得多,这时分子的距离更近,分子力场对碰撞引起的能量传递有强烈的影响。也有的观点认为液体导热的机理类似于非导电固体。本书只讨论热量传递的宏观规律,而不讨论导热的微观机理。

导热系数是物质的固有特性之一。影响导热系数的因素主要有物质的种类、物质所处的温度和压力,与材料的几何形状没有关系。在一般工程应用的压力范围内,也可以认为导热系数与压力无关。一些材料的导热系数可查阅文献[3,4],工程上常用材料在特定温度下的热导系数见本书附录。特殊材料或者特殊条件下的热导系数,可查阅有关手册。

一般说来,金属材料的导热系数比非金属材料的导热系数要大得多。导电性能好的金属,其导热性能也好,如银是最好的导电体,也是最好的导热体。纯金属的导热系数大于其合金的导热系数。这主要是由于合金中的杂质(或其他金属)破坏了晶格的结构,并且阻碍自由电子的运动。例如,纯铜在 20 ℃温度下的导热系数为 398 W/(m·K),而铜合金-黄铜的导热系数只有 109 W/(m·K)。

对于同一种物质的三态,固态的导热系数最大,气态的导热系数最小,例如同样在温度为 0 ℃的条件下,冰的导热系数为 2.22 W/(m·K),水的导热系数为 0.551 W/(m·K),而水蒸气的导热系数为 0.0183 W/(m·K)。气体的导热系数一般都很小。导热系数最大的气体是氢气,常用作冷却介质。

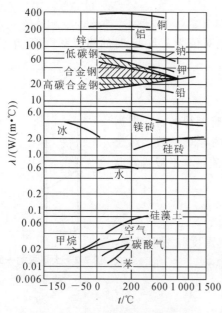

**图 2-3　一些材料的导热系数随
温度的变化情况**

一些物质的导热系数随温度的变化情况如图 2-3 所示。大多数材料的导热系数对温度的依变关系可近似采用线性关系计算:

$$\lambda = \lambda_0 (1 + bt) \qquad (2\text{-}13)$$

式中:λ_0 为材料在 0 ℃下的导热系数;b 为由实验确定的温度常数,单位为 1/℃,其数值与物质的种类有关。若讨论的问题温差不是很大,导热系数可取所考虑温度范围内导热系数的平均值,并作为常数计算。

导热系数小于某一界定值的材料称为保温材料或绝热材料或隔热材料。国家标准 GB/T 4272—2008《设备及管道绝热技术通则》中规定,将平均温度为 298 K(25 ℃)时导热系数不大于 0.08 W/(m·K)的材料定为保温材料。膨胀塑料、膨胀珍珠岩、矿渣棉等都是很好的保温材料。常温下空气的导热系数为 0.0257 W/(m·K),其也是很好的保温材料。保温材料的界定值的大小反映了一个国家保温材料的生产及节能的水平。20 世纪 50 年代我国沿用苏联标准,界定值为 0.23 W/(m·K);20 世纪 90 年代,GB 4272—1992 规定为 0.12 W/(m·K)。

4. 导热微分方程

由前面的分析可知,若知道了温度梯度,就可以由傅里叶定律求出热流密度。故获得温度场是求解导热问题的关键。导热微分方程是用数学方法描述导热温度场的一般性规律的方程,很多问题都可以通过求解微分方程而得到有效的解决。

将热力学基本定律、能量守恒定律和导热基本定律、傅里叶定律应用于微元控制体,可建立导热微分方程。为了简化分析,可做下列假设:

(1) 所研究的物体是各向同性的连续介质;

(2) 物体内部具有内热源,内热源强度(即单位时间、单位体积的生成热)记作 $\dot{\Phi}$,单位为 W/m^3。

1) 直角坐标导热微分方程

参考图 2-4 所示的微元平行六面体,能量守恒方程式可以表示为

$$\mathrm{d}\Phi_{\mathrm{in}} + \mathrm{d}Q = \mathrm{d}\Phi_{\mathrm{out}} + \mathrm{d}U \qquad (2\text{-}14)$$

式中:$\mathrm{d}\Phi_{\mathrm{in}}$ 为导入微元体的总热流量;$\mathrm{d}Q$ 为微元体内热源的生成热;$\mathrm{d}\Phi_{\mathrm{out}}$ 为导出微元体的总热流量;$\mathrm{d}U$ 为微元体热力学能(即内能)的增量。

导入微元体的总热流量为

$$\mathrm{d}\Phi_{\mathrm{in}} = \mathrm{d}\Phi_x + \mathrm{d}\Phi_y + \mathrm{d}\Phi_z \qquad (2\text{-}15)$$

导出微元体的总热流量为

$$\mathrm{d}\Phi_{\mathrm{out}} = \mathrm{d}\Phi_{x+\mathrm{d}x} + \mathrm{d}\Phi_{y+\mathrm{d}y} + \mathrm{d}\Phi_{z+\mathrm{d}z} \qquad (2\text{-}16)$$

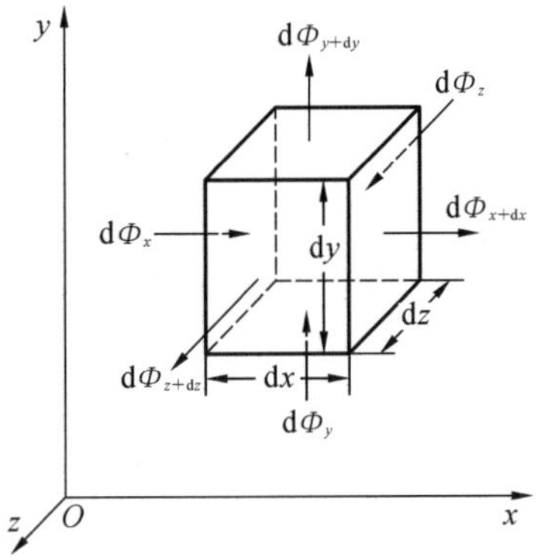

图 2-4　微元平行六面体中的热平衡分析

由傅里叶定律,导入微元体的热流量可表示为

$$\begin{cases} \mathrm{d}\Phi_x = q_x \mathrm{d}y\mathrm{d}z = -\lambda \dfrac{\partial t}{\partial x}\mathrm{d}y\mathrm{d}z \\[2mm] \mathrm{d}\Phi_y = q_y \mathrm{d}x\mathrm{d}z = -\lambda \dfrac{\partial t}{\partial y}\mathrm{d}x\mathrm{d}z \\[2mm] \mathrm{d}\Phi_z = q_z \mathrm{d}x\mathrm{d}y = -\lambda \dfrac{\partial t}{\partial z}\mathrm{d}x\mathrm{d}y \end{cases} \qquad (2\text{-}17)$$

在所研究的范围内,热流密度函数 q 是连续的,可以展开成泰勒级数的形式:

$$q_{x+\mathrm{d}x} = q_x + \frac{\partial q_x}{\partial x}\mathrm{d}x + \frac{\partial^2 q_x}{\partial x^2}\frac{\mathrm{d}x^2}{2!} + \cdots \qquad (2\text{-}18)$$

其中 $\mathrm{d}x$ 为无穷小量,所以可以近似地取级数的前两项,即

$$q_{x+\mathrm{d}x} = q_x + \frac{\partial q_x}{\partial x}\mathrm{d}x \qquad (2\text{-}19)$$

由此可得:

$$\mathrm{d}\Phi_{x+\mathrm{d}x} = q_{x+\mathrm{d}x}\mathrm{d}y\mathrm{d}z = q_x\mathrm{d}y\mathrm{d}z + \frac{\partial q_x}{\partial x}\mathrm{d}x\mathrm{d}y\mathrm{d}z = \mathrm{d}\Phi_x + \frac{\partial}{\partial x}\left(-\lambda\frac{\partial t}{\partial x}\right)\mathrm{d}y\mathrm{d}z\mathrm{d}x$$

这样导出微元体的热流量可表示为

$$\begin{cases} \mathrm{d}\varPhi_{x+\mathrm{d}x} = \mathrm{d}\varPhi_x + \dfrac{\partial}{\partial x}\left(-\lambda\,\dfrac{\partial t}{\partial x}\right)\mathrm{d}y\mathrm{d}z\mathrm{d}x \\[2mm] \mathrm{d}\varPhi_{y+\mathrm{d}y} = \mathrm{d}\varPhi_y + \dfrac{\partial}{\partial y}\left(-\lambda\,\dfrac{\partial t}{\partial y}\right)\mathrm{d}x\mathrm{d}z\mathrm{d}y \\[2mm] \mathrm{d}\varPhi_{z+\mathrm{d}z} = \mathrm{d}\varPhi_z + \dfrac{\partial}{\partial z}\left(-\lambda\,\dfrac{\partial t}{\partial z}\right)\mathrm{d}x\mathrm{d}y\mathrm{d}z \end{cases} \tag{2-20}$$

微元体热力学能的增量可表示为

$$\mathrm{d}U = \rho c\,\frac{\partial t}{\partial \tau}\mathrm{d}x\mathrm{d}y\mathrm{d}z \tag{2-21}$$

式中：τ 表示时间；ρ、c 分别为微元体的密度、比热容。微元体内热源的生成热为

$$\mathrm{d}Q = \dot{\varPhi}\mathrm{d}x\mathrm{d}y\mathrm{d}z \tag{2-22}$$

将以上各式代入式(2-14)可得能量守恒方程式，即

$$\rho c\,\frac{\partial t}{\partial \tau} = \frac{\partial}{\partial x}\left(\lambda\,\frac{\partial t}{\partial x}\right)+\frac{\partial}{\partial y}\left(\lambda\,\frac{\partial t}{\partial y}\right)+\frac{\partial}{\partial z}\left(\lambda\,\frac{\partial t}{\partial z}\right)+\dot{\varPhi} \tag{2-23}$$

　　这是导热微分方程的一般形式。等号左边是单位时间内微元体热力学能的增量，通常称为非稳态项；右边的前三项是扩散项，是由导热引起的，最后一项是源项。在下列情况下导热微分方程可以简化。

　　(1) 导热系数为常数，这时式(2-23)为

$$\frac{\partial t}{\partial \tau} = a\left(\frac{\partial^2 t}{\partial x^2}+\frac{\partial^2 t}{\partial y^2}+\frac{\partial^2 t}{\partial z^2}\right)+\frac{\dot{\varPhi}}{\rho c} \tag{2-24}$$

式中：a 为热扩散率，又称导温系数，$a=\dfrac{\lambda}{\rho c}$。从热扩散率 a 的定义可知，较大的 a 值可由较大的 λ 值或较小的 ρc 值得到。λ 越大，单位温度梯度下导入的热量就越多。而 ρc 是单位体积的物体升高 1 ℃所需的热量。若 ρc 的值越小，意味着温度升高 1 ℃所需的热量越小，可以剩下越多的热量向内部传递。由此可知，a 越大，热量传播越迅速。

　　式(2-24)也可写成

$$\frac{\partial t}{\partial \tau} = a\,\nabla^2 t+\frac{\dot{\varPhi}}{\rho c} \tag{2-25}$$

式中：∇^2 是拉普拉斯算子，在直角坐标系中，

$$\nabla^2 = \frac{\partial^2}{\partial x^2}+\frac{\partial^2}{\partial y^2}+\frac{\partial^2}{\partial z^2}$$

　　(2) 无内热源，导热系数为常数，这时式(2-24)为

$$\frac{\partial t}{\partial \tau} = a\left(\frac{\partial^2 t}{\partial x^2}+\frac{\partial^2 t}{\partial y^2}+\frac{\partial^2 t}{\partial z^2}\right) \tag{2-26}$$

这是常物性、无内热源的三维非稳态导热微分方程。

　　(3) 常物性、稳态情况，这时式(2-24)变为

$$\frac{\partial^2 t}{\partial x^2}+\frac{\partial^2 t}{\partial y^2}+\frac{\partial^2 t}{\partial z^2}+\frac{\dot{\varPhi}}{\lambda} = 0 \tag{2-27}$$

在数学上，式(2-27)称为泊松(Poisson)方程。这是常物性、稳态且有内热源的三维导热微分方程。

（4）常物性、稳态、无内热源情况，这时式（2-27）变为

$$\frac{\partial^2 t}{\partial x^2} + \frac{\partial^2 t}{\partial y^2} + \frac{\partial^2 t}{\partial z^2} = 0 \tag{2-28}$$

式（2-28）又叫拉普拉斯（Laplace）方程。

2）圆柱坐标系和球坐标系

当所研究的对象是圆柱状（圆柱、圆筒壁等）物体时，采用圆柱坐标系（r,φ,z）比较方便，如图 2-5 所示。采用和直角坐标系相同的方法，分析圆柱坐标系中微元体在导热过程中的热平衡，可推导出圆柱坐标系中的导热微分方程，结果如下：

$$\rho c\, \frac{\partial t}{\partial \tau} = \frac{1}{r}\, \frac{\partial}{\partial r}\Big(\lambda r\, \frac{\partial t}{\partial r}\Big) + \frac{1}{r^2}\, \frac{\partial}{\partial \varphi}\Big(\lambda\, \frac{\partial t}{\partial \varphi}\Big) + \frac{\partial}{\partial z}\Big(\lambda\, \frac{\partial t}{\partial z}\Big) + \dot{\Phi} \tag{2-29}$$

当 λ 为常数时，式（2-29）可简化为

$$\frac{\partial t}{\partial \tau} = a\Big(\frac{\partial^2 t}{\partial r^2} + \frac{1}{r}\, \frac{\partial t}{\partial r} + \frac{1}{r^2}\, \frac{\partial^2 t}{\partial \varphi^2} + \frac{\partial^2 t}{\partial z^2}\Big) + \frac{\dot{\Phi}}{\rho c} \tag{2-30}$$

当所研究的对象是球状物体时，采用图 2-6 所示的球坐标系（r,θ,φ）比较方便，球坐标系中的导热微分方程为

$$\rho c\, \frac{\partial t}{\partial \tau} = \frac{1}{r^2}\, \frac{\partial}{\partial r}\Big(\lambda r^2\, \frac{\partial t}{\partial r}\Big) + \frac{1}{r^2 \sin\theta}\, \frac{\partial}{\partial \theta}\Big(\lambda \sin\theta\, \frac{\partial t}{\partial \theta}\Big) + \frac{1}{r^2 \sin^2\theta}\, \frac{\partial}{\partial \varphi}\Big(\lambda\, \frac{\partial t}{\partial \varphi}\Big) + \dot{\Phi}$$

当 λ 为常数时，上式可简化为

$$\frac{\partial t}{\partial \tau} = a\Big[\frac{1}{r}\, \frac{\partial^2 (rt)}{\partial r^2} + \frac{1}{r^2 \sin\theta}\, \frac{\partial}{\partial \theta}\Big(\sin\theta\, \frac{\partial t}{\partial \theta}\Big) + \frac{1}{r^2 \sin^2\theta}\, \frac{\partial^2 t}{\partial \varphi^2}\Big] + \frac{\dot{\Phi}}{\rho c} \tag{2-31}$$

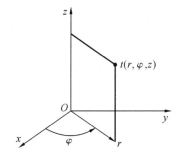
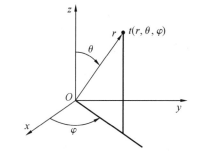

图 2-5　圆柱坐标系　　　　　　　　图 2-6　球坐标系

5. 定解条件

上面导出的导热微分方程是描述物体的温度随空间坐标及时间变化的一般性关系式，它是在一定的假设条件下根据微元体在导热过程中的能量守恒和傅里叶定律建立起来的，在推导过程中没有涉及导热过程的具体特点，所以它适用于无穷多个导热过程，有无穷多个解。要完整地描述某个具体的导热过程，除了建立导热微分方程之外，还必须说明导热过程的具体特点，即给出导热微分方程的单值性条件或定解条件，使导热微分方程具有唯一解，如必须给出所讨论对象的几何形状和尺寸、物性参数等条件。更重要的是，定解条件必须给出时间条件和边界条件。导热微分方程与定解条件一起构成了具体导热过程的数学描述。

时间条件用来说明导热过程进行的时间上的特点，例如是稳态导热还是非稳态导热。对于非稳态导热过程，必须给出过程开始时物体内部的温度分布规律，称为非稳态导热过程的初始条件，一般形式为

$$t \mid_{\tau=0} = f(x,y,z) \tag{2-32}$$

如果过程开始时物体内部的温度分布均匀,则初始条件简化为

$$t \mid_{\tau=0} = t_0 = 常数$$

边界条件用来说明导热物体边界上的热状态以及与周围环境之间的相互作用,例如,边界上的温度、热流密度分布以及物体通过边界与周围环境之间的热量传递情况等。边界条件可分为下面三类。

(1) 第一类边界条件:给出物体边界上的温度分布及其随时间的变化规律,一般形式为

$$t_w = f(x,y,z,\tau) \tag{2-33}$$

如果在整个导热过程中物体边界上的温度为定值,则式(2-33)简化为

$$t_w = c$$

当 $c=0$ 时,则该条件称为第一类齐次边界条件。在求解微分方程时齐次边界条件可以使问题简化,因而求解时经常使用变量替换将边界条件齐次化。

(2) 第二类边界条件:给出物体边界上的热流密度分布及其随时间的变化规律,一般形式为

$$q_w = f(x,y,z,\tau) \tag{2-34}$$

由傅里叶定律,式(2-34)可变为

$$-\lambda \left(\frac{\partial t}{\partial n} \right)_w = f(x,y,z,\tau)$$

第二类边界条件给出了边界面法线方向的温度变化率,但边界温度 t_w 未知。

若物体边界处表面绝热,则该条件称为第二类齐次边界条件:

$$q_w = 0$$

(3) 第三类边界条件:给出边界上物体表面与周围流体间的表面传热系数 h 及流体的温度 t_f。根据边界面的热平衡,由物体内部传向边界面的热流密度应该等于从边界面传给周围流体的热流密度,于是由傅里叶定律和牛顿冷却公式可得第三类边界条件的一般形式:

$$-\lambda \left(\frac{\partial t}{\partial n} \right)_w = h(t_w - t_f) \tag{2-35}$$

该式建立了物体内部温度在边界处的变化率与边界处表面对流传热之间的关系,所以第三类边界条件也称为对流边界条件,当 $t_f=0$ 时,则该条件称为第三类齐次边界条件。

从第三类边界条件表达式可以看出,在一定的情况下,第三类边界条件将转化为第一类边界条件或第二类边界条件:当 h 非常大时,边界温度近似等于已知的流体温度,即 $t_w \approx t_f$,这时第三类边界条件转化为第一类边界条件;当 h 非常小时,即 $h \approx 0$,$q_w = 0$,这相当于第二类边界条件。

上述三类边界条件都是线性的,所以也称为线性边界条件。如果导热物体的边界处除了对流换热还存在与周围环境之间的辐射换热,则由物体边界面的热平衡可得出这时的边界条件为

$$-\lambda \left(\frac{\partial t}{\partial n} \right)_w = h(t_w - t_f) + q_r \tag{2-36}$$

式中:q_r 为物体边界面与周围环境之间的净辐射换热热流密度。q_r 与物体边界面和周围环境温度的四次方有关,此外,还与物体边界面与周围环境的辐射特性有关,所以式(2-36)是温度的复杂函数。这种对流换热与辐射换热叠加的复合换热边界条件是非线性的边界条件。本书主要讨论具有线性边界条件的导热问题。

综上所述,对一个具体导热过程进行完整的数学描述,应该包括导热微分方程和定解条件两个方面。在建立数学模型的过程中,应该根据导热过程的特点,进行合理的简化,力求能够比较真实地描述所研究的导热问题。对数学模型进行求解,就可以得到物体的温度场,进而根据傅里叶定律确定相应的热流分布。

导热问题的求解方法有很多种,目前应用最广泛的方法有三种:分析解法、数值解法和实验方法。这也是求解所有传热学问题的三种基本方法。本章主要介绍导热问题的分析解法。

2.2　一维稳态导热分析

1. 通过平壁的导热

对于通过平壁的稳态导热问题,三种边界条件下的求解方法是类似的,都是先通过导热微分方程求出温度函数的通解,再利用边界条件得到温度函数的特解。现在讨论第一类边界条件下通过大平壁的稳态导热问题。当平壁的边长比厚度大很多时,平壁的导热可以近似地作为一维稳态导热处理。已知平壁的壁厚为 δ,平壁的两个表面分别维持均匀且恒定的温度 t_1 和 t_2,无内热源(见图 2-7)。下面求解平壁的温度分布和通过平壁的热流密度。假设导热系数 λ 为常数,则问题的数学描述如下。

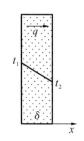

图 2-7　平壁导热分析

微分方程:

$$\frac{\mathrm{d}^2 t}{\mathrm{d}x^2} = 0$$

边界条件:

$$x = 0 : t = t_1; \quad x = \delta : t = t_2$$

对微分方程进行二次积分可得

$$\frac{\mathrm{d}t}{\mathrm{d}x} = c_1; \quad t = c_1 x + c_2$$

由边界条件解得

$$c_1 = \frac{t_2 - t_1}{\delta}; \quad c_2 = t_1$$

这样平壁的温度分布为

$$t = \frac{t_2 - t_1}{\delta} x + t_1 \tag{2-37}$$

由此可知,平壁中的温度分布是线性的,温度梯度为常数,表明热流密度不随 x 变化。

由傅里叶定律:

$$q = -\lambda \frac{\mathrm{d}t}{\mathrm{d}x}$$

可以很容易地由温度分布求得通过平壁的热流密度,即

$$q = \frac{\lambda}{\delta}(t_1 - t_2) \tag{2-38}$$

或

$$q = \frac{\lambda}{\delta} \Delta t \tag{2-39}$$

设垂直于热流方向上平壁的截面积为 A,则通过平壁的总热流量为

$$\Phi = \frac{\lambda A}{\delta} \Delta t \tag{2-40}$$

若由式(2-40)得到的热流密度为正值,则表明热流密度指向 x 方向。

式中 $q,\lambda,\delta,\Delta t = (t_1 - t_2)$ 只要知道任意三个就可以求出第四个,由此可设计用稳态法测量导热系数的实验。在稳态情况下采用平壁法测量导热系数时,对于已知截面积 A 和厚度 δ 的平壁,需要使平壁两侧维持一恒定温差,测量这一温差 Δt 和通过平壁的热流量 Φ,由式(2-40)可得出材料的导热系数:

$$\lambda = \frac{\Phi \delta}{A \Delta t} \tag{2-41}$$

如第 1 章所述,式(2-40)可以写成热阻的形式:

$$\Phi = \frac{\Delta t}{R}$$

式中:R 是导热热阻,即

$$R = \frac{\delta}{A \lambda}$$

对于单位面积而言,面积热阻为

$$R_A = \frac{\delta}{\lambda}$$

在日常生活及工程应用中,经常遇到由几层不同材料组成的多层平壁,例如,房屋的墙壁一般由白灰内层、水泥砂浆层和红砖(或青砖)主体层构成,高级的楼房还有一层水泥沙砾或瓷砖修饰层;再如锅炉的炉墙,一般由耐火砖砌成的内层、用于隔热的夹气层或保温层以及普通砖砌成的外墙构成,大型锅炉还外包一层钢板。当这种多层平壁的表面温度均匀不变时,其导热也是一维稳态导热。有了热阻的概念,就可以很方便地计算多层平壁的导热,每一层可当作一个热阻,若忽略接触热阻,则导热的总热阻由各个热阻串联而成。

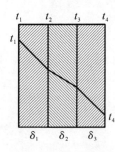

图 2-8　多层平壁导热

参看图 2-8,由三层不同材料组成的复合平壁,各层的厚度分别为 δ_1、δ_2 和 δ_3,导热系数分别为 λ_1、λ_2 和 λ_3;若复合平壁两侧维持恒定的温度 t_1 和 t_4,通过各层的热流密度均为 q,则每层的面积热阻为

$$\begin{cases} R_{A1} = \dfrac{\delta_1}{\lambda_1} = \dfrac{t_1 - t_2}{q} \\[2mm] R_{A2} = \dfrac{\delta_2}{\lambda_2} = \dfrac{t_2 - t_3}{q} \\[2mm] R_{A3} = \dfrac{\delta_3}{\lambda_3} = \dfrac{t_3 - t_4}{q} \end{cases} \tag{2-42}$$

总热阻为

$$R_A = R_{A1} + R_{A2} + R_{A3} = \frac{\delta_1}{\lambda_1} + \frac{\delta_2}{\lambda_2} + \frac{\delta_3}{\lambda_3}$$

热流密度为

$$q = \frac{\Delta t}{R_A} = \frac{t_1 - t_4}{\dfrac{\delta_1}{\lambda_1} + \dfrac{\delta_2}{\lambda_2} + \dfrac{\delta_3}{\lambda_3}} \tag{2-43}$$

对于 n 层平壁,热流密度为

$$q = \frac{t_1 - t_{n+1}}{\displaystyle\sum_{i=1}^{n} \frac{\delta_i}{\lambda_i}} \tag{2-44}$$

若知道了热流密度,各层界面上的未知温度可由式(2-42)依次求出。如第一层界面 2 的温度为

$$t_2 = t_1 - q \frac{\delta_1}{\lambda_1}$$

上面的讨论假定导热系数是常数。若导热系数是温度的线性函数,即 $\lambda = \lambda_0(1 + bt)$ 时,仍可认为导热系数是常数,只要将 λ 用平均温度下的 $\bar{\lambda}$ 值代替即可。如对于单层平壁,由傅里叶定律:

$$q = -\lambda(t) \frac{\mathrm{d}t}{\mathrm{d}x}$$

分离变量并积分得

$$\int_{x_1}^{x_2} q\mathrm{d}x = -\int_{t_1}^{t_2} \lambda(t)\mathrm{d}t$$

将 $\lambda = \lambda_0(1 + bt)$ 代入上式经整理得到

$$q = \left[\lambda_0 \left(1 + b\frac{t_1 + t_2}{2} \right) \right] \frac{t_1 - t_2}{\delta}$$

和式(2-38)对比,上式可写成

$$q = \frac{\bar{\lambda}}{\delta}(t_1 - t_2) \tag{2-45}$$

式中:

$$\bar{\lambda} = \lambda_0 [1 + b(t_1 + t_2)/2]$$

它正好是 t_1 与 t_2 平均温度下的导热系数值。

上面在分析多层平壁的导热时,都假设层与层之间的接触非常紧密,相互接触的表面具有相同的温度。实际上,无论固体表面看上去多么光滑,都不是一个理想的平整表面,总存在一定的粗糙度。实际的两个固体表面之间不可能完全接触,只能是局部甚至是点接触,如图 2-9 所示。只有在界面上那些真正接触的点上,温度才是相等的。当未接触的空隙中充满空气或其他气体时,由于气体的热导率远远小于固体,会对两个固体间的导热过程产生附加热阻 R_c,称为接触热阻。由于接触热阻的存在,导热过程中两个接触表面之间会出现温差 Δt_c。根据热阻的定义,

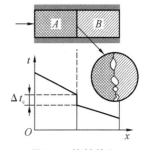

图 2-9　接触热阻

$$\Delta t_c = \Phi R_c$$

可知,热流量 Φ 愈大,接触热阻产生的温差就愈大。对于高热流密度场合,接触热阻的影响不容忽视,例如大功率可控硅元件,热流密度高于 10^6 $\mathrm{W/m^2}$,元件与散热器之间的接触热阻产生较大的温差,影响可控硅元件的散热,必须设法减小接触热阻。

接触热阻的主要影响因素有如下几个。

（1）相互接触的物体的表面粗糙度：表面粗糙度愈高，接触热阻愈大。

（2）相互接触的物体表面的硬度：在其他条件相同的情况下，两个都比较坚硬的表面之间接触面积较小，接触热阻较大，而两个硬度较小或者一个硬一个软的表面之间接触面积较大，接触热阻较小。

（3）相互接触的物体表面之间的压力：加大压力会使两个物体直接接触的面积加大，中间空隙变小，接触热阻也就随之减小。

在工程上，为了减小接触热阻，除了尽可能抛光接触表面、加大接触压力之外，有时在接触表面之间加一层热导率大、硬度很小的纯铜箔或银箔，或者在接触面上涂一层导热油（亦称导热姆，一种热导率较大的有机混合物），在一定的压力下，可将接触空隙中的气体排挤掉，显著减小接触热阻。

接触热阻的影响因素非常复杂，至今仍无统一的规律可循，只能通过实验确定。详细的资料请参阅文献[6]。

例 2-1   一锅炉炉墙采用密度为 300 kg/m³ 的水泥珍珠岩制作，壁厚 $\delta = 100$ mm，已知内壁温度 $t_1 = 500$ ℃，外壁温度 $t_2 = 50$ ℃，求炉墙单位面积、单位时间的热损失。

解   材料的平均温度为

$$t = \frac{500 + 50}{2} ℃ = 275 ℃$$

由附录 4 查得：

$$\{\lambda\}_{W/(m \cdot K)} = 0.0651 + 0.000105 \{t\}_{℃}$$

（这是国家标准 GB 3101—1993 中规定的数值方程式的写法）

于是 $\bar{\lambda} = 0.0651 + 0.000105 \times 275$ W/(m · K) = 0.0940 W/(m · K)，故

$$q = \frac{\lambda}{\delta}(t_1 - t_2) = \frac{0.0940}{0.1} \times (500 - 50) \text{ W/m}^2 = 423 \text{ W/m}^2$$

若是多层平壁，t_2、t_3 的温度未知，可先假定它们的温度，以计算出平均温度并查出 λ 值，再计算热流密度及 t_2、t_3 的值，若计算值与假设值相差较大，需要用计算结果修正假设值，逐步逼近，这就是迭代法。

例 2-2   一双层玻璃窗，高 1.5 m，宽 1 m，玻璃厚 3 mm，玻璃的导热系数为 $\lambda = 0.5$ W/(m · K)，双层玻璃间的空气夹层厚度为 5 mm，夹层中的空气完全静止，空气的导热系数为 $\lambda = 0.025$ W/(m · K)。如果测得冬季室内外玻璃表面温度分别为 15 ℃和 5 ℃，试求玻璃窗的散热损失，并比较玻璃与空气夹层的导热热阻。

解   这是一个三层平壁的稳态导热问题。根据式(2-40)，散热损失为

$$\Phi = \frac{t_{w1} - t_{w4}}{\dfrac{\delta_1}{A\lambda_1} + \dfrac{\delta_2}{A\lambda_2} + \dfrac{\delta_3}{A\lambda_3}} = \frac{t_{w1} - t_{w4}}{R_{\lambda1} + R_{\lambda2} + R_{\lambda3}}$$

$$= \frac{15 - 5}{\dfrac{0.003}{1.5 \times 0.5} + \dfrac{0.005}{1.5 \times 0.025} + \dfrac{0.003}{1.5 \times 0.5}} \text{ W} = 70.8 \text{ W}$$

可见，单层玻璃的导热热阻为 0.004 K/W，而空气夹层的导热热阻为 0.133 K/W，是玻璃的 33.3 倍。如果采用单层玻璃窗，则散热损失为

$$\Phi' = \frac{10}{0.004} \text{ W} = 2500 \text{ W}$$

此散热损失约为双层玻璃窗散热损失的 35 倍。显然采用双层玻璃窗可以大大减少散热损

失,节约能源。

2. 通过圆筒壁的导热

现在讨论第一类边界条件下通过圆筒壁的导热问题。当圆筒的长度比半径大很多时,圆筒壁的导热可以近似地作为沿半径方向一维稳态导热处理。参看图 2-10,已知圆筒壁的长度为 l,内外半径分别为 r_1 和 r_2,两个壁面温度分别维持均匀且恒定的温度 t_1 和 t_2,无内热源。

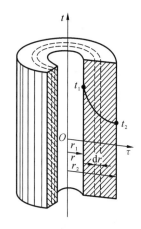

图 2-10　圆筒壁导热分析

关于此时的温度分布,传热面积($=2\pi rl$)随着 r 的增加而增加,而流过各传热面积的热流量在一维稳态情况下都相同,由傅里叶定律知,温度的变化随 r 的增加而逐步趋缓。我们来求解圆筒壁的温度分布和通过圆筒壁的热流密度。采用圆柱坐标系,假设导热系数 λ 为常数,由式(2-29),稳态、常物性、无内热源时圆柱坐标系下的导热微分方程为

$$\frac{d}{dr}\left(r\frac{dt}{dr}\right)=0$$

边界条件为

$$r=r_1:t=t_1$$
$$r=r_2:t=t_2$$

对微分方程积分两次可得

$$t=c_1\ln r+c_2$$

代入边界条件得

$$c_1=\frac{t_2-t_1}{\ln(r_2/r_1)}$$

$$c_2=t_1-\frac{t_2-t_1}{\ln(r_2/r_1)}\ln r_1$$

故圆筒壁温度分布为

$$t=t_1+\frac{t_2-t_1}{\ln(r_2/r_1)}\ln\frac{r}{r_1} \tag{2-46}$$

可见圆筒壁的温度分布不是直线,而是对数曲线,其斜率为

$$\frac{dt}{dr}=\frac{t_2-t_1}{r\ln(r_2/r_1)}$$

由傅里叶定律得到流过圆筒壁的热流密度为

$$q=\frac{\lambda}{r}\frac{t_1-t_2}{\ln(r_2/r_1)} \tag{2-47}$$

由于在不同半径处圆筒有不同的截面积,从而通过圆筒壁的热流密度在不同半径处也不相同,热流密度 q 与半径 r 成反比。当然,流过整个圆筒壁的总热流量 $\Phi(=2\pi rlq)$ 与半径无关:

$$\Phi=\frac{2\pi l\lambda(t_1-t_2)}{\ln(r_2/r_1)} \tag{2-48}$$

按照热阻的定义可知圆筒壁的导热热阻为

$$R=\frac{\ln(r_2/r_1)}{2\pi l\lambda} \tag{2-49}$$

对于 n 层圆筒壁导热,由热阻串联关系,可得到流过圆筒壁的总热流量为

$$\Phi = \frac{2\pi l \Delta t}{\sum\limits_{i=1}^{n} \left[\frac{1}{\lambda_i} \ln \frac{r_{i+1}}{r_i} \right]} \tag{2-50}$$

3. 通过球壁的导热

现在来讨论第一类边界条件下通过球壁的导热问题。如图 2-11 所示,一空心单层球

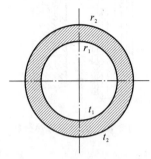

壁,内外半径分别为 r_1 和 r_2,球壁材料的热导率 λ 为常数,无内热源,球壁内外侧壁面分别维持均匀且恒定的温度 t_1 和 t_2,温度只沿径向发生变化。采用球坐标系,由球坐标系下的一般导热微分方程(2-31),可写出该球壁的导热微分方程为

$$\frac{\mathrm{d}}{\mathrm{d}r} \left(r^2 \frac{\mathrm{d}t}{\mathrm{d}r} \right) = 0$$

边界条件为

$$r = r_1 : t = t_1$$
$$r = r_2 : t = t_2$$

图 2-11　球壁导热分析

对导热微分方程积分两次,并代入边界条件得到球壁内的温度分布为

$$t = t_2 + (t_1 - t_2) \frac{1/r - 1/r_2}{1/r_1 - 1/r_2} \tag{2-51}$$

由傅里叶定律得到通过球壁的热流密度为

$$q = \frac{\lambda(t_1 - t_2)}{(1/r_1 - 1/r_2)r^2} \tag{2-52}$$

可见,和圆筒壁导热不同,这里热流密度和半径的平方成反比。通过球壁的总热流量($\Phi = 4\pi r^2 q$)仍然与半径无关:

$$\Phi = \frac{4\pi\lambda(t_1 - t_2)}{1/r_1 - 1/r_2} \tag{2-53}$$

球壁的热阻表达式为

$$R = \frac{1}{4\pi\lambda} \left(\frac{1}{r_1} - \frac{1}{r_2} \right) \tag{2-54}$$

例 2-3　温度为 120 ℃的空气从导热系数为 $\lambda_1 = 18$ W/(m·K)的不锈钢管内流过,表面传热系数为 $h_1 = 65$ W/(m²·K),管内径为 $d_1 = 25$ mm,厚度为 4 mm。管子外表面处于温度为 15 ℃的环境中,外表面自然对流的表面传热系数为 $h_2 = 6.5$ W/(m²·K)。(1) 求每米长管道的热损失;(2) 为了将热损失降低 80%,在管道外壁覆盖导热系数为 0.04 W/(m·K)的保温材料,求所需的保温层厚度;(3) 若要将热损失降低 90%,求保温层厚度。

解　这是一个含有圆管导热的传热过程,光管时的总热阻为

$$R = \frac{1}{h_1 A_1} + \frac{\ln(d_2/d_1)}{2\pi l \lambda_1} + \frac{1}{h_2 A_2}$$

$$= \frac{1}{2\pi} \left(\frac{1}{65 \times 0.0125} + \frac{\ln(33/25)}{18} + \frac{1}{6.5 \times 0.0165} \right) \text{℃/W}$$

$$= 1.6823 \text{ ℃/W}$$

(1) 每米长管道的热损失为

$$\Phi = \frac{\Delta t}{R} = \frac{120 - 15}{1.6823} \text{ W} = 62.4 \text{ W}$$

（2）设覆盖保温材料后的半径为 r_3，由所给条件和热阻的概念有

$$\frac{\Phi_{保温}}{\Phi_{光管}} = 0.2 = \frac{R_{光管}}{R_{保温}}$$

$$\frac{\dfrac{1}{h_1 A_1} + \dfrac{\ln(d_2/d_1)}{2\pi l \lambda_1} + \dfrac{1}{h_2 A_2}}{\dfrac{1}{h_1 A_1} + \dfrac{\ln(d_2/d_1)}{2\pi l \lambda_1} + \dfrac{\ln(d_3/d_2)}{2\pi l \lambda_2} + \dfrac{1}{h_2 A_3}} = 0.2$$

即

$$\frac{\dfrac{1}{65 \times 0.0125} + \dfrac{\ln(33/25)}{18} + \dfrac{1}{6.5 \times 0.0165}}{\dfrac{1}{65 \times 0.0125} + \dfrac{\ln(33/25)}{18} + \dfrac{\ln(r_3/0.0165)}{0.04} + \dfrac{1}{6.5 \times r_3}} = 0.2$$

由以上超越方程解得 $r_3 = 0.123$ m，故保温层厚度为 $123 - 16.5$ mm $= 106.5$ mm。

（3）若要将热损失降低 90%，按上面方法可得 $r_3 = 1.07$ m。

这时所需的保温层厚度为 $1.07 - 0.0165$ m $= 1.05$ m。

由此可见，热损失降低到一定程度后，若要再提高保温效果，将会使保温层厚度大大增加。

例 2-4　热电厂中有一直径为 0.2 m 的过热蒸汽管道，钢管壁厚为 8 mm，钢材的导热系数为 $\lambda_1 = 45$ W/(m·K)，管外包有厚度为 $\delta = 0.12$ m 的保温层，保温材料的导热系数为 $\lambda_1 = 0.1$ W/(m·K)，管内壁面温度为 $t_{w1} = 300$ ℃，保温层外壁面温度为 $t_{w3} = 50$ ℃。试求单位管长的散热损失。

解　这是一个通过二层圆筒壁的稳态导热问题。根据式（2-48），有

$$
\begin{aligned}
q_l &= \frac{t_{w1} - t_{w3}}{\dfrac{1}{2\pi\lambda_1}\ln\dfrac{d_2}{d_1} + \dfrac{1}{2\pi\lambda_2}\ln\dfrac{d_3}{d_2}} \\
&= \frac{300 - 50}{\dfrac{1}{2\pi \times 45} \times \ln\dfrac{0.2 + 2 \times 0.008}{0.2} + \dfrac{1}{2\pi \times 0.1}\ln\dfrac{0.216 + 2 \times 0.12}{0.216}} \text{ W/m} \\
&= 210.3 \text{ W/m}
\end{aligned}
$$

从以上计算过程可以看出，钢管壁的导热热阻与保温层的导热热阻相比非常小，可以忽略。

4. 具有内热源的导热问题

1）具有内热源的平壁

前面讨论的都是无内热源的一维稳态导热问题。在工程应用中，也经常遇到有内热源的导热问题，如电流通过导体时的发热、化工过程中的放热和吸热反应、反应堆中燃料元件的核反应热等等。在有内热源时，即使是一维稳态导热，热流量沿传热方向也是不断变化的，微分方程中必须考虑内热源项。

考虑一具有均匀内热源 $\dot{\Phi}$ 的大平壁，厚度为 2δ，平壁的两侧均为第三类边界条件，周围流体的温度为 t_f，表面传热系数为 h。由于对称性，这里只考虑平壁的一半，如图 2-12 所示。问题的数学描述如下。

微分方程：

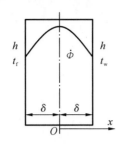

图 2-12　具有内热源的平壁导热

$$\frac{\mathrm{d}^2 t}{\mathrm{d}x^2} + \frac{\dot{\Phi}}{\lambda} = 0$$

考虑边界条件时，$x=0$ 处可认为是对称条件，这样两个边界条件为

$$x = 0: \frac{\mathrm{d}t}{\mathrm{d}x} = 0$$

$$x = \delta: -\lambda \frac{\mathrm{d}t}{\mathrm{d}x} = h(t - t_\mathrm{f})$$

对微分方程积分得

$$\frac{\mathrm{d}t}{\mathrm{d}x} = -\frac{\dot{\Phi}}{\lambda}x + c_1$$

将 $x=0$ 的边界条件代入上式可得 $c_1=0$。再将 $c_1=0$ 代入上式，并再次积分得

$$t = \frac{-\dot{\Phi}}{2\lambda}x^2 + c_2$$

最后将 $x=\delta$ 的边界条件代入上式可求出 c_2，得出具有均匀内热源的平壁内温度分布为

$$t = \frac{\dot{\Phi}}{2\lambda}(\delta^2 - x^2) + \frac{\dot{\Phi}\delta}{h} + t_\mathrm{f} \tag{2-55}$$

由傅里叶定律得任一位置处的热流密度为

$$q = \dot{\Phi}x \tag{2-56}$$

由结果可知，具有均匀内热源的平壁温度分布为抛物线形，而不是线性的。同时，热流密度不再是常数，而是与 x 成正比。

上面我们分析的是第三类边界条件下的结果，当 $h \to \infty$ 时，$t_\mathrm{f} \to t_\mathrm{w}$，这时第三类边界条件变为第一类边界条件。在式(2-56)中令 $h \to \infty$ 和 $t_\mathrm{f} = t_\mathrm{w}$ 可得第一类边界条件下的温度分布为

$$t = \frac{\dot{\Phi}(\delta^2 - x^2)}{2\lambda} + t_\mathrm{w} \tag{2-57}$$

2）具有内热源的圆柱

现在考虑一具有均匀内热源 $\dot{\Phi}$ 的长圆柱，半径为 R，表面温度为 t_w，下面来导出圆柱体内部的温度分布。采用圆柱坐标系，问题的数学描述如下。

微分方程：

$$\frac{\mathrm{d}^2 t}{\mathrm{d}r^2} + \frac{1}{r}\frac{\mathrm{d}t}{\mathrm{d}r} + \frac{\dot{\Phi}}{\lambda} = 0$$

边界条件为中心对称条件和表面第一类边界条件：

$$r = 0: \frac{\mathrm{d}t}{\mathrm{d}r} = 0 \tag{2-58}$$

$$r = R: t = t_\mathrm{w} \tag{2-59}$$

将微分方程转变成便于求解的形式：

$$\frac{\mathrm{d}}{\mathrm{d}r}\left(r\frac{\mathrm{d}t}{\mathrm{d}r}\right) = -\frac{\dot{\Phi}}{\lambda}r$$

对上式积分一次可得

$$r\frac{\mathrm{d}t}{\mathrm{d}r} = -\frac{\dot{\Phi}}{2\lambda}r^2 + C_1$$

由边界条件式(2-58)可得 $C_1=0$。这样上式变为

$$\frac{\mathrm{d}t}{\mathrm{d}r}=-\frac{\dot{\Phi}}{2\lambda}r$$

再次积分得

$$t=-\frac{\dot{\Phi}}{4\lambda}r^2+C_2$$

由边界条件式(2-59)可解得

$$C_2=t_\mathrm{w}+\frac{\dot{\Phi}}{4\lambda}r^2$$

故最终得到温度为抛物线分布：

$$t=\frac{\dot{\Phi}}{4\lambda}(R^2-r^2)+t_\mathrm{w} \tag{2-60}$$

圆柱体中心具有最高温度 t_c：

$$t_\mathrm{c}=\frac{\dot{\Phi}R^2}{4\lambda}+t_\mathrm{w} \tag{2-61}$$

3)具有内热源的圆筒

对于具有均匀内热源 $\dot{\Phi}$ 的长圆筒,若其内径为 r_1,内表面温度为 t_1,外径为 r_2,外表面温度为 t_2,则微分方程与具有内热源的圆柱的相同,边界条件为

$$r=r_1:t=t_1 \tag{2-62}$$
$$r=r_2:t=t_2 \tag{2-63}$$

微分方程的通解为

$$t=-\frac{\dot{\Phi}}{4\lambda}r^2+C_1\ln r+C_2$$

代入边界条件后得温度分布为

$$t=t_2+\frac{\dot{\Phi}}{4\lambda}(r_2^2-r^2)+C_1\ln\frac{r}{r_2} \tag{2-64}$$

其中常数 C_1 为

$$C_1=\frac{(t_1-t_2)+\dot{\Phi}(r_1^2-r_2^2)/(4\lambda)}{\ln(r_1/r_2)}$$

例 2-5　一直径为 3 mm、长度为 1 m 的不锈钢导线通有 200 A 的电流。不锈钢的导热系数为 $\lambda=19$ W/(m·K),电阻率为 $\rho=7\times10^{-7}$ Ω·m。导线周围与温度为 110 ℃ 的流体进行对流换热,表面传热系数为 4000 W/(m²·K)。求导线中心的温度。

解　这里给的是第三类边界条件,而前面介绍的分析解是第一类边界条件,因此需要先确定导线表面的温度。由热平衡,导线发出的所有热量都必须通过对流传热散出,有

$$I^2R=\Phi=h\pi dL(t_\mathrm{w}-t_\infty)$$

电阻 R 的计算公式为

$$R=\rho\frac{L}{A}=\frac{7\times10^{-7}}{\pi(0.0015)^2}\ \Omega=0.099\ \Omega$$

故热平衡方程为

$$(200)^2\times(0.099)\ \mathrm{W}=4000\pi\times(3\times10^{-3})\times(t_\mathrm{w}-110)\ \mathrm{W}=3960\ \mathrm{W}$$

由此解得

$$t_w = 215\ ℃$$

单位体积的生成热的计算公式为

$$I^2 R = \dot{\Phi}V$$

得

$$\dot{\Phi} = \frac{3960}{\pi(0.0015)^2}\ \text{W/m}^3 = 560.2 \times 10^6\ \text{W/m}^3$$

这样由式(2-61)得导线中心的温度为

$$t_c = \frac{\dot{\Phi}r^2}{4\lambda} + t_w = \frac{560.2 \times 10^6 \times 0.0015^2}{4 \times 19} + 215\ ℃ = 231.6\ ℃$$

5. 积分求解

在前面导热问题的分析中,都是先由微分方程求温度分布,再由傅里叶定律求得热流密度。实际上在很多情况下,不求解微分方程,对傅里叶定律直接积分也可以得到相同的结果。这一方法对稳态一维变物性、变传热面积的导热问题非常有用。稳态一维问题的一个重要特点是热流量 Φ 与坐标变量 x 无关,积分时可以当常数处理。

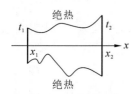

现在考虑如图 2-13 所示的稳态一维变物性、变传热面积的导热问题。一变截面物体两端分别维持恒定的温度 t_1 和 t_2,侧面绝热,横截面积沿 x 方向是不断变化的。由傅里叶定律有

$$\Phi = -A\lambda(t)\frac{\mathrm{d}t}{\mathrm{d}x}$$

图 2-13　变传热面积的导热问题

分离变量可得

$$\Phi\int_{x_1}^{x_2}\frac{\mathrm{d}x}{A} = -\int_{t_1}^{t_2}\lambda(t)\mathrm{d}t$$

或

$$\Phi\int_{x_1}^{x_2}\frac{\mathrm{d}x}{A} = \frac{-\int_{t_1}^{t_2}\lambda(t)\mathrm{d}t}{t_2 - t_1}(t_2 - t_1)$$

而上式中

$$\frac{1}{t_2 - t_1}\int_{t_1}^{t_2}\lambda(t)\mathrm{d}t = \bar{\lambda}$$

是所考虑温度区间导热系数的平均值。故最终得到通过这一变截面物体的热流量为

$$\Phi = \frac{\bar{\lambda}(t_1 - t_2)}{\int_{x_1}^{x_2}\frac{\mathrm{d}x}{A}} \tag{2-65}$$

当 λ 不是温度的线性函数时,要通过积分才能得到 λ 的平均值。当 λ 是温度的线性函数时,可用平均温度下的 λ 值作为平均值。当 $\lambda = \lambda_0(1+bt)$ 时,

$$\bar{\lambda} = \frac{1}{t_2 - t_1}\int_{t_1}^{t_2}\lambda_0(1+bt)\mathrm{d}t$$

$$= \frac{1}{t_2 - t_1}\left[\lambda_0(t_2 - t_1) + \frac{\lambda_0 b}{2}(t_2^2 - t_1^2)\right]$$

$$= \lambda_0\left(1 + b\frac{t_1 + t_2}{2}\right)$$

6. 肋片导热分析

如第 1 章所述,传热过程包含串联的三个环节。在这三个环节中,工程中经常遇到其中一个对流环节热阻较大的情况,强化这个环节的传热,降低其热阻,对增加整个传热过程的传热量非常重要。由牛顿冷却公式可知,增加换热面积是强化对流换热的有效方法之一,工程上经常采用肋片(又叫翅片)来强化换热。

肋片是依附于基础表面的扩展表面。肋片能够强化传热有两个原因,一是扩展表面增加了传热面积,二是扩展表面的存在破坏了对流边界层,增加了流体的扰动,使传热效果增强。

肋片有很多不同的形状,几种典型的肋片结构如图 2-14 所示。肋片可由管子整体轧制或缠绕、嵌套金属薄片并经加工制成,加工的方法有焊接、浸镀或胀管等。

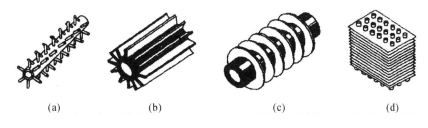

图 2-14　肋片的典型结构
(a) 针肋;(b) 直肋;(c) 环肋;(d) 大套片

肋片导热和平壁及圆筒壁的导热有很大的区别,其基本特征是在肋片伸展的方向上有表面的对流换热及辐射换热,因而热流量沿传递方向不断变化。另外,肋片表面所传递的热量都来自(或进入)肋片根部,即肋片与基础表面的相交面。分析肋片导热的目的是要得到肋片的温度分布和通过肋片的热流量。

1) 通过等截面直肋的导热

图 2-15 所示是从图 2-14(b)中取出的一矩形肋片,肋的高度为 H,厚度为 δ,宽度为 l,与高度方向垂直的横截面积为 A_c,横截面的周长为 P。设肋根的温度 t_0 已知,周围流体温度为 t_∞,肋片与环境之间有对流和辐射换热,复合表面传热系数为 h。为了简化分析,进行如下合理假定:

(1)肋片在宽度 l 方向很长,可不考虑温度沿该方向的变化,当考虑单位宽度肋片时 $l=1$;

(2)材料的导热系数 λ 及表面复合传热系数 h 为常数;

(3)肋片的导热热阻 δ/λ 与肋片表面的对流换热热阻 $1/h$ 相比很小,可以忽略。一般肋片都用金属材料制造,导热系数很大,肋片很薄,基本上都能满足这一条件。在这种情况下肋片的温度只沿高度方向发生变化,肋片的导热可以近似地认为是一维的,温度仅沿 x 方向变化。

求解肋片导热问题有两种方法,一种是将肋片表面和环境间的换热等效为肋片的内热源或热沉,按有内热源的导热问题来求解[7]。这里采用另一种方法,应用傅里叶定律对微元直接列出能量平衡方程。考虑图 2-15(b)所示的微元,由能量守恒,有

$$\Phi_x = \Phi_{x+\mathrm{d}x} + \Phi_s \tag{2-66}$$

式中:Φ_x 为导入微元的热流量;$\Phi_{x+\mathrm{d}x}$ 为导出微元的热流量;Φ_s 为微元和环境间的换热。由

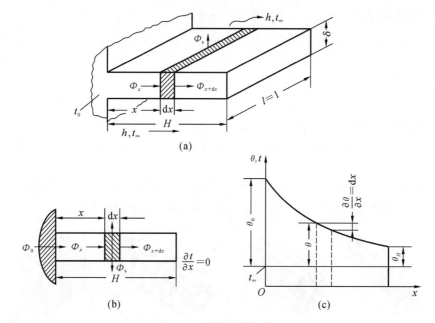

图 2-15　肋片导热分析

(a) 直肋肋片示意图；(b) 肋片平面示意图；(c) 肋片截面温度分布

傅里叶定律和牛顿冷却公式,式(2-66)各项分别为

$$\Phi_x = -\lambda A_c \frac{\mathrm{d}t}{\mathrm{d}x}$$

$$\Phi_{x+\mathrm{d}x} = \Phi_x + \frac{\mathrm{d}\Phi_x}{\mathrm{d}x}\mathrm{d}x = -\lambda A_c \frac{\mathrm{d}t}{\mathrm{d}x} - \lambda A_c \frac{\mathrm{d}^2 t}{\mathrm{d}x^2}\mathrm{d}x$$

$$\Phi_s = hP\,\mathrm{d}x(t - t_\infty)$$

式中:A_c 为横截面积;P 为肋片横截面周长。

将上面各项代入式(2-66)得

$$\lambda A_c \frac{\mathrm{d}^2 t}{\mathrm{d}x^2} = hP(t - t_\infty) \tag{2-67}$$

令 $m = \sqrt{\dfrac{hP}{\lambda A_c}}$,$\theta = t - t_\infty$,$\theta$ 为过余温度,则式(2-67)变为

$$\frac{\mathrm{d}^2 \theta}{\mathrm{d}x^2} = m^2 \theta \tag{2-68}$$

这是一个二阶线性齐次常微分方程,通解为

$$\theta = c_1 \mathrm{e}^{mx} + c_2 \mathrm{e}^{-mx}$$

$x = 0$ 处的边界条件为

$$x = 0: \theta = \theta_0 = t_0 - t_\infty \tag{2-69}$$

另一边界条件取决于肋片端部 $x = H$ 处的条件,有如下三种可能。

(1)肋片高度 H 很大,肋片端部温度趋近周围流体温度,即

$$x = \infty: \theta = 0$$

(2)肋片为有限高度,端部参与和周围流体的换热;

(3)肋片端部绝热,即

$$x = H: \frac{\mathrm{d}\theta}{\mathrm{d}x} = \frac{\mathrm{d}t}{\mathrm{d}x} = 0$$

第一种情况下的特解很简单，积分常数为

$$c_1 = 0; \quad c_2 = \theta_0$$

肋片的温度分布为

$$\theta = \theta_0 e^{-mx} \tag{2-70}$$

第二种情况下的特解相对复杂，求解过程可参阅文献[8-10]，最后的结果为

$$\theta = \theta_0 \frac{\cosh[m(H-x)] + h/(m\lambda)\sinh[m(H-x)]}{\cosh(mH) + h/(m\lambda)\sinh(mH)} \tag{2-71}$$

其中双曲函数的定义为

$$\cosh(x) = \frac{e^x + e^{-x}}{2}; \quad \sinh(x) = \frac{e^x - e^{-x}}{2}; \quad \tanh(x) = \frac{\sinh(x)}{\cosh(x)}$$

相比之下，第三情况下假定肋片端部绝热的结果最实用，得出的结果相对简单。由于肋片端部面积较小，这一假定带来的误差不大。这时的边界条件为

$$x = 0 : \theta = \theta_0 = t_0 - t_\infty$$

$$x = H : \frac{d\theta}{dx} = \frac{dt}{dx} = 0$$

将边界条件代入温度函数的通解得

$$x = 0 : \theta_0 = c_1 + c_2$$

$$x = H : \theta = c_1 e^{mH} - c_2 e^{-mH}$$

解得

$$c_1 = \frac{\theta_0}{1 + e^{2mH}}; \quad c_2 = \frac{\theta_0 e^{2mH}}{1 + e^{2mH}}$$

故温度分布为

$$\theta = \theta_0 \frac{e^{mx} + e^{2mH} e^{-mx}}{1 + e^{2mH}} = \theta_0 \frac{\cosh[m(x-H)]}{\cosh(mH)} \tag{2-72}$$

此温度分布曲线如图 2-15(c)所示。当 $x = H$ 时，

$$\theta_H = \theta_0 \frac{\cosh(0)}{\cosh(mH)} = \frac{\theta_0}{\cosh(mH)}$$

现在来计算肋片表面的传热量，从肋片的结构可知，由肋片表面散入外界的全部热量都必须通过 $x = 0$ 处的肋根截面，即

$$\Phi_{x=0} = -\lambda A_c \left(\frac{d\theta}{dx}\right)_{x=0} = \frac{hP}{m}\theta_0 \tanh(mH) \tag{2-73}$$

为了表征肋片散热的有效程度，经常要用到肋效率的概念。肋效率 η_f 定义为

$$\eta_f = \frac{\text{肋表面实际散热量}}{\text{假设整个肋表面处于肋基温度下的散热量}}$$

对于等截面直肋，其肋效率为

$$\eta_f = \frac{\frac{hP}{m}\theta_0 \tanh(mH)}{hPH\theta_0} = \frac{\tanh(mH)}{mH}$$

故肋效率与 (mH) 有关，即与肋片的几何参数、材料的导热系数及表面传热系数有关。

由于肋片宽度 l 比厚度 δ 大得多，可取单位长度($l=1$)考虑，这时，

$$P = 2 + 2\delta \approx 2$$

$$mH = \sqrt{\frac{hP}{\lambda A_c}}H = \sqrt{\frac{2h}{\lambda\delta}}H = \sqrt{\frac{2h}{\lambda\delta H}}H^{3/2} = \sqrt{\frac{2h}{\lambda A_L}}H^{3/2}$$

式中:A_L 为肋片纵剖面积,$A_L=\delta H$。这样肋效率 η_f 既可表示为 mH 的函数,也可表示为 $[2h/(\lambda A_L)]^{1/2}H^{3/2}$ 的函数。矩形及三角形直肋的肋效率曲线如图 2-16 所示。由图 2-16 可知,mH 愈大,肋效率愈低。

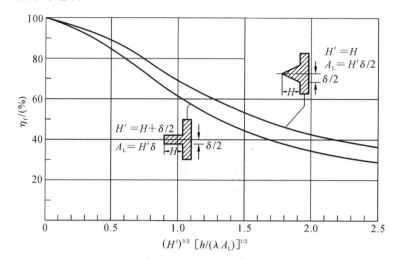

图 2-16　矩形及三角形直肋的肋效率曲线

由 mH 的表达式可知影响矩形直肋肋效率的主要因素如下。

(1) 肋片材料的热导率 λ:热导率愈大,肋片效率愈高;

(2) 肋片高度 H:肋片愈高,肋效率愈低,故肋片不宜太高;

(3) 肋片厚度 δ:肋片愈厚,肋效率愈高;

(4) 表面传热系数 h:h 愈大,即对流换热愈强,肋效率愈低。一般总是在表面传热系数较低的一侧加装肋片。

在上面的分析中假设肋端面的散热量为零,对于工程中采用的大多数薄而高的肋片来说,用上述公式进行计算已足够精确。如果必须考虑肋端面的散热,可以采用近似修正方法[11],将肋端面面积折算到侧面上去,这时可用假想肋高 $H'=H+\delta/2$ 代替实际肋高 H。

2) 通过环肋及三角形截面直肋的导热

对环肋和三角形肋片,理论分析表明,肋效率 η_f 也是 (mH) 的函数,通常将 η_f 与 (mH) 或 $[h/(\lambda A_L)]^{1/2}H^{3/2}$ 的关系绘制成图表。

三角形直肋的效率曲线如图 2-16 所示,环肋的效率曲线如图 2-17 所示。

例 2-6　如图 2-18 所示,一厚度为 10 mm、导热系数为 50 W/(m·K) 的不锈钢板两端维持固定温度 50 ℃,已知钢板两端之间的距离为 20 cm,在垂直纸面方向很长。钢板上表面绝热,下表面和 20 ℃ 的空气进行对流换热,表面传热系数为 32 W/(m²·K),试计算此钢板的中心温度。

解　由于对称性,此问题等效为厚度是原厚度的两倍、长度是原长度一半的肋片的问题,温度分布为

$$\theta=\theta_0\frac{e^{mx}+e^{2ml}e^{-mx}}{1+e^{2ml}}=\theta_0\frac{\cosh[m(x-l)]}{\cosh(ml)}$$

钢板中心处 $x=l=L/2$,

$$ml=l\sqrt{\frac{hP}{\lambda A_c}}=l\sqrt{\frac{2h}{\lambda 2\delta}}=0.1\sqrt{\frac{32}{50\times0.01}}=0.8$$

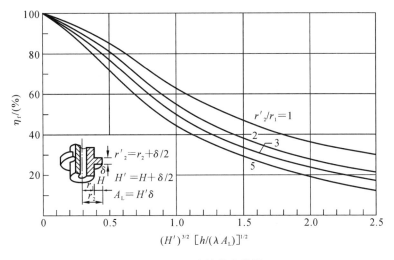

图 2-17　环肋的效率曲线

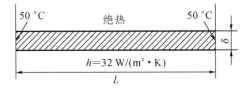

图 2-18　钢板导热问题

$$\theta = \theta_0 \frac{\cosh(0)}{\cosh(ml)} = \frac{\theta_0}{\cosh(0.8)} = \frac{30}{1.34} \ ℃ = 22.39 \ ℃$$

故钢板中心温度为 $t = 22.39 + 20 \ ℃ = 42.39 \ ℃$。

例 2-7　为了测量管道内的热空气温度和保护热电偶测温元件，采用金属测温套管，热电偶端点镶嵌在套管的端部，如图 2-19 所示。套管长 $H = 100$ mm，外径 $d = 15$ mm，壁厚 $\delta = 1$ mm，套管材料的导热系数 $\lambda = 45$ W/(m·K)。已知热电偶的指示温度为 200 ℃，套管根部的温度 $t_0 = 50$ ℃，套管外表面与空气之间对流换热的表面传热系数 $h = 40$ W/(m²·K)。试分析产生测温误差的原因并求出测温误差。

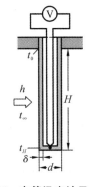

图 2-19　套管温度计示意图

解　由于热电偶端点镶嵌在套管的端部，因此热电偶指示的是测温套管端部的温度 t_H。测温套管与周围环境的热量交换情况如下：热量以对流换热的方式由热空气传给测温套管，测温套管再通过热辐射和导热将热量传给空气管道壁面。套管和周围环境之间的辐射换热引起的测温误差将在第 7 章进行讨论，这里只考虑套管的导热。在稳态情况下，测温套管热平衡的结果使测温套管端部的温度不等于空气的温度，测温误差就是套管端部的过余温度 $\theta_H = t_H - t_\infty$。

如果忽略测温套管横截面上的温度变化，并认为套管端部绝热，则套管可以看成等截面直肋，故有

$$\theta_H = \theta_0 \frac{\cosh(0)}{\cosh(mH)} = \frac{\theta_0}{\cosh(mH)}$$

或

$$t_H - t_\infty = \frac{t_0 - t_\infty}{\cosh(mH)}$$　　　　　　　（a）

套管截面面积 $A = \pi d\delta$，套管换热周长 $P = \pi d$，根据 m 的定义

$$mH = \sqrt{\frac{hP}{\lambda A}} \cdot H = \sqrt{\frac{h}{\lambda \delta}} \cdot H = \sqrt{\frac{40}{45 \times 0.001}} \times 0.1 = 2.98$$

查数学手册或直接由定义式计算可求得 $\cosh(2.98) = 9.87$，最后可解得

$$t_\infty = 216.9 \ ℃$$

于是测温误差为

$$t_H - t_\infty = -16.9 \ ℃$$

由式(a)可以看出，测温误差取决于表面传热系数、套管的长度和厚度，以及套管材料的导热系数。由于 $\cosh(x)$ 是增函数，mH 越大，则测温误差越小。因此，要减小测温误差，可减小套管的直径、壁厚和套管材料的导热系数，或增加套管长度，增加气体与套管的表面传热系数。

*2.3　多维稳态导热分析

在 2.2 节中我们分析了简单的一维稳态导热问题，对于多维稳态导热问题，分析解法要麻烦得多，只有在少数几何形状和边界条件简单的情况下，才能获得分析解，得出温度分布和热流密度等。对于多维导热问题，有三种可能的求解方法，当无法得出分析解时，可采用数值解法，借助计算机求得问题的解。第三种方法是形状因子法。本节先简单介绍二维稳态导热问题的分析解，然后介绍求解多维稳态导热问题的形状因子法。对于多维问题更多的讨论可参阅文献[12,13]。

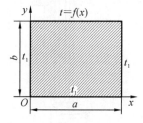

图 2-20　二维稳态导热分析 1

1. 二维稳态导热问题的分析解

考虑一矩形物体的导热，若物体在垂直纸面方向很长，则该问题可认为是二维问题，如图 2-20 所示。矩形的长和宽分别为 a 和 b，若物体的导热系数为常数，无内热源，三个边界上的温度均为 t_1，第四个边界为复杂的温度分布函数，如这里的正弦分布函数，可以得到问题的分析解。问题的数学描述如下。

微分方程：

$$\frac{\partial^2 t}{\partial x^2} + \frac{\partial^2 t}{\partial y^2} = 0$$

边界条件：

$$x = 0 : t = t_1 ;$$
$$x = a : t = t_1$$
$$y = 0 : t = t_1 ;$$
$$y = b : t = t_1 + t_m \sin(\pi x / a)$$

为得到更多的齐次边界条件，进行变量替换，定义过余温度为 $\theta = t - t_1$，则微分方程和边

界条件变为

$$\frac{\partial^2 \theta}{\partial x^2} + \frac{\partial^2 \theta}{\partial y^2} = 0 \tag{2-74}$$

$$x = 0 : \theta = 0 \tag{2-75}$$

$$x = a : \theta = 0 \tag{2-76}$$

$$y = 0 : \theta = 0 \tag{2-77}$$

$$y = b : \theta = t_m \sin(\pi x / a) \tag{2-78}$$

可用分离变量法来求解此问题,设问题的解有如下形式:

$$\theta(x, y) = X(x)Y(y) \tag{2-79}$$

代入微分方程可得

$$-\frac{1}{X}\frac{\mathrm{d}^2 X}{\mathrm{d}x^2} = \frac{1}{Y}\frac{\mathrm{d}^2 Y}{\mathrm{d}y^2}$$

由于上式左边只与 x 有关,而右边只与 y 有关,故左右两边应恒等于同一常数 l,即

$$-\frac{1}{X}\frac{\mathrm{d}^2 X}{\mathrm{d}x^2} = l, \quad \frac{1}{Y}\frac{\mathrm{d}^2 Y}{\mathrm{d}y^2} = l$$

这里 l 有三种可能($=0, <0, >0$),若 $l=0$,则微分方程的解为

$$X = c_1 + c_2 x, Y = c_3 + c_4 y$$

$$\theta = (c_1 + c_2 x)(c_3 + c_4 y)$$

这个解满足不了 x 方向为正弦函数的边界条件。故 $l=0$ 是不可能的。

若 $l<0$,令 $l=-\beta^2$,则

$$\frac{\mathrm{d}^2 X}{\mathrm{d}x^2} - \beta^2 X = 0, \quad \frac{\mathrm{d}^2 Y}{\mathrm{d}y^2} + \beta^2 Y = 0$$

微分方程的解为

$$X = c_1 \mathrm{e}^{-\beta x} + c_2 \mathrm{e}^{\beta x}, \quad Y = c_3 \cos(\beta y) + c_4 \sin(\beta y)$$

$$\theta = (c_1 \mathrm{e}^{-\beta x} + c_2 \mathrm{e}^{\beta x})[c_3 \cos(\beta y) + c_4 \sin(\beta y)]$$

同样这个解也满足不了 x 方向为正弦函数的边界条件,故只有 $l>0$ 才能满足第四个边界条件。令 $l=\beta^2$,这样可得两个常微分方程:

$$\frac{\mathrm{d}^2 X}{\mathrm{d}x^2} + \beta^2 X = 0$$

$$\frac{\mathrm{d}^2 Y}{\mathrm{d}y^2} - \beta^2 Y = 0$$

微分方程的特解为

$$X = c_1 \cos(\beta x) + c_2 \sin(\beta x)$$

$$Y = c_3 \mathrm{e}^{-\beta y} + c_4 \mathrm{e}^{\beta y}$$

代入式(2-79)得

$$\theta = [c_1 \cos(\beta x) + c_2 \sin(\beta x)](c_3 \mathrm{e}^{-\beta y} + c_4 \mathrm{e}^{\beta y})$$

由边界条件式(2-75)至式(2-77)得

$$c_1 = 0, \quad c_3 = -c_4, \quad \sin(a\beta) = 0$$

又由 $\sin(a\beta) = 0$ 得

$$\beta_n = n\pi / a, \quad n = 1, 2, \cdots, \infty$$

对每一个 β,都可以得到一个特解:

$$\theta = c\sin(\beta x)(\mathrm{e}^{\beta y} - \mathrm{e}^{-\beta y})$$

通解是所有这些特解之和,这样通解便为无穷级数:

$$\theta(x,y) = \sum_{n=1}^{\infty} c_n \sin\frac{n\pi x}{a}\sinh\frac{n\pi y}{a} \qquad (2\text{-}80)$$

c_n 是对应 β_n 的常数项,由边界条件式(2-78)确定:

$$t_{\mathrm{m}}\sin\frac{\pi x}{a} = \sum_{n=1}^{\infty} c_n \sin\frac{n\pi x}{a}\sinh\frac{n\pi b}{a}$$

将上式左边按傅里叶级数展开,然后和右边对比可得

$$c_1 = \frac{t_{\mathrm{m}}}{\sinh(\pi b/a)}, \quad c_n = 0, \quad n = 2,3,\cdots,\infty$$

最终得二维温度分布为

$$t(x,y) = t_{\mathrm{m}}\frac{\sinh(\pi y/a)}{\sinh(\pi b/a)}\sin\frac{\pi x}{a} + t_1 \qquad (2\text{-}81)$$

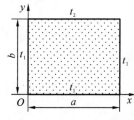

值得一提的是,若第四个边界的温度不是正弦分布,而是另一常数 t_2,如图 2-21 所示,则可按照上面类似的过程求解温度场,所不同的是最后一步确定常数时,所有的 c_n 均不为零,最终解不是一项,而是一无穷级数:

$$t = (t_2 - t_1)\frac{2}{\pi}\sum_{n=1}^{\infty}\frac{(-1)^{n+1}+1}{n}\sin\frac{n\pi x}{a}\frac{\sinh(n\pi y/a)}{\sinh(n\pi b/a)} + t_1$$

图 2-21　二维稳态导热分析 2

$$(2\text{-}82)$$

2. 形状因子法

在 2.2 节中,我们得到了一些一维问题热流量的计算式,如

平壁导热:

$$\varPhi = \frac{\lambda A}{\delta}(t_1 - t_2)$$

圆筒壁导热:

$$\varPhi = \frac{2\pi l\lambda(t_1 - t_2)}{\ln(r_2/r_1)}$$

球壁导热:

$$\varPhi = \frac{4\pi\lambda(t_1 - t_2)}{1/r_1 - 1/r_2}$$

这些热流量的计算式有个共同的特点,即两个等温面间的热流量可以表示成

$$\varPhi = \lambda S(t_1 - t_2)$$

式中:S 只与物体的形状及尺寸有关,称为形状因子,单位为 m。如对于平壁导热:

$$S = A/\delta$$

对于一般的一维情况,由 2.2 节式(2-65)可知,形状因子为

$$S = \frac{1}{\displaystyle\int_{x_1}^{x_2}\frac{\mathrm{d}x}{A}} \qquad (2\text{-}83)$$

对于二维或三维导热问题,理论分析表明形状因子仍然适用。形状因子和热阻是有联系的,若已知导热热阻 R,由于

$$R = 1/(\lambda S)$$

则形状因子为

$$S = 1/(\lambda R)$$

对于许多常见的工程问题,已通过分析解或数值解得出了其形状因子,汇总成表。表 2-1 给出了几种几何条件下的形状因子,更多的结果参见文献[3]。

表 2-1　几种几何条件下的形状因子 S

几何条件	示意图	形状因子
半无限大物体表面与水平埋管表面之间的导热	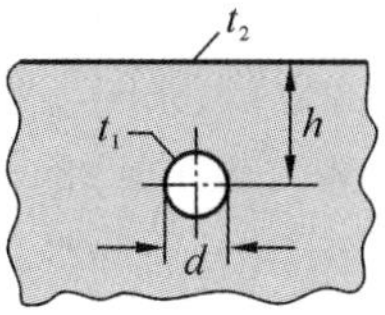	管长 $l \gg d$、$h < 1.5d$ 时: $$S = \dfrac{2\pi l}{\cosh^{-1}\left(\dfrac{2h}{d}\right)}$$ 管长 $l \gg d$、$h > 1.5d$ 时: $$S = \dfrac{2\pi l}{\ln\left(\dfrac{2h}{d}\right)}$$
半无限大物体表面与垂直埋管表面之间的导热	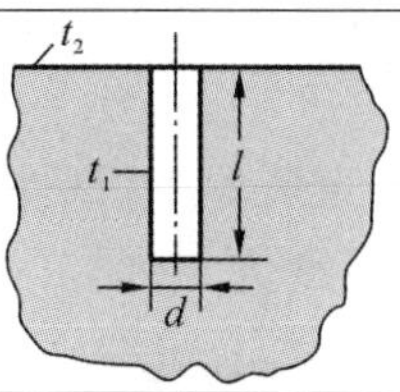	管长 $l \gg d$ 时: $$S = \dfrac{2\pi l}{\ln\left(\dfrac{4h}{d}\right)}$$
管道表面与偏心热绝缘层表面之间的导热	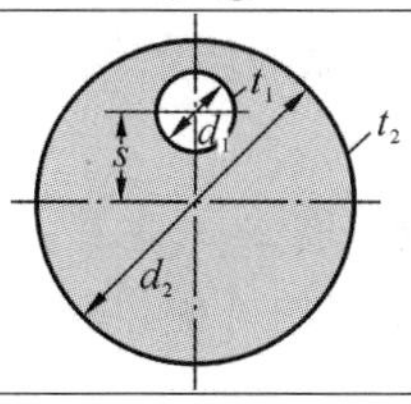	管长 $l \gg d_2$ 时: $$S = \dfrac{2\pi l}{\cosh^{-1}\left(\dfrac{d_1^2 + d_2^2 - 4s^2}{2d_1 d_2}\right)}$$
无限大物体中两圆管表面之间的导热	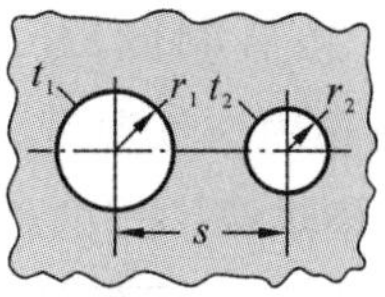	管长 $l \gg d_1$,$l \gg d_2$ 时: $$S = \dfrac{2\pi l}{\cosh^{-1}\left(\dfrac{s^2 - r_1^2 - r_2^2}{2r_1 r_2}\right)}$$

思　考　题

1. 写出傅里叶导热定律表达式的一般形式,说明其适用条件及式中各符号的物理意义。

2. 请写出直角坐标系三个坐标方向上的傅里叶定律表达式。

3. 为什么导电性能好的金属导热性能也好?

4. 一个具体导热问题的完整数学描述应包括哪些方面?

5. 何谓导热问题的单值性条件? 它包含哪些内容?

6. 试说明在什么条件下平板和圆筒壁的导热可以按一维导热处理。

7. 两根不同直径的蒸汽管道,外表面均敷设厚度相同、材料相同的绝热层。若两管子表面和绝热层外表面的温度相同,试问两管每米管长的热损失是否相同?

8. 若平壁和圆管壁的材料相同,厚度相同,温度条件也相同,且平壁的表面积等于圆管的内表面积,试问哪种情况导热量大?

9. 试用传热学观点说明为什么冰箱要定期除霜。

10. 为什么有些物体要加装肋片? 加肋片一定会使传热量增加吗?

11. 写出肋效率的定义,并指出其主要影响因素。

12. 什么是接触热阻? 接触热阻的主要影响因素有哪些?

习　　题

2-1　一炉墙厚度为 0.18 m,由平均导热系数为 1.2 W/(m·K)的材料建成,墙的一侧包有厚度为 0.05 m、平均导热系数为 0.12 W/(m·K)的保温材料。假设炉墙两侧的壁面温度分别为 50 ℃和1800 ℃,计算墙壁单位面积上的漏热损失。

2-2　一平面墙厚度为 20 mm,导热系数为 1.3 W/(m·K),两侧面的温度分别为 1300 ℃和30 ℃。为了使墙的散热不超过 1830 W/m²,计划给墙加一保温层,所使用材料的导热系数为 0.11 W/(m·K),求保温层的厚度。

2-3　在图 2-22 所示的平板导热系数测定装置中,试件厚度 δ 远小于直径 d;由于安装制造不好,试件与冷、热表面之间存在着一厚度为 $\Delta=0.1$ mm 的空气隙。设热表面温度 t_1 =18 ℃,冷表面温度 $t_2=30$ ℃,空气隙的导热系数可分别按 t_1、t_2 查取。试计算空气隙的存在给导热系数的测定带来的误差。通过空气隙的辐射换热可以忽略不计(实验时热流量为 $\Phi=58.2$ W,试件直径为 $d=120$ mm)。

2-4　厚度为 50 mm 的铜板,一个侧面温度为 260 ℃,另一侧覆盖一层 25 mm 厚的纤维玻璃,导热系数为 0.05 W/(m·K),纤维玻璃的外侧维持 38 ℃的温度。若流过复合层的热流量为 44 kW,求铜板的截面积。

2-5　一烘箱的炉门由两种保温材料 A 和 B 制成,且 $\delta_A=2\delta_B$(见图 2-23)。已知 $\lambda_A=$ 0.1 W/(m·K),$\lambda_B=0.06$ W/(m·K)。烘箱内空气温度 $t_{f1}=400$ ℃,内壁面的总表面传热系数 $h_1=50$ W/(m²·K)。为安全起见,希望烘箱炉门的外表面温度 t_w 不得高于 50 ℃。设可把炉门导热作为一维导热问题处理,试确定所需保温材料的厚度。环境温度 $t_{f2}=25$ ℃,外表面总表面传热系数 $h_2=9.5$ W/(m²·K)。

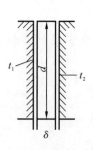

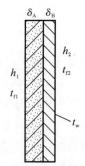

图 2-22　习题 2-3 图　　　　　2-23　习题 2-5 图

2-6　一复合壁面由 20 mm 厚的铜、30 mm 厚的石棉(导热系数为 0.166 W/(m·K))和 60 mm 厚的纤维玻璃(导热系数为 0.05 W/(m·K))组成,若复合材料两侧的总温差为

500 ℃,求流过它的热流密度。

2-7　一种材料,其导热系数和温度的关系可以表示为 $\lambda=\lambda_0(1+\beta t^2)$。对以这种材料做成的大平壁,在第一类边界条件下,推导出其温度分布。

2-8　已知一平板的导热系数为 λ,厚度为 L,左右两侧面的温度分别为常数 T_1 和 T_2,而整个平板中的温度分布为 $\dfrac{T-T_1}{T_2-T_1}=c_1+c_2x^2+c_3x^3$,$x$ 是距离左侧表面的距离。若 $x=0$ 时的内热源为 $\dot{\Phi}_0$,试导出平板中的内热源分布。

2-9　厚度为 4.0 mm、导热系数为 16 W/(m·K)的不锈钢板,两侧面覆盖有相同的保温层,保温层两外侧分别和冷热流体进行对流换热。若冷热流体的温差为 60 ℃,系统的总热阻为 0.008 m²·K/W,求不锈钢两侧的温差。

2-10　一蒸汽管道,内径为 50 mm,厚度为 5.0 mm,导热系数为 32 W/(m·K),已知管道的内外壁温度分别为 64 ℃ 和 42 ℃,求单位管长的散热损失。

2-11　圆筒壁的外径为 100 mm,壁厚为 10 mm,内、外壁的温度分别为 100 ℃ 和 60 ℃。测得通过管壁每米管长的热损失为 50 W/m,试求此圆管材料的导热系数。

2-12　一内径为 80 mm、厚度为 5.5 mm、导热系数为 45 W/(m·K)的蒸汽管道,内壁温度为 250 ℃,外壁覆盖有两层保温层,内保温层厚 45 mm,导热系数为 0.25 W/(m·K),外保温层厚 20 mm,导热系数为 0.12 W/(m·K)。若最外侧的壁面温度为 30 ℃,求单位管长的散热损失。

2-13　蒸汽温度为 250 ℃,流过一内径为 72 mm、厚度为 5.5 mm、导热系数为 45 W/(m·K)的管道,表面传热系数为 56 W/(m²·K),管道外壁覆盖有保温层,厚度为 35 mm,导热系数为 0.12 W/(m·K)。若保温层外侧流体温度为 20 ℃,表面传热系数为 15 W/(m²·K),求单位管长的散热损失。

2-14　蒸汽温度为 250 ℃,流过一内径为 80 mm、厚度为 5.5 mm、导热系数为 45 W/(m·K)的管道,表面传热系数为 56 W/(m²·K),管道外壁覆盖有两层保温层,内保温层厚 45 mm,导热系数为 0.25 W/(m·K),外保温层厚 20 mm,导热系数为 0.12 W/(m·K)。若保温层外侧流体温度为 20 ℃,表面传热系数为 20 W/(m²·K),求单位管长的散热损失。

2-15　一直径为 30 mm、壁温为 100 ℃ 的管子向温度为 20 ℃ 的环境散热,热损失为 100 W/m。为把热损失减小到 50 W/m,有两种材料可以同时被利用。材料 A 的导热系数为 0.5 W/(m·K),可利用度为 3.14×10⁻³ m³/m;材料 B 的导热系数为 0.1 W/(m·K),可利用度为 4.0×10⁻³ m³/m。试分析如何敷设这两种材料才能达到上述要求。假设敷设这两种材料后,外表面与环境间的表面传热系数与原来一样。

2-16　一铝制空心球,内径为 40 mm,外径为 80 mm,内外壁温度分别为 100 ℃ 和 50 ℃,求通过球壁的热流量。

2-17　有一个中空铁球,内直径为 150 mm,外直径为 300 mm,球内装有一种化学混合物,铁的导热系数 $\lambda=73$ W/(m·℃),球内、外表面的温度分别为 $t_1=248$ ℃ 和 $t_2=38$ ℃。试求化学混合物释放的热流量,以及球壁内、外表面间的中心球面上的温度。

2-18　一铝制空心球,内径为 40 mm,外径为 80 mm,内外壁温度分别为 100 ℃ 和 50 ℃,外壁覆盖一层导热系数为 0.1 W/(m·K)的保温层,保温层外流体的温度为 20 ℃,表面传热系数为 20 W/(m²·K),求通过球壁的热流量。

2-19　直径为 3 mm、导热系数为 $\lambda=19$ W/(m·℃)的不锈钢导线通有 180 A 的电流。

导线的电阻率为 70 $\mu\Omega \cdot cm$，长度为 1 m，浸在温度为 100 ℃ 的液体中，表面传热系数为 3000 W/($m^2 \cdot$℃)，试求导线的表面温度及中心温度。

2-20　一厚度为 10 cm 的导电大平壁，导热系数为 3 W/(m·℃)，通过电流时发热率为 3×10^4 W/m^3，平壁的一个表面绝热，另一表面暴露于 25 ℃ 的空气之中。若空气与壁面之间的表面传热系数为 50 W/($m^2 \cdot$℃)，试确定壁中的最高温度。

2-21　长度为 L 的细杆，两端连接在温度分别保持为 t_1 和 t_2 的壁上，杆通过对流向温度为 t_∞ 的环境散热。试推导：(1) 杆内温度分布的表达式；(2) 杆的总散热损失。

2-22　过热蒸汽在外径为 127 mm 的钢管内流过，测蒸汽温度套管的布置如图 2-24 所示。已知套管外径 d=15 mm，厚度 δ=0.9 mm，导热系数 λ=49.1 W/(m·K)。蒸汽与套管间的表面传热系数 h=105 W/($m^2 \cdot$K)。为使测温误差小于蒸汽与钢管壁温度差的 0.6%，试确定套管应有的长度。

2-23　有一长 1 m 的薄壁空心轴，外径为 20 mm，壁厚为 2 mm，一端保持恒温 100 ℃，另一端可视为绝热。空心轴的内外表面均与 20 ℃ 的空气对流换热，表面传热系数分别为 h_1=10 W/($m^2 \cdot$K) 和 h_2=25 W/($m^2 \cdot$K)。轴的导热系数 λ=40 W/(m·K)。设该轴做轴向一维稳态导热，试以轴向距离 x 表示其温度分布。

2-24　用一柱体模拟燃气轮机叶片的散热过程。柱长 9 cm，周界为 7.6 cm，截面积为 1.95 cm^2，柱体的一端被冷却到 305 ℃（见图 2-25），另一端绝热。柱体导热系数为 λ=55 W/(m·K)，815 ℃ 的高温燃气吹过该柱体，假设表面上各处的表面传热系数是均匀的，并为 28 W/($m^2 \cdot$K)。试计算：

(1) 该柱体中间截面上的平均温度及柱体中的最高温度；

(2) 冷却介质所带走的热量。

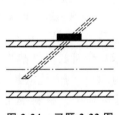

图 2-24　习题 2-22 图

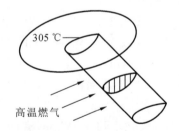

图 2-25　习题 2-24 图

2-25　一厚 7 cm 的平壁，一侧绝热，另一侧暴露于温度为 30 ℃ 的流体中，内热源为 0.3$\times10^6$ W/m^3。对流换热表面传热系数为 450 W/($m^2 \cdot$K)，平壁的导热系数为 18 W/(m·K)。试确定平壁中的最高温度及其位置。

参 考 文 献

[1] HAHN D W，ÖZISIK M N. Heat conduction[M]. 3rd ed. New York：John Wiley & Sons，2012.

[2] 奚同庚. 无机材料热物性学[M]. 上海：上海科学技术出版社，1981.

[3] HOLMAN J P. Heat transfer[M]. 10th ed. Boston：McGraw-Hill，2011.

[4] VARGAFTIK N B. Tables on the thermophysical properties of liquids and gases[M].

2nd ed. New York：John Wiley & Sons，1975.

[5] 国家技术监督局. 设备及管道保温技术通则：GB 4272—1992[S]. 北京：中国标准出版社，1992.

[6] FLETCHER L S. Recent developments in contact heat transfer[J]. ASME J. Heat Transfer，1988，110(4)：1059-1070.

[7] 杨世铭，陶文铨. 传热学[M]. 4 版. 北京：高等教育出版社，2006.

[8] KAKAC S，YENER Y. Heat conduction[M]. 2nd ed. Washington：Hemisphere Publishing Corp. ，1986.

[9] SCHNEIDER P J. Conduction[M]∥ROHSENOW W M，HARTNETT J P，GANIC E N. Handbook of heat transfer，fundamentals. 2nd ed. New York：McGraw-Hill，1985.

[10] LOOK D C. 1-D fin tip boundary condition corrections[J]. Heat Transfer Engineering，1997，18(2)：46-49.

[11] HARPER W B，BROWN D R. Mathematical equations for heat conduction in the fins of air-cooled engines[R]∥ NACA Technical Report. Washington：National Bureau of Standards，1923.

[12] CARSLAW H S，JAEGER J C. Conduction of heat in solids[M]. 2nd ed. London：Oxford University Press，1959.

[13] ÖZISIK M N. Boundary value problems of heat conduction[M]. Scranton：International Textbook Company，1968.

非稳态导热过程分析

稳态导热问题的温度场不随时间变化。在分析稳态导热问题之后，这一章讨论非稳态导热问题。非稳态导热是指温度场随时间变化的导热过程。许多工程实际问题都牵涉非稳态导热过程，如动力机械的启动、停机、变工况运行，热加工、热处理过程等。绝大多数的非稳态导热过程都是由边界条件的变化引起的，例如一年四季或一天二十四小时大气温度的变化引起的地表层、房屋建筑墙壁温度变化与导热过程，热加工、热处理工艺中工件在加热或冷却时的温度变化和导热过程，等等。

非稳态导热有不同的类型，根据温度场随时间的变化规律不同，非稳态导热分为周期性非稳态导热和非周期性非稳态导热。周期性非稳态导热是在周期性变化边界条件下发生的导热过程，如内燃机气缸的气体温度随热力循环发生周期性变化，气缸壁的导热就是周期性非稳态导热。非周期性非稳态导热通常是在瞬间变化的边界条件下发生的导热过程，例如热处理工件的加热或冷却等，一般物体的温度随时间的推移逐渐趋近恒定值。本书仅讨论非周期性非稳态导热。有关周期性非稳态导热的内容可参阅文献[1,2]。

3.1 基 本 概 念

对于非稳态导热过程，了解物体温度随时间的变化规律对理解非稳态导热过程非常重要。为了对非稳态导热过程有清楚的了解，我们先来分析一块初始温度均匀的平壁在边界条件突然变化时的导热情况。设平壁的初始温度为 t_0，过程开始时令其左侧表面的温度突然升高到 t_1 并维持不变，如图 3-1(a)所示，其右侧与温度为 t_0 的空气接触。在左侧温度变化后，随着时间的推移，平壁内的温度也逐渐升高，如图 3-1(b)及图 3-1(c)所示，最后趋于稳定，若物体的导热系数为常数，则稳定后的温度分布如图 3-1(d)所示。

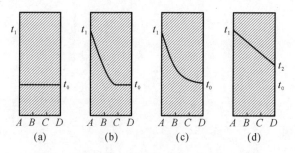

图 3-1 非稳态导热的不同时刻物体的温度分布

(a) $\tau = \tau_1$；(b) $\tau = \tau_2$；(c) $\tau = \tau_3$；(d) $\tau = \tau_4$

虽然稳定后平壁的温度分布曲线是直线,但平壁温度在升高的过程中,温度分布曲线并不是直线,而是超越曲线,如在 $\tau=\tau_2$ 时刻平壁的温度分布曲线是图 3-1(b)所示的曲线,图中 CD 区间的温度还是初始温度没有改变,而 AC 区间的温度已经升高了。这里 $ABCD$ 是平壁厚度方向的几个等分截面,这几个截面的温度和通过它们的热流量随时间的变化可以用图 3-2 定性地表示。图 3-2(a)所示是各截面温度随时间的变化。可以看出,截面 B 的温度较截面 A 的温度要延迟一段时间才开始升高,截面 C 和截面 D 的温度又分别要延迟更长一段时间才开始升高。图 3-2(b)所示是通过各截面的热流量随时间的变化。通过截面 A 的热流量从最高值不断减小,在其他各截面的温度开始升高之前通过此截面的热流量是零,温度开始升高之后,热流量才开始增加。这说明温度变化要积聚或消耗热量,在垂直于热流方向的不同截面上热流量是不同的。但随着过程的进行,差别越来越小,当达到稳态后,通过各截面的热流量就相等了。图 3-2(b)每两条曲线之间的面积代表在升温过程中两个截面之间所积聚的能量。从图 3-1 和图 3-2 可以看出,在 $\tau=\tau_3$ 时刻之前的阶段,物体内的温度分布受初始温度分布的影响较大,称此阶段为非稳态导热过程的初始状况阶段,也称为非正规状况阶段。在 $\tau=\tau_3$ 时刻之后,初始温度分布的影响已经消失,物体内的温度分布主要受边界条件的影响,这一阶段称为非稳态导热过程的正规状况阶段。

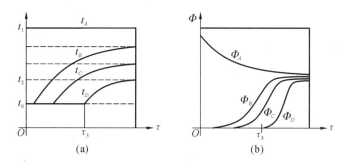

图 3-2　A、B、C、D 四个截面的温度和通过的热流量随时间的变化
(a) 温度曲线;(b) 热流量曲线

在非稳态导热时,若物体所处的边界条件是对流边界条件,则存在两个热阻,一个是边界对流热阻,另一个是物体内部的导热热阻。设有一块厚度为 2δ 的大平壁,导热系数为 λ,初始温度为 t_0,突然将它置于温度为 t_∞ 的流体中冷却,表面传热系数为 h。考虑面积热阻时,物体内部导热热阻为 δ/λ,边界对流热阻为 $1/h$。这两个热阻的相对值会有三种不同的情况:

(1) $1/h \ll \delta/\lambda$;

(2) $1/h \gg \delta/\lambda$;

(3) $1/h$ 与 δ/λ 的量级相同。

对应的非稳态温度场在平板中会有以下三种情况,如图 3-3 所示。

(1) $1/h \ll \delta/\lambda$,这时边界对流热阻很小,平壁表面温度一开始就和流体温度基本相同,传热热阻主要表现为平壁内部的导热热阻,故内部存在温度梯度,随着时间的推移,平壁的总体温度逐渐降低,如图 3-3(a)所示。

(2) $1/h \gg \delta/\lambda$,这时传热热阻主要是边界对流热阻,因而平壁表面和流体存在明显的温差。这一温差随着时间的推移和平壁总体温度的降低而逐渐减小,由于这时导热热阻很小,可以忽略不计,故同一时刻平壁内部的温度可近似认为是相同的,如图 3-3(b)所示。

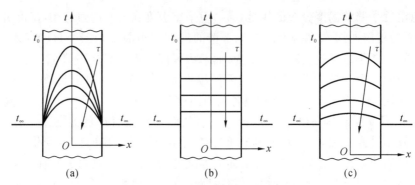

图 3-3　不同情况下的非稳态温度场

(a) $1/h \ll \delta/\lambda$;(b) $1/h \gg \delta/\lambda$;(c) $1/h \sim \delta/\lambda$

（3）$1/h \sim \delta/\lambda$,由于导热热阻和边界对流热阻是同一量级,都不能忽略不计,因此,一方面,平壁表面和流体存在温差,另一方面,平壁内部也存在温度梯度,如图 3-3(c)所示。

由上面的分析可知,平壁的非稳态温度分布完全取决于导热热阻和边界对流热阻的比值,我们用一特征数来表示这一比值。所谓特征数,就是表征某一类物理现象或物理过程特征的无量纲数,又叫准则数。

毕渥(Biot)数用 Bi 表示,定义为物体内部导热热阻与表面对流热阻的比值,即

$$Bi = \frac{\delta/\lambda}{1/h} = \frac{\delta h}{\lambda} \tag{3-1}$$

式中:δ 为特征长度。这里的特征长度定义为平板厚度的一半。由毕渥数的定义可知,在上面第二种情况下,即当 Bi 很小时,同一时刻平壁内部的温度近似均匀分布,这时求解非稳态导热问题变得相当简单,温度分布只与时间有关,与空间位置无关。这就是集总参数法的基本思想。

3.2　集总参数法

由于毕渥数 Bi 是物体内部导热热阻与表面对流热阻的比值,根据 3.1 节的讨论,当 Bi 很小时,物体内部的导热热阻远小于其表面对流热阻,因而物体内部各点的温度在任一时刻都趋于均匀,物体的温度只是时间的函数,与坐标无关。对于这种情况下的非稳态导热问题,只需求出温度随时间的变化规律以及在温度变化过程中物体放出或吸收的热量。这种忽略物体内部导热热阻的简化分析方法称为集总参数法,即把质量与热容量汇总到一起。根据式(3-1),在三种情况下 Bi 的值将很小:

（1）物体的导热系数相当大;

（2）所讨论物体的几何尺寸很小;

（3）表面传热系数很小。

这几种情况都可以使用集总参数法求解非稳态导热问题。

1. 温度函数

设有一任意形状的物体,如图 3-4 所示,体积为 V,表面面积为 A,密度 ρ、比热容 c 及导热系数 λ 为常数,无内热源,初始温度为 t_0。过程开始时突然将该物体放入温度恒定为 t_∞ 的流体之中,物体表面和流体之间对流换热的表面传热系数 h 为常数,我们需要确定该物体在

冷却过程中温度随时间的变化规律以及放出的热量。普通情况下这是一个多维的非稳态导热问题。现假定此问题可以用集总参数法进行分析。

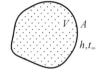

图 3-4　集总参数法示意图

由能量守恒,单位时间物体热力学能的变化量应该等于物体表面与流体之间的对流换热量,即

$$V\rho c\,\frac{\mathrm{d}t}{\mathrm{d}\tau}=-hA(t-t_\infty)$$

引入过余温度 $\theta=t-t_\infty$,上式变为

$$\rho cV\,\frac{\mathrm{d}\theta}{\mathrm{d}\tau}=-hA\theta \tag{3-2}$$

由初始温度为 t_0 可得出初始条件为

$$\theta(0)=t_0-t_\infty=\theta_0$$

对式(3-2)分离变量有

$$\frac{\mathrm{d}\theta}{\theta}=-\frac{hA}{\rho cV}\mathrm{d}\tau$$

对上式两边进行积分得

$$\int_{\theta_0}^{\theta}\frac{\mathrm{d}\theta}{\theta}=-\int_0^\tau\frac{hA}{\rho cV}\mathrm{d}\tau$$

得出其解为

$$\ln\frac{\theta}{\theta_0}=-\frac{hA}{\rho cV}\tau$$

或

$$\frac{\theta}{\theta_0}=\exp\left(-\frac{hA}{\rho cV}\tau\right) \tag{3-3}$$

式中指数部分可进行如下变换:

$$-\frac{hA}{\rho cV}\tau=-\frac{hV}{\lambda A}\frac{\lambda A^2}{\rho cV^2}\tau=\frac{-h(V/A)}{\lambda}\frac{a\tau}{(V/A)^2}=-Bi_V Fo_V$$

其中,V/A 具有长度量纲,可作为特征长度,记为 l;hl/λ 为毕渥数 Bi_V,$a\tau/l^2$ 是另一无量纲量,称为傅里叶数,记为 Fo_V;下标 V 表示特征长度为 V/A。很容易计算出,对于厚度为 2δ 的无限大平壁,$l=\delta$;对于半径为 R 的圆柱,$l=R/2$;对于半径为 R 的圆球,$l=R/3$。这样,整个指数是无量纲的,它是两个特征数的乘积。由集总参数法得出的物体温度随时间的变化关系为

$$\frac{\theta}{\theta_0}=\frac{t-t_\infty}{t_0-t_\infty}=\exp(-Bi_V Fo_V) \tag{3-4}$$

式(3-4)表明,物体的过余温度 θ 按负指数规律变化,在过程的开始阶段,θ 变化很快,这是由于开始阶段物体和流体之间的温差大,传热速度快。随着温差的减小,θ 变化的速度越来越缓慢,如图 3-5(a)所示。

2. 时间常数

进一步对式(3-3)的指数部分进行分析可以发现,指数中的 $\dfrac{hA}{\rho cV}$ 与时间倒数 $\dfrac{1}{\tau}$ 的量纲相同,当 $\tau=\dfrac{\rho cV}{hA}$ 时,由式(3-3)可得

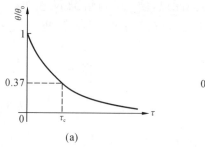 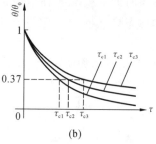

(a)   (b)

图 3-5 过余温度随时间的变化

(a) 相同时间常数下；(b) 不同时间常数下

$$\frac{\theta}{\theta_0} = \frac{t - t_\infty}{t_0 - t_\infty} = e^{-1} = 36.8\%$$

故定义

$$\tau_c = \frac{\rho c V}{h A} \tag{3-5}$$

为时间常数,记为 τ_c。这样,当 $\tau = \tau_c$ 时,物体的过余温度为初始过余温度的 36.8%。时间常数越小,过余温度变化到特定值所需要的时间就越短,表明物体的温度变化越快,物体也就越迅速地接近周围流体的温度,如图 3-5(b)所示。这说明,时间常数反映物体对周围环境温度变化响应的快慢,时间常数小的响应快,时间常数大的响应慢。

由时间常数的定义可知,影响时间常数大小的主要因素是物体的热容量 $\rho c V$ 和物体表面的对流换热条件 $h A$。物体的热容量愈小,表面的对流换热愈强,物体的时间常数愈小。时间常数反映了两种影响的综合效果。利用热电偶测量流体温度时,总是希望热电偶的时间常数越小越好,因为时间常数越小,热电偶越能迅速地反映被测流体的温度变化。所以,热电偶端部的接点总是做得很小,用其测量流体温度时,也总是设法强化热电偶端部的对流换热。

如果几种不同形状的物体都是用同一种材料制作的,并且和周围流体之间的表面传热系数也都相同,满足使用集总参数法的条件,则由式(3-5)可以看出,单位体积表面积越大的物体,时间常数越小,在初始温度相同的情况下放在温度相同的流体中被冷却(或加热)的速度就越快。例如:在体积一定和其他条件相同时,所有形状中圆球的表面积最小,因而圆球的时间常数最大,冷却(或加热)速度最慢。而做成其他形状,如柱体或长方体,则可使时间常数变小,冷却(或加热)速度加快。

物体温度随时间的变化规律确定之后,就可以计算物体和周围环境之间交换的热量。在 τ 时刻,表面热流量为

$$\Phi = h A (t - t_\infty)$$

由式(3-4)可得

$$\Phi = h A (t_0 - t_\infty) \exp(-Bi_V Fo_V) \tag{3-6}$$

从 $\tau = 0$ 到 τ 时刻所传递的总热量为

$$Q = \int_0^\tau \Phi \mathrm{d}\tau = (t_0 - t_\infty) \int_0^\tau h A \exp\left(-\frac{h A}{\rho c V}\tau\right) \mathrm{d}\tau$$

$$= (t_0 - t_\infty)\rho c V \left[1 - \exp\left(-\frac{h A}{\rho c V}\tau\right) \right]$$

$$= \rho c V \theta_0 \left(1 - \frac{\theta}{\theta_0} \right) = \rho c V \theta_0 \left(1 - e^{-Bi_V Fo_V} \right)$$

令 $Q_0 = \rho c V \theta_0$，表示物体温度从 t_0 变化到周围流体温度 t_∞ 所放出或吸收的总热量，则从 $\tau = 0$ 到 τ 时刻物体所传递的总热量为

$$Q = Q_0(1 - e^{-Bi_V Fo_V}) \tag{3-7}$$

上面的分析不管对物体冷却还是加热都适用。式(3-6)或式(3-7)中 Φ 或 Q 值为正表示 $t_0 - t_\infty > 0$，物体是被冷却的，负值表示物体是被加热的。

3.1 节已经指出，$Bi_V = [(\delta/\lambda)/(1/h)]$ 是物体内部的导热热阻和表面对流热阻之比，即内外热阻之比；Bi_V 越小，表明内部导热热阻越小或外部热阻越大，从而内部温度就越均匀，集总参数法的误差就越小。对于热电偶测温情况，一般使 $Bi_V = 0.001$ 量级或更小，这时集总参数法是非常准确的。

分析指出，对于形如平板、柱体和球这一类的物体，若

$$Bi_V = \frac{h(V/A)}{\lambda} < 0.1M \tag{3-8}$$

则物体中各点过余温度的偏差小于 5%，可以近似使用集总参数法。式中：M 是与形状有关的因子。对于无限大平壁 $M = 1$；对于无限长圆柱 $M = 1/2$；对于球体 $M = 1/3$。

前面已得出，对于厚度为 2δ 的无限大平壁，$l = V/A = \delta$；对于半径为 R 的圆柱，$l = R/2$；对于半径为 R 的球体，$l = R/3$，故对于厚度为 2δ 的大平壁、半径为 R 的长圆柱和半径为 R 的球体，若特征长度分别取 δ 和 R，则式(3-8)可统一为 $Bi < 0.1$。

在结束本节之前，我们再来讨论一下傅里叶数 Fo_V 的物理意义。其定义为

$$Fo_V = \frac{\tau}{l^2/a}$$

式中分子是到计算时刻为止所发生的时间。在分母中，由于 a 是热扩散系数，因此分母可视为热扰动扩散到 l^2 面积上所需的时间。这样，Fo_V 越大，热扰动就越深入地传播到物体内部，物体就越接近周围介质温度。

例 3-1　一温度计的水银泡是圆柱形，长为 20 mm，内径为 4 mm，测量气体温度 $h = 12.5$ W/(m² · K)，若要温度计的温度与气体的温度之差小于初始过余温度的 10%，求测温所需要的时间。水银的物性：$\lambda = 10.36$ W/(m · K)，$\rho = 13110$ kg/m³，$c = 0.138$ kJ/(kg · K)。

解　首先判断能否用集总参数法求解，过程如下。

$$\frac{V}{A} = \frac{\pi R^2 l}{2\pi R l + \pi R^2} = \frac{Rl}{2(l + 0.5R)} = \frac{0.002 \times 0.02}{2 \times (0.02 + 0.001)}$$

$$= 0.952 \times 10^{-3}\text{m}$$

$$Bi_V = \frac{h(V/A)}{\lambda} = \frac{12.5 \times 0.952 \times 10^{-3}}{10.36} = 1.15 \times 10^{-3} < 0.05$$

故可以用集总参数法。根据式(3-4)，有

$$\frac{t - t_\infty}{t_0 - t_\infty} = \frac{\theta}{\theta_0} = \exp(-Bi_V Fo_V) = \exp(-1.15 \times 10^{-3} Fo_V) = 10\%$$

解得

$$\frac{\lambda \tau}{\rho c (V/A)^2} = \frac{10.36}{0.138 \times 10^3 \times 13110 \times (0.952 \times 10^{-3})^2}\tau = 2002.25$$

由上式解得：$\tau = 333$ s $= 5.6$ min。

为了减小测温误差，测温时间应尽量加长。

例 3-2　将一个初始温度为 800 ℃、直径为 100 mm 的钢球投入 50 ℃的液体中冷却,表面传热系数为 $h = 50$ W/(m² · K)。已知钢球的密度为 $\rho = 7800$ kg/m³,比热容为 $c_p = 470$ J/(kg · K),导热系数为 35 W/(m · K)。试求钢球中心温度达到 100 ℃所需要的时间。

解　首先判断能否用集总参数法求解,毕渥数为

$$Bi_V = \frac{h(R/3)}{\lambda} = \frac{50 \times (0.05/3)}{35} = 0.0238 < \frac{0.1}{3}$$

故可以用集总参数法求解。根据式(3-4),有

$$\frac{\theta}{\theta_0} = \frac{t - t_\infty}{t_0 - t_\infty} = e^{-Bi_V Fo_V}$$

将已知条件代入上式,即

$$\frac{100 - 50}{800 - 50} = e^{-0.0238 Fo_V}$$

可解得 $Fo_V = 113.78$,即

$$\frac{a\tau}{(R/3)^2} = 113.78$$

由此可得

$$\tau = \frac{113.78(R/3)^2}{\dfrac{\lambda}{\rho c_p}} = \frac{113.78 \times (0.05/3)^2}{\dfrac{35}{7800 \times 470}} \text{ s} = 3311 \text{ s} \approx 55 \text{ min}$$

即钢球中心温度达到 100 ℃需要 55 min。

3.3　一维非稳态导热

集总参数法可求解内部温度近似均匀的非稳态导热问题,有时也称为零维非稳态导热问题。然而在实际非稳态导热问题中,物体内部的温度不能认为是均匀的,而是沿坐标轴方向变化的,这时求解过程就较为复杂。我们先讨论温度只沿一个方向变化,即一维非稳态导热问题。

1. 分析解

3.2 节中的集总参数法求解简单,但要求毕渥数必须满足一定的条件,即 $Bi_V < 0.1M$;当此条件不满足时,就必须考虑物体的几何形状和大小,不能再将物体集总为一点,这时分析求解是非常困难的,只有当几何形状及边界条件都比较简单时才可获得分析解。

第三类边界条件下大平壁、长圆柱及球体的加热或冷却是工程上常见的一维非稳态导热问题,这些简单情况下的分析解是可以得到的,其中第三类边界条件在特殊情况下可以变成第一类,甚至第二类边界条件。我们先来分析第三类边界条件下一维大平壁的非稳态导热。当平壁的长度和宽度远大于其厚度或平壁四周绝热时,其温度与长度、宽度方向坐标无关,仅是厚度方向坐标的函数。许多工程问题可以简化为一维的导热问题。

设有一大平壁,厚度为 2δ,有均匀的初始温度 t_0,现突然将其置于温度为 t_∞ 的流体中,

平壁与流体间的表面传热系数 h 为常数,如图 3-6 所示。现在来确定平壁中的温度分布。

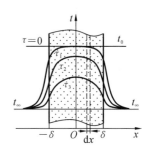

问题的数学描述,即微分方程及定解条件为

$$\frac{\partial t}{\partial \tau} = a\,\frac{\partial^2 t}{\partial x^2} \tag{3-9}$$

$$t(x,0) = t_0 \tag{3-10}$$

$$\left.\frac{\partial t(x,\tau)}{\partial x}\right|_{x=0} = 0 \tag{3-11}$$

$$h\left[t(\delta,\tau) - t_\infty\right] = -\lambda\,\frac{\partial t(x,\tau)}{\partial x}\bigg|_{x=\delta} \tag{3-12}$$

图 3-6　第三类边界条件下大平壁的一维非稳态导热

其中式(3-11)是对称条件所要求的。引入过余温度 $\theta = t(x,\tau) - t_\infty$,则以上 4 式变为

$$\frac{\partial \theta}{\partial \tau} = a\,\frac{\partial^2 \theta}{\partial x^2} \tag{3-13}$$

$$\theta(x,0) = \theta_0 = t_0 - t_\infty \tag{3-14}$$

$$\left.\frac{\partial \theta(x,\tau)}{\partial x}\right|_{x=0} = 0 \tag{3-15}$$

$$h\theta(\delta,\tau) = -\lambda\,\frac{\partial \theta(x,\tau)}{\partial x}\bigg|_{x=\delta} \tag{3-16}$$

在 2.3 节中,我们曾经用分离变量法得出了二维稳态导热的分析解,现在仍然可以用分离变量法求解一维非稳态导热问题。设:

$$\theta(x,\tau) = X(x) \cdot T(\tau) \tag{3-17}$$

将式(3-17)代入式(3-13)得

$$X\,\frac{\mathrm{d}T}{\mathrm{d}\tau} = aT\,\frac{\mathrm{d}^2 X}{\mathrm{d}x^2} \tag{3-18}$$

以 XaT 除式(3-18)两端得

$$\frac{1}{aT}\,\frac{\mathrm{d}T}{\mathrm{d}\tau} = \frac{1}{X}\,\frac{\mathrm{d}^2 X}{\mathrm{d}x^2} \tag{3-19}$$

上式两边分别为时间 τ 和坐标 x 的函数,只有两边都恒等于同一常数时等式才能成立,因而有

$$\frac{1}{aT}\,\frac{\mathrm{d}T}{\mathrm{d}\tau} = D \tag{3-20}$$

$$\frac{1}{X}\,\frac{\mathrm{d}^2 X}{\mathrm{d}x^2} = D \tag{3-21}$$

对式(3-20)积分得

$$\ln T = aD\tau + c$$

$$T = c_1 \mathrm{e}^{aD\tau}$$

由于 $\tau \to \infty$ 时,T 必须有限,故 $D<0$;令 $D = -\beta^2$,式(3-20)和式(3-21)成为

$$\frac{\mathrm{d}T}{\mathrm{d}\tau} = -a\beta^2 T \tag{3-22}$$

$$\frac{\mathrm{d}^2 X}{\mathrm{d}x^2} = -\beta^2 X \tag{3-23}$$

式(3-22)和式(3-23)的通解为

$$T = c_1 \mathrm{e}^{-a\beta^2 \tau}$$

$$X = c_2 \cos(\beta x) + c_3 \sin(\beta x)$$

因而得

$$\theta(x,\tau) = \mathrm{e}^{-a\beta^2\tau}[A\cos(\beta x) + B\sin(\beta x)] \tag{3-24}$$

式中：$A = c_1 c_2$；$B = c_1 c_3$。由边界条件式(3-15)得

$$\frac{\partial \theta(0,\tau)}{\partial x} = \mathrm{e}^{-a\beta^2\tau}[\beta(-A\sin 0 + B\cos 0)] = 0$$

由上式得到 $B = 0$，故式(3-24)成为

$$\theta(x,\tau) = A\mathrm{e}^{-a\beta^2\tau}\cos(\beta x)$$

由边界条件式(3-16)得

$$hA\mathrm{e}^{-a\beta^2\tau}\cos(\beta\delta) = -\lambda A\mathrm{e}^{-a\beta^2\tau}[-\beta\sin(\beta\delta)]$$

从而

$$\tan(\beta\delta) = \frac{Bi}{\beta\delta} \tag{3-25}$$

由此可解出 $(\beta\delta)$，但有无穷多个解，称为特征值，分别为 $\beta_1\delta, \beta_2\delta, \cdots, \beta_n\delta$，它们对应无穷多个特解：

$$\theta_1(x,\tau) = A_1\mathrm{e}^{-a\beta_1^2\tau}\cos(\beta_1 x)$$

$$\theta_2(x,\tau) = A_2\mathrm{e}^{-a\beta_2^2\tau}\cos(\beta_2 x)$$

$$\vdots$$

$$\theta_n(x,\tau) = A_n\mathrm{e}^{-a\beta_n^2\tau}\cos(\beta_n x)$$

通解为所有特解之和：

$$\theta(x,\tau) = \sum_{n=1}^{\infty} A_n\mathrm{e}^{-a\beta_n^2\tau}\cos(\beta_n x)$$

由初始条件可确定常数 A_n：

$$\theta_0 = \sum_{n=1}^{\infty} A_n\cos(\beta_n x)$$

上式两边乘以 $\cos(\beta_m x)$，并在 $(0,\delta)$ 范围内对其积分得

$$\theta_0\int_0^\delta \cos(\beta_m x)\mathrm{d}x = \int_0^\delta \sum_{n=1}^{\infty} A_n\cos(\beta_n x)\cos(\beta_m x)\mathrm{d}x$$

考虑式(3-25)和三角函数的性质，当 $m \neq n$ 时上式右端均为零，故得

$$A_n = \frac{\theta_0\displaystyle\int_0^\delta \cos(\beta_n x)\mathrm{d}x}{\displaystyle\int_0^\delta [\cos(\beta_n x)]^2\mathrm{d}x} = \theta_0\frac{2\sin(\beta_n\delta)}{\beta_n\delta + \sin(\beta_n\delta)\cos(\beta_n\delta)}$$

故分析解为

$$\frac{\theta(x,\tau)}{\theta_0} = 2\sum_{n=1}^{\infty} \mathrm{e}^{\left[-(\beta_n\delta)^2\frac{a\tau}{\delta^2}\right]}\frac{\sin(\beta_n\delta)\cos\left[(\beta_n\delta)\dfrac{x}{\delta}\right]}{\beta_n\delta + \sin(\beta_n\delta)\cos(\beta_n\delta)} \tag{3-26}$$

其中 $\beta_n\delta$ 是由式(3-25)确定的特征值，是毕渥数的函数，$a\tau/\delta^2$ 是傅里叶数。这样，可认为无量纲过余温度 θ/θ_0 是傅里叶数 Fo、毕渥数 Bi 和无量纲距离 x/δ 的函数，表示为

$$\frac{\theta}{\theta_0} = \frac{t(x,\tau) - t_\infty}{t_0 - t_\infty} = f\left(Fo, Bi, \frac{x}{\delta}\right)$$

得到了温度分布，就可以计算非稳态过程所传递的热量。平板从初始温度 t_0 变化到周

围介质温度 t_∞,温度变化为 $t_0 - t_\infty$,放热量为

$$Q_0 = \rho c V(t_0 - t_\infty) \tag{3-27}$$

这是非稳态过程所能传递的最大热量。

设从初始时刻至某一时刻 τ 所传递的热量为 Q,则有

$$
\begin{aligned}
\frac{Q}{Q_0} &= \frac{\rho c \int_v [t_0 - t(x,\tau)] \mathrm{d}V}{\rho c V(t_0 - t_\infty)} \\
&= \frac{1}{V} \int_v \frac{t_0 - t_\infty - (t - t_\infty)}{t_0 - t_\infty} \mathrm{d}V = 1 - \frac{1}{V} \int_v \frac{t - t_\infty}{t_0 - t_\infty} \mathrm{d}V
\end{aligned}
$$

故可得

$$\frac{Q}{Q_0} = 1 - \frac{\bar{\theta}}{\theta_0} \tag{3-28}$$

其中 $\bar{\theta} = \dfrac{1}{V} \displaystyle\int_v (t - t_\infty) \mathrm{d}V$ 是 τ 时刻物体的平均过余温度。

2. 非稳态导热的正规状况阶段

由超越方程(3-25)可知,无论 Bi 取何值,根 $\beta_1, \beta_2, \cdots, \beta_n$ 都是正的递增数列,所以从函数形式可以看出,式(3-26)是一个快速收敛的无穷级数。计算结果表明,当傅里叶数 $Fo \geqslant 0.2$ 时,取级数的第一项来近似整个级数产生的误差小于 1%,对于工程计算已足够精确。因此,当 $Fo \geqslant 0.2$ 时,可取级数的第一项来计算温度分布:

$$\frac{\theta}{\theta_0} = \frac{2\sin(\beta_1\delta)}{\beta_1\delta + \sin(\beta_1\delta)\cos(\beta_1\delta)} \mathrm{e}^{-(\beta_1\delta)^2 Fo} \cos\left[(\beta_1\delta)\frac{x}{\delta}\right] \tag{3-29}$$

而对于超越方程式(3-25),也只要求出第一个根 β_1。表 3-1 给出了某些毕渥数时 $\beta_1\delta$ 的值。

表 3-1 一些 Bi 下的 $\beta_1\delta$ 值

Bi	0.01	0.05	0.1	0.5	1.0	5.0	10	50	100	∞
$\beta_1\delta$	0.0998	0.2217	0.3111	0.6533	0.8603	1.3138	1.4289	1.5400	1.5552	1.5708

为了分析这时温度分布的特点,将式(3-29)左右两边取对数,得

$$\ln\frac{\theta}{\theta_0} = -(\beta_1\delta)^2 Fo + \ln\left[\frac{2\sin(\beta_1\delta)}{\beta_1\delta + \sin(\beta_1\delta)\cos(\beta_1\delta)} \cos\left(\beta_1\delta\frac{x}{\delta}\right)\right] \tag{3-30}$$

式(3-30)右边第一项是时间 τ 的线性函数,τ 的系数只与 Bi 有关,即只取决于第三类边界条件、平壁的物性与几何尺寸。而右边的第二项只与 Bi、x/δ 有关,与时间 τ 无关。式(3-30)说明,当 $Fo \geqslant 0.2$ 时,平壁内所有点过余温度的对数都随时间线性变化,并且变化曲线的斜率都相等,如图 3-7 所示。这一温度变化阶段称为非稳态导热的正规状况阶段,在此之前的非稳态导热阶段称为非正规状况阶段。在正规状况阶段,初始温度分布的影响已消失,各点的温度都按式(3-29)的规律变化。

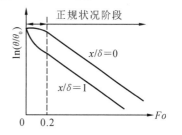

图 3-7 正规状况阶段示意图

如果用 θ_m 表示平壁中心($x/\delta = 0$)的过余温度,则由式(3-29)可得

$$\frac{\theta_m(\tau)}{\theta_0} = \frac{2\sin(\beta_1\delta)}{\beta_1\delta + \sin(\beta_1\delta)\cos(\beta_1\delta)} \mathrm{e}^{-(\beta_1\delta)^2 Fo} \tag{3-31}$$

及

$$\frac{\theta(x,\tau)}{\theta_m(\tau)} = \cos\left[(\beta_1\delta)\frac{x}{\delta}\right] \tag{3-32}$$

可见,当非稳态导热进入正规状况阶段以后,虽然 θ 和 θ_m 都随时间而变化,但它们的比值与时间 τ 无关,而仅与几何位置 x/δ 及毕渥数 Bi 有关。即无论初始分布如何,无量纲温度 θ/θ_m 都是一样的。

若将式(3-30)两边对时间求导,可得

$$\frac{1}{\theta}\frac{\partial\theta}{\partial\tau} = -a\beta_1^2$$

上式左边是过余温度对时间的相对变化率,称为冷却率(或加热率)。上式说明,当 $Fo \geqslant 0.2$ 时,物体的非稳态导热进入正规状况阶段后,所有各点的冷却率或加热率都相同,且不随时间变化,其值仅取决于物体的物性参数、几何形状与尺寸大小以及表面传热系数。

在式(3-32)中,令 $x=\delta$ 可以计算平壁表面温度和中心温度的比值。又由表 3-1 可知,当 $Bi<0.1$ 时,$\beta_1\delta<0.3111$,从而 $\cos(\beta_1\delta)>0.95$。即当 $Bi<0.1$ 时,平壁表面温度和中心温度的差别小于 5%,可以近似认为整个平壁温度是均匀的。这就是 3.2 节集总参数法的界定值定为 $Bi<0.1$ 的原因。如果界定值定为 $Bi<0.01$,则 $\beta_1\delta<0.0998$,从而 $\cos(\beta_1\delta)>0.995$,平壁表面温度和中心温度的差别小于 0.5%,集总参数法的误差就非常小。

进入正规状况阶段后,所传递的热量也容易计算,由于

$$\frac{\bar{\theta}}{\theta_0} = \frac{1}{V}\int_v \frac{t-t_\infty}{t_0-t_\infty}dV = \frac{2\sin^2(\beta_1\delta)}{\beta_1\delta[\beta_1\delta+\sin(\beta_1\delta)\cos(\beta_1\delta)]}e^{-(\beta_1\delta)^2 Fo}$$

可得出进入正规状况阶段后,从初始时刻至某一时刻 τ 所传递的热量为

$$\frac{Q}{Q_0} = 1 - \frac{2\sin^2(\beta_1\delta)}{\beta_1\delta[\beta_1\delta+\sin(\beta_1\delta)\cos(\beta_1\delta)]}e^{-(\beta_1\delta)^2 Fo} \tag{3-33}$$

现在讨论分析解中所用的边界条件。由式(3-11)和式(3-15)可知,对平壁中心我们加了一个对称条件;由于对称条件和绝热条件的数学表达式是相同的,因此分析解适用于一侧绝热、另一侧为第三类边界条件、厚度为 δ 的一维平壁的非稳态导热。

若要计算第一类边界条件的非稳态导热,则可令 $h\to\infty$;当表面传热系数为无穷大时,平壁表面温度为流体温度。故当 $Bi\to\infty$ 时,分析解就是物体表面温度发生突然变化后保持不变,即第一类边界条件的解。由表 3-1 可知,当 $Bi\to\infty$ 时,$\beta_1\delta=\pi/2$,这样正规状况阶段第一类边界条件下大平壁非稳态导热的温度分布为

$$\frac{\theta}{\theta_0} = \frac{4}{\pi}e^{-(\pi/2)^2 Fo}\cos\left[\frac{\pi x}{2\delta}\right] \tag{3-34}$$

其形式比第三类边界条件的解的形式更加简单。

3. 一维圆柱及球体非稳态导热

经过分析,对于半径为 R 的长圆柱和半径为 R 的球体在第三类边界条件下的一维非稳态导热问题,可以导出和平壁形式类似的温度分布[3]:

$$\frac{\theta(x,\tau)}{\theta_0} = \sum_{n=1}^{\infty}A_n\exp(-\mu_n^2 Fo)f_n$$

式中:系数 A_n 及函数 f_n 列于表 3-2 中。表中 J_0 和 J_1 分别是零阶和一阶第一类贝塞尔函数,其值可从附录 11 中查出。Bi_δ 和 Bi_R 分别为以 δ 和 R 为特征尺寸的毕渥数。

表 3-2　平壁、圆柱和球体的温度分布级数中各项表达式

几何形状	A_n	f_n	确定 μ_n 的方程
平壁	$\dfrac{2\sin\mu_n}{\mu_n + \sin\mu_n \cos\mu_n}$	$\cos\left(\mu_n \dfrac{x}{\delta}\right)$	$\tan\mu_n = \dfrac{Bi_\delta}{\mu_n}$
圆柱	$\dfrac{2J_1(\mu_n)}{\mu_n[J_0^2(\mu_n) + J_1^2(\mu_n)]}$	$J_0\left(\mu_n \dfrac{r}{R}\right)$	$\mu_n J_1(\mu_n) = Bi_R J_0(\mu_n)$
球体	$2\,\dfrac{\sin\mu_n - \mu_n\cos\mu_n}{\mu_n - \sin\mu_n\cos\mu_n}$	$\dfrac{R}{r\mu_n}\sin\left(\dfrac{r\mu_n}{R}\right)$	$\tan\mu_n = \dfrac{\mu_n}{1 - Bi_R}$

进入正规状况阶段后,即当傅里叶数 $Fo \geqslant 0.2$ 时,无穷级数也可以用第一项来近似[4],误差小于 1%。

非稳态过程所传递的热量仍然按式(3-28)计算。进入正规状况阶段后,即当傅里叶数 $Fo \geqslant 0.2$ 时,式中的 $\bar{\theta}/\theta_0$ 可按下式计算:

$$\frac{\bar{\theta}}{\theta_0} = A_1 \exp(-\mu_1^2 Fo)B_1$$

式中:A_1 和 μ_1 由表 3-2 中当 $n=1$ 时得到,而对于平壁、圆柱和球体,B_1 的计算式如下。

平壁:
$$B_1 = \frac{\sin\mu_1}{\mu_1}$$

圆柱:
$$B_1 = \frac{2J_1(\mu_1)}{\mu_1}$$

球体:
$$B_1 = 3\,\frac{\sin\mu_1 - \mu_1\cos\mu_1}{\mu_1^3}$$

4. 近似算法及海斯勒图

1) 近似算法

当非稳态导热进入正规状况阶段后,可以按上述方法计算平壁、圆柱和球体的温度分布及传热量。然而,在计算第一特征值 μ_1 时需要解表 3-2 中所列的超越方程,这有时很麻烦。文献[5]中对平壁、圆柱和球体的第一特征值 μ_1、系数 A_1 和 B_1 及零阶第一类贝塞尔函数 $J_0(x)$ 提出了如下拟合公式。

$$\mu_1^2 = \left(a + \frac{b}{Bi}\right)^{-1} \tag{3-35}$$

$$A_1 = a + b(1 - e^{-cBi}) \tag{3-36}$$

$$B_1 = \frac{a + cBi}{1 + bBi} \tag{3-37}$$

$$J_0(x) = a + bx + cx^2 + dx^3 \tag{3-38}$$

而一阶第一类贝塞尔函数 $J_1(x)$ 和零阶第一类贝塞尔函数 $J_0(x)$ 的关系为

$$J_1(x) = -J'_0(x) \tag{3-39}$$

式(3-35)至式(3-38)中的常数值列于表 3-3 及表 3-4 中。

表 3-3   式(3-35)至式(3-38)中的常数

名　称		常数值		
		无限大平板	无限长圆柱体	球体
特征值 μ_1	a	0.4022	0.1700	0.0988
	b	0.9188	0.4349	0.2779
系数 A_1	a	1.0101	1.0042	1.0003
	b	0.2575	0.5877	0.9858
	c	0.4271	0.4038	0.3191
系数 B_1	a	1.00063	1.0173	1.0295
	b	0.5475	0.5983	0.6481
	c	0.3483	0.2574	0.1953

表 3-4   计算 $J_0(x)$ 的常数

常数名称	a	b	c	d
常数值	0.9967	0.0354	-0.3259	0.0577

2) 采用海斯勒图计算

由于在非稳态导热的正规状况阶段只需计算级数的第一项,因此,工程技术界曾广泛使用由此绘制的诺莫图计算温度分布和传热量,其中用于确定温度分布的图称为海斯勒(Heisler)图,由海斯勒[6]最先在 1947 年给出。

对于平壁的非稳态导热,由式(3-29)可知,即使在正规状况阶段,θ/θ_0 也仍然是 Fo、Bi 及 x/δ 的函数,即

$$\frac{\theta}{\theta_0} = f\left(Fo, Bi, \frac{x}{\delta}\right)$$

式中有四个变量——θ/θ_0、Fo、Bi 和 x/δ。要在一个图中表示四个变量是很困难的,而只表示三个变量就很容易,可用两个坐标加上图中一个变量来完成。因此,海斯勒图将 θ/θ_0 分解成两项乘积,即由两个图来表示温度分布:

$$\frac{\theta}{\theta_0} = \frac{\theta_m}{\theta_0} \cdot \frac{\theta}{\theta_m} \tag{3-40}$$

式中右边两项分别为某时刻中心温度与初始温度的比值和任意一点温度与中心温度的比值,可分别由式(3-31)和式(3-32)计算得到,并有下面的函数关系:

$$\frac{\theta_m}{\theta_0} = f(Fo, Bi), \qquad \frac{\theta}{\theta_m} = f\left(Bi, \frac{x}{\delta}\right)$$

对于平壁,上面两个函数关系分别表示在图 3-8 和图 3-9 中。实际计算时,只需要根据 Fo、Bi 和 x/δ 分别由这两个图查出 θ_m/θ_0 和 θ/θ_m,就可由式(3-40)计算出 θ/θ_0,从而得出温度分布。

进入正规状况阶段后,从初始时刻至某一时刻 τ 所传递的热量由式(3-33)计算。由此式可以看出

$$\frac{Q}{Q_0} = f(Bi, Bi^2 Fo)$$

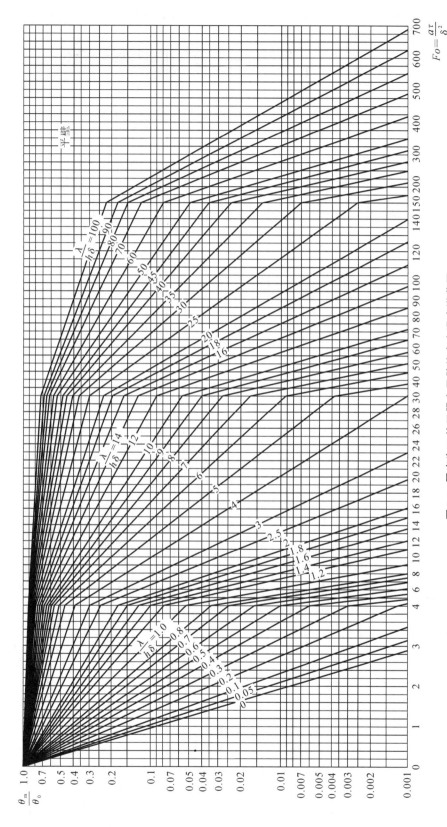

图 3-8　厚度为 2δ 的无限大平壁的中心温度诺莫图

式中只有三个变量,即 Q/Q_0、Bi 及 Bi^2Fo,因此,只需一个图就可以计算传热量。对于平壁,传热量的计算如图 3-10 所示。

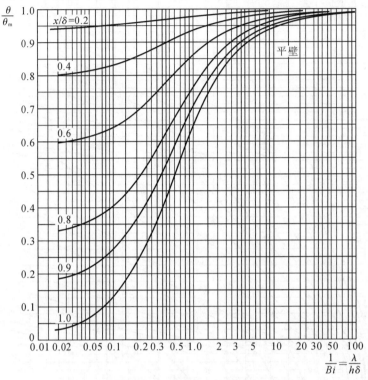

图 3-9　厚度为 2δ 的无限大平壁 θ/θ_m 曲线

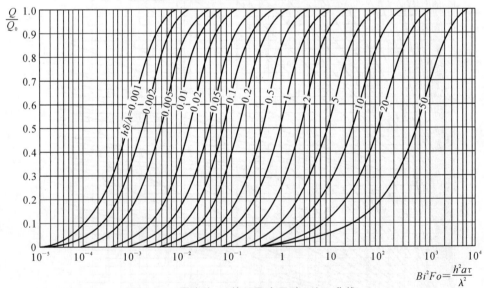

图 3-10　厚度为 2δ 的无限大平壁 Q/Q_0 曲线

对于无限长圆柱体和球体,分析结果表明,当 $Fo \geqslant 0.2$ 时,非稳态导热过程也进入了正规状况阶段,分析解可以近似地取无穷级数的第一项,其结果可以类似地制成诺莫图。无限长圆柱体的一维非稳态导热的诺莫图如图 3-11 至图 3-13 所示,球体的非稳态导热的诺莫图如图 3-14 至图 3-16 所示,其使用方法和平壁的一维非稳态导热的诺莫图的相同。更多的其他条件下的结果可参阅文献[7]。

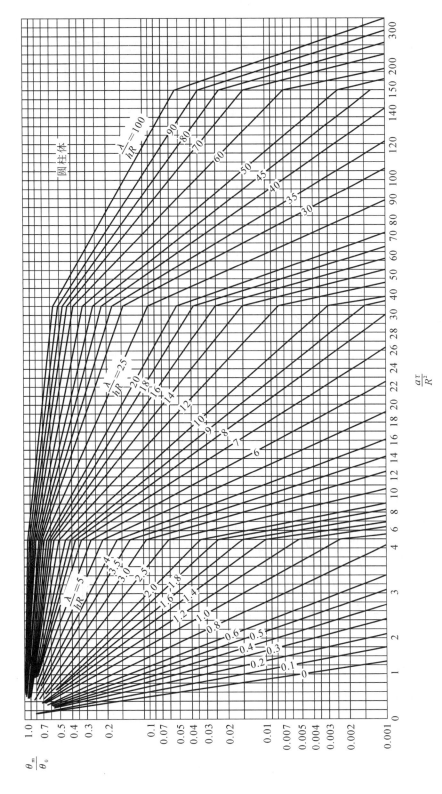

图 3-11　无限长圆柱体中心温度 θ_m/θ_0 诺莫图

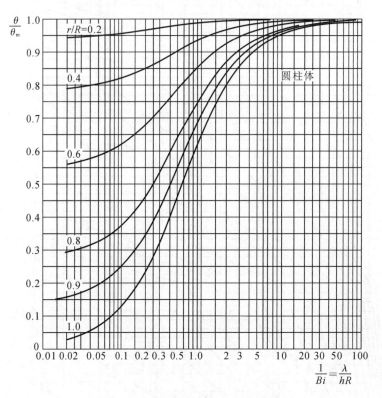

图 3-12　无限长圆柱体的 $\theta/\theta_{\mathrm{m}}$ 曲线

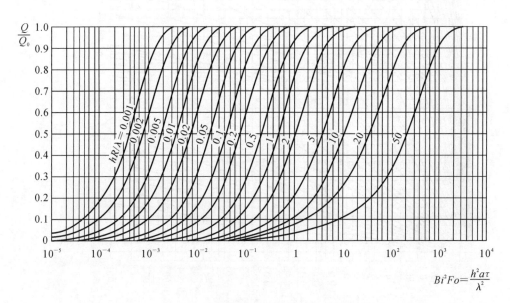

图 3-13　无限长圆柱体的 Q/Q_0 曲线

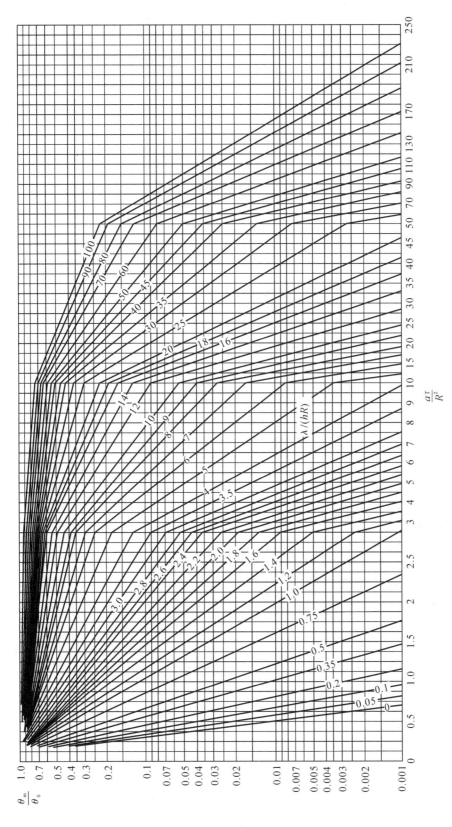

图 3-14 球体中心温度 θ_m/θ_0 诺莫图

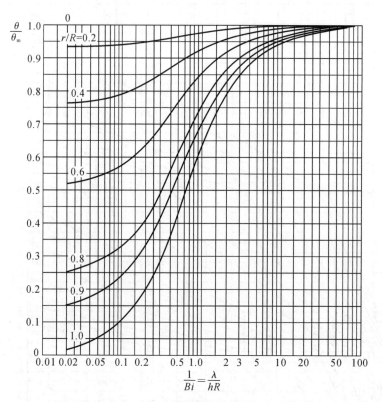

图 3-15　球体的 θ/θ_m 曲线

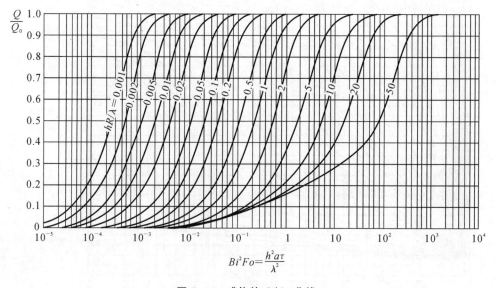

图 3-16　球体的 Q/Q_0 曲线

例 3-3　一块铝板厚为 50 mm，具有均匀的初始温度 $t_0=200\ ℃$，突然放入温度为 70 ℃ 的对流环境中，表面传热系数为 $h=525\ W/(m^2\cdot K)$。铝板的导热系数为 $\lambda=215\ W/(m\cdot K)$，密度为 2700 kg/m^3，比热容为 $c=948\ J/(kg\cdot K)$。求 1 min 后距离表面 12.5 mm 处铝板的温度和此时单位面积铝板上散出的总热量。

解　先求出毕渥数 Bi 和傅里叶数 Fo。

$$Bi=\frac{h\delta}{\lambda}=\frac{525\times0.025}{215}=0.061$$

因而 $1/Bi=16.38$。热扩散率为

$$a=\frac{\lambda}{\rho c}=\frac{215}{2700\times948}\ m^2/s=8.4\times10^{-5}\ m^2/s$$

$$Fo=\frac{a\tau}{\delta^2}=\frac{8.4\times10^{-5}\times60}{0.025^2}=8.064$$

$$x/\delta=12.5/25=0.5$$

根据以上数据，由图 3-8 查得

$$\frac{\theta_m}{\theta_0}=0.61$$

由图 3-9 查得

$$\frac{\theta}{\theta_m}=0.98$$

$$\frac{\theta}{\theta_0}=\frac{\theta_m}{\theta_0}\frac{\theta}{\theta_m}=0.61\times0.98=0.5978$$

1 min 后距离表面 12.5 mm 处铝板的温度为

$$t=t_\infty+0.5978\theta_0=70+0.5978\times(200-70)\ ℃=147.7\ ℃$$

要求总的散热量，需要先求出 $FoBi^2=0.03$。

由图 3-10 查得

$$Q/Q_0=0.41$$

由式 (3-27) 有

$$Q_0=\rho cV(t_0-t_\infty)$$
$$Q=0.41Q_0=0.41\rho cV(t_0-t_\infty)$$

单位面积上传递的热量为

$$Q/A=0.41\rho c(V/A)(t_0-t_\infty)=0.41\rho c(2\delta)(t_0-t_\infty)$$
$$=0.41\times2700\times948\times0.05\times(200-70)\ J/m^2=6.82\times10^6\ J/m^2$$

讨论：(1) 按式 (3-29) 直接计算，先由式 (3-25) 得出 $\beta_1\delta$：

$$\tan(\beta\delta)=\frac{0.061}{\beta\delta}$$

解得　　　　　　　　　　　　　　　$\beta_1\delta=0.2445$

由式 (3-29) 得

$$\frac{\theta}{\theta_0}=\frac{2\sin(\beta_1\delta)}{\beta_1\delta+\sin(\beta_1\delta)\cos(\beta_1\delta)}e^{-(\beta_1\delta)^2Fo}\cos\left[(\beta_1\delta)\frac{x}{\delta}\right]$$

$$=\frac{2\sin(0.2445)}{0.2445+\sin(0.2445)\cos(0.2445)}e^{-(0.2445)^2\times8.064}\cos[0.2445\times0.5]$$

$$=0.619$$

这一结果和查图得到的结果 0.5978 相差不是很大。

（2）由于 $Bi=0.061<0.1$，按集总参数法计算，认为铝板各处温度均匀，由式（3-4）得

$$\frac{\theta}{\theta_0} = \exp(-0.061 \times 8.064) = 0.61$$

也可以满足工程计算的要求。

例 3-4　一块厚 100 mm 的钢板放入温度为 1000 ℃ 的炉中加热。钢板一面加热，另一面可认为绝热。钢板的导热系数为 $\lambda=34.8$ W/(m·K)，热扩散率为 $a=0.555\times10^{-5}$ m²/s，初始温度为 $t_0=20$ ℃，求受热面加热到 500 ℃ 所需时间及剖面上最大温差。加热过程的表面传热系数为 $h=174$ W/(m²·K)。

解　这一问题相当于厚 200 mm 平板对称受热问题，必须先求 θ_m/θ_0，再由 θ_m/θ_0 和 Bi 查图 3-8 求得 Fo，从而得出加热所需要的时间。由已知条件得

$$\frac{\theta_w}{\theta_0} = \frac{t_\infty - t_w}{t_\infty - t_0} = \frac{1000-500}{1000-20} = 0.51$$

$$Bi = \frac{h\delta}{\lambda} = \frac{174\times0.1}{34.8} = 0.5, \quad \frac{1}{Bi} = 2, \quad \frac{x}{\delta} = 1.0$$

从图 3-9 查得

$$\frac{\theta_w}{\theta_m} = 0.8$$

由此可算得中心温度：

$$\frac{\theta_m}{\theta_0} = \frac{\theta_w}{\theta_0} / \frac{\theta_w}{\theta_m} = \frac{0.51}{0.8} = 0.637$$

由 θ_m/θ_0 和 Bi 从图 3-8 查得 $Fo=1.2$，故加热所需要的时间

$$\tau = Fo\frac{\delta^2}{a} = 1.2\times\frac{0.1^2}{0.555\times10^{-5}} \text{ s} = 2.16\times10^3 \text{ s} = 0.6 \text{ h}$$

再求中心温度即绝热面温度，由于 $\theta_m/\theta_0=0.637$，因此，

$$t_m = 0.637\theta_0\times(20-1000)+1000 = 376 \text{ ℃}$$

剖面最大温差为

$$\Delta t_{max} = (500-376) \text{ ℃} = 124 \text{ ℃}$$

讨论：由 θ_m/θ_0 和 Bi 查图 3-8 求 Fo 时，图 3-8 线条太紧密，不容易得到精确的结果，可考虑按式（3-29）直接计算，同样先求 Bi 和 θ_w/θ_0，即

$$Bi = \frac{h\delta}{\lambda} = 0.5, \quad \frac{\theta_w}{\theta_0} = 0.51$$

查表 3-1 得 $\beta_1\delta=0.6533$，由式（3-29）有

$$0.51 = \frac{2\sin(0.6533)}{0.6533+\sin(0.6533)\cos(0.6533)}\exp(-0.6533^2 Fo)\cos(0.6533)$$

$$0.51 = 1.0701\exp(-0.4268Fo)\times0.7981$$

解得 $Fo=1.196$。

可见，直接计算的关键在于获得 $\beta_1\delta$，若不能由表 3-1 查得 $\beta_1\delta$，则其值必须通过解超越方程式（3-25）得到。

*3.4　半无限大物体的非稳态导热

半无限大物体指的是在 $x=0$ 处有固定的边界，可以向 x 轴正方向及 y、z 方向无限延伸

的物体。由于温度只随时间及 x 方向变化,半无限大物体的非稳态导热是一维非稳态导热的特殊例子之一,如地球的表面在一定条件下可简化为半无限大物体的表面。

1. 第一类边界条件

如图 3-17 所示的一半无限大物体,初始温度均匀,为 t_0,在 $\tau=0$ 时刻,$x=0$ 的表面温度突然升高到 t_w 并保持不变,现在来确定物体内部温度分布,并由此确定任一位置处的热流量。

描述这一问题的微分方程和边界条件为

$$\frac{\partial t}{\partial \tau} = a \frac{\partial^2 t}{\partial x^2} \tag{3-41}$$

$$\tau = 0 : t(x,0) = t_0 \tag{3-42}$$

$$x = 0 : t(x,\tau) = t_w \tag{3-43}$$

$$x \to \infty : t(x,\tau) = t_0 \tag{3-44}$$

由拉普拉斯变换可得这一问题的分析解为

$$\frac{\theta}{\theta_0} = \frac{t - t_w}{t_0 - t_w} = \frac{2}{\sqrt{\pi}} \int_0^{\frac{x}{2\sqrt{a\tau}}} \exp(-\eta^2) \mathrm{d}\eta = \mathrm{erf}\left(\frac{x}{2\sqrt{a\tau}}\right) = \mathrm{erf}(\eta) \tag{3-45}$$

其中,无量纲变量 $\eta = \dfrac{x}{2\sqrt{a\tau}}$,$\mathrm{erf}(\eta)$ 称为误差函数,其值见附录 12。这样便得到半无限大物体中的温度分布,如图 3-18 所示。

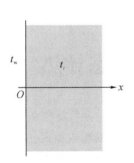

图 3-17　半无限大物体示意图

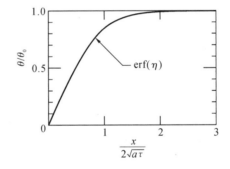

图 3-18　半无限大物体中的温度分布

由附录 12,当 $\eta=2$ 时,$\mathrm{erf}(\eta)=0.99532$,从而 $\theta/\theta_0=99.53\%$;故当 $\eta \geqslant 2$,即 $\dfrac{x}{2\sqrt{a\tau}} \geqslant 2$ 时,x 处的温度仍为 t_0,由此得两个重要参数。

1) 几何位置

如果 $x \geqslant 4\sqrt{a\tau}$,则 τ 时刻 x 处的温度可认为尚未变化。由这一结果可将半无限大物体提升为一个概念,即对于初始温度均匀、厚度为 2δ 的平壁,当一个侧面的温度突然变化到另一个温度时,若 $\delta \geqslant 4\sqrt{a\tau}$,则在 τ 时刻之前平壁可采用半无限大物体模型。

2) 惰性时间

如果时间 $\tau \leqslant \dfrac{x^2}{16a}$,则此时 x 处的温度可认为完全不变,故 $\dfrac{x^2}{16a}$ 称为惰性时间。

有了温度分布后,任一时刻半无限大物体任一位置处的热流密度为

$$q_x = -\lambda \frac{\partial t}{\partial x} = -\lambda(t_0 - t_w)\frac{\partial}{\partial x}[\mathrm{erf}(\eta)] = \lambda \frac{t_w - t_0}{\sqrt{\pi a \tau}} e^{-x^2/(4a\tau)} \tag{3-46}$$

表面处($x=0$)的热流密度为

$$q_w = \lambda \frac{t_w - t_0}{\sqrt{\pi a \tau}} \tag{3-47}$$

在$[0,\tau]$时间内流过面积为 A 的表面的总热量为

$$Q = A \int_0^\tau q_w \mathrm{d}\tau = A \int_0^\tau \frac{\lambda(t_w - t_0)}{\sqrt{\pi a \tau}} \mathrm{d}\tau = 2A \sqrt{\frac{\tau}{\pi}} \sqrt{\rho c \lambda}(t_w - t_0) \tag{3-48}$$

式中：$\sqrt{\rho c \lambda}$ 称为吸热系数，代表物体的吸热能力。式(3-47)和式(3-48)表明,对于半无限大物体在第一类边界条件下的非稳态导热,界面上的瞬时热流量与时间的平方根成反比,而在$[0,\tau]$时间内交换的总热量则与时间的平方根成正比。

2. 第二类边界条件

对于前面所述的半无限大物体,若初始温度分布同样均匀,为 t_0,在 $\tau = 0$ 时刻,$x = 0$ 的表面突然加上一恒定热流密度 q_0 并保持不变,则初始条件和边界条件为

$$\tau = 0 : t(x, 0) = t_0 \tag{3-49}$$

$$x = 0 : q_0 = -\lambda \frac{\partial t(x, \tau)}{\partial x} \tag{3-50}$$

$$x \to \infty : t(x, \tau) = t_0 \tag{3-51}$$

这一问题的解为[8]

$$t - t_0 = \frac{2q_0 \sqrt{a\tau/\pi}}{\lambda} \exp\left(\frac{-x^2}{4a\tau}\right) - \frac{q_0 x}{\lambda}\left(1 - \mathrm{erf}\frac{x}{2\sqrt{a\tau}}\right) \tag{3-52}$$

*3.5　二维及三维非稳态导热

通常二维及三维非稳态导热问题的求解都非常困难,但是一些特殊条件下的二维和三维非稳态导热问题可以得出分析解。这些二维和三维物体可以看成由两个或三个无限大平壁垂直相交,或由无限大平壁和无限长圆柱垂直相交而成。例如,矩形截面的无限长柱体可以由两个无限大平壁垂直相交而成;矩形截面的有限长柱体(或称垂直六面体)由三个无限大平壁垂直相交而成;有限长圆柱由一个无限长圆柱和一个无限大平壁垂直相交而成,如图3-19所示。

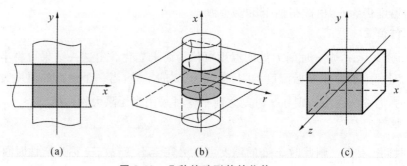

（a）　　　　　　　　　　（b）　　　　　　　　　　（c）

图 3-19　几种特殊形状的物体

(a) 无限长方柱；(b) 有限长圆柱；(c) 垂直六面体

考虑图 3-20 所示的二维、第三类边界条件下的无限长方柱体的非稳态导热问题。柱体

的横截面边长分别为 $2\delta_1$ 和 $2\delta_2$，初始温度为 t_0，过程开始时将其置于温度为 t_∞ 的流体中，柱体和流体间的表面传热系数 h 已知。由对称性可只考虑 1/4 个截面，微分方程及定解条件为

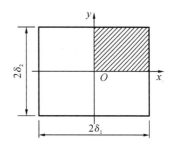

$$\frac{\partial \Theta}{\partial \tau} = a\left(\frac{\partial^2 \Theta}{\partial x^2} + \frac{\partial^2 \Theta}{\partial y^2}\right) \qquad (3\text{-}53)$$

式中：

$$\Theta = \frac{t - t_\infty}{t_0 - t_\infty} = \frac{\theta}{\theta_0}$$

图 3-20　无限长方柱体的坐标选取

初始条件为

$$\Theta(x, y, 0) = 1 \qquad (3\text{-}54)$$

边界条件为

$$\Theta(\delta_1, y, \tau) + \frac{\lambda}{h}\frac{\partial \Theta(x, y, \tau)}{\partial x}\bigg|_{x=\delta_1} = 0 \qquad (3\text{-}55)$$

$$\Theta(x, \delta_2, \tau) + \frac{\lambda}{h}\frac{\partial \Theta(x, y, \tau)}{\partial y}\bigg|_{y=\delta_2} = 0 \qquad (3\text{-}56)$$

$$\frac{\partial \Theta(x, y, \tau)}{\partial x}\bigg|_{x=0} = 0 \qquad (3\text{-}57)$$

$$\frac{\partial \Theta(x, y, \tau)}{\partial y}\bigg|_{y=0} = 0 \qquad (3\text{-}58)$$

我们先不急于求解上面的问题，而考虑两块单独的无限大平板在第三类条件下的非稳态导热问题，两平板的厚度分别为 $2\delta_1$ 和 $2\delta_2$，定解条件与方柱体相同。若分别以无量纲过余温度 $\Theta_x(x, \tau)$ 及 $\Theta_y(y, \tau)$ 来表示它们的温度分布，那么它们必须满足各自的微分方程及定解条件，即

对于平板 1

$$\frac{\partial \Theta_x}{\partial \tau} = a\frac{\partial^2 \Theta_x}{\partial x^2} \qquad (3\text{-}59)$$

初始条件为

$$\Theta_x(x, 0) = 1 \qquad (3\text{-}60)$$

边界条件为

$$\frac{\partial \Theta_x(x, \tau)}{\partial x}\bigg|_{x=0} = 0 \qquad (3\text{-}61)$$

$$\Theta_x(\delta_1, \tau) + \frac{\lambda}{h}\frac{\partial \Theta_x(x, \tau)}{\partial x}\bigg|_{x=\delta_1} = 0 \qquad (3\text{-}62)$$

对于平板 2

$$\frac{\partial \Theta_y}{\partial \tau} = a\frac{\partial^2 \Theta_y}{\partial y^2} \qquad (3\text{-}63)$$

初始条件为

$$\Theta_y(y, 0) = 1 \qquad (3\text{-}64)$$

边界条件为

$$\frac{\partial \Theta_y(y, \tau)}{\partial y}\bigg|_{y=0} = 0 \qquad (3\text{-}65)$$

$$\Theta_y(\delta_2,\tau) + \frac{\lambda}{h}\frac{\partial\Theta_y(y,\tau)}{\partial y}\bigg|_{y=\delta_2} = 0 \tag{3-66}$$

现在来证明上面两个解的乘积就是无限长方柱体的解,即

$$\Theta(x,y,\tau) = \Theta_x(x,\tau)\Theta_y(y,\tau) \tag{3-67}$$

首先证明式(3-67)满足微分方程式(3-53)。由于

$$\frac{\partial\Theta}{\partial\tau} = \frac{\partial(\Theta_x \cdot \Theta_y)}{\partial\tau} = \Theta_x\frac{\partial\Theta_y}{\partial\tau} + \Theta_y\frac{\partial\Theta_x}{\partial\tau}$$

$$= a\Theta_x\frac{\partial^2\Theta_y}{\partial y^2} + \Theta_y\frac{\partial^2\Theta_x}{\partial x^2}$$

$$= a\left[\frac{\partial^2(\Theta_x \cdot \Theta_y)}{\partial x^2} + \frac{\partial^2(\Theta_x \cdot \Theta_y)}{\partial y^2}\right]$$

$$= a\left(\frac{\partial^2\Theta}{\partial x^2} + \frac{\partial^2\Theta}{\partial y^2}\right)$$

故微分方程得到满足。下面再证明式(3-67)满足定解条件式(3-54)和式(3-55)。

由于

$$\Theta(x,y,0) = \Theta_x(x,0) \cdot \Theta_y(y,0) = 1 \times 1 = 1$$

故式(3-54)得到满足。进一步,证明式(3-55)也得到满足:

$$\Theta(\delta_1,y,\tau) + \frac{\lambda}{h}\frac{\partial\Theta(x,y,\tau)}{\partial x}\bigg|_{x=\delta_1} = \Theta_x(\delta_1,\tau)\Theta_y(y,\tau) + \frac{\lambda}{h}\Theta_y(y,\tau)\frac{\partial\Theta_x(x,\tau)}{\partial x}\bigg|_{x=\delta_1}$$

$$= \Theta_y(y,\tau)\left[\Theta_x(\delta_1,\tau) + \frac{\lambda}{h}\frac{\partial\Theta_x(x,\tau)}{\partial x}\bigg|_{x=\delta_1}\right]$$

$$= \Theta_y(y,\tau) \cdot 0 = 0$$

同理可以证明式(3-67)也满足定解条件式(3-56)至式(3-58),从而证明了 $\Theta(x,y,\tau) = \Theta_x(x,\tau)\Theta_y(y,\tau)$ 确实是无限长方柱体的导热微分方程的解。这一方法称为乘积法。

乘积法可适用第一类边界条件中边界温度为定值且初始温度为常数的情况,但并不适用于一切边界条件。图 3-21 给出了一些用乘积法表示的二维和三维非稳态导热问题的温度分布。表中 $P(x,\tau)$ 为无限大平板的无量纲温度函数,$S(x,\tau)$ 为半无限大物体的无量纲温度函数,$C(r,\tau)$ 为无限长圆柱体的无量纲温度函数。

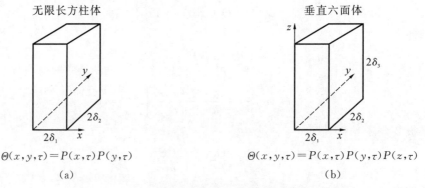

图 3-21　二维和三维非稳态导热问题的温度分布

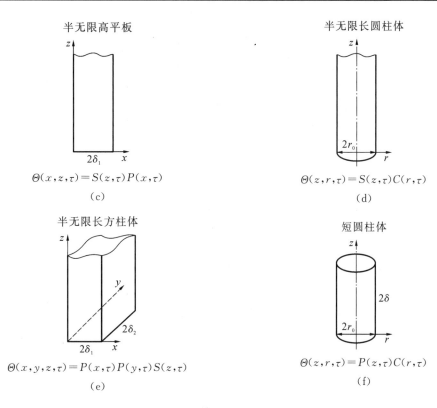

半无限高平板
$$\Theta(x,z,\tau)=S(z,\tau)P(x,\tau)$$
（c）

半无限长圆柱体
$$\Theta(z,r,\tau)=S(z,\tau)C(r,\tau)$$
（d）

半无限长方柱体
$$\Theta(x,y,z,\tau)=P(x,\tau)P(y,\tau)S(z,\tau)$$
（e）

短圆柱体
$$\Theta(z,r,\tau)=P(z,\tau)C(r,\tau)$$
（f）

续图 3-21

思　考　题

1. 什么是非稳态导热的正规状况阶段？有什么特点？

2. 请写出傅里叶数 Fo 及毕渥数 Bi 的表达式并说明它们的物理意义。

3. 试以第三类边界条件下无限大平板的非稳态导热为例说明傅里叶数 Fo 及毕渥数 Bi 对平板内温度分布的影响。

4. 初温为 t_0、厚为 2δ 的大平壁一侧绝热，另一侧：（a）与温度为 t_1（$t_1 > t_0$）的流体相接触；（b）壁面温度突然升高为 t_1。试画出几个时刻大平壁内的温度分布曲线，并比较其异同。

5. 有人认为，虽然图 3-9 中 θ/θ_m 与 Fo 数无关，但实际上经历的时间不同，θ/θ_m 也应不同，当时间趋于无限大时，θ/θ_m 应趋于 1，且各处温度均应趋于流体温度，因此该图不能用于时间过长的情形。你对这一种说法有什么看法？

6. 什么是非稳态导热的集总参数法？其使用条件是什么？

7. 有人说，对于非稳态导热问题，当 $Bi<0.1$ 时用集总参数法求解，当 $Bi>0.1$ 时用诺莫图求解，你对这种说法有什么看法？

8. 某同学拟用集总参数法求解一长圆柱的非稳态导热问题，为此他算出了 Fo 和 Bi。结果发现，算出的 Bi 不满足使用该法的条件，于是又改用 Bi 及 Fo 查诺莫图算出答案。他得出的答案对吗？为什么？

习　题

3-1　一初始温度为 T_0 且大小和物性都已知的黑体突然置于一温度为 T_∞ 的大房间中,黑体表面与周围流体的表面传热系数为 h,假设黑体在任一时刻温度均匀,考虑对流与辐射传热,写出黑体的温度随时间变化的微分方程。

3-2　一铜球的直径为 3 cm,初始温度为 100 ℃,突然浸入 20 ℃ 的流体中,表面传热系数为 50 W/(m² · K)。求铜球冷却到 40 ℃ 所需要的时间。

3-3　一热电偶的 $\rho c V/A$ 之值为 2.094 kJ/(m² · K),初始温度为 20 ℃,后将其置于 320 ℃ 的气流中。试计算在气流与热电偶之间的表面传热系数为 58 W/(m² · K) 及 116 W/(m² · K) 的两种情形下热电偶的时间常数,并画出两种情形下热电偶读数的过余温度随时间的变化曲线。

3-4　一质量为 5.5 kg 的铝球,初始温度为 290 ℃,突然浸入 15 ℃ 的流体中,表面传热系数为 58 W/(m² · K)。求铝球冷却到 90 ℃ 所需要的时间。

3-5　一厚 10 mm 的大平壁(满足集总参数法求解的条件),初温为 300 ℃,密度为 7800 kg/m³,比热容为 0.47 kJ/(kg · ℃),导热系数为 45 W/(m · K),一侧有恒定热流 $q=100$ W/m² 流入,另一侧与 20 ℃ 的空气对流换热,表面传热系数为 70 W/(m² · K)。试求 3 min 后平壁的温度。

3-6　有一块金属,外表面积为 0.03 m²,体积为 0.00045 m³,导热系数为 30 W/(m · K),热扩散率为 1.25×10^{-6} m²/s,初始温度为 20 ℃,过程开始时用一电锯缓慢把它等分成两半。电动机消耗的功率为 500 W。与此同时,金属表面被 18 ℃ 的冷却液冷却,表面传热系数为 100 W/(m² · K)。试求:

(1) 15 min 后金属的温度;

(2) 达到稳态时金属的温度。

设本题可用集总参数法求解。

3-7　一具有内部加热装置的物体与空气处于热平衡。在某一瞬间,加热装置投入工作,其作用相当于强度为 $\dot{\Phi}$ 的内热源。设物体与周围环境的表面传热系数为常数 h,内热阻可以忽略,其他几何、物性参数均已知,试列出其温度随时间变化的微分方程式并求解。

3-8　一直径为 50 mm 的长铜棒,加热到 32 ℃ 后,浸入 −1.5 ℃ 的液槽中。若经 3 min 后,棒的温度为 4.5 ℃。试求对流换热的表面传热系数。已知铜棒的物性参数为 $\rho=8900$ kg/m³,$c=380$ J/(kg · ℃),$\lambda=380$ W/(m · K)。

3-9　一根体温计的水银泡长 10 mm,直径 4 mm,护士将它放入病人口中之前,水银泡维持 18 ℃;放入病人口中时,水银泡表面的表面传热系数为 85 W/(m² · K)。如果要求测温误差不超过 0.2 ℃,试求体温计放入口中后,至少需要多长时间,才能将它从体温为 39.4 ℃ 的病人口中取出。已知水银泡的物性参数为 $\rho=13520$ kg/m³,$c=139.4$ J/(kg · ℃),$\lambda=8.14$ W/(m · K)。

3-10　一块厚 20 mm 的钢板,加热到 500 ℃ 后置于 20 ℃ 的空气中冷却。设冷却过程中钢板两侧面的平均表面传热系数为 35 W/(m² · K),钢板的导热系数为 45 W/(m · K),热扩散率为 1.37×10^{-5} m²/s,试确定使钢板冷却到与空气相差 10 ℃ 时所需的时间。

3-11　热处理工艺中,用银球试样来测定淬火介质在不同条件下的冷却能力。今有两个直径为 20 mm 的银球,加热到 650 ℃后分别置于 20 ℃的盛有静止水的大容器及 20 ℃的循环水中。用热电偶测得,当银球中心温度从 650 ℃变化到 450 ℃时,其降温速率分别为 180 ℃/s 及 360 ℃/s。试确定两种情况下银球表面与水之间的表面传热系数。已知在上述温度范围内银的物性参数为 $\rho = 10500$ kg/m³,$c = 262$ J/(kg·℃),$\lambda = 360$ W/(m·K)。

3-12　设有五块厚 30 mm 的无限大平板,分别由银、铜、钢、玻璃及软木做成,初始温度为 20 ℃,两侧面温度突然上升到 60 ℃,试计算使中心温度上升到 56 ℃各板所需的时间。五种材料的热扩散率依次为 170×10^{-6} m²/s,103×10^{-6} m²/s,12.9×10^{-6} m²/s、0.59×10^{-6} m²/s 和 0.155×10^{-6} m²/s。由此计算你可以得出什么结论?

3-13　一块厚 30 mm 的大铜板,初始温度为 300 ℃,突然将其一侧面置于 80 ℃的流体中,而另一侧面绝热。6 min 时,冷却面的温度降为 140 ℃。试计算对流表面传热系数。

3-14　一块厚 10 mm 的大铝板,初始温度为 400 ℃,突然将其浸入 90 ℃的流体中,表面传热系数为 1400 W/(m²·K)。试求使铝板中心温度降低到 180 ℃所需要的时间。

3-15　一截面尺寸为 10 cm×5 cm 的长钢棒(18-20Cr/8-12Ni),初始温度为 20 ℃,然后长边的一侧突然被置于 200 ℃的气流中,$h = 125$ W/(m²·K),另外三个侧面绝热。试确定 6 min 后长边的另一侧中点的温度。钢棒的 ρ、c、λ 可近似取用 20 ℃时的值。

3-16　一直径为 11 mm 的长铝棒,初始温度为 300 ℃,突然将其浸入 50 ℃的流体中,表面传热系数为 1200 W/(m²·K)。试求使铝棒中心温度降低到 80 ℃所需要的时间,并计算单位长铝棒的传热量。

3-17　一直径为 10 mm 的碳钢球,初始温度为 220 ℃,突然将其浸入 10 ℃的油中,表面传热系数为 5000 W/(m²·K)。试求使钢球中心温度降低到 120 ℃所需要的时间。

3-18　一直径为 0.3 m 的长圆柱形钢坯,被水平地送入 6 m 长的炉子,且匀速前进。进炉前钢坯温度为 200 ℃,炉内气体温度为 1500 ℃,与钢坯间的表面传热系数为 102 W/(m²·K)。要求钢坯中心线温度加热到不低于 750 ℃,试求钢坯连续经过炉子的最大速度。设 $a = 1.5 \times 10^{-5}$ m²/s,$\lambda = 52$ W/(m·K)。

3-19　一种测量导热系数的瞬态法是基于半无限大物体的导热过程而设计的。设有一块厚金属,初温为 30 ℃,然后其一侧表面突然与温度为 100 ℃的沸水接触。在离开此表面 10 mm 处由热电偶测得 2 min 后该处的温度为 65 ℃。已知材料的密度为 2200 kg/m³,比热容为 700 J/(kg·K),试计算该材料的导热系数。

3-20　夏天高速公路的路面在日光长时间的曝晒下可达 50 ℃的温度。假设突然一阵雷雨把路面冷却到 20 ℃并保持不变。雷雨持续了 10 min。试计算在此降雨期间单位面积上所放出的热量。高速公路混凝土的物性可取密度为 2300 kg/m³,导热系数为 1.4 W/(m·K),比热容为 880 J/(kg·K)。作为一种估算,假设雷雨前路面以下相当厚的一层混凝土均处于 50 ℃,分析这一假设对计算得到的放热量的影响。

3-21　在寒冷地区埋设地下水管时应考虑冬天地层下结冰的可能性。为使水管安全工作,水管应埋设在结冰层以下。作为一种估算,可以采用这样的简化模型,即把地球表面层看成半无限大的物体,而冬天则用较长时间内地球表面突然处于较低的平均温度这样一种物理过程来模拟。设某处地层的热扩散率为 1.65×10^{-7} m²/s,地球表面温度由原来均匀的 15 ℃突然下降到 -20 ℃并达 50 天之久。试估算为使埋管上不出现霜冻而必需的最浅埋设深度。

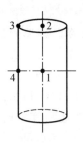

图 3-22 习题 3-22 图

3-22 图 3-22 所示钢制圆柱体的直径 $D=0.3$ m,长度 $L=0.6$ m,导热系数 $\lambda=30$ W/(m·K),热扩散率 $a=6.25\times10^{-6}$ m^2/s,初始温度均匀,为 20 ℃。若把圆柱放入炉温为 1020 ℃、表面传热系数为 200 W/(m^2·K)的加热炉内,试问加热 1.4 h 后,中心 1 和表面 2、3、4 各点的温度为多少?

3-23 条件如题 3-22,试问加热 0.5 h 后,中心 1 和表面 2、3、4 各点的温度为多少?

3-24 条件如题 3-22,试问加热 5 h 后,中心 1 和表面 2、3、4 各点的温度为多少?

3-25 一钢锭的尺寸为:$2\delta_1=0.5$ m,$2\delta_2=0.7$ m,$2\delta_3=1$ m。钢锭的导热系数为 40 W/(m·K),$a=0.722\times10^{-5}$ m^2/s,试求钢锭放入 1200 ℃的加热炉内 4 h 后,钢锭的最低温度和最高温度。已知钢锭的初始温度 $t_0=20$ ℃,在加热炉内钢锭的表面传热系数为 348 W/(m^2·K)。

3-26 一立方体铝块,边长为 100 mm,初始温度为 300 ℃,突然将其浸入 100 ℃的流体中,表面传热系数为 900 W/(m^2·K)。求 1 min 后铝块的中心温度。

3-27 一直径为 500 mm、高为 800 mm 的钢锭,初温为 30 ℃,被送入 1200 ℃的炉子中加热。设备表面同时受热,且表面传热系数 $h=180$ W/(m^2·K),$\lambda=40$ W/(m·K),$a=8\times10^{-6}$ m^2/s。试确定 3 h 后钢锭高 400 mm 处的截面上半径为 0.13 m 处的温度。

参 考 文 献

[1] 章熙民,任泽霈,梅飞鸣. 传热学[M]. 5 版. 北京:中国建筑工业出版社,2007.

[2] 陈启高. 建筑热物理基础[M]. 西安:西安交通大学出版社,1991.

[3] KAKAC S,YENER Y. Heat conduction[M]. 2nd ed. Washington:Hemisphere Publishing Corp. ,1986.

[4] GRIGULL U,SANDNER H. Heat conduction[M]. Washington:Hemisphere Publishing Corp. ,1984.

[5] CAMPO A. Rapid determination of spatio-temporal temperatures and heat transfer in simple bodies cooled by convection:Usage of calculators in lieu of Heisler-Grober charts[J]. Int. Comm. Heat Mass Transfer,1983,24 (4):553-564.

[6] SCHNEIDER J P. Temperature response charts[M]. New York:John Wiley & Sons,1963.

[7] HOLMAN J P. Heat transfer[M]. 10th ed. Boston:McGraw-Hill,2011.

第4章

对流换热原理

在绪论中已经指出,对流换热是发生在流体和与之接触的固体壁面之间的热量传递过程,属于发生在流体中的热量传递过程,有着广泛的工程应用领域。在这一过程中由于流体的运动,热量传递主要以热传导和热对流的方式进行。本章简述对流换热过程的基本原理,介绍确定表面传热系数 h 的方法。

首先,将质量守恒、动量守恒和能量守恒的基本定律与斯托克斯黏性定律和傅里叶热传导定律相结合,并应用于流体系统,导出支配流体速度场和温度场的控制方程,即对流换热微分方程组。其次,运用相似理论及量纲分析方法对换热过程的参数进行归类处理,将物性量、几何量和过程量按物理过程的特征组合成无量纲数,以减少所研究问题的变量数目,方便求解对流换热问题;并介绍通过方程的无量纲化和实验研究而得到常用准则及准则关系式的方法。再次,引入边界层的概念,对完全的对流换热微分方程组进行简化,得出特定条件下对流换热问题的分析解。最后,对于紊流流动换热现象的特征及其处理方法进行简单的介绍。

4.1　对流换热概述

1. 对流换热过程

对流换热是发生在流体和与之接触的固体壁面之间的热量传递过程,是宏观的热对流与微观的热传导的综合传热过程。由于涉及流体的运动,热量的传递过程变得较为复杂,分析处理较为困难。因此,在对流换热过程的研究和应用上,常常采用实验和数值分析的处理方法。下面我们以简单的对流换热过程为例,对对流换热过程的特征进行粗略分析。

图 4-1 给出了一个简单的对流换热过程。它表示了流体以来流速度 u_∞ 和来流温度 t_∞ 流过一个温度为 t_w 的固体壁面的流动换热问题。这里选取流体沿壁面流动的方向为 x 坐标、垂直壁面方向为 y 坐标。

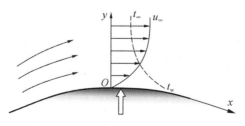

图 4-1　对流换热过程示意图

由于固体壁面对流体分子的吸附作用,壁面上的流体处于不流动或不滑移的状态(此论点对于极为稀薄的流体是不适用的)。同时,流体分子相互之间的穿插扩散和(或)相互之间的吸引造成流体之间的相互牵制。

这种相互牵制作用就是流体的黏性力,在其作用下,流体的速度在垂直于壁面的方向上发生改变。由于流体的分子在固体壁面上被吸附而处于不流动的状态,因而流体速度值从壁面上的零速度值逐步变化到来流的速度值。同时,通过固体壁面的热流也会在流体分子的作用下向流体扩散(热传导),并不断地被流体的流动而带到下游(热对流),因而也导致紧靠壁面处的流体温度逐步从壁面温度变化到来流温度。这里,我们把流体在壁面附近的速度和温度分布示意性地表示在图 4-1 中。

2. 对流换热过程的分类

由于对流换热是发生在流体和固体界面上的热交换过程,流体的流动和固体壁面的几何形状以及相互接触的方式都会不同程度地影响对流换热的效果,这构成了许许多多复杂的对流换热过程。为了研究问题的条理性和系统性,以及便于把握对流换热过程的实质,可按不同的方式将对流换热过程进行分类。然后再分门别类地进行分析处理。

在传热学中,对流换热过程的习惯性分类方式是:

按流体运动是否与时间相关可分为非稳态对流换热和稳态对流换热;

按流体运动的起因可分为自然对流换热和强制对流换热;

按流体与固体壁面的接触方式可分为内部流动换热和外部流动换热;

按流体的运动状态可分为层流流动换热和紊流流动换热;

按流体在换热中是否发生相变或存在多相的情况可分为单相流体对流换热和多相流体对流换热。

按照上述的分类,总是可以将实际的对流换热过程归入相应的类型之中。例如,在外力推动下流体的管内流动换热属于强制内部流动换热,可以为层流亦可为紊流,还可以有相变发生,使之从单相流动变为多相流动;再如,竖直的热平板在空气中的冷却过程属于外部自然对流换热(或称大空间自然对流换热),可以为层流亦可为紊流,在空气中冷却不可能有相变,应为单相流体换热;但是如果在饱和水中则会发生沸腾换热,这就是带相变的多相换热过程。

3. 表面传热系数和对流换热微分方程

在绪论中提到的对流换热的热流密度可以按照牛顿冷却公式来计算,即 $q_c = h(t_w - t_\infty)$,式中的 h 称为表面传热系数(亦称对流换热系数),单位是 W/(m² · K)。采用这样的书写形式是为了使热流的方向与流体温度的降落方向一致。如果 $t_w > t_\infty$,热流方向从固体壁面指向流体,如果 $t_w < t_\infty$ 则相反。仔细分析一下这个公式,就不难看出该式只不过定义了一个表面传热系数而已,并不能直接用于解决对流换热问题。但是,这个定义的直接好处是,把研究复杂对流换热问题集中到研究和确定表面传热系数上,使复杂问题从形式上得到简化;同时,由于表面传热系数表示单位时间单位换热面积在单位温差下的换热量,因而可以用来衡量各种对流换热过程换热性能的差异,这也就是表面传热系数这个定义沿用至今的道理。

表面传热系数如何确定呢?分析一下流体在壁面上的特征也许会有帮助。前面已经提到,壁面上的流体分子层由于受到固体壁面的吸附处于不滑移的状态,其流速应为零,那么

通过它的热流量只能依靠导热的方式传递。由傅里叶定律可知传导的热流密度为 $q_\mathrm{w}=-\lambda\dfrac{\partial t}{\partial y}\Big|_{y}=0$，而从过程的热平衡可知，这些通过壁面流体层传导的热流量最终是以对流换热的方式传递到流体中去的，因而有 $q_\mathrm{w}=q_\mathrm{c}$。于是得到如下关系：

$$q_\mathrm{c}=h(t_\mathrm{w}-t_\infty)=-\lambda\frac{\partial t}{\partial y}\Big|_{y=0}\qquad 或\qquad h=-\frac{\lambda}{\Delta t}\frac{\partial t}{\partial y}\Big|_{y=0}\qquad(4\text{-}1)$$

式中：$\Delta t=t_\mathrm{w}-t_\infty$。

　　式(4-1)称为对流换热微分方程，它给出了计算对流换热壁面上热流密度的公式，也确定了表面传热系数与流体温度场之间的关系。它清晰地告诉我们：要求解一个对流换热问题，获得该问题的表面传热系数或交换的热流量，就必须首先获得流场的温度分布，即温度场；然后确定壁面上的温度梯度；最后计算出在参考温差下的表面传热系数。因此，对流换热问题犹如导热问题一样，寻找流体系统的温度场的支配方程，并力图求解方程而获得温度场是处理对流换热问题的主要工作。由于流体系统中流体的运动影响着流场的温度分布，因而流体系统的速度分布（速度场）也要同时确定，这也就是说，也必须找出速度场的场方程，并加以求解。不幸的是，对于较为复杂的对流换热问题，在建立了流场方程之后，分析求解几乎是不可能的。此时，常常采用实验求解和数值求解。尽管如此，实验关系式的形式及准则的确定还是建立在场方程的基础上的，数值求解的代数方程组也是从场方程或守恒定律中推导得出的。

　　下面针对一个对流换热过程的流场从质量守恒定律、动量守恒定律和能量守恒定律出发，结合傅里叶导热定律和斯托克斯黏性定律推导出流场的支配方程组。

4.2　层流流动换热的微分方程组

　　对流换热过程是流体中的热量传递过程，涉及流体运动造成的热量的携带和流体分子运动的热量的传导（或扩散）。因此，流体的温度场与流体的速度场密切相关。要确立温度场和速度场就必须找出支配方程组，它们应该是从质量守恒定律导出的连续性方程、从动量守恒定律导出的动量微分方程和从能量守恒定律导出的能量微分方程。从一般意义上讲，应该在尽量少的限制性条件下推导这些方程，但是为了突出方程推导的物理实质而又不失一般性，这里选取二维不可压缩的常物性流体流场来进行微分方程组的推导工作。

1. 连续性方程

　　图 4-2 给出了一个二维流体流场，从中选取一个微元体 $\mathrm{d}x\mathrm{d}y\cdot1$，并设定 x 方向的流体流速为 u，而 y 方向的流体流速为 v，流体的密度为 ρ。将质量守恒定律应用于微元体，必然存在如下质量平衡关系：

单位时间流进和流出微元体的质量流量之差 ＝
微元体质量随时间的变化率

　　从 x 方向流入微元体的质量流量为 $\rho u\mathrm{d}y\cdot1$，流出的质量流量则为 $\left(\rho u+\dfrac{\partial\rho u}{\partial x}\mathrm{d}x\right)\mathrm{d}y\cdot1$。

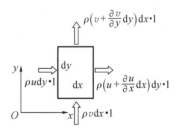

图 4-2　二维流体流场示意图

从 y 方向流入微元体的质量流量为 $\rho v \mathrm{d}x \cdot 1$，流出的质量流量则为 $\left(\rho v + \dfrac{\partial \rho v}{\partial y}\mathrm{d}y\right)\mathrm{d}x \cdot 1$。

单位时间流进和流出微元体的质量流量之差为

$$-\left(\frac{\partial \rho u}{\partial x} + \frac{\partial \rho v}{\partial y}\right)\mathrm{d}x\mathrm{d}y \cdot 1$$

同时，微元体质量随时间的变化率应为 $\dfrac{\partial \rho}{\partial \tau}\mathrm{d}x\mathrm{d}y \cdot 1$。从质量平衡关系可以得出连续性方程：

$$\frac{\partial \rho}{\partial \tau} + \frac{\partial \rho u}{\partial x} + \frac{\partial \rho v}{\partial y} = 0 \tag{4-2}$$

对于稳态流场，有

$$\frac{\partial \rho u}{\partial x} + \frac{\partial \rho v}{\partial y} = 0 \tag{4-3}$$

对于不可压缩的常物性流场，有

$$\frac{\partial u}{\partial x} + \frac{\partial v}{\partial y} = 0 \tag{4-4}$$

2. 动量方程

流体的运动应服从动量守恒定律，对于我们所研究的二维不可压缩流场，微元体 $\mathrm{d}x\mathrm{d}y \cdot 1$ 的动量平衡关系应为

微元体内动量随时间的改变量 ＝

因流体流动引起的微元体动量改变量 ＋ 作用于微元体上的外力之和

由于动量是矢量，为了便于分析常常采用其分量形式，对于二维流场有 x 和 y 两个方向上的动量分量。

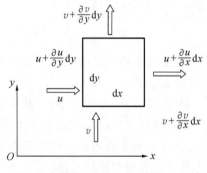

图 4-3　流场中微元体速度变化示意图

1）因流体运动引起的微元体动量改变量

由图 4-3 可见，从 x 方向流入微元体的质量流量在 x 方向上的动量为 $\rho u \mathrm{d}y \cdot 1 \cdot u$，而从 x 方向流出微元体的质量流量在 x 方向上的动量则为

$$\left(\rho u + \frac{\partial \rho u}{\partial x}\mathrm{d}x\right)\mathrm{d}y \cdot 1 \cdot \left(u + \frac{\partial u}{\partial x}\mathrm{d}x\right)$$

同时注意到，从 y 方向流入微元体的质量流量在 x 方向上的动量为 $\rho v \mathrm{d}x \cdot 1 \cdot u$，而从 y 方向流出微元体的质量流量在 x 方向上的动量则为

$$\left(\rho v + \frac{\partial \rho v}{\partial y}\mathrm{d}y\right)\mathrm{d}x \cdot 1 \cdot \left(u + \frac{\partial u}{\partial y}\mathrm{d}y\right)$$

把流入微元体的动量流量减去流出微元体的动量流量，得到 x 方向上的动量改变量：

$$-\rho\left(u\frac{\partial u}{\partial x} + v\frac{\partial u}{\partial y}\right)\mathrm{d}x\mathrm{d}y \cdot 1 \tag{4-5a}$$

注意，在简化过程中利用了连续性方程，并忽略了高阶小量。

同理，导出 y 方向上的动量改变量：

$$-\rho\left(u\frac{\partial v}{\partial x} + v\frac{\partial v}{\partial y}\right)\mathrm{d}x\mathrm{d}y \cdot 1 \tag{4-5b}$$

2）作用于微元体上的外力

作用于微元体上的外力可以分为表面力和体积力。

　　体积力是重力场、电场或磁场作用于微元体上的结果。为了分析的便利和简明,设定单位体积流体的体积力为 F,那么相应在 x 和 y 方向上的分量分别为 F_x 和 F_y。于是作用于微元体上的体积力在 x 方向为

$$F_x \mathrm{d}x\mathrm{d}y \cdot 1 \tag{4-6a}$$

而在 y 方向为

$$F_y \mathrm{d}x\mathrm{d}y \cdot 1 \tag{4-6b}$$

　　表面力是作用于微元体表面上的力,通常用作用于单位表面积上的力来表示,称为应力。由于力作用的表面和作用力本身均为矢量,那么应力应该是一个二阶张量。在物理空间中面矢量和力矢量各自有三个相互独立的分量(和方向),因而对应组合可构成应力张量的九个分量。于是应力张量可表示为

$$\boldsymbol{\tau}_{ij} = \begin{bmatrix} \tau_{11} & \tau_{12} & \tau_{13} \\ \tau_{21} & \tau_{22} & \tau_{23} \\ \tau_{31} & \tau_{32} & \tau_{33} \end{bmatrix}$$

式中:τ_{ij} 为应力张量,$i=1,2,3$,$j=1,2,3$;下标 i 表示作用面的方向,下标 j 则表示作用力的方向。通常将作用力和作用面方向一致的应力分量称为正应力,不一致的称为切应力。

　　这里讨论的二维流场应力只有四个分量,记为

$$\begin{bmatrix} \sigma_x & \tau_{xy} \\ \tau_{yx} & \sigma_y \end{bmatrix}$$

其中,σ_x 为 x 方向上的正应力(力与面的方向一致);σ_y 为 y 方向上的正应力(力与面的方向一致);τ_{xy} 为作用于 x 表面上的 y 方向上的切应力;而 τ_{yx} 为作用于 y 表面上的 x 方向上的切应力。

　　从图 4-4 显示的微元体上的应力作用情况可以看出:
作用在 x 方向上的表面力的净值为

$$\frac{\partial \tau_{yx}}{\partial y}\mathrm{d}x\mathrm{d}y \cdot 1 + \frac{\partial \sigma_x}{\partial x}\mathrm{d}x\mathrm{d}y \cdot 1 \tag{4-7a}$$

而作用在 y 方向上的表面力的净值为

$$\frac{\partial \tau_{xy}}{\partial x}\mathrm{d}x\mathrm{d}y \cdot 1 + \frac{\partial \sigma_y}{\partial y}\mathrm{d}x\mathrm{d}y \cdot 1 \tag{4-7b}$$

　　由于流体黏性的作用,在应力的作用下流体的微元体可以发生相应的变形。斯托克斯提出了归纳速度变形率与应力之间的关系的黏性定律,即

$$\tau_{xy} = \tau_{yx} = \mu\left(\frac{\partial u}{\partial y} + \frac{\partial v}{\partial x}\right)$$

$$\sigma_x = -p + 2\mu\frac{\partial u}{\partial x}$$

$$\sigma_y = -p + 2\mu\frac{\partial v}{\partial y}$$

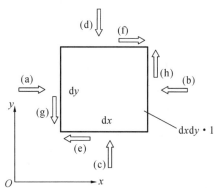

图 4-4　流场中微元体受力示意图

(a) $\sigma_x \mathrm{d}y \cdot 1$;(b) $\left(\sigma_x + \frac{\partial \sigma_x}{\partial x}\mathrm{d}x\right)\mathrm{d}y \cdot 1$;

(c) $\sigma_y \mathrm{d}x \cdot 1$;(d) $\left(\sigma_y + \frac{\partial \sigma_y}{\partial y}\mathrm{d}y\right)\mathrm{d}x \cdot 1$;

(e) $\tau_{yx}\mathrm{d}x \cdot 1$;(f) $\left(\tau_{yx} + \frac{\partial \tau_{yx}}{\partial y}\mathrm{d}y\right)\mathrm{d}x \cdot 1$;

(g) $\tau_{xy}\mathrm{d}y \cdot 1$;(h) $\left(\tau_{xy} + \frac{\partial \tau_{xy}}{\partial x}\mathrm{d}x\right)\mathrm{d}y \cdot 1$

上式是针对二维问题的形式。式中 μ 为流体的动力黏度。将它们代入式(4-7a)、式(4-7b),得出作用在微元体上表面力的净值表达式:

在 x 方向上为

$$\left[-\frac{\partial p}{\partial x}+\mu\left(\frac{\partial^2 u}{\partial x^2}+\frac{\partial^2 u}{\partial y^2}\right)\right]\mathrm{d}x\mathrm{d}y\cdot 1 \tag{4-8a}$$

在 y 方向上为

$$\left[-\frac{\partial p}{\partial y}+\mu\left(\frac{\partial^2 v}{\partial x^2}+\frac{\partial^2 v}{\partial y^2}\right)\right]\mathrm{d}x\mathrm{d}y\cdot 1 \tag{4-8b}$$

3）微元体中流体动量随时间的变化率

对于常物性不可压缩流体，微元体中流体动量随时间的变化率在 x 方向上可以表示为

$$\rho\frac{\partial u}{\partial \tau}\mathrm{d}x\mathrm{d}y\cdot 1 \tag{4-9a}$$

在 y 方向上可表示为

$$\rho\frac{\partial v}{\partial \tau}\mathrm{d}x\mathrm{d}y\cdot 1 \tag{4-9b}$$

4）动量方程

现在将式（4-5a）、（4-6a）、（4-8a）、（4-9a）和式（4-5b）、（4-6b）、（4-8b）、（4-9b）分别代入动量平衡方程式，整理得出分量形式的动量微分方程：

在 x 方向上

$$\rho\left(\frac{\partial u}{\partial \tau}+u\frac{\partial u}{\partial x}+v\frac{\partial u}{\partial y}\right)=F_x-\frac{\partial p}{\partial x}+\mu\left(\frac{\partial^2 u}{\partial x^2}+\frac{\partial^2 u}{\partial y^2}\right) \tag{4-10a}$$

在 y 方向上

$$\rho\left(\frac{\partial v}{\partial \tau}+u\frac{\partial v}{\partial x}+v\frac{\partial v}{\partial y}\right)=F_y-\frac{\partial p}{\partial y}+\mu\left(\frac{\partial^2 v}{\partial x^2}+\frac{\partial^2 v}{\partial y^2}\right) \tag{4-10b}$$

这就是二维不可压缩常物性流体的动量微分方程，它是流场速度分布的支配方程。通过与连续性方程联立，在给定的初、边值条件下可以求出流场的速度分布和压力分布。由于动量微分方程产生于微元体的动量守恒方程，因而方程各项的物理意义是十分明确的。方程的左边表征流场的惯性力（亦为动量的当地改变量与位移改变量），方程右边的第一项表征流场的体积力，第二项表征流场静压力的变化，而最后一项表征流场的黏性力（亦为黏性扩散引起的动量变化）。方程（4-10）可以改写成以下形式。

在 x 方向上

$$\rho\frac{\mathrm{D}u}{\mathrm{D}\tau}=F_x-\frac{\partial p}{\partial x}+\mu\left(\frac{\partial^2 u}{\partial x^2}+\frac{\partial^2 u}{\partial y^2}\right) \tag{4-11a}$$

在 y 方向上

$$\rho\frac{\mathrm{D}v}{\mathrm{D}\tau}=F_y-\frac{\partial p}{\partial y}+\mu\left(\frac{\partial^2 v}{\partial x^2}+\frac{\partial^2 v}{\partial y^2}\right) \tag{4-11b}$$

式中 $\frac{\mathrm{D}}{\mathrm{D}\tau}$ 表示流场的全导数或称真导数，表示在流场中物理量随时间真实改变的速率。设流场中某物理量为 ϕ，则三维形式的全微分为

$$\mathrm{d}\phi=\frac{\partial \phi}{\partial \tau}\mathrm{d}\tau+\frac{\partial \phi}{\partial x}\mathrm{d}x+\frac{\partial \phi}{\partial y}\mathrm{d}y+\frac{\partial \phi}{\partial z}\mathrm{d}z$$

其总的变化率也就是全导数为

$$\frac{\mathrm{d}\phi}{\mathrm{d}\tau}=\frac{\mathrm{D}\phi}{\mathrm{D}\tau}=\frac{\partial \phi}{\partial \tau}+u\frac{\partial \phi}{\partial x}+v\frac{\partial \phi}{\partial y}+w\frac{\partial \phi}{\partial z}$$

式中：$u=\dfrac{\mathrm{d}x}{\mathrm{d}\tau}$，$v=\dfrac{\mathrm{d}y}{\mathrm{d}\tau}$，$w=\dfrac{\mathrm{d}z}{\mathrm{d}\tau}$ 分别为 x,y,z 三个方向上的流体流速。从物理意义上理解，$\dfrac{\partial\phi}{\partial\tau}$ 表示物理量随时间的当地变化率，而 $u\dfrac{\partial\phi}{\partial x}+v\dfrac{\partial\phi}{\partial y}+w\dfrac{\partial\phi}{\partial z}$ 则表示因流体运动而造成的物理量随时间的变化率。对于稳态系统有 $\dfrac{\partial\phi}{\partial\tau}=0$；对于固体系统则有 $u\dfrac{\partial\phi}{\partial x}+v\dfrac{\partial\phi}{\partial y}+w\dfrac{\partial\phi}{\partial z}=0$。

3. 能量方程

流场中的温度分布无疑反映了流场能量分布的状态，受能量守恒定律的制约。因而支配流场温度场的场方程——能量微分方程可以通过对流场中的微元体进行能量平衡分析得出。对于二维不可压缩常物性流体流场而言，微元体 $\mathrm{d}x\mathrm{d}y\cdot1$ 在热力学上属于一非稳定流动的开口系统，其能量平衡关系式为

$$Q=\frac{\mathrm{d}U}{\mathrm{d}\tau}+q_{\mathrm{m,out}}\left(h+\frac{1}{2}c^2+gz\right)_{\mathrm{out}}-q_{\mathrm{m,in}}\left(h+\frac{1}{2}c^2+gz\right)_{\mathrm{in}}+W_{\mathrm{t}}\qquad(4\text{-}12)$$

式中：Q 为以传导方式进入微元体的净热流量；U 为微元体的热力学能；q_{m} 为质量流率，下标 in 及 out 分别表示流进及流出；h 表示流体的比焓；$\frac{1}{2}c^2$ 为流体的动能，即 $\frac{1}{2}c^2=\frac{1}{2}(u^2+v^2)$；$gz$ 为势能；W_{t} 表示微元体对外所做的净功。考虑到流体流过微元体时动能及势能的变化可以忽略不计，且流体也不对外做功，式（4-12）可以简化为

$$Q=\frac{\mathrm{d}U}{\mathrm{d}\tau}+q_{\mathrm{m,out}}h_{\mathrm{out}}-q_{\mathrm{m,in}}h_{\mathrm{in}}\qquad(4\text{-}13)$$

下面我们将推导微元体能量方程相应的各项。

1）以热传导方式进入微元体的净热流量

由图 4-5 可知，从 x 方向和 y 方向导入微元体的净热流量分别为 $-\dfrac{\partial Q_x}{\partial x}\mathrm{d}x$ 和 $-\dfrac{\partial Q_y}{\partial y}\mathrm{d}y$。引入傅里叶定律，有 $Q_x=-\lambda\dfrac{\partial t}{\partial x}\mathrm{d}y\cdot1$ 和 $Q_y=-\lambda\dfrac{\partial t}{\partial y}\mathrm{d}x\cdot1$，代入式（4-13）可以得到单位时间内总的净导入微元体的热流量：

$$Q=\lambda\left(\frac{\partial^2 t}{\partial x^2}+\frac{\partial^2 t}{\partial y^2}\right)\mathrm{d}x\mathrm{d}y\cdot1\qquad(4\text{-}14)$$

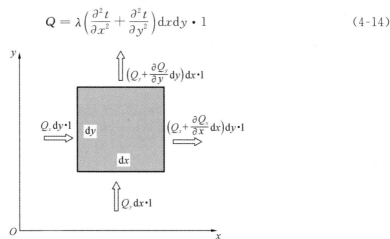

图 4-5 　以传导方式进入微元体的热流量

2）流体流出、流进微元体所造成的焓差

以 x 方向为例，单位时间内通过截面 x 处流入微元体的焓为 $H_x=\rho c_p tu\mathrm{d}y\cdot1$，通过截

面 $x+\mathrm{d}x$ 处流出微元体的焓为 $H_{x+\mathrm{d}x}=\rho c_p\left(t+\dfrac{\partial t}{\partial x}\mathrm{d}x\right)\left(u+\dfrac{\partial u}{\partial x}\mathrm{d}x\right)\mathrm{d}y\cdot 1$，两者相减，得 x 方向流出微元体的净焓差为

$$H_{x+\mathrm{d}x}-H_x=\rho c_p\left(u\frac{\partial t}{\partial x}+t\frac{\partial u}{\partial x}\right)\mathrm{d}x\mathrm{d}y\cdot 1$$

同理，y 方向流出微元体的净焓差为

$$H_{y+\mathrm{d}y}-H_y=\rho c_p\left(v\frac{\partial t}{\partial y}+t\frac{\partial v}{\partial y}\right)\mathrm{d}x\mathrm{d}y\cdot 1$$

于是，单位时间内流体流出、流进微元体所造成的焓差为

$$q_{m,\mathrm{out}}h_{\mathrm{out}}-q_{m,\mathrm{in}}h_{\mathrm{in}}=\rho c_p\left[\left(u\frac{\partial t}{\partial x}+v\frac{\partial t}{\partial y}\right)+t\left(\frac{\partial u}{\partial x}+\frac{\partial v}{\partial y}\right)\right]\mathrm{d}x\mathrm{d}y\cdot 1$$

$$=\rho c_p\left(u\frac{\partial t}{\partial x}+v\frac{\partial t}{\partial y}\right)\mathrm{d}x\mathrm{d}y\cdot 1 \tag{4-15}$$

应该指出，在式(4-15)的简化过程中也利用了连续性方程，并忽略了高阶小量。

3）微元体内流体的热力学能的变化量

单位质量流体的热力学能为 $u=c_V t$。如果利用流体不可压缩的条件，可近似认为 $c_p=c_V$，则单位时间内微元体内流体的热力学能的变化量为

$$\mathrm{d}U=\rho c_p\frac{\mathrm{d}t}{\mathrm{d}\tau}\mathrm{d}x\mathrm{d}y\cdot 1 \tag{4-16}$$

4）能量方程

将所导出的式(4-14)、式(4-15)、式(4-16)代入微元体能量平衡方程式(4-13)，经整理得出

$$\rho c_p\left(\frac{\partial t}{\partial \tau}+u\frac{\partial t}{\partial x}+v\frac{\partial t}{\partial y}\right)=\lambda\left(\frac{\partial^2 t}{\partial x^2}+\frac{\partial^2 t}{\partial y^2}\right) \tag{4-17}$$

这就是二维不可压缩常物性流场的能量微分方程，对于稳态流场，方程变为

$$\rho c_p\left(u\frac{\partial t}{\partial x}+v\frac{\partial t}{\partial y}\right)=\lambda\left(\frac{\partial^2 t}{\partial x^2}+\frac{\partial^2 t}{\partial y^2}\right) \tag{4-18}$$

从前面的推导过程不难看出，方程式(4-17)各项的物理意义是十分明确的。方程左边三项中，第一项为流体能量随时间的变化项，另外两项为流体热对流项；方程右边项为热传导(热扩散)项。当流体不流动时，流体流速为零，能量方程便退化为导热微分方程，即 $\rho c_p\dfrac{\partial t}{\partial \tau}=\lambda\left(\dfrac{\partial^2 t}{\partial x^2}+\dfrac{\partial^2 t}{\partial y^2}\right)$。由此不难看出，固体中的热传导过程是介质中传热过程的一个特例。

4. 层流流动换热的微分方程组

上面我们基于质量守恒、动量守恒和能量守恒分别导出了常物性不可压缩流体二维层流流动与换热的连续性方程、动量方程和能量方程，它们是支配对流换热过程的场方程。在此可以归纳为

$$\begin{cases}\dfrac{\partial u}{\partial x}+\dfrac{\partial v}{\partial y}=0\\[2mm]\rho\left(\dfrac{\partial u}{\partial \tau}+u\dfrac{\partial u}{\partial x}+v\dfrac{\partial u}{\partial y}\right)=F_x-\dfrac{\partial p}{\partial x}+\mu\left(\dfrac{\partial^2 u}{\partial x^2}+\dfrac{\partial^2 u}{\partial y^2}\right)\\[2mm]\rho\left(\dfrac{\partial v}{\partial \tau}+u\dfrac{\partial v}{\partial x}+v\dfrac{\partial v}{\partial y}\right)=F_y-\dfrac{\partial p}{\partial y}+\mu\left(\dfrac{\partial^2 v}{\partial x^2}+\dfrac{\partial^2 v}{\partial y^2}\right)\\[2mm]\rho c_p\left(\dfrac{\partial t}{\partial \tau}+u\dfrac{\partial t}{\partial x}+v\dfrac{\partial t}{\partial y}\right)=\lambda\left(\dfrac{\partial^2 t}{\partial x^2}+\dfrac{\partial^2 t}{\partial y^2}\right)\end{cases} \tag{4-19}$$

对于给定的流场,在相应的边值条件下,联立求解连续性方程和动量方程可以获得流场的速度分布和压力分布。在速度场已知的情况下求解能量微分方程,最终可以获得流场的温度分布。此时,再引入换热微分方程 $h = -\dfrac{\lambda}{\Delta t} \dfrac{\partial t}{\partial n}\bigg|_{n=0}$（$n$ 为壁面法线方向的坐标）,最后可以求出流体与固体壁面之间的表面传热系数,从而解决给定的对流换热问题。

十分令人遗憾的是,对于大多数对流换热问题,尤其是流体流动状态从层流转变为紊流之后的换热问题,采用直接求解微分方程的分析方法几乎是不可能的。因此,对流换热问题的求解往往是一项较为复杂的工作。通常求解对流换热问题有如下几个途径。

1）分析求解

主要针对一些简单问题,如二维的边界层层流流动、库特流动和管内层流流动换热等,它们都可以通过数学分析方法来求解。具体的求解方法读者可以通过阅读传热学方面的书籍而获得。

2）实验研究

由于对流换热的复杂性,实验研究是求解对流换热问题的主要方法,尤其对于紊流换热问题、有相变的换热问题或几何结构复杂的换热问题,实验求解几乎是唯一的途径。虽然,数值分析方法得到了发展,但其结果还是要通过实验来加以验证。因此,本书将主要讨论对流换热过程的实验研究方法和所得的实验关系式的应用。

3）数值求解

随着计算机应用的普及和数值计算方法的发展,对流换热过程的数值分析越来越成为一种主要的求解方法,其结果的可信度越来越高。数值求解方法主要是将对流换热方程组在离散的控制体中变为代数方程组,然后编制出相应的计算机程序,通过计算机求出离散的温度分布,用于表示计算区域连续的温度分布。由于对流换热过程的数值分析较为复杂,作为一本入门的教材不可能对其进行讨论,有兴趣的读者可以参阅流体流动和传热数值计算方面的文献。

4.3　对流换热过程的相似理论

由于对流换热是复杂的热量交换过程,所涉及的变量参数比较多,常常给分析求解和实验研究带来困难。为此,人们常采用相似理论对换热过程的变量参数进行归类处理,将物性量、几何量和过程量按物理过程的特征组合成无量纲的数,常称之为无量纲准则。这样做的结果不仅减少了所研究问题的变量数目,而且给求解对流换热问题(包括分析求解、实验求解及数值求解)带来了较大的方便。下面将具体讨论对流换热过程的相似分析方法。

1. 无量纲形式的对流换热微分方程组

对于数学模型已经确立的对流换热过程,过程的相似分析是比较简单的。通常的做法是,首先选取对流换热过程中有关变量的特征值,将所有变量无量纲化,进而导出无量纲形式的对流换热微分方程组。于是,出现在无量纲方程组中的系数项就是我们所需要的无量纲数(或称无因次数),它们是变量特征值和物性量的某种组合。从方程中不难看出,流场中的任一无量纲变量均可表示为其余无量纲变量和无量纲准则的函数形式。现在,我们以流体流过平板的对流换热问题为例来进行换热过程的相似分析。

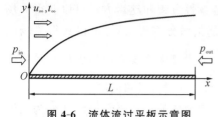

图 4-6　流体流过平板示意图

流体平行流过平板的对流换热过程如图 4-6 所示,来流速度为 u_∞,来流温度为 t_∞,平板长度为 L,平板温度为 t_w,流体流过平板的压力降为 Δp。对于二维不可压缩流体的稳定流动,如果流体物性为常数,且忽略体积力项,按图中所示坐标,流场支配方程为

$$\begin{cases} \dfrac{\partial u}{\partial x} + \dfrac{\partial v}{\partial y} = 0 \\[2mm] \rho\left(u\dfrac{\partial u}{\partial x} + v\dfrac{\partial u}{\partial y}\right) = -\dfrac{\partial p}{\partial x} + \mu\left(\dfrac{\partial^2 u}{\partial x^2} + \dfrac{\partial^2 u}{\partial y^2}\right) \\[2mm] \rho\left(u\dfrac{\partial v}{\partial x} + v\dfrac{\partial v}{\partial y}\right) = -\dfrac{\partial p}{\partial y} + \mu\left(\dfrac{\partial^2 v}{\partial x^2} + \dfrac{\partial^2 v}{\partial y^2}\right) \\[2mm] \rho c_p\left(u\dfrac{\partial t}{\partial x} + v\dfrac{\partial t}{\partial y}\right) = \lambda\left(\dfrac{\partial^2 t}{\partial x^2} + \dfrac{\partial^2 t}{\partial y^2}\right) \end{cases} \tag{4-20}$$

若两个对流换热现象相似,它们的温度场、速度场、黏度场、热导率场、壁面几何因素等都应分别相似,即要求在对应瞬间、对应点上各物理量分别成比例。且由于各影响因素彼此不是孤立的,它们之间存在着由对流换热微分方程组规定的关系,故各相似倍数之间也必定有特定的制约关系,它们的值不是随意的。下面我们来寻找这些相似倍数之间的关系。

选取板长 L、来流速度 u_∞、温度差 $\Delta t = t_w - t_\infty$ 和压力降 $\Delta p = p_{in} - p_{out}$ 为变量的特征值,于是该换热过程的无量纲变量为 $U = u/u_\infty$,$V = v/u_\infty$,$X = x/L$,$Y = y/L$,$P = p/\Delta p$,$\Theta = (t - t_\infty)/(t_w - t_\infty)$。用这些无量纲变量取代方程组中的相应变量,可得出无量纲变量组成的方程组为

$$\begin{cases} \dfrac{u_\infty}{L}\left(\dfrac{\partial U}{\partial X} + \dfrac{\partial V}{\partial Y}\right) = 0 \\[2mm] \dfrac{\rho u_\infty^2}{L}\left(U\dfrac{\partial U}{\partial X} + V\dfrac{\partial U}{\partial Y}\right) = -\dfrac{\Delta p}{L}\dfrac{\partial P}{\partial X} + \dfrac{\mu u_\infty}{L^2}\left(\dfrac{\partial^2 U}{\partial X^2} + \dfrac{\partial^2 U}{\partial Y^2}\right) \\[2mm] \dfrac{\rho u_\infty^2}{L}\left(U\dfrac{\partial V}{\partial X} + V\dfrac{\partial V}{\partial Y}\right) = -\dfrac{\Delta p}{L}\dfrac{\partial P}{\partial Y} + \dfrac{\mu u_\infty}{L^2}\left(\dfrac{\partial^2 V}{\partial X^2} + \dfrac{\partial^2 V}{\partial Y^2}\right) \\[2mm] \dfrac{\rho c_p u_\infty \Delta T}{L}\left(U\dfrac{\partial \Theta}{\partial X} + V\dfrac{\partial \Theta}{\partial Y}\right) = \dfrac{\lambda \Delta T}{L^2}\left(\dfrac{\partial^2 \Theta}{\partial X^2} + \dfrac{\partial^2 \Theta}{\partial Y^2}\right) \end{cases} \tag{4-21}$$

从式(4-21)中不难看出,方程中的系数均由变量的参考值组成,它们各自表征其所在项的物理特征。如:$\dfrac{\rho u_\infty^2}{L}$ 表征流场的惯性力;$\dfrac{\mu u_\infty}{L^2}$ 表征流场的黏性力;$\dfrac{\rho c_p u_\infty \Delta T}{L}$ 表征流场的热对流能量;$\dfrac{\lambda \Delta T}{L^2}$ 表征流场的热传导能量。把式(4-21)变成无量纲形式,有

$$\begin{cases} \dfrac{\partial U}{\partial X} + \dfrac{\partial V}{\partial Y} = 0 \\[2mm] U\dfrac{\partial U}{\partial X} + V\dfrac{\partial U}{\partial Y} = -Eu\dfrac{\partial P}{\partial X} + \dfrac{1}{Re}\left(\dfrac{\partial^2 U}{\partial X^2} + \dfrac{\partial^2 U}{\partial Y^2}\right) \\[2mm] U\dfrac{\partial V}{\partial X} + V\dfrac{\partial V}{\partial Y} = -Eu\dfrac{\partial P}{\partial Y} + \dfrac{1}{Re}\left(\dfrac{\partial^2 V}{\partial X^2} + \dfrac{\partial^2 V}{\partial Y^2}\right) \\[2mm] U\dfrac{\partial \Theta}{\partial X} + V\dfrac{\partial \Theta}{\partial Y} = \dfrac{1}{Re \cdot Pr}\left(\dfrac{\partial^2 \Theta}{\partial X^2} + \dfrac{\partial^2 \Theta}{\partial Y^2}\right) \end{cases} \tag{4-22}$$

　　在无量纲方程中出现了几个无量纲准则,下面将对这几个无量纲准则的物理量组成和它们各自的物理意义加以说明。

　　$Eu = \Delta p / (\rho u_\infty^2)$,定义为欧拉(Euler)数,它反映了流场压力降与其动压头之间的相对关系,体现了在流动过程中动量损失率的相对大小。这和流场阻力系数的定义式 $c_D = \Delta p / \left(\dfrac{1}{2} \rho u_\infty^2 \right)$ 在实质上是一样的,即 $c_D = 2Eu$。

　　$Re = \rho u_\infty L / \mu = u_\infty L / \nu$,称为雷诺数,表征了给定流场的惯性力与其黏性力的对比关系,也就是反映了这两种力的相对大小,式中 ν 为流体的运动黏度。利用雷诺数可以判别一个给定流场的稳定性,随着惯性力的增大和黏性力的相对减小,雷诺数就会增大,而大到一定程度时流场就会失去稳定,使流动从层流变为紊流。对于这里讨论的流体流过平板而言,当 $Re = 5 \times 10^5$ 左右时层流流动就会变为紊流流动。

　　$Re \cdot Pr = \rho c_p u_\infty L / \lambda = u_\infty L / a$ 为另一个准则,称为贝克莱数,记为 Pe,它反映了给定流场的热对流能力与其热传导能力的对比关系。它在能量微分方程中的作用相当于雷诺数在动量微分方程中的作用。

　　$Pr = \nu / a$,称为普朗特(Prandtl)数,是贝克莱数和雷诺数之比,它反映了流体的动量扩散能力与其热量扩散能力的对比关系,是一个无量纲的物性准则。

　　这里再按流过平板相应的坐标系,将换热微分方程 $h = -\dfrac{\lambda}{\Delta t}\dfrac{\partial t}{\partial y}\bigg|_{y=0}$ 采用上述的无量纲变量无量纲化,得到

$$Nu = -\frac{\partial \Theta}{\partial Y}\bigg|_{Y=0}$$

式中:$Nu = hL/\lambda$,称为努塞尔(Nusselt)数,它反映了给定流场的换热能力与其导热能力的对比关系。这是一个在对流换热计算中必须要加以确定的准则。

　　此外,还可以定义斯坦顿(Stanton)数:

$$St = \frac{Nu}{RePr} = \frac{h}{\rho c_p u_\infty}$$

　　它是一种修正的努塞尔数,其物理意义可视为流体实际的换热热流密度与可传递的最大热流密度之比。

　　在运用相似理论时,应该注意,只有属于同一类型的物理现象才有相似的可能性,也才能谈相似问题。所谓同类现象,就是指用相同形式和内容的微分方程(控制方程＋单值性条件方程)所描述的现象。判断两个现象相似的条件是:凡同类现象、单值性条件相似、同名已定特征数相等,那么现象必定相似。据此,如果两个现象彼此相似,它们的同名相似特征数就相等。

　　读者一定注意到,努塞尔数 Nu 与非稳态导热分析中的毕渥数 Bi 在形式上是相似的。但是,一定要注意,Nu 中的 L_f 为流场的特征尺寸,λ_f 为流体的导热系数;而 Bi 中的 L_s 为固体系统的特征尺寸,λ_s 为固体的导热系数。它们虽然都表示边界上的无量纲温度梯度,但前者在流体侧而后者在固体侧,如图 4-7 所示。显然,这两个准则的物理意义不相同,毕渥数表征的是物体与环境间的换热能力与其自身的导热能力之间的对比关系。

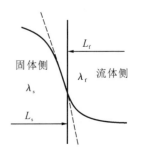

图 4-7　Nu 和 Bi 的物理意义

2. 无量纲方程组的解及换热准则关系式

式(4-22)无论采取什么方式求解,总可以得出如下形式的速度场和温度场的函数形式。

(1) 速度分布　$U = f_u(Re, Eu, P, X, Y), V = f_v(Re, Eu, P, X, Y)$;

(2) 压力分布　$P = f_p(Eu, X, Y), Eu = f_e(Re)$;

(3) 温度分布　$\Theta = f_\theta(Re, Pr, U, V, X, Y)$。

分析上面的函数关系,不难得到温度分布的最终表达式:

$$\Theta = f_\theta(Re, Pr, X, Y)$$

对其求 Y 的偏导数,并令 $Y = 0$ 可得出

$$\left. \frac{\partial \Theta}{\partial Y} \right|_{Y=0} = f_\theta{}'(Re, Pr, X) = -Nu_x$$

如果取从 0 到 X 之间的 Nu_x 的平均值,应有

$$\overline{Nu_x} = f_\theta{}'(Re, Pr) \tag{4-23}$$

从式(4-23)不难看出,在计算几何形状相似的流动换热问题时,如果只是求平均的换热性能,则该问题就可以归结为确定几个准则之间的某种函数关系,最后得出平均的表面传热系数和总体的换热热流量。

同时还应看到,由于无量纲准则是由过程量、几何量和物性量组成的,因此实验研究的变量数目显著减少,这对减少实验工作量,缩短实验数据处理时间是至关重要的。尤其是通过实验所获得的这种准则关系式还可以推广应用于同一类型的流动换热问题中去。如,前面所讨论的流体平行流过平板的换热问题,只要通过实验获得了相应的准则关系式,就能对这样一类问题在选定特征尺寸和特征流速之后利用该关系式来进行相应的换热计算。

如果讨论的是流体在管内流动时的换热问题,如图 4-8 所示。在研究该问题时,通常采用管道的内直径 d 作为特征尺寸,而用管道内截面上的平均流速 u_m 作为特征流速,相应的无量纲准则为 $Nu = hd/\lambda, Re = u_m d/\nu$,对应的准则关系式为 $Nu = f'_\theta(Re, Pr)$。也能通过实验研究得出具体的准则关系式,且能适用于同一类型的流动换热问题。

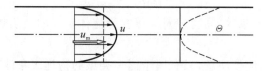

图 4-8　管内流动换热示意图

(图中 u_m 为流体平均流速;$\Theta = (t - t_w)/(t_f - t_w)$ 为无量纲流体温度)

3. 特征尺寸、特征流速和定性温度

我们在对流动换热微分方程组进行无量纲化时,选定了对应变量的特征值,然后进行无量纲化,这些特征参数是流场的代表性的数值,分别表征了流场的几何特征、流动特征和换热特征。这里再做一点分析。

(1) 特征尺寸　它反映了流场的几何特征,对于不同的流场,特征尺寸的选择是不同的。如:对于流体平行流过平板选择沿流动方向上的长度尺寸;对于管内流体流动选择垂直于流动方向的管内直径;对于流体绕流圆柱体流动选择流动方向上的圆柱体外直径。

(2) 特征流速　它反映了流体流场的流动特征,是可以参照的特征参数,且易于确定。不同的流场的流动特征不同,所选择的特征流速是不同的。如:流体流过平板,来流速度被选择为特征流速;流体管内流动,管子截面上的平均流速可作为特征流速;流体绕流圆柱体,

来流速度可选择为特征流速。

（3）定性温度　无量纲准则中的物性量是温度的函数,确定物性量数值的温度称为定性温度。对于不同的流场,定性温度的选择是不同的,这需要根据确定该温度是否方便以及能否给换热计算带来较好的准确性来选取。一般的做法是,外部流动常选择来流流体温度和固体壁面温度的算术平均值,称为膜温度;内部流动常选择管内流体进出口温度的平均值(算术平均值或对数平均值),当然也有例外。

4. 对流换热准则关系式的实验获取方法

由于对流换热问题的复杂性,实验研究是解决换热问题的主要方法。在工程上大量使用的对流换热准则关系式都是通过实验获得的。这里对实验研究的方法做一个简单的介绍。

我们由无量纲微分方程组推出了一般化的准则关系式$\overline{Nu_x} = f_\theta'(Re, Pr)$。但这是一个原则性的式子,要得到某种类型的对流换热问题在给定范围内的具体的准则关系式,在多数情况下必须通过实验的办法来确定。如何进行实验? 如何测量实验数据? 如何整理实验数据而得出准则关系式? 下面以流体流过平板的换热问题为例来进行简单的讨论。

图 4-9 所示为在风洞中平板对流换热实验装置图。相关的物理量已标识在图中。为了得出该换热问题的准则关系式,必须测量的物理量有:流体来流速度u_∞,来流温度t_∞,平板表面温度t_w,平板的长度 L 和宽度 B,以及平板的加热量 Q(通过测量电加热器的电流 I 和电压 U 得出)。当我们获得这些物理量之后就能够由热平衡关系式求出表面传热系数,即由$Q = I \cdot U = h(t_w - t_\infty)LB$ 得到 $h = IU/[(t_w - t_\infty)LB]$。

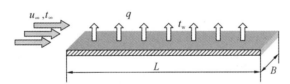

图 4-9　平板对流换热实验装置图

由于我们需要寻找准则关系式,必须在不同的工况下获得不同的表面传热系数值。因此在某一实验工况下测量上述物理量,并计算出与该工况对应的表面传热系数,然后改变工况得出对应的另一个表面传热系数值。如此进行 N 次,就可以得到如下的一组对应数据。

$$h_1 \Leftrightarrow u_{\infty 1} \qquad\qquad Nu_1 = h_1 L/\lambda \Leftrightarrow Re_1 = u_{\infty 1}L/\nu$$
$$h_2 \Leftrightarrow u_{\infty 2} \qquad\qquad Nu_2 = h_2 L/\lambda \Leftrightarrow Re_2 = u_{\infty 2}L/\nu$$
$$h_3 \Leftrightarrow u_{\infty 3} \xrightarrow{\text{无量纲化}} Nu_3 = h_3 L/\lambda \Leftrightarrow Re_3 = u_{\infty 3}L/\nu$$
$$\vdots \qquad\qquad\qquad\qquad\quad \vdots$$
$$h_N \Leftrightarrow u_{\infty N} \qquad\qquad Nu_N = h_N L/\lambda \Leftrightarrow Re_N = u_{\infty N}L/\nu$$

假设准则关系式有 $Nu = c_1 Re^n$ 这样的形式。这是一种先验的处理办法,给拟合准则关系式带来了较大的方便。对此式两边取对数,有 $\lg Nu = \lg c_1 + n\lg Re$,从而使关系式变为线性关系式,即如 $y = a + nx$ 的形式。这样就使整理实验数据变得较为容易。

最小二乘法是常用的线性拟合方法,原理和计算公式简述如下。

假定线性关系为 $y = a + nx$,做 k 次实验得到 $y_i' = a + nx_i$,该式与假定关系比较的偏差为

$$W = \sum_{i=1}^{k} (y_i' - y_i)^2$$

为了使 W 值最小,应有

$$\frac{\partial W}{\partial n} = 0, \quad \frac{\partial W}{\partial a} = 0$$

于是得到求解 a、n 的方程式为

$$n\sum_{i=1}^{k} x_i^2 + a\sum_{i=1}^{k} x_i = \sum_{i=1}^{k} x_i y_i, \quad n\sum_{i=1}^{k} x_i + ak = \sum_{i=1}^{k} y_i$$

式中:$y_i = \lg Nu_i$;$x_i = \lg Re_i$。

求出 a、n 之后,假定线性关系确立,最后得到 $Nu = c_1 Re^n$ 形式的准则关系式。

采用几何作图的方法亦可以求出 a、n 的数值,读者可参阅图 4-10。

如果考虑物性对换热的影响,换热准则关系式可写成 $Nu = cRe^n Pr^m$ 的形式。此时,可在得出 $Nu = c_1 Re^n$ 关系式的基础上用实验找到 Nu/Re^n(即 c_1)与 Pr 对应的实验数据,而后采用上述办法获得关系式中的 c 和 m 值,从而确定 $Nu = cRe^n Pr^m$ 这一准则关系。

这里再次强调,无量纲准则中的特征流速和特征尺寸的选择应按照换热过程的类型来确定,其原则是,能代表流场特征且易于通过实验获取。这里特征流速选为 u_∞,特征尺寸选为 L,符合上述原则。对于几何结构比较复杂的对流换热过程,特征尺寸无法从已知的几何尺度中选取,通常的做法是采用当量尺寸。如异型管槽内的流动换热,其当量直径定义为 $d_e = 4f/P$,式中 f 为流体的通流面积,P 为流体的润湿周长,如图 4-11 所示。

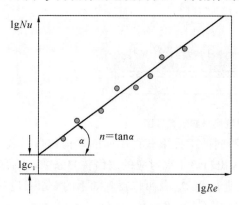
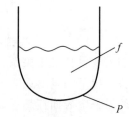

图 4-10　准则关系式的作图确定示意图　　　　图 4-11　流场当量尺寸示意图

有时,在确定特征流速时也同样会遇到困难,如自然对流换热、流过管束的对流换热以及异型管中的对流换热等。这些都将按照实际情况或工程上约定的办法来处理。

此外,无量纲准则中的物性量的取值温度,也就是定性温度,这里采用膜温度 $t_m = (t_w + t_\infty)/2$。不同的换热类型的定性温度的选取也是不同的,这会在后面介绍实验关系式的应用时明确指出。

通过实验获得的准则关系式,不仅能够应用于实验所采用的对流换热问题,而且还可以推广应用于同类型对流换热问题。譬如,对于流体平行流过平板的对流换热,我们是在某种流体中进行的实验,所得到的准则关系式可以用于同类型不同温度的同种流体,或者其他流体,也可用于同类型不同长度、不同流速的平板。值得注意的是,实验是在一定的范围内进行的,相应的雷诺数和普朗特数有一定的范围,在推广应用时一定要予以指明。

例 4-1　为了解某空气预热器的换热性能,用尺寸为实物的 1/8 的模型来预测。模型中

用 40 ℃的空气模拟空气预热器中 133 ℃的空气。空气预热器中空气的流速为 6.03 m/s，问模型中空气的流速应该为多少？如果模型中测得的表面传热系数为 412 W/(m² · ℃)，则空气预热器中对应的表面传热系数为多少？

解　由相似理论，要使模型与实物中的对流换热现象相似，就应使它们的同名相似准则数相等。以下用下标 m 表示模型的参数，下标 p 表示实物的参数。

（1）求模型中空气的流速。

由相似理论，$Re_m = Re_p$，即 $\dfrac{u_m l_m}{\nu_m} = \dfrac{u_p l_p}{\nu_p}$，可得 $u_m = u_p \dfrac{l_p \nu_m}{l_m \nu_p}$

查附录 5 得空气的物性参数：40 ℃时 $\nu_m = 16.96 \times 10^{-6}$ m²/s，$\lambda_m = 0.0276$ W/(m·K)；133 ℃时 $\nu_p = 26.98 \times 10^{-6}$ m²/s，$\lambda_p = 0.0344$ W/(m·K)。计算得 $u_m = 30.32$ m/s。

（2）空气预热器的表面传热系数。

显然，应有 $Nu_m = Nu_p$，即 $\dfrac{h_m l_m}{\lambda_m} = \dfrac{h_p l_p}{\lambda_p}$，得 $h_p = h_m \dfrac{l_m \lambda_p}{l_p \lambda_m} = 64.19$ W/(m²·K)。

说明　由相似理论，模型和实物中空气的普朗特数也应该相等。但本例中两者的温度不同，40 ℃时的 $Pr_m = 0.699$，133 ℃时的 $Pr_p = 0.685$。两者相差不大，近似相等，可认为模型和实物中的对流换热是基本相似的，由模型得到的数据仍具有参考价值。

另外，根据相似理论，两个相似现象的所有已定的同名准则数都要相等。这一点在实际中是很难做到的。这时，只要做到主要的相似准则数相等，而不强求一些次要的准则数都相等。这可称为近似相似。

例 4-2　表 4-1 所示是空气横向绕流单根圆管对流换热实验中所测得的数据，试将表中数据整理为准则关系式 $Nu = CRe^m$ 的形式。

表 4-1　空气横向绕流单根圆管对流换热实验数据

准则数	1	2	3	4	5	6	7	8	9	10
$Re \times 10^{-3}$	5.00	6.87	8.04	9.55	11.60	14.00	15.10	20.20	22.40	25.00
Nu	37.8	45.1	50.6	56.4	62.5	70.0	74.5	86.1	90.9	100.0

解　本题就是要得到 C 和 m 的具体数值。可以先转换为 $\lg Nu = m \lg Re + \lg C$ 的形式，相应的数据转换如表 4-2 所示。

表 4-2　数据转换结果

转换数据	1	2	3	4	5	6	7	8	9	10
$\lg Re$	3.699	3.837	3.905	3.980	4.064	4.146	4.179	4.305	4.350	4.398
$\lg Nu$	1.577	1.654	1.704	1.751	1.796	1.845	1.872	1.935	1.959	2.000

这里采用作图法。在图中先标出实验数据点，如图 4-12 所示，再作一条最接近这些点的直线。该直线的斜率约为 $m = 0.60$。

C 可按照 $C = Nu/Re^{0.60}$ 来计算。在直线上取若干个点，如取点 1 可得 $C_1 = 37.8/5000^{0.6} = 0.228$；取点 6 可得 $C_2 = 70.0/14000^{0.6} = 0.228$；取点 10 可得 $C_3 = 100.0/25000^{0.6} = 0.230$。最后求它们的平均值，得 $C = 0.229$。

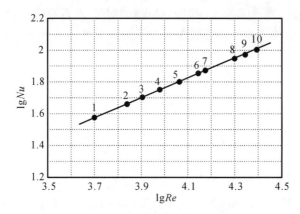

图 4-12　例题 4-2 图

所求准则关系式为　　　　　　　　　　$Nu = 0.229 Re^{0.6}$

说明　作图法有一定的人为误差。可以采用最小二乘法,精度要高些。

4.4　边界层理论

1. 边界层概念

当流体流过固体壁面时,由于被壁面吸附的流体分子层处于不滑移的状态,因而在流体黏性力的作用下,近壁流体流速在垂直于壁面的方向上会从壁面处的零速度逐步变化到来流速度,如图 4-13 所示。流体流速变化的剧烈程度,即该方向上的速度梯度,与流体的黏性力和速度的大小密切相关。普朗特通过观察发现,对于低黏度的流体,如水和空气等,在以较大的流速流过固体壁面时,在壁面上流体速度发生显著变化的流体层是非常薄的。因而他把在垂直于壁面的方向上流体流速发生显著变化的流体薄层定义为速度边界层或流动边界层,而把边界层外流体速度变化比较小的流体流场视为势流流动区域。引入边界层的概念之后,流体流过固体壁面的流场就人为地分成两个不同的区域:一是边界层流动区,这里流体的黏性力与流体的惯性力共同作用,引起流体速度发生显著变化;二是势流区,这里流体黏性力的作用非常微弱,可视为无黏性的理想流体流动,也就是势流流动。

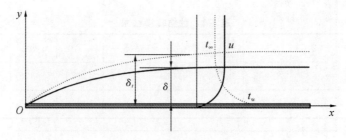

图 4-13　边界层概念示意图

我们说边界层是壁面上方流速发生显著变化的薄层,但其边缘所在的位置却是模糊的。在实际分析边界层问题时,人们通常约定当速度变化达到 $u/u_\infty = 0.99$ 时的空间位置为速度边界层的外边缘。那么,从这个人为确定的边缘到平板壁面之间的距离就是边界层的厚度 $\delta(x)$。随着流体流动沿 x 方向(主流方向)向前推进,边界层的厚度也会逐步增大。

当流体流过平板而平板的温度 t_w 与来流流体的温度 t_∞ 不相等时,对于空气和水这样的低黏度流体,其热扩散系数很小,在壁面上方也能形成温度发生显著变化的薄层,常称为温度边界层或热边界层。仿照速度边界层的约定规则,当壁面与流体之间的温差达到壁面与来流流体之间的温差的 0.99 倍,即 $\dfrac{t_w-t}{t_w-t_\infty}=0.99$ 时,此时的空间位置就是热边界层的外边缘。从该边缘到壁面之间的距离就是热边界层的厚度,记为 $\delta_t(x)$。如果整个平板都保持温度 t_w,那么,当 $x=0$ 时 $\delta_t(x)=0$,且随着 x 值的增大而逐步增厚。在同一位置上热边界层厚度与速度边界层厚度的相对大小与流体的普朗特数 Pr 有关,也就是与流体的热扩散特性和动量扩散特性的相对大小有关。

2. 边界层微分方程组

按照普朗特的边界层为一个薄层的假设,以及满足这一假设下的流场特征,前述对流换热微分方程组(见式(4-22))就可以在边界层问题中得以简化。

由边界层假设 $\delta(x)/x \ll 1$,可以得出 $Y/X \ll 1$。如果设定 x 的数量级为 1,那么 Y 的数量级定义为 Δ(一个小量);在设定主流方向上的无量纲速度 $U=u/u_\infty$ 的数量级为 1 的情况下,由连续性方程 $\dfrac{\partial U}{\partial X}+\dfrac{\partial V}{\partial Y}=0$ 可以得出 V 的数量级为 Δ。在此基础上对 X 方向上的动量微分方程进行数量级分析,可以得出如下近似关系式:

$$1\,\frac{1}{1}+\Delta\,\frac{1}{\Delta}=-\frac{1}{1}+\frac{1}{Re}\left(\frac{1}{1^2}+\frac{1}{\Delta^2}\right) \tag{4-24}$$

按照边界层假设,在边界层中惯性力与黏性力应有相同的数量级,则 $\dfrac{1}{Re}\left(\dfrac{1}{1^2}+\dfrac{1}{\Delta^2}\right)$ 的数量级应为 1,不难判断雷诺数 Re 的数量级为 $\dfrac{1}{\Delta^2}$,这与前面所说的雷诺数足够大是一致的。将雷诺数的数量级代入式(4-24)中,并且忽略方程中数量级等于或小于 Δ 的相应项,X 方向上的动量方程变化为

$$U\,\frac{\partial U}{\partial X}+V\,\frac{\partial U}{\partial Y}=-Eu\,\frac{\partial P}{\partial X}+\frac{1}{Re}\,\frac{\partial^2 U}{\partial Y^2}$$

采用同样的比较方法处理 Y 方向上的动量方程,由于方程各项的数量级均为 Δ,由此得出 $-\dfrac{\partial P}{\partial Y}=0$。这一结果告诉我们,在边界层中压力不随 Y 的变化而变化,仅仅是 X 的函数。于是边界层的动量微分方程就由两个变为一个,即

$$U\,\frac{\partial U}{\partial X}+V\,\frac{\partial U}{\partial Y}=-Eu\,\frac{\mathrm{d}P}{\mathrm{d}X}+\frac{1}{Re}\,\frac{\partial^2 U}{\partial Y^2} \tag{4-25}$$

同样地,对能量方程进行数量级比较,有

$$1\,\frac{1}{1}+\Delta\,\frac{1}{\Delta}=\frac{1}{Re \cdot Pr}\left(\frac{1}{1^2}+\frac{1}{\Delta^2}\right) \tag{4-26}$$

按照数量级一致原则,$1/(Re \cdot Pr)$ 的数量级为 Δ^2,于是得出无量纲边界层能量微分方程,即

$$U\,\frac{\partial \Theta}{\partial X}+V\,\frac{\partial \Theta}{\partial Y}=\frac{1}{Re \cdot Pr}\,\frac{\partial^2 \Theta}{\partial Y^2} \tag{4-27}$$

将以上无量纲边界层微分方程转化为有量纲的形式,即

$$\begin{cases} \dfrac{\partial u}{\partial x} + \dfrac{\partial v}{\partial y} = 0 \\[2mm] \rho\left(u\,\dfrac{\partial u}{\partial x} + v\,\dfrac{\partial u}{\partial y} \right) = -\dfrac{\mathrm{d}p}{\mathrm{d}x} + \mu\,\dfrac{\partial^2 u}{\partial y^2} \\[2mm] \rho c_p\left(u\,\dfrac{\partial \theta}{\partial x} + v\,\dfrac{\partial \theta}{\partial y} \right) = \lambda\,\dfrac{\partial^2 \theta}{\partial y^2} \end{cases} \quad (4\text{-}28)$$

这里 $\theta = t - t_\infty$，为流体过余温度。

微分方程组在边界层中简化后，由于动量方程和能量方程分别略去了主流方向上的动量扩散项 $\dfrac{\partial^2 u}{\partial x^2}$ 和热量扩散项 $\dfrac{\partial^2 \theta}{\partial x^2}$，从而构成上游影响下游而下游不影响上游的物理特征。这就使得动量方程和能量方程变成了抛物线形的非线性偏微分方程，由于动量方程由两个变成了一个，且 $\dfrac{\mathrm{d}p}{\mathrm{d}x}$ 项可在边界层的外边缘上利用伯努利方程变成 $-\rho u_\infty \dfrac{\mathrm{d}u_\infty}{\mathrm{d}x}$ 的形式。于是方程组在给定的边值条件下可以进行分析求解，所得结果称为边界层问题的精确解。

对于外掠平板的层流流动，主流场速度是均速 u_∞，温度是均温 t_∞，并假定平板为恒温 t_w。此问题的定解条件可以表示为

$$y = 0 \text{ 时}, \quad u = v = 0, \quad t = t_w$$
$$y = \infty \text{ 时}, \quad u = u_\infty, \quad t = t_\infty$$

求出温度场后可求得流体外掠平板的层流流动问题的局部表面传热系数 h_x 的表达式为（具体求解过程参阅相关文献）

$$h_x = 0.332\,\frac{\lambda}{x}\left(\frac{u_\infty x}{\nu}\right)^{1/2}\left(\frac{\nu}{a}\right)^{1/3} \quad (4\text{-}29)$$

或者以无量纲数的形式改写为局部努塞尔数的表达式：

$$Nu_x = 0.332 Re^{1/2} Pr^{1/3} \quad (4\text{-}30)$$

注意此时有 $\dfrac{\mathrm{d}p}{\mathrm{d}x} = 0$，式(4-28)中的动量方程与能量方程具有完全相同的数学形式，且边界条件的形式也一样，故 $\dfrac{u - u_w}{u_\infty - u_w}$ 与 $\dfrac{t - t_w}{t_\infty - t_w}$ 的分布完全相同。温度边界层的厚度与速度边界层的厚度的相对大小取决于普朗特数的大小 $\left(Pr = \dfrac{\nu}{a} = \dfrac{\mu c_p}{\lambda} \right)$。

3. 边界层积分方程组

事实上，用分析法求解边界层微分方程组在数学上仍然很复杂。Th. Von Karman 于 1921 年提出了动量边界层积分方程，Г. Н. Кружилин 于 1936 年完成了一种能量、动量积分方程的解法，所得的结果称为边界层问题的近似解。

边界层积分方程一般可由两种方法获得：其一是将动量守恒定律和能量守恒定律应用于控制体；其二是对边界层微分方程直接进行积分。下面我们采用后一方法来进行推导。

以常物性不可压缩流体沿平板的二维稳态流动为例，如图 4-14 所示，边界层能量微分方程为

$$u\,\frac{\partial t}{\partial x} + v\,\frac{\partial t}{\partial y} = a\,\frac{\partial^2 t}{\partial y^2}$$

对任一固定 x，将能量方程从 $y = 0$ 到 $y = \delta_t$ 积分得

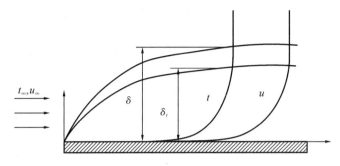

图 4-14　边界层积分方程的推导

$$\int_0^{\delta_t} u\, \frac{\partial t}{\partial x}\mathrm{d}y + \int_0^{\delta_t} v\, \frac{\partial t}{\partial y}\mathrm{d}y = \int_0^{\delta_t} a\, \frac{\partial^2 t}{\partial y^2}\mathrm{d}y \tag{4-31}$$

由分部积分法得

$$\int_0^{\delta_t} v\frac{\partial t}{\partial y}\mathrm{d}y = ut\,\bigg|_0^{\delta_t} - \int_0^{\delta_t} t\,\frac{\partial v}{\partial y}\mathrm{d}y = v_{\delta_t} t_\infty - \int_0^{\delta_t} t\,\frac{\partial v}{\partial y}\mathrm{d}y$$

再由连续性方程,有

$$v_{\delta_t} = \int_0^{\delta_t} \frac{\partial v}{\partial y}\mathrm{d}y = -\int_0^{\delta_t} \frac{\partial u}{\partial x}\mathrm{d}y$$

及

$$\int_0^{\delta_t} t\,\frac{\partial v}{\partial y}\mathrm{d}y = -\int_0^{\delta_t} t\,\frac{\partial u}{\partial x}\mathrm{d}y$$

因此式(4-31)左边第二项变为

$$\int_0^{\delta_t} v\,\frac{\partial t}{\partial y}\mathrm{d}y = -\int_0^{\delta_t} t_\infty\,\frac{\partial u}{\partial x}\mathrm{d}y + \int_0^{\delta_t} t\,\frac{\partial u}{\partial x}\mathrm{d}y \tag{4-32}$$

将式(4-32)代入式(4-31)左边,则式(4-31)左边可以进一步变成

$$\int_0^{\delta_t}\left(u\,\frac{\partial t}{\partial x} + t\,\frac{\partial u}{\partial x}\right)\mathrm{d}y - \int_0^{\delta_t}\left(\frac{\partial(ut_\infty)}{\partial x}\right)\mathrm{d}y = \int_0^{\delta_t} \frac{\partial}{\partial x}(ut - ut_\infty)\mathrm{d}y = \frac{\mathrm{d}}{\mathrm{d}x}\int_0^{\delta_t}(ut - ut_\infty)\mathrm{d}y$$

注意,$y = \delta_t$ 时,$\frac{\partial t}{\partial y} = 0$,式(4-31)右边可变为

$$\int_0^{\delta_t} a\,\frac{\partial^2 t}{\partial y^2}\mathrm{d}y = -a\left(\frac{\partial t}{\partial y}\right)_{y=0}$$

最后可得平板边界层的能量积分方程为

$$\frac{\mathrm{d}}{\mathrm{d}x}\int_0^{\delta_t} u(t_\infty - t)\mathrm{d}y = a\left(\frac{\partial t}{\partial y}\right)_{y=0} \tag{4-33}$$

类似地可导出动量积分方程为

$$\rho\,\frac{\mathrm{d}}{\mathrm{d}x}\int_0^{\delta} u(u_\infty - u)\mathrm{d}y = u\left(\frac{\partial u}{\partial y}\right)_{y=0} = \tau_w \tag{4-34}$$

式中:τ_w 为 x 处的局部壁面切应力。

上面两个方程中有 4 个未知量,即 u,t,δ,δ_t,在求解时必须补充两个方程,这就是关于 u,t 分布的假设。可以看出:① 边界层积分方程不要求守恒方程对边界层中每一个微元体都成立,只需对整个边界层的控制容积守恒方程成立;② 需假设边界层中的速度分布、温度分布的函数形式,函数形式一般为多项式近似。故所得到的解被称为近似解。

首先,求解边界层动量积分方程式(4-34)。假设边界层内的速度分布近似为三次多项

式 $u(x,y)=a_0+a_1y+a_2y^2+a_3y^3$,根据下述边界条件,即

$$y=0 \text{ 时}, \quad u=0, \quad \frac{\partial^2 u}{\partial y^2}=0$$

及

$$y=\delta \text{ 时}, \quad u=u_\infty, \quad \frac{\partial u}{\partial y}=0$$

可求得其中系数 $a_0 \sim a_3$,速度分布式就变为

$$\frac{u}{u_\infty}=\frac{3}{2}\left(\frac{y}{\delta}\right)-\frac{1}{2}\left(\frac{y}{\delta}\right)^3 \tag{4-35}$$

代入式(4-34),用局部雷诺数 $Re_x=\rho u_\infty x/\mu$ 的形式表示为

速度边界层厚度 $\qquad\qquad \delta=4.64xRe_x^{-1/2}$ (4-36)

局部壁面切应力 $\qquad\qquad \tau_w=0.323\rho u_\infty^2 Re_x^{-1/2}$ (4-37)

　　从式(4-36)不难发现,要使边界层的厚度远小于流动方向上的尺度(即 $\delta(x)/x\ll 1$),即所说的边界层是一个薄层,要求雷诺数必须足够大($Re\gg 1$)。因此,对于流体流过平板的情况,满足边界层假设的条件就是雷诺数足够大。由此可知道,当速度很小、黏度很大时,或在平板的前沿,边界层难以满足薄层性条件。

　　值得注意的是,随着 x 的增大,$\delta(x)$ 也逐步增大,同时黏性力对流场的控制作用逐步减弱,从而使边界层内的流动变得紊乱。此时,本来处于层流流动状态的层流边界层就会变成紊乱无序的紊流边界层(见图 4-15)。我们把边界层从层流过渡到紊流的 x 值称为临界值,记为 x_c,其所对应的雷诺数称为临界雷诺数,即 $Re_c=u_\infty x_c/\nu$。实验研究数据表明,流体平行流过平板的临界雷诺数大约是 $Re_c=5\times 10^5$。这一数据与来流速度的紊流程度和平板前沿的几何形状密切相关,因而临界雷诺数的数值会在一定范围内变动。

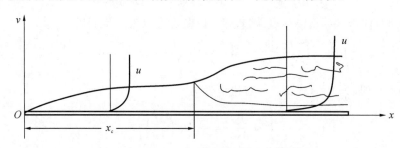

图 4-15　流体流过平板的边界层发展示意图

　　最后,求解边界层能量积分方程式(4-33)。假设边界层内的温度分布近似为三次多项式 $t(x,y)=b_0+b_1y+b_2y^2+b_3y^3$,根据下述边界条件,即

$$y=0 \text{ 时}, \quad t=t_w, \quad \frac{\partial^2 t}{\partial y^2}=0$$

$$y=\delta_t \text{ 时}, \quad t=t_\infty, \quad \frac{\partial t}{\partial y}=0$$

可求得其中系数 $b_0 \sim b_3$,采用过余温度 $\theta=t-t_w$ 的形式,温度分布式变为

$$\frac{\theta}{\theta_\infty}=\frac{3}{2}\left(\frac{y}{\delta_t}\right)-\frac{1}{2}\left(\frac{y}{\delta_t}\right)^3 \tag{4-38}$$

令 $\xi=\delta_t/\delta$,代入式(4-33),整理可得

$$\delta\xi\frac{d}{dx}\left[\delta\left(\frac{3}{20}\xi^2-\frac{3}{280}\xi^4\right)\right]=\frac{3a}{2u_\infty}$$

假定 $\xi < 1$，则 $\frac{3}{280}\xi^4 \ll \frac{3}{20}\xi^2$，上式可以简化为

$$\delta\xi \frac{\mathrm{d}}{\mathrm{d}x}(\delta\xi^2) = 10\frac{a}{u_\infty}$$

再将式 (4-36) 代入，整理可得

$$\xi^3 + \frac{4}{3}x\frac{\mathrm{d}\xi^3}{\mathrm{d}x} = \frac{13}{14Pr}$$

如果对流换热过程从平板前沿 $x=0$ 处开始，则解得温度边界层的厚度为

$$\xi = \frac{\delta_t}{\delta} = \frac{1}{1.026}Pr^{-1/3} \tag{4-39}$$

应该指出，此结果仅适用于 $Pr > 1$ 的流体，大多数流体属于此类；对于 Pr 数略小于 1 的气体，如空气，$Pr \approx 0.7$，此式可近似适用；而对于液态金属，因 $Pr \ll 1$，此式不适用。

由式 (4-39) 可以看出，温度边界层是否满足薄层性条件，除了对 Re_x 有要求之外，还取决于普朗特数的大小，当普朗特数非常小（$Pr \ll 1$）时，温度边界层相对于速度边界层就很厚，反之则很薄。

另外，温度边界层也会因为速度边界层从层流转变为紊流而出现紊流热传递状态下的温度边界层。按照普朗特的假设，在紊流状态下，速度边界层与温度边界层具有相同的数量级，即 $\delta_t(x)/\delta(x) \approx 1$。

利用对流换热微分方程 $h_x = -\left.\frac{\lambda}{\theta}\frac{\partial\theta}{\partial y}\right|_{y=0} = \frac{3\lambda}{2\delta\xi}$，可得

局部表面传热系数为

$$h_x = 0.332\frac{\lambda}{x}Re_x^{1/2}Pr^{1/3} \tag{4-40}$$

局部努塞尔数为

$$Nu_x = 0.332Re_x^{1/2}Pr^{1/3} \tag{4-41}$$

局部壁面切应力为

$$\tau_w = 0.323\rho u_\infty^2 Re_x^{-1/2} \tag{4-42}$$

局部壁面切应力与流体的动压头之比为一无量纲数，称为范宁（Fanning）摩擦系数，简称摩擦系数，其表达式为

$$c_f = \tau_w \Big/ \left(\frac{1}{2}\rho u_\infty^2\right) = 0.646Re_x^{-1/2} \tag{4-43}$$

在工程实际中进行换热计算时，通常需要计算全板长的平均表面传热系数。设板长为 L，由 $h = \frac{1}{L}\int_0^L h_x\mathrm{d}x$，可得平均表面传热系数为

$$h = 0.664\frac{\lambda}{L}Re_L^{1/2}Pr^{1/3} \tag{4-44}$$

$$Nu = 0.664Re^{1/2}Pr^{1/3} \tag{4-45}$$

可以观察到，$h = 2h_L$。

例 4-3　试用动量守恒定律导出不可压缩流体沿平板做二维稳态流动时的边界层动量积分方程。假定流体的物性可视为常数。

解　如图 4-16 所示，取控制体 1234。根据动量守恒定律，在 x 方向上流经控制体的动量变化率应等于 x 方向上的外力之和。

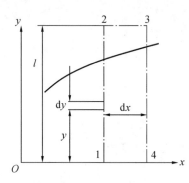

图 4-16　动量积分方程的推导

由 12 面进入控制体的动量为 $\rho\int_0^l u^2\,\mathrm{d}y$，由 34 面离开控制体的动量为 $\rho\int_0^l u^2\,\mathrm{d}y+\rho\dfrac{\mathrm{d}}{\mathrm{d}x}\left(\int_0^l u^2\,\mathrm{d}y\right)\mathrm{d}x$。

由 12 面进入控制体的质量流率为 $\rho\int_0^l u\,\mathrm{d}y$，由 34 面离开控制体的质量流率为 $\rho\int_0^l u\,\mathrm{d}y+\rho\dfrac{\mathrm{d}}{\mathrm{d}x}\left(\int_0^l u\,\mathrm{d}y\right)\mathrm{d}x$。根据质量守恒定律，后者与前者之差应为由 23 面进入控制体的质量流率，即 $\rho\dfrac{\mathrm{d}}{\mathrm{d}x}\left(\int_0^l u\,\mathrm{d}y\right)\mathrm{d}x$，它带入的控制体的动量为 $\rho u_\infty\dfrac{\mathrm{d}}{\mathrm{d}x}\left(\int_0^l u\,\mathrm{d}y\right)\mathrm{d}x$。

因而，在 x 方向上的动量变化率应为上述三个部分的代数和，即

$$\rho\frac{\mathrm{d}}{\mathrm{d}x}\left(\int_0^l u^2\,\mathrm{d}y\right)\mathrm{d}x-\rho u_\infty\frac{\mathrm{d}}{\mathrm{d}x}\left(\int_0^l u\,\mathrm{d}y\right)\mathrm{d}x$$

应用分部积分法，可整理为

$$\rho\frac{\mathrm{d}}{\mathrm{d}x}\left(\int_0^l u^2\,\mathrm{d}y\right)\mathrm{d}x-\rho\left[\frac{\mathrm{d}}{\mathrm{d}x}\left(\int_0^l u_\infty u\,\mathrm{d}y\right)\mathrm{d}x-\frac{\mathrm{d}u_\infty}{\mathrm{d}x}\left(\int_0^l u\,\mathrm{d}y\right)\mathrm{d}x\right]\qquad(\mathrm{a})$$

x 方向上作用于控制体的外力有 14 面上的摩擦力 $\tau_{\mathrm{w}}\mathrm{d}x$，12 面上的压力 $p_x=p\cdot l$、34 面上的压力 $p_{x+\mathrm{d}x}=\left(p+\dfrac{\mathrm{d}p}{\mathrm{d}x}\mathrm{d}x\right)l$，其代数和为

$$-\tau_{\mathrm{w}}\mathrm{d}x-l\frac{\mathrm{d}p}{\mathrm{d}x}\mathrm{d}x\qquad(\mathrm{b})$$

根据动量守恒定律，式(a)、式(b)应该相等，整理可得

$$\rho\frac{\mathrm{d}}{\mathrm{d}x}\int_0^l(u_\infty-u)u\,\mathrm{d}y+\rho\frac{\mathrm{d}u_\infty}{\mathrm{d}x}\int_0^l(u_\infty-u)\mathrm{d}y=\tau_{\mathrm{w}}$$

因为在边界层的主流区部分，$u=u_\infty$，上式的积分限可以改为($0\sim\delta$)，即

$$\rho\frac{\mathrm{d}}{\mathrm{d}x}\int_0^\delta(u_\infty-u)u\,\mathrm{d}y+\rho\frac{\mathrm{d}u_\infty}{\mathrm{d}x}\int_0^\delta(u_\infty-u)\mathrm{d}y=\tau_{\mathrm{w}}$$

流体流过平板时，$\mathrm{d}u_\infty/\mathrm{d}x=0$，最后可得

$$\rho\frac{\mathrm{d}}{\mathrm{d}x}\int_0^\delta(u_\infty-u)u\,\mathrm{d}y=\tau_{\mathrm{w}}$$

例 4-4　在 1.2×10^5 Pa 的大气压力下，温度为 27 ℃的空气以 2 m/s 的速度流过壁面温度为 53 ℃、长度为 1 m 的平板。试计算距前沿分别为 30 cm、50 cm 处的边界层厚度、局部表面传热系数，并求单位板宽的换热量。

解　由理想气体状态方程计算气体的密度，得

$$\rho=p/(RT)=1.41\text{ kg/m}^3$$

按定性温度 $t_{\mathrm{m}}=(27+53)/2\text{ ℃}=40\text{ ℃}$，由附录 5 查取空气的物性参数，得

$$\lambda=2.76\times10^{-2}\text{ W/(m·℃)},\ \mu=19.1\times10^{-6}\text{ kg/(m·s)},\ Pr=0.699$$

在 $x=30$ cm 处，$Re_x=\rho u x/\mu=4.43\times10^4<5\times10^5$，流动状态为层流。

边界层厚度按式(4-36)计算，得

$$\delta(x)=4.64xRe_x^{-1/2}=0.6\text{ mm}$$

局部表面传热系数按式(4-40)计算,得

$$h_x = 0.332 \frac{\lambda}{x} Re_x^{1/2} Pr^{1/3} = 5.71 \text{ W/(m}^2 \cdot \text{℃)}$$

在 $x = 50$ cm 处,$Re_x = 7.38 \times 10^4 < 5 \times 10^5$,流动状态为层流,可得

$$\delta(x) = 8.54 \text{ mm}, \quad h_x = 4.42 \text{ W/(m}^2 \cdot \text{℃)}$$

在 $x = 1$ m 处,$Re_x = 1.476 \times 10^5 < 5 \times 10^5$,流动状态仍为层流,可得

$$h_x = 3.14 \text{ W/(m}^2 \cdot \text{℃)}$$

全板长平均表面传热系数为

$$h = 6.28 \text{ W/(m}^2 \cdot \text{℃)}$$

单位板宽换热量为

$$\Phi = h(t_w - t_\infty) \cdot L \cdot 1 = 163.3 \text{ W}$$

*4.5　紊流流动换热

1. 紊流流动现象及表述

雷诺在管内流动实验中发现,流速较小时,注入的红墨水的流动按照平行于管子轴线的直线方向进行;随着流速的逐步增大,红墨水的轨迹线开始变形扭曲;而当流速超过某一临界值时,红墨水迅速扩散。该实验揭示了两种流动状态的存在,即层流与紊流。层流比较平稳,流层之间不发生混杂,动量与能量的传输主要依靠分子的扩散作用;而在紊流中,由于速度脉动现象在各个方向上都可能发生,因此,动量和能量的交换不仅发生在主流方向上,而且同时发生在与主流方向垂直的方向上,并且,这种脉动的效果比分子的动量与能量扩散作用要剧烈得多。

从层流过渡到紊流是一个十分复杂的过程,主要取决于雷诺数的大小。层流的稳定性除了与雷诺数的大小有关外,还与壁面的表面粗糙度、来流的紊流度、沿程压力梯度以及流道的几何形状有关。实验表明,对于光滑平板的层流边界层,当来流充分稳定,且不存在压力梯度时,其临界雷诺数可高达 $3 \times 10^5 \sim 5 \times 10^5$。又如,当航天器返回大气层时,由于不存在压力脉动,且表面十分光滑,临界雷诺数可高出几个数量级。一般地说,对于平板,临界雷诺数取 $Re_x = 60000$;对于圆管,临界雷诺数取 $Re_d = 2300$。

研究表明,当紊流现象发生时,在流体的主体运动之外,还存在着紊乱而随机的流体微团的漩涡运动,并成为一种新的动量与能量的传递方式,称为动量和能量的紊流涡扩散。在主体流动与漩涡运动的综合作用下,我们采用测试工具所能得到的场量参数就是一系列随时间变化的脉动量,如图 4-17 所示。这样的流场结构给紊流现象的研究与应用造成了极大的困难。

如果以一定的时间尺度来考虑紊流参量的脉动,就会发现它们仍然存在着稳定的时间平均值。因此,某一物理量 ϕ 在某一瞬间的值,可以表示成其平均值 $\overline{\phi}$ 与脉动值 ϕ' 之和,即 $\phi = \overline{\phi} + \phi'$。

从流动与传热的观点来看,紊流具有如下两个方面的特征:其一是速度分布的平坦化。如圆管内的流动,层流情况下的速度剖面呈抛物面形状,而紊流情况下的时均速度剖面,在管子中心部分相对平坦,只是在管子壁面处变化剧烈,如图 4-18 所示。

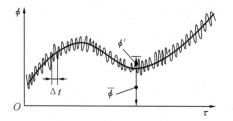 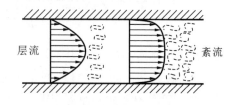

图 4-17　紊流流动中场量随时间的脉动　　　　图 4-18　圆管内流动的速度剖面

其二是壁面的摩擦阻力增加与表面传热系数增大。从图 4-18 还可以看出，紊流情况下的边界层的厚度明显比层流情况下要小，意味着热量传递的阻力减小，对增强传热是有利的。但另一方面，由于强烈的摩擦，壁面摩擦阻力增加，管子的沿程压力损失加大，意味着将消耗更多的动力。

2. 紊流时均方程

原则上，在层流流动时推导出的微分方程组，也应该适用于紊流流动，但要求解复杂的瞬态流动过程，实际上是不可行的。因此，层流流动的微分方程组不适用于紊流流动。一种较为现实的方法是，建立紊流时均量的控制微分方程组，求解各紊流时均场量；同时，要综合考虑脉动量及其脉动强度的影响。

推导紊流时均方程组的具体方法是，对描述瞬态流动过程的连续性方程、动量方程以及能量方程，在数学上分别进行时均化处理。在推导过程中，注意运用以下的数学关系式：对于单变量 ϕ，按照定义，应有 $\overline{\phi} = \int_{\tau}^{\tau+\Delta\tau} \phi \mathrm{d}\tau, \overline{\phi'} = 0, \overline{\phi^2} = \overline{\phi}^2 + \overline{\phi'^2}$ 以及 $\overline{\dfrac{\partial \phi}{\partial \eta}} = \dfrac{\partial \overline{\phi}}{\partial \eta}$ 成立；对于双变量 ϕ、ψ，有 $\overline{\phi\psi} = \overline{\phi}\,\overline{\psi} + \overline{\phi'\,\psi'}$。

以二维不可压缩流体的流动为例，紊流时均动量方程为

$$\begin{cases} \rho\left(\dfrac{\partial \overline{u}}{\partial \tau} + \overline{u}\dfrac{\partial \overline{u}}{\partial x} + \overline{v}\dfrac{\partial \overline{u}}{\partial y}\right) = -\dfrac{\partial \overline{p}}{\partial x} + \dfrac{\partial}{\partial x}\left(\mu\dfrac{\partial \overline{u}}{\partial x} - \rho\overline{u'^2}\right) + \dfrac{\partial}{\partial y}\left(\mu\dfrac{\partial \overline{u}}{\partial y} - \rho\overline{u'v'}\right) \\ \rho\left(\dfrac{\partial \overline{v}}{\partial \tau} + \overline{u}\dfrac{\partial \overline{v}}{\partial x} + \overline{v}\dfrac{\partial \overline{v}}{\partial y}\right) = -\dfrac{\partial \overline{p}}{\partial y} + \dfrac{\partial}{\partial x}\left(\mu\dfrac{\partial \overline{v}}{\partial x} - \rho\overline{u'v'}\right) + \dfrac{\partial}{\partial y}\left(\mu\dfrac{\partial \overline{v}}{\partial y} - \rho\overline{v'^2}\right) \end{cases}$$

$$(4\text{-}46)$$

与层流动量方程相比，该方程增加了脉动相关量的微分项。与图 4-3 对照，不难发现新增加的四项为

单位时间内在 x 方向进出微元体的 x 方向的净脉动动量 $\dfrac{\partial}{\partial x}(\rho\overline{u'^2})$；

单位时间内在 y 方向进出微元体的 x 方向的净脉动动量 $\dfrac{\partial}{\partial y}(\rho\overline{u'v'})$；

单位时间内在 x 方向进出微元体的 y 方向的净脉动动量 $\dfrac{\partial}{\partial x}(\rho\overline{u'v'})$；

单位时间内在 y 方向进出微元体的 y 方向的净脉动动量 $\dfrac{\partial}{\partial y}(\rho\overline{v'^2})$。

根据牛顿第二运动定律，必然有一个与动量变化率大小相等、方向相反的力存在，而且可以把它们分别看成 x 方向脉动量所造成的紊流法向应力与切向应力，即

$$\sigma'_x = -\rho\overline{u'^2}, \quad \tau'_{yx} = -\rho\overline{u'v'}$$

以及 y 方向脉动量所造成的紊流法向应力与切向应力

$$\sigma'_y = -\rho\overline{v'^2}, \quad \tau'_{xy} = -\rho\overline{u'v'}$$

一般把上述应力 σ_x'、σ_y'、τ_{yx}'、τ_{xy}' 称为雷诺应力,紊流时均动量方程也称为紊流时均雷诺方程。所以,紊流动量方程与层流动量方程相比,差别仅在于动量方程中增加了一项雷诺应力。由于宏观微团的脉动动量交换要比分子动量交换大得多,因而在边界层的主要区域内,雷诺应力要大于层流应力。

时均值的能量方程可用同样的方法得到。二维不可压缩流体紊流流动的能量方程为

$$\rho c_p \left(\frac{\partial \bar{t}}{\partial \tau} + \bar{u}\frac{\partial \bar{t}}{\partial x} + \bar{v}\frac{\partial \bar{t}}{\partial y} \right) = \frac{\partial}{\partial x}\left(\lambda \frac{\partial \bar{t}}{\partial x} - \rho c_p \overline{u't'} \right) + \frac{\partial}{\partial y}\left(\lambda \frac{\partial \bar{t}}{\partial y} - \rho c_p \overline{v't'} \right) \quad (4\text{-}47)$$

式(4-47)右侧括号内的两项分别表示分子扩散机制下导热传递的热流量以及紊流涡扩散机制下微团脉动传递的热流量。

1877 年 Boussinesq 首先提出了紊流黏性的概念。他把动量方程中的紊流切应力和层流的进行类比,即

$$\tau_{xy}' = -\rho \overline{u'v'} = \rho \varepsilon_m \frac{\partial \bar{u}}{\partial y} \quad (4\text{-}48)$$

式中:ε_m 称为紊流动量扩散率。

同样地,将能量方程中微团脉动传递的热流量和层流的进行类比,即

$$q_t = \rho c_p \overline{v't'} = -\rho c_p \varepsilon_h \frac{\partial \bar{t}}{\partial y} \quad (4\text{-}49)$$

式中:ε_h 称为紊流热扩散率。

ε_m、ε_h 两者的比值称为紊流普朗特数 $Pr_t = \frac{\varepsilon_m}{\varepsilon_h}$。应该指出,$\varepsilon_m$、$\varepsilon_h$、$Pr_t$ 与 a、ν、Pr 不一样,它们不是流体的物性参数,其值与流体紊流的强弱、距壁面的距离以及壁面表面粗糙度等因素有关。

从形式上看,紊流时均方程与层流方程相差不大,但进一步分析就会发现,由于时均方程中脉动项的出现,未知变量数超过了方程数,方程组不封闭,给求解紊流对流换热问题带来了极大的困难。

3. 混合长度理论

多年来,关于紊流流动的一个重要的研究方向就是提出适当的紊流模型,把时均方程中出现的紊流脉动项转化为时均值的关系式,或者由附加的微分方程来解决,使得方程组封闭,在理论上可以求解。研究的方法主要有两类,一是以统计理论为基础的经典方法,二是半经验理论的近似方法。

在半经验理论的近似方法中,主要有普朗特动量传递模型(1925 年)、泰勒涡量传递模型(1933 年)和卡门局部相似模型(1930 年)等。其中普朗特动量传递模型是最早、最基本的一种模型,其主要思想是关于紊流混合长度的理论。下面我们对此做一简单介绍。

普朗特认为,紊流黏度应与紊流结构有关。他根据气体分子运动论中得出的结论,即分子黏度正比于分子的平均自由程和平均速度,提出紊流黏度正比于紊流脉动的混合长度 l_m 和脉动速度。他还假设,流体微团在移动距离 l_m 的时段内,保持微团原有的一切流动特性(如平均速度等),而在移动距离 l_m 之后,便与其他微团混合,改变原有的流动特性。根据这一假设,便可求出微团的脉动速度。考虑一个二维的平行流动脉动过程,如图 4-19 所示,微团从点 A 脉动至点 B。在点 A 时其 x 向的速度为 $u = \bar{u} + u'$;由于微团在脉动的过程中保持原有的速度,因此微团到达 B 处后对 B 处所产生的脉动速度,即为 A、B 两处时均速度之间

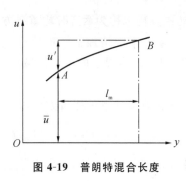

图 4-19　普朗特混合长度

的差值,即

$$u' \approx l_{\mathrm{m}} \frac{\mathrm{d}\overline{u}}{\mathrm{d}y}$$

由流动的连续性可知,x 向的脉动 u' 必然引起 y 向的脉动 v',并且 u'、v' 具有相同的数量级,即有

$$\overline{u'v'} \propto l_{\mathrm{m}}^2 \left(\frac{\mathrm{d}\overline{u}}{\mathrm{d}y}\right)^2$$

令上式右侧变号,并与比例常数一并包括在 l_{m} 内,则紊流雷诺应力可以表示为

$$\tau'_{xy} = -\rho\,\overline{u'v'} = \rho l_{\mathrm{m}}^2 \left(\frac{\mathrm{d}\overline{u}}{\mathrm{d}y}\right)\left|\frac{\mathrm{d}\overline{u}}{\mathrm{d}y}\right|$$

与式(4-48)相比较,则得

$$\varepsilon_{\mathrm{m}} = l_{\mathrm{m}}^2 \frac{\mathrm{d}\overline{u}}{\mathrm{d}y} \tag{4-50}$$

当然,到此为止,混合长度 l_{m} 仍是一个待定量。实验表明,紊流特性在接近壁面处有显著的变化。在边界层内,速度是随着与壁面距离的减小而迅速变小的。在壁面处速度为零,相应的紊流动量扩散率 ε_{m} 也必为零。因此,假设混合长度与距壁面的距离 y 成正比,即

$$l_{\mathrm{m}} = \kappa y$$

式中:κ 为比例常数。显然,所有假设的可靠性最终集中在 κ 值的准确性上。大量的实验表明,在近壁紊流区,κ 为常数,$\kappa = 0.41$;在边界层紊流核心区的外侧部分($y > 0.2\delta$ 时),实验点离开直线 $l_{\mathrm{m}} = 0.41y$ 而接近于一条水平线(见图 4-20)。由此可以看出,在此区域内混合长度正比于边界层厚度,为

$$l_{\mathrm{m}} = 0.085\delta$$

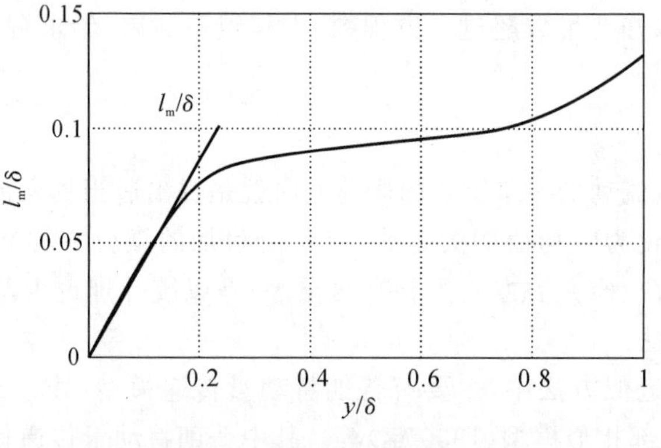

图 4-20　混合长度实验曲线

这样,紊流动量扩散率 ε_{m} 就成为完全确定的值,从而使得紊流时均动量方程具备了求解的理论基础。

4. k-ε 双方程模型

普朗特混合长度理论是在解决边界层问题中产生的,因而难以适应主流区的计算。它有一个显著的缺点:从式(4-50)可以看出,当时均速度梯度为零时,紊流动量扩散率也为零。实际上,此时它仍有相当的强度,即使在边界层内,如管子中心线上的流动,紊流动量扩散率也并不为零,只不过减小 20% 左右。

　　如果按照所提出的附加微分方程的数目来对各种紊流模型进行分类，则普朗特混合长度理论属于零微分方程模型。它无须通过微分方程来求解。

　　双微分方程模型的提出，就是为了消除普朗特混合长度理论的上述缺点。该模型认为，紊流动量扩散率取决于紊流动能的时均值 $k=\frac{1}{2}(\overline{u'^2}+\overline{v'^2}+\overline{w'^2})$ 和紊流动能耗散率 ε，即

$$\varepsilon_m = c_D k^2 / \varepsilon$$

其中紊流动能时均值 k 和紊流动能耗散率 ε 取决于由 Navier-Stokes 方程进行时均处理导出的如下两个微分方程：

$$\frac{\partial k}{\partial \tau}+\frac{\partial}{\partial x_j}(u_j k)=\frac{\partial}{\partial x_j}\left[\left(\nu+\frac{\varepsilon_m}{\sigma_k}\right)\frac{\partial k}{\partial x_j}\right]+P-\varepsilon \tag{4-51}$$

$$\frac{\partial \varepsilon}{\partial \tau}+\frac{\partial}{\partial x_j}(u_j \varepsilon)=\frac{\partial}{\partial x_j}\left[\left(\nu+\frac{\varepsilon_m}{\sigma_\varepsilon}\right)\frac{\partial \varepsilon}{\partial x_j}\right]+(c_1 P-c_2 \varepsilon)\frac{\varepsilon}{k} \tag{4-52}$$

式中：$P=-\overline{u_i'u_j'}\dfrac{\partial \overline{u_i}}{\partial x_j}=\varepsilon_m\dfrac{\partial \overline{u_i}}{\partial x_j}\left(\dfrac{\partial \overline{u_i}}{\partial x_j}+\dfrac{\partial \overline{u_j}}{\partial x_i}\right)$。为了书写简单，这里采用了爱因斯坦（Einstein）简化约定：$i=1,2,3$，变量 u_i 分别表示 u、v、w；$j=1,2,3$，表示对应的三项之和。有关经验常数如表 4-3 所示。

表 4-3　双方程模型中所使用的常数

常数	c_D	c_1	c_2	σ_k	σ_ε	σ_T
数值	0.09	1.44	1.92	1.00	1.30	0.90

　　表 4-3 中常数 σ_T 用于求解能量方程，在求得紊流动量扩散率 ε_m 之后，根据类比关系可近似假定紊流热扩散率 $\varepsilon_h=\varepsilon_m/\sigma_T$；$\sigma_T$ 实质上也就是紊流普朗特数 Pr_t。

　　双方程模型中不再出现时均速度的梯度，因而普朗特混合长度理论的缺点也就不存在了。双方程模型也称为 k-ε 模型，在紊流模型的发展上是一个巨大的进步，现广泛地应用于紊流流动与换热的数值计算中。

5. 紊流边界层方程及壁面法则

　　引入紊流动量扩散率 ε_m 和紊流热扩散率 ε_h 的概念后，可以仿照层流边界层微分方程式 (4-28) 直接写出二维平板紊流流动换热的边界层微分方程：

$$\overline{u}\frac{\partial \overline{u}}{\partial x}+\overline{v}\frac{\partial \overline{u}}{\partial y}=-\frac{1}{\rho}\frac{d\overline{p}}{dx}+\frac{\partial}{\partial y}\left[(\nu+\varepsilon_m)\frac{\partial \overline{u}}{\partial y}\right] \tag{4-53}$$

$$\overline{u}\frac{\partial \overline{t}}{\partial x}+\overline{v}\frac{\partial \overline{t}}{\partial y}=\frac{\partial}{\partial y}\left[(a+\varepsilon_h)\frac{\partial \overline{t}}{\partial y}\right] \tag{4-54}$$

边界层中切应力 τ 与热流密度 q 的计算式分别为

$$\begin{cases}\tau=\rho(\nu+\varepsilon_m)\dfrac{\partial \overline{u}}{\partial y}\\[2mm] q=-\rho c_p(a+\varepsilon_h)\dfrac{\partial \overline{t}}{\partial y}\end{cases} \tag{4-55}$$

　　一般认为，紊流边界层为三层结构，沿着离开壁面的法线方向，依次是层流底层、缓冲层和充分发展的紊流层。我们现在来考察充分发展的紊流层中最靠近壁面的那一部分，即位于缓冲层上方的一部分（见图 4-21）。这一区域紊流起着主导作用，而流体的惯性作用却很小以至于可以忽略不计，这样一来，边界层动量方程式 (4-53) 就简化为

$$\frac{\mathrm{d}}{\mathrm{d}y}\Big[\big(\nu+\varepsilon_{\mathrm{m}}\big)\frac{\mathrm{d}u}{\mathrm{d}y}\Big]\approx\frac{\mathrm{d}}{\mathrm{d}y}\Big(\varepsilon_{\mathrm{m}}\frac{\mathrm{d}u}{\mathrm{d}y}\Big)=0$$

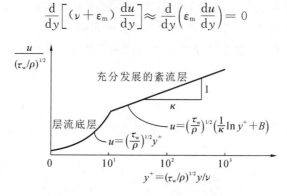

图 4-21　紊流边界层内的速度分布

为简单起见,在上式中略去了时均值的符号,对该式积分可得

$$\varepsilon_{\mathrm{m}}\frac{\mathrm{d}u}{\mathrm{d}y}=\frac{\tau_{\mathrm{w}}}{\rho}=\mathrm{const.}$$

这表明该层内的应力为常数。应用混合长度理论式(4-50),并注意到 $l_{\mathrm{m}}=\kappa y$,有

$$\frac{\mathrm{d}u}{\mathrm{d}y}=\frac{(\tau_{\mathrm{w}}/\rho)^{1/2}}{\kappa y}$$

对上式再次积分,便可得到一对数形式的速度分布函数:

$$\frac{u}{(\tau_{\mathrm{w}}/\rho)^{1/2}}=\frac{1}{\kappa}\ln\Big\{\frac{(\tau_{\mathrm{w}}/\rho)^{1/2}y}{\nu}\Big\}+B \tag{4-56}$$

式(4-56)称为速度的壁面法则。根据实验数据,常数 (κ,B) 可取为 $(0.41,5.0)$。

经过类似推导,我们可以从边界层能量方程式(4-54)得到

$$\frac{\varepsilon_{\mathrm{h}}}{\sigma_{T}}\frac{\mathrm{d}t}{\mathrm{d}y}=\frac{(\tau_{\mathrm{w}}/\rho)^{1/2}}{\sigma_{T}}\kappa y\frac{\mathrm{d}t}{\mathrm{d}y}=-\frac{q_{\mathrm{w}}}{\rho c_{p}}=\mathrm{const.}$$

这表明该层内的热流密度也为常数。积分可得

$$\frac{(\tau_{\mathrm{w}}/\rho)^{1/2}\rho c_{p}(t_{\mathrm{w}}-t)}{q_{\mathrm{w}}\sigma_{T}}=\frac{1}{\kappa}\ln\Big[\frac{(\tau_{\mathrm{w}}/\rho)^{1/2}y}{\nu}\Big]+B+P_{\mathrm{fn}}\Big(\frac{Pr}{\sigma_{T}}\Big) \tag{4-57}$$

式(4-57)称为温度的壁面法则。其中 $P_{\mathrm{fn}}\Big(\dfrac{Pr}{\sigma_{T}}\Big)=9.24\Big[\Big(\dfrac{Pr}{\sigma_{T}}\Big)^{3/4}-1\Big]$ 为一个修正函数,它用来消除 Pr 数的增加所带来的影响,称为 Jayatillaka P-函数[7]。

6. 紊流边界层换热的比拟分析

到目前为止,紊流模型研究虽已取得了不少进展,但从根本上来说,紊流模型问题还没有彻底得到解决,尚有待进一步的研究。正由于此,紊流换热难于精确地分析求解,仅能用于数值计算,或者以类比方法得出一些近似结果。下面介绍紊流边界层换热的比拟分析方法。

由于紊流动量和能量的交换都起因于速度的横向脉动,可以说一个起因产生两种结果,由此可以预见,动量交换与能量交换之间必然存在着某种类比的关系。

雷诺于 1874 年最早研究了紊流流动的这种可比拟的特性。雷诺做了一个十分简化的假定,认为整个流场是由单一的高度紊流区构成的,那么,动量和热量的分子扩散传递机制相对于流体微团的涡扩散机制而言是弱的,所以 $\nu\ll\varepsilon_{\mathrm{m}}$ 及 $a\ll\varepsilon_{\mathrm{h}}$,从而切应力 τ 与热流密度 q 的计算式分别为

$$\tau = \rho \varepsilon_m \frac{d\bar{u}}{dy}$$

$$q = -\rho c_p \varepsilon_h \frac{d\bar{t}}{dy}$$

两者的比值为

$$\frac{q}{\tau} = -c_p \frac{d\bar{t}}{d\bar{u}} \tag{4-58}$$

假设紊流普朗特数 $Pr_t = \varepsilon_h/\varepsilon_m = 1$，认为边界层内平行于壁面的任一面上，热流密度与切应力的比值为常数，即 $q/\tau = q_w/\tau_w$，将上式从壁面至边界层外缘积分可得

$$\frac{q_w}{\tau_w} = \frac{c_p(t_w - t_\infty)}{u_\infty} \tag{4-59}$$

此即为雷诺比拟的表达式。

　　雷诺的假设忽略了紊流边界层中的层流底层和缓冲层，而实际上在紧靠壁面处，层流底层总是存在的。

　　普朗特对比拟理论进行了改进。他将流场视为两部分，即层流底层和紊流核心，忽略了缓冲层。如图 4-22 所示，层流底层的厚度为 δ_b，其外边缘处流体的速度和温度分别设为 u_b 和 t_b。在此层内 $\varepsilon_m = \varepsilon_h \approx 0$，从而

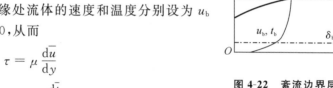

图 4-22　紊流边界层二层
结构模型

$$\tau = \mu \frac{d\bar{u}}{dy}$$

$$q = -\lambda \frac{d\bar{t}}{dy}$$

按照普朗特对紊流边界层两层结构的假设，对式(4-58)从壁面至边界层外缘积分可得

$$\frac{q_w}{\tau_w} = c_p \frac{t_w - t_\infty}{u_\infty} \frac{1}{1 + (Pr - 1)u_b/u_\infty} \tag{4-60}$$

又因为 $q_w = h(t_w - t_\infty)$，式(4-60)可改写为

$$Nu_x = \frac{\tau_w}{\rho u_\infty^2} Re_x \frac{Pr}{1 + (Pr - 1)u_b/u_\infty} \tag{4-61}$$

式(4-60)与式(4-61)即为普朗特比拟的表达式。它表达了紊流换热热量或表面传热系数与摩擦力(切应力)之间的联系，故可通过壁面处的摩擦力或摩擦系数来计算换热量或表面传热系数。

　　1）流体流过平板时的紊流换热

　　平板的摩擦系数为 $c_f = \tau_w \Big/ \left(\frac{1}{2}\rho u_\infty^2\right)$，代入式(4-61)则有

$$Nu_x = \frac{c_f}{2} Re_x \frac{Pr}{1 + (Pr - 1)u_b/u_\infty}$$

测定平板上紊流边界层阻力系数，得到以下摩擦系数计算式：

$$c_f = 0.0588 Re_x^{-1/5} \quad (5 \times 10^5 < Re_x < 10^7) \tag{4-62}$$

由流体力学知 $u_b/u_\infty = 2.12 Re_x^{-1/10}$，故局部努塞尔数的计算式为

$$Nu_x = \frac{0.0294 Re_x^{0.8} Pr}{1 + 2.12 Re_x^{-0.1}(Pr - 1)} \quad (5 \times 10^5 < Re_x < 10^7) \tag{4-63}$$

2）圆管内的紊流换热

对于管径为 d 的管内紊流流动，$\tau_\mathrm{w}=\dfrac{f}{8}\rho u_\mathrm{m}^2$，$u_\mathrm{m}$ 为截面平均流速，f 为管内摩擦系数，雷诺数为 $Re=\rho u_\mathrm{m} d/\mu$。

例如，对于光滑管内的流动，有如下摩擦系数计算式：

$$f = 0.316 Re^{-1/4} \quad (3\times10^3 < Re < 2\times10^5) \tag{4-64}$$

由流体力学知 $u_\mathrm{b}/u_\infty=2.44 Re_x^{-1/8}$，因此，对应的努塞尔数的计算式为

$$Nu = \frac{0.0395 Re^{3/4} Pr}{1 + 2.44 Re^{-1/8}(Pr-1)} \quad (3\times10^3 < Re < 2\times10^5) \tag{4-65}$$

该式的计算结果与实验数据基本吻合。

思 考 题

1. 式(4-1)与导热问题的第三类边界条件有什么区别？

2. 式(4-1)表明，在边界上垂直于壁面的热量传递完全依靠导热，那么在对流换热过程中流体的流动起什么作用？

3. 对流换热问题完整的数学描述应包括什么内容？既然大多数实际对流换热问题尚无法求得其精确解，那么建立对流换热问题的数学描述有什么意义？

4. 根据你对对流换热过程的了解，解释物性对表面传热系数 h 的影响。

5. 什么是速度边界层？什么是温度边界层？为什么它们的厚度之比与普朗特数 Pr 有关？

6. 边界层中温度变化率的绝对值何处最大？对于一定换热温差的同一流体，为何能用 $\left(\dfrac{\partial T}{\partial y}\right)_{y=0}$ 绝对值的大小来判断表面传热系数的大小？

7. 与完全的能量方程相比，边界层能量方程最重要的特点是什么？

8. 流体沿平板做层流流动，温度边界层是否越来越厚？其局部表面传热系数值是否越来越小？

9. 高黏度的油类流体，沿平板做低速流动，该情况下边界层理论是否仍然适用？

10. 试简述努塞尔数 Nu、普朗特数 Pr 及毕渥数 Bi 的物理意义，努塞尔数与毕渥数的区别是什么？

11. 当一个由若干个有量纲的物理量所组成的实验数据转换成数目较少的无量纲量后，这个实验数据的性质与地位起了什么变化？

12. 同一种流体流过直径不同的两根管道。A 管的内径是 B 管的内径的 2 倍，B 管中流体的流量是 A 管中流量的 2 倍。试问两管中的流动现象是否相似？若不相似，应该如何调整流量才能使之相似？

13. 流体在圆管中流动和流体在槽道内流动是否满足几何相似条件？若不满足，为什么可以用同一准则方程式？

14. 紊流强制对流换热时，在其他条件相同的情况下，粗糙管的表面传热系数要大于光滑管的表面传热系数，为什么？

15. 试根据图 4-15 粗略地画出局部表面传热系数 h_x 的沿程变化。

16. 管内湍流强制对流换热时,努塞尔数 Nu 与雷诺数 Re、普朗特数 Pr 有关。试以电加热方式加热管内水流的强制对流换热为例(管道外表面绝热良好),分析说明在实验过程中应测定哪些物理量?

习　　题

4-1　对于油、空气及液态金属,分别有 $Pr \gg 1$、$Pr \ll 1$ 及 $Pr = 1$。试就外掠等温平板的层流边界层流动问题,画出三种流体边界层中速度分布与温度分布的大致图像(要求能显示出 δ 与 δ_t 的相对大小)。

4-2　对于流体外掠平板的流动,试利用数量级分析的方法,从动量方程引出边界层厚度的如下变化关系式:$\delta/x \approx 1/\sqrt{Re_x}$。

4-3　流体在两平行平板间做层流充分发展的对流换热(见图 4-23)。试画出下列三种情形下充分发展区域截面上的流体温度分布曲线:

(1) $q_{w1} = q_{w2}$;

(2) $q_{w1} = 2q_{w2}$;

(3) $q_{w1} = 0$。

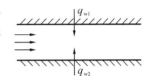

图 4-23　习题 4-3 图

4-4　温度为 20 ℃的空气,以 10 m/s 的速度流过平板,试分别确定从平板前缘算起,进入过渡区($Re = 2 \times 10^5$)和进入紊流区($Re = 5 \times 10^5$)的距离。

4-5　流体流过平板,如果边界层内速度分布形式为 $u(x,y) = a_0 + a_1 y/\delta$,温度分布形式为 $t(x,y) = b_0 + b_1 y/\delta_t$,且全板长上有换热。试求 δ、c_f、δ_t 和 h_x。

4-6　试根据能量守恒定律,推导不可压缩流体沿平板做二维稳态流动时的边界层能量积分方程。

4-7　何谓当量直径?试计算边长为 a 的等边三角形截面和内、外直径分别为 d 与 D 的环形截面的当量直径。

4-8　试计算下列情形下的当量直径:

(1) 边长为 a 及 b 的矩形通道;

(2) 同(1),但 $b \gg a$;

(3) 在一个内径为 D 的圆管体内布置了 n 根外径为 d 的圆管,流体在圆管外做纵向流动。

4-9　温度 20 ℃的水以 0.3 m/s 的速度流过温度保持 40 ℃、长为 0.5 m 的平板,试计算平板末端速度边界层和温度边界层的厚度,并将它们分别与平板长度相比较。

4-10　在 1.5×10^5 Pa 压力下,温度为 20 ℃的空气以 3 m/s 的速度流过表面温度为 40 ℃的平板。试求距平板前沿 20 cm、40 cm 和 60 cm 处的速度边界层厚度、温度边界层厚度和局部表面传热系数。

4-11　有 15 ℃的水,以 0.3 m/s 的速度流过表面温度保持 85 ℃的平板,板宽为 0.7 m,长为 0.3 m,试计算水每秒钟所带走的热量。

4-12　温度为 30 ℃的空气以 5 m/s 的速度流过边长为 0.9 m 的正方形平板,如果平板保持在 90 ℃,试计算平板表面的热损失。

4-13　温度为 40 ℃的润滑油以 0.08 m/s 的速度流过温度为 120 ℃、长为 1 m 的平板。

试确定平板末端边界层的厚度、热边界层的厚度以及单位宽度表面的对流换热量。

4-14 柴油以 0.13 kg/s 的质量流率在内直径 $d=10$ mm、长 $L=1$ m 管内流动。柴油的进口温度为 60 ℃,壁面温度保持为 100 ℃,试计算柴油的出口温度。

4-15 有人曾经给出下列流体外掠正方形柱体(其一界面与流体来流方向垂直)的换热实验数据:

表 4-4 习题 4-15 表

特征数	数据			
Nu	41	125	117	202
Re	5000	20000	41000	90000
Pr	2.2	3.9	0.7	0.7

采用 $Nu=cRe^nPr^m$ 的关系式来整理数据并取 $m=1/3$,试确定其中的常数 c 与指数 n。在上述 Re 及 Pr 范围内,当正方形柱体的截面对角线与来流方向平行时,可否用此式进行计算,为什么?

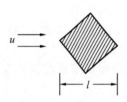

图 4-24 习题 4-16 图

4-16 对于空气掠图 4-24 所示的正方形截面柱体($l=0.5$ m)的情形,有人通过实验测得了下列数据:$u_1=15$ m/s,$h_1=40$ W/(m²·K);$u_2=20$ m/s,$h_2=50$ W/(m²·K),其中 h 为平均表面传热系数。对于形状相似但 $l=1$ m 的柱体,试确定当空气流速为 15 m/s 及 20 m/s 时的平均表面传热系数。设在所讨论的情况下空气的对流换热准则方程具有以下形式 $Nu=cRe^nPr^m$,且四种情形下定性温度的值均相同,特征长度为 l。

4-17 将一块尺寸为 0.2 m×0.2 m 的薄平板平行地置于由风洞造成的均匀气体流场中。在气流速度 $u=40$ m/s 的情况下用测力仪测得,要使平板维持在气流中需对它施加 0.075 N 的力。此时气流温度 $t_\infty=20$ ℃,平板两表面的温度 $t_w=120$ ℃。试据比拟理论确定平板两个表面的对流换热量。气体压力为 $1.013×10^5$ Pa。

4-18 对置于气流中的一块很粗糙的表面进行传热实验,测得如下的局部表面传热特性的结果:$Nu_x=0.04Re_x^{0.9}Pr^{1/3}$,其中特性长度 x 为计算点离开平板前缘的距离。试计算当气流温度 $t_\infty=27$ ℃、流速 $u_\infty=50$ m/s 时,离开平板前缘 $x=1.2$ m 处的切应力。已知平壁温度 $t_w=73$ ℃。

4-19 已知管内稳态对流换热的能量微分方程为 $\frac{1}{r}\left(\frac{\partial t}{\partial r}+r\frac{\partial^2 t}{\partial r^2}\right)=\frac{u}{a}\cdot\frac{\partial t}{\partial r}$。取内径 d、流体平均速度 u_m 和温差 $\Delta t=t_m-t_w$ 为变量参考值,试将方程无量纲化,并获得无量纲数。

4-20 温度为 30 ℃水流经一根长的直管,管内径为 0.3 m,水流平均速度为 0.3 m/s。试计算:(1) 摩擦系数 f;(2) 壁面切应力 τ_w;(3) 表面传热系数 h。

参 考 文 献

[1] 王补宣. 工程传热传质学(上册)[M]. 2 版. 北京:科学出版社,2015.

[2] 杨世铭,陶文铨. 传热学[M]. 4 版. 北京:高等教育出版社,2006.

[3] 戴锅生. 传热学[M]. 2 版. 北京:高等教育出版社,1999.

［4］俞佐平,陆煜. 传热学［M］.3 版. 北京：高等教育出版社,1995.

［5］章熙民,任泽霈,梅飞鸣. 传热学［M］.5 版. 北京：中国建筑工业出版社,2007.

［6］埃克尔特 E R G,德雷克 R M. 传热与传质分析［M］. 航青,译. 北京：科学出版社,1983.

［7］HOLMAN J P. Heat transfer［M］. 10th ed. Boston：McGraw-Hill,2011.

［8］KREITH F,BOHN M S. Principles of heat transfer［M］. 4th ed. New York：Harper & Row Publishers,1986.

［9］INCROPERA F P,DEWITT D P. Introduction to heat transfer［M］. 3rd ed. New York：John Wiley & Sons,1996.

［10］江宏俊. 流体力学（上册）［M］. 北京：高等教育出版社,1985.

［11］赵学端,廖其奠. 粘性流体力学［M］. 北京：机械工业出版社,1983.

［12］王启杰. 对流传热与传质分析［M］. 西安：西安交通大学出版社,1991.

［13］程尚模,黄素逸. 传热学［M］. 北京：高等教育出版社,1990.

［14］陈维汉,许国良,靳世平. 传热学［M］. 武汉：武汉理工大学出版社,2004.

第5章

对流换热计算

在工程中,对流换热是一种常见的换热方式,由于对流换热的流动及传热比较复杂,仅有少数情况可以通过理论分析方法求得精确解,而对于大多数对流换热问题,只能通过相似理论和实验的方法,得到准则关联式,最后求得换热系数。

本章讨论的对流换热包括平行绕流平板、管外流、管内流等单相流体的强制对流换热,还包括大空间和受限空间单相流体的自然对流换热,以及含有气液相变的沸腾传热和冷凝传热。通过对流动及传热机理的讨论,本章分别对这些对流换热给出了用于工程计算的相关准则关联式,并就关联式的适用范围以及特性参数的确定进行了说明。

5.1 流体外掠(绕过)物体的强制对流换热

1.流体平行外掠平板的对流换热

1)层流掠过平板

流体掠过平板的层流换热(见图 5-1)是一个典型的边界层流动,也是可以求得精确解的少数几种对流换热情况之一。在前面的对流换热理论章节中,我们已对这种边界层流求得了精确解,这里将归纳并介绍两种不同边界条件的层流掠过平板的对流换热计算。

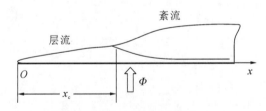

图 5-1 流体掠过平板换热示意图

(1)恒定壁温边界条件 恒定壁温边界条件的局部和平均努塞尔数 Nu 的准则关联式分别为

局部努塞尔数 $\qquad Nu_x = 0.332Re_x^{1/2}Pr^{1/3}$ (5-1a)

平均努塞尔数 $\qquad Nu_L = 0.664Re_L^{1/2}Pr^{1/3}$ (5-1b)

(2)恒定热流密度边界条件 恒定热流密度边界条件的局部和平均努塞尔数 Nu 的准则关联式分别为

局部努塞尔数 $\qquad Nu_x = 0.453Re_x^{1/2}Pr^{1/3}$ (5-2a)

平均努塞尔数 $\qquad Nu_L = 0.680Re_L^{1/2}Pr^{1/3}$ (5-2b)

使用上面两种边界条件的层流对流换热计算式的要求和条件如下。

特征尺寸:局部值和平均值的特征尺寸分别为 x、板长 L。

定性温度:取边界层的平均温度 $t_m=(t_f+t_w)/2$。其中 t_f 为流体温度,t_w 为壁面温度。

定性流速:边界层外主流速度 u_∞。

适用范围:$0.6<Pr<50,Re<5\times10^5$。

由式(5-1)和式(5-2),我们不难发现,恒定热流边界条件的局部努塞尔数 Nu 要比恒定壁温边界条件的大 36.4%,但其平均努塞尔数 Nu 只比恒定壁温边界条件的大 2.4%;两种情况下的平均努塞尔数 Nu 均大于任何点的局部努塞尔数 Nu。

2)紊流掠过平板

紊流流动很难用理论推导得到精确解,通常是用相似理论并根据实验得到半经验的关联式。紊流流过平板时,分为两种情况。

(1)紊流边界层从平板前缘(即 $x=0$ 时)就形成,这时的局部努塞尔数 Nu 和平均努塞尔数 Nu 分别为

局部　　　　　　　　　　$Nu_x=0.029Re_x^{0.8}Pr^{1/3}$　　　　　　　　　(5-3a)

平均　　　　　　　　　　$Nu_L=0.037Re_L^{0.8}Pr^{1/3}$　　　　　　　　　(5-3b)

(2)紊流边界层由层流发展进而形成紊流(见图 5-1),这时的局部努塞尔数 Nu 和平均努塞尔数 Nu 分别为

局部　　　　　　　　　　$Nu_x=0.029Re_x^{0.8}Pr^{1/3}$　　　　　　　　　(5-4a)

平均　　　　$Nu_L=[0.664Re_{x_c}^{0.5}+0.037(Re_x^{0.8}-Re_{x_c}^{0.8})]Pr^{1/3}$　　　　(5-4b)

注意,此时的平均努塞尔数 Nu 由两部分组成,一部分为层流,另一部分为紊流,且两部分的分界点是临界雷诺数 Re_{x_c}。

当临界雷诺数 $Re_{x_c}=5\times10^5$ 时,式(5-4b)为

$$Nu_L=(0.037Re_x^{0.8}-871)Pr^{1/3} \tag{5-4c}$$

以上准则关联式的适用条件是:$5\times10^5<Re_x<10^7,0.6<Pr<60$,边界为恒壁温条件,其他定性参数与层流相同。

而对于恒热流边界条件,局部努塞尔数 Nu 为

$$Nu_x=0.0308Re_x^{0.8}Pr^{1/3} \tag{5-5}$$

式(5-5)与恒壁温的式(5-3a)或者(5-4a)相差 4%,这说明边界温度变化对紊流表面对流换热影响不大。

例 5-1　温度为 20 ℃ 的空气,以 10 m/s 的速度流过平板,试分别确定从平板前缘算起,进入过渡区($Re_1=2\times10^5$)和进入紊流区($Re_2=5\times10^5$)的距离。

解　查出 20 ℃ 时空气的运动黏度为 $\nu=15.06\times10^{-6}$ m²/s。

假设进入过渡区的距离为 L_1,由雷诺数 $Re_1=\dfrac{uL_1}{\nu}=2\times10^5$,计算出 $L_1=0.30$ m。

假设进入紊流区的距离为 L_2,由雷诺数 $Re_2=\dfrac{uL_2}{\nu}=5\times10^5$,计算出 $L_2=0.75$ m。

例 5-2　将机翼近似当作沿飞行方向的长为 2 m 的平板,飞机以 100 m/s 的速度飞行,空气的压力为 0.8 atm(工程单位,1 atm≈1.01×10^5 Pa),温度为 0 ℃,如果机翼表面吸收太阳的能量为 750 W/m²,试在设定机翼温度均匀的条件下确定机翼热稳态下的温度。

解　由于机翼温度 t_w 待求,故取流体温度作为定性温度。在 $t_\infty=0$ ℃ 时空气的物性参数为:$\lambda=2.44\times10^{-2}$ W/(m·℃),$\mu=17.2\times10^{-6}$ kg/(m·s),$Pr=0.707$。空气密度 $\rho=$

$$\frac{P}{RT}=1.035 \text{ kg/m}^3 \text{。}$$

空气流过机翼的雷诺数为 $Re=\dfrac{u_\infty L\rho}{\mu}=12.03\times10^6$,已进入紊流边界层。利用流过平板的紊流计算公式 $Nu=(0.037Re_L^{0.8}-871)Pr^{1/3}$,于是表面传热系数为

$$h=\frac{\lambda}{L}(0.037Re_L^{0.8}-871)Pr^{1/3}=176 \text{ W/(m}^2 \cdot ℃)$$

因飞机的机翼只有一侧可以接受太阳的辐射,而机翼两侧均可以对流散热,故由热平衡有 $2h(t_w-t_\infty)=\Phi$,解出机翼温度为 $t_w=\Phi/h+t_\infty=4.26 ℃$。

重新取定性温度为 $t=(t_w-t_\infty)/2=2.13 ℃$,与以上所取定性温度相差不大,空气的物性参数变化甚小,不需重新计算,故机翼温度为 4.26 ℃。

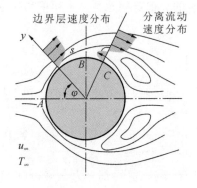

图 5-2　流体绕流圆柱体示意图

2. 流体横向绕流单个圆柱体的强制对流换热

下面通过图 5-2 所示的流体绕流单个圆柱体示意图,来分析和讨论边界层的发展,以及沿柱体边界层的速度和压力变化规律。

根据边界层理论,我们主要分析固体界面上的几个主要的点。

点 A:该点称为前驻点,来流以速度 u_∞ 冲刷柱体,在前驻点处速度为零,而压力达到最大(称为驻点压力)。从这点开始,逐渐形成边界层,即点 A 是边界层形成的原点。

点 B:点 A 到点 B 这段区域是边界层形成的区域,点 A 之后,滞止压力开始释放并转换为速度势,且沿流线坐标 s 压力逐渐降低,速度逐渐增加。即沿流线坐标 s,$\dfrac{\mathrm{d}p}{\mathrm{d}s}<0,\dfrac{\mathrm{d}u}{\mathrm{d}s}>0$。边界层发展到点 B 时,压力降到最小,而速度增到最大。而在点 B 之后,由于点 B 下游的压力大于点 B 的压力(p_B 为最小),边界层的流动受到的压差是与流动方向相反的阻力,同时在边界层内流体还要受到黏性阻力的作用,流体边界层要克服这两种阻力而继续流动,就一定要以消耗动能为代价。因而,在点 B 之后,尤其是靠近柱壁边界层的速度是逐渐降低的,即 $\dfrac{\mathrm{d}u}{\mathrm{d}s}<0$,而压力是逐渐增加的,即 $\dfrac{\mathrm{d}p}{\mathrm{d}s}>0$(称为逆压梯度)。

点 C:这点称为分离点。由于逆压梯度和黏性阻力的影响,在点 C 壁面处,法向速度梯度 $\dfrac{\mathrm{d}u}{\mathrm{d}y}=0$。在点 C 之后,由于逆压梯度的作用边界层将被挤出壁面,形成沿壁面反向流动的漩涡分离区(也称尾涡区),因此,从 C 点开始边界层将从壁面分离。而在尾涡区,靠近壁面的地方受到反向流动漩涡的冲刷。分离点在哪个位置取决于紊流边界层的流态。对于绕流圆柱的流动,当雷诺数 $Re=\dfrac{u_\infty d}{\nu}<10$ 时,绕流流体几乎不发生分离现象。当 $0\leqslant Re\leqslant1.5\times10^5$ 时,流动分离点在 $70°\leqslant\varphi\leqslant80°$,当 $Re>1.5\times10^5$ 时,流动分离点在 $140°$ 附近。

柱体表面对流换热系数或努塞尔数 Nu 的大小,主要取决于柱体表面流体的速度(或雷诺数 Re)。图 5-3 给出了绕流圆柱体表面传热系数随柱体夹角的变化情况。其变化趋势可以这样理解,从前驻点开始,随着层流边界层的厚度增加,表面换热系数随之降低,在边界层

分离处达到最小(即第一个低点)。在尾涡区,由于所形成的是紊流边界层,因此分离点之后,表面换热系数随夹角 φ 的增加逐渐增加,当雷诺数较小时,由于尾涡区的湍流度不大,因而增加的幅度也不大,但当雷诺数增大时,一方面层流边界层会减薄,从而层流边界层表面换热系数整体也会随之增加。另一方面,在尾涡区紊流边界层沿夹角的速度变化很大,以致出现新的峰谷值。

上述对流体掠过圆柱体外表面的局部努塞尔数 Nu(或对流换热系数)的分析,对认识外掠流动换热的特性非常有帮助,但对于一般工程问题,人们关心的还是整个圆柱体的平均换热系数。

对于流体绕流圆柱体的平均努塞尔数 Nu,我们采用茹卡乌斯卡斯(A. Zhukauskas)的准则关联式:

$$Nu = CRe^n Pr^m \left(\frac{Pr_f}{Pr_w}\right)^{0.25} \qquad (5\text{-}6)$$

式中:相关常数 C、n 和 m 的取值根据表 5-1 中的条件确定。特征速度取来流速度,特征尺寸取圆柱体外径 d,Pr_w 的定性温度为柱体的壁温,其他定性温度取流体的主流温度。

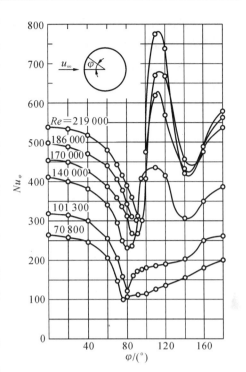

图 5-3 绕流圆柱体的局部表面传热系数
随柱体夹角的变化情况

表 5-1 流体绕流单圆柱体的常数取值

条件及范围	C	n	m	用于空气及烟气的简化公式
$5 < Re < 10^3$ $0.60 < Pr < 350$	0.5	0.5	0.38	$Nu = 0.44 Re^{0.5}$
$10^3 < Re < 2 \times 10^5$ $0.60 < Pr < 350$	0.26	0.6	0.38	$Nu = 0.22 Re^{0.6}$
$2 \times 10^5 < Re < 2 \times 10^6$ $0.60 < Pr < 350$	0.023	0.8	0.37	$Nu = 0.02 Re^{0.8}$

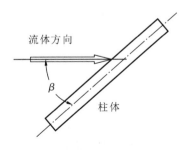

图 5-4 流体绕流圆柱体的冲击角

上面所讨论的流体绕流圆柱体是指流体与圆柱体轴线成正交(90°)冲刷绕流。如果流体流动方向与柱体轴线成一定冲击角(30°<β<90°)(见图 5-4),平均表面换热系数可按下式计算:

$$h_\beta = h_{\beta=90°}(1 - 0.54\cos^2\beta) \qquad (5\text{-}7)$$

式中:h_β 为 30°<β<90° 范围内的平均表面换热系数;$h_{\beta=90°}$ 为 β=90° 时的表面换热系数。由式(5-7)不难看出,夹角 β 越小,对应的平均表面换热系数也越小,当 β→0°时,平均表面换热系数可按流体平行流过平板换热的公式计算。

3. 流体横向绕流光管管束的对流换热

在工程中,实际换热设备内通常都会有一侧采用流体横向冲刷管束(光管或肋片管束)

的方式,如管壳式换热器,锅炉的过热器、再热器,管式省煤器,空气预热器,热管式换热器,空调系统中的蒸发器、冷凝器以及末端的表冷器等。管束可以看成由许多单管(或连通管)按一定的集合方式布置排列的。管束中单管的排列方式通常有叉排和顺排(分别见图 5-5(a)和图 5-5(b))。

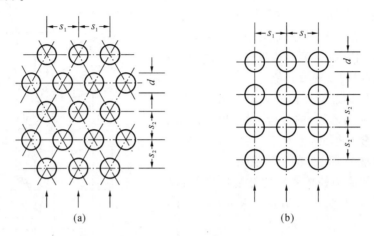

图 5-5　管束的叉排与顺排

(a) 叉排;(b) 顺排

由图 5-5 我们注意到,管束的流动特性与单管有很大的不同,如对于第一排管束来说,由于同一排管束的管子占据了流通截面,流体流通面积减小,同排管束的相邻管子流速增加,并且第一排管束后所形成的尾涡会影响下游管束。因而,从流体横掠管束的流动特性来讲,其流动及对流换热性能比单根管复杂。

顺排管束和叉排管束中,第一排管束的流动与换热几乎是相似的,从第二排管束开始,后一排管束都会受到前一排管束尾涡区的影响。对于顺排管束来说,第二排管束正好就在第一排管束的尾涡区,尽管尾涡区流体湍流强度很大,并有回流形成,但实验表明,第二排管束前驻点及其附近区域的对流换热系数是减小的,该区域之后局部对流换热系数随之增加;对于叉排来讲,由于第二排前驻点的来流速度是第一排管束最小截面的速度,相对于第一排管束而言,第二排管束的来流速度更大,同时,第一排管束的尾涡对第二排管束流体流动也有很大的影响,因而,整体来看,叉排管束的第二排管束的流动及对流换热性能要好于顺排管束的第二排管束。实验结果表明,不管是顺排还是叉排,第三排管束的换热性能要好于前两排,且在第三排管束之后,流体流动和对流换热逐渐趋于稳态,第七排之后达到基本稳定。

除了管束排列方式对对流换热有影响之外,管径、管间距、管排数及流体对管束的冲击角也与对流换热系数有密切关系。

流体横向掠过管束(顺排和叉排)的平均对流换热系数可采用如下准则关联式计算:

$$Nu = CRe^n Pr^m \left(\frac{s_1}{s_2}\right)^p \left(\frac{Pr_f}{Pr_w}\right)^{0.25} \varepsilon_z \varepsilon_\beta \tag{5-8}$$

式中:除了 Pr_w 的定性温度取管壁平均温度外,其他定性温度取流体的平均温度,特征尺寸为管外径 d;雷诺数 Re 中的流速为管束流道中最窄处的流速(最大流速);s_1 和 s_2 分别为垂直流动方向的横向管间距和沿流动方向的纵向管间距;ε_z 为管排数目的修正系数,取值根据管排数来确定(见表 5-2);系数 C、n、m 和 p 的取值根据雷诺数 Re 以及管间距来确定(见表 5-3);ε_β 的取值如表 5-4 所示。

表 5-2　管排数目修正系数 ε_z 与管排数目 z 的对应值

排列方式	ε_z									
	1	2	3	4	5	6	7	8	9	10
顺排	0.64	0.80	0.87	0.90	0.92	0.94	0.96	0.98	0.99	1.00
叉排	0.68	0.75	0.83	0.89	0.92	0.95	0.97	0.98	0.99	1.00

表 5-3　绕流管束换热准则关系式的系数值

排列方式	适用范围		准则方程中的常数				空气、烟气简化公式
			C	n	m	p	$Pr=0.7$
顺排	$Re=10^5\sim2\times10^5$		0.27	0.63	0.36	0	$Nu=0.24Re^{0.63}$
	$Re>2\times10^5$		0.021	0.84	0.36	0	$Nu=0.018Re^{0.84}$
叉排	$Re=10^3\sim2\times10^5$	$s_1/s_2\leqslant2$	0.35	0.60	0.36	0.20	$Nu=0.31Re^{0.60}(s_1/s_2)^{0.2}$
		$s_1/s_2>2$	0.40	0.60	0.36	0	$Nu=0.35Re^{0.60}$
	$Re>2\times10^5$		0.022	0.84	0.36	0	$Nu=0.019Re^{0.84}$

表 5-4　流体流向修正系数 ε_β 与冲击角 β 的对应值

排列方式	ε_β					
	80°~90°	70°	60°	45°	30°	15°
顺排	1.00	0.97	0.94	0.83	0.70	0.41
叉排	1.00	0.97	0.94	0.78	0.53	0.41

　　如果仅从管束的排列方式来讨论对流换热系数,一般而言,叉排布置的对流换热性能会比顺排布置的强,但正如前所述,由于对流换热系数除了与管束的排列方式有关外,还与其他参数有关,因而叉排的换热系数并非绝对比顺排的要大。另外,换热器系统的设计计算应该考虑两个主要技术目标:一个是对流换热系数最大化;另一个是系统流动阻力最小化。而这两者往往又是相互矛盾的。因而,换热器的设计应该从"所得"大于"所失"的原则出发,以优化设计选取管束的排列方式和相关参数。

　　例 5-3　一通有电流的直径为 0.2 mm 的金属丝,被 20 ℃的空气以 30 m/s 的速度横向垂直吹过。由金属的电阻推知,金属丝的温度为 21.5 ℃。改变气流速度,使金属丝的温度变成 23.6 ℃。求这时的气流速度。

　　解　由 $t_f=20$ ℃查得空气物性值:$\lambda=0.0259$ W/(m·℃),$\nu=15.06\times10^{-6}$ m²/s,$Pr=0.703$。

　　计算得 $Re=ud/\nu=398.4$,$h=0.5Re^{0.5}Pr^{0.38}$,$\lambda/d=1130.43$ W/(m²·℃),$\Phi=h\pi dL(t_w-t_\infty)=1130.43\times\pi\times0.0002\times L\times(21.5-20)=1.065L$ W。

　　速度改变后:

$$h=\frac{\Phi}{\pi dL(t_w-t_\infty)}=\frac{1.064L}{\pi\times0.0002\times L\times(23.6-20)}=471.01 \text{ W/(m}^2\cdot\text{℃)}$$

仍采用原来的系数取值,有 $Nu = hd/\lambda = 0.5Re^{0.5}Pr^{0.38}$,解得 $Re_m = 27.67$,从而流速 $u = Re_m \nu / d = 2.08\ \text{m/s}$。

例 5-4　在速度 $u_0 = 5\ \text{m/s}$、温度为 20 ℃的空气流中,沿流动方向平行地放有一块长 $L = 20\ \text{cm}$、温度为 60 ℃的平板。如用垂直流动方向放置半周长为 20 cm 的圆柱代替平板,问此时的表面传热系数为平板的几倍(其他条件不变)。

解　由 $t_f = 20$ ℃查得空气的物性值:$\lambda = 0.0259\ \text{W/(m · ℃)}$,$\nu = 15.06 \times 10^{-6}\ \text{m}^2/\text{s}$,$Pr = 0.703$,$Pr_w = 0.696$;$t_m = 40$ ℃查得空气的物性值:$\lambda_m = 0.0276\ \text{W/(m · ℃)}$,$\nu_m = 16.96 \times 10^{-6}\ \text{m}^2/\text{s}$,$Pr_m = 0.699$。

对于平壁:$Re_m = uL/\nu_m = 58962 < 5 \times 10^5$,为层流流动,表面换热系数为

$$h = 0.664 Re_m^{1/2} Pr_m^{1/3} \frac{\lambda_m}{L} = 19.7\ \text{W/(m}^2 \cdot \text{℃)}$$

对于圆柱:$d_0 = 2L/\pi = 0.127\ \text{m}$,$Re = u_0 d_0 / \nu = 42164.67$。查得 $C = 0.26$,$n = 0.6$,$m = 0.38$,则表面换热系数为

$$h = 0.26 Re_m^{0.6} Pr_m^{0.38} (Pr/Pr_w)^{0.25} \cdot \lambda/d_0 = 27.6\ \text{W/(m}^2 \cdot \text{℃)}$$

以上结果表明,空气横掠圆柱比空气纵掠平壁,其表面换热系数增加了 40.2%。

例 5-5　一顺排管束,管子外径 $d_0 = 0.02\ \text{m}$,$s_1 = 0.03\ \text{m}$,$s_2 = 0.04\ \text{m}$。热空气横掠管束,入口温度为 300 ℃,出口温度为 100 ℃,最大质量流率为 10 kg/(m² · s),管子外表面温度为 40 ℃。求表面换热系数和管子的排数。

解　流体平均温度为 $t_f = 200$ ℃,查空气的物性值:$\lambda_f = 0.0393\ \text{W/(m · ℃)}$,$\mu_f = 26.0 \times 10^{-6}\ \text{kg/(m · s)}$,$Pr_f = 0.68$,$Pr_w = 0.699$。

计算雷诺数得 $Re_{max} = \dot{m}_{max} d_0 / \mu_f = 7690$,则可由下式计算出表面换热系数:

$$h = 0.27 \frac{\lambda_f}{d_0} Re_f^{0.63} Pr_f^{0.36} \left(\frac{Pr_f}{Pr_w}\right)^{0.25} = 128.6\ \text{W/(m}^2 \cdot \text{℃)}$$

列间单位宽度空气的质量流量为 $q_m = q_{max}(s_1 - d) \times 1 = 10 \times (0.03 - 0.02) \times 1\ \text{kg/s} = 0.1\ \text{kg/s}$,查出空气的比热容为 $c_p = 1026\ \text{J/(kg · ℃)}$,于是每列换热量为

$$\Phi = q_m c_p (t''_f - t'_f) = 0.1 \times 1026 \times (300 - 100)\ \text{W} = 20520\ \text{W}$$

于是每列管排数

$$z = \frac{\Phi}{h \pi d \Delta t} = \frac{20520}{128.6 \times \pi \times 0.02 \Delta t}$$

式中:Δt 为对数平均温差,计算公式为

$$\Delta t = \frac{t''_f - t'_f}{\ln \dfrac{t''_f - t_w}{t'_f - t_w}} = \frac{300 - 100}{\ln \dfrac{300 - 40}{100 - 40}} = 136.4$$

代入上式得 $z = 18.6$,取 19 排。

由于排数大于 10,排数修正 $\varepsilon_z = 1.0$,所以表面换热系数不变,$h = 128.6\ \text{W/(m}^2 \cdot \text{℃)}$。

5.2　管内流体强制对流换热

1. 管内流动及换热分析

管内强制流动与换热既包括圆管也包括非圆截面管道。

流体在流入某一内径为 r_0、长度为 L 的直管道(例如风机或水泵的吸入口、流经弯道或变截面管道后流入直管道)时,如图 5-6 所示,由于流体黏性力的作用,在靠近直管道管壁处就会形成流动边界层。随着流体在管道内流动向前,边界层厚度也逐渐增厚,经过一段距离 l 后,由管壁四周逐步发展的边界层在轴线处汇合,此时管内流动开始成为定型流动,从管道进口到边界层汇合这段管长 l 称为流动进口区(或进口段),之后流体的流动保持定型,因而,进口区以后的下游管段称为流动充分发展区(或充分发展段),如图 5-6 所示。

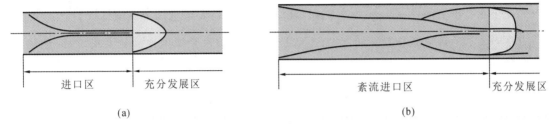

进口区　　　　　充分发展区	素流进口区　　　　　　　充分发展区
(a)	(b)

图 5-6　流体管内流动换热示意图

(a) 管内层流流动速度分布;(b) 管内素流流动速度分布

当边界层在管道中心处汇合时,流体流动仍然保持为层流,并且在进口区的下游管道一直保持层流状态,这样的管内流动称为管内层流流动。当边界层在中心轴线汇合时,流体流动变为素流,进而在下游的充分发展区一直维持素流流动状态,这种管内流动称为管内素流流动。若边界层在中心汇合处及下游管道区形成的是素流过流,那么这种不稳定的流动称为管内过渡流动。

判断管内这三种流动的准则数是雷诺数 Re:

$$Re = \frac{u_m d}{\nu} \tag{5-9}$$

式中:u_m 为管道的截面平均速度,其定义为

$$u_m = \frac{1}{\rho A}\int_A \rho u(r,x)\mathrm{d}A = \frac{Q_v}{A} \tag{5-10}$$

这里,A 为管道截面积,Q_v 为通过管截面的体积流量。

当管内流动的 $Re \leqslant 2200$ 时,管内为层流流动。

当管内流动的 $Re \geqslant 10^4$ 时,管内为素流流动。

当管内流动雷诺数在 $2200 < Re < 10^4$ 时,管内为过渡流动。

在管内流动中,人们主要关注的是充分发展区的流动。一方面,进口区相对较短,另一方面,流动的工程计算以及流动参量的测量往往要求在稳定区进行,因而,确定进口区长度是非常重要的。

对于管内层流,其流动进口区的长度 l 由下式给出:

$$\frac{l}{d} \approx 0.06 Re \tag{5-11}$$

对于管内素流,其流动进口区的长度为

$$\frac{l}{d} \approx 0.623 Re^{1/4} \tag{5-12a}$$

或

$$\frac{l}{d} \approx 50 \tag{5-12b}$$

　　在换热器中,由于管内外有热交换发生,因而,管内流动和发展会因为温度的变化而产生热边界层,而热边界层的变化不一定与流动边界层一致,以至于管内流体在发生热交换时,其换热进口区(热进口段)和热充分发展区与流动进口区和流动充分发展区也不一定重合或一致。

　　流动达到充分发展的标志是速度剖面不再改变,但热充分发展的标志不能简单采用流体的温度表示,因为,只要管内外换热一直在进行(无论是加热或冷却),截面平均温度沿轴向的变化就不可能停止,即 $\dfrac{\mathrm{d}t_m}{\mathrm{d}x}\neq0$。然而,理论分析证明,无量纲过余温度比 $\dfrac{t(r,x)-t_w(x)}{t_m(x)-t_w(x)}$ 可以作为换热达到热充分发展的标志,也就是说,无量纲过余温度比满足下式时,换热达到热充分发展。

$$\frac{\partial}{\partial x}\left[\frac{t(r,x)-t_w(x)}{t_m(x)-t_w(x)}\right]=0 \tag{5-13}$$

　　图5-7给出了两种不同边界条件下,换热达到热充分发展的示意图,其中如图5-7(a)所示是第一类边界条件即恒壁温,图5-7(b)所示是第二类边界条件即恒热流密度。

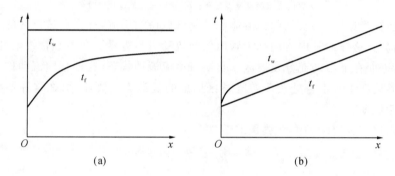

图5-7　管内流动换热流体温度沿流动方向的变化
(a) 壁面温度恒定($t_w=\text{const}$);(b) 壁面热流密度恒定($q_w=\text{const}$)

　　在热充分发展区,若将无量纲过余温度比对 r 求导,则该导数在管壁面上的值一定为常数,即

$$\frac{\partial}{\partial r}\left[\frac{t(r,x)-t_w(x)}{t_m(x)-t_w(x)}\right]_{r=r_0}=-\frac{\left(\dfrac{\partial t}{\partial r}\right)_{r=r_0}}{t_w-t_m}=\text{常数} \tag{5-14}$$

　　由导热定律及牛顿冷却公式,式(5-14)还可写为

$$-\frac{\left(\dfrac{\partial t}{\partial r}\right)_{r=r_0}}{t_w-t_m}=\frac{h_x}{\lambda}=\text{常数} \tag{5-15}$$

式(5-15)表明,在热充分发展区,局部表面换热系数 h_x 一定是常数,也就是说在热充分发展区,沿流动方向 h_x 是不变的。值得注意的是,$h_x=$ 常数受流态和管壁边界条件的限制。因而,通常采用表面换热系数作为达到热充分发展的标志。图5-8给出了层流和紊流时,局部和平均表面换热系数沿流动方向变化及达到热充分发展的示意图。

　　热进口段的长度 l_t 可采用下式计算。

　　层流时:当壁温为常数,即 $t_w=$ 常数时,$l_t/d\approx0.055Re\,Pr$ $\tag{5-16}$

　　　　　　当壁面热流密度为常数,即 $q_w=$ 常数时,$l_t/d\approx0.07Re\,Pr$ $\tag{5-17}$

　　紊流时:热进口区长度与流动进口区长度大致相等。

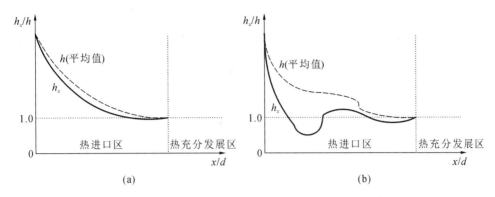

图 5-8　局部和平均表面换热系数沿流动方向变化的示意图

（a）层流；（b）紊流

从式（5-16）和式（5-17）中我们不难发现，当 $Pr<1$ 时，热进口区长度会比流动进口区短，但当 $Pr>1$ 时，热进口区长度会比流动进口区长。值得注意的是，对于 Pr 特别大的流体（如油类），由于热进口区可能会很长，流体流出直管道时，可能还没有达到热充分发展。

下面，我们来讨论分析管内流体在流动过程中的温度变化规律。

当管壁热流密度为常数，即 $q_w=$ 常数时，流体温度的变化规律如图 5-7（b）所示，流体温度沿流动方向呈线性变化，且与管壁温度变化基本保持等距离，即 $t_w-t_f=$ 常数。在 x 处，由热平衡可得

$$(t_{f(x)}-t'_f)\rho c_p u_m \frac{\pi d^2}{4}=q_w\pi dx \tag{5-18a}$$

整理后有

$$t_{f(x)}=t'_f+\frac{4q_w x}{\rho c_p u_m d} \tag{5-18b}$$

当管壁温度为常数，即 $t_w=$ 常数时，流体流动时的温度呈指数变化，参见图 5-7（a），其规律为

$$t_{f(x)}=t_w+(t'_f-t_w)\exp\left(-\frac{4h_x}{\rho c_p u_m d}\right) \tag{5-19}$$

同时，整个管内的热平衡为

$$\frac{\pi d^2}{4}\rho c_p u_m(t'_f-t''_f)=h\pi dl\,\Delta t_m \tag{5-20}$$

上面各式中：$t_{f(x)}$ 或 t_f 是管道内流体在 x 处截面上的平均温度；t'_f、t''_f 为流体进出口处的平均温度；l 为管道长度；Δt_m 为管长为 l 的管道中流体与管壁间的平均温差。

由上面的公式，可以得到平均温差 Δt_m 为

$$\Delta t_m=\frac{(t''_f-t_w)-(t'_f-t_w)}{\ln\dfrac{t''_f-t_w}{t'_f-t_w}} \tag{5-21}$$

这个温差也称为对数平均温差。流体与壁面间的温差通常采用对数平均温差。当流体与壁面间的温差不大，或者管道长度不是很长时，为了计算方便，也可采用算术平均温差，即 $\Delta t_m=t_f-t_w$，其中，$t_f=(t'_f+t''_f)/2$。这时，两种温差间的相对误差小于 4%。

2.管内强制对流换热的计算

在管内对流换热的工程计算中，往往要求计算出管内对流换热系数或平均努塞尔数

Nu。管内流动换热是一种制约流动,受制于边界条件即管道黏度等因素。因为管内换热通常很难用理论分析求得,而必须采用相似理论以及实验方法,因此得到的解称为半经验关联式。下面分别介绍层流、紊流以及过渡区流动的对流换热平均努塞尔数 Nu 的计算关联式。

1) 管内层流对流换热

对于流体在管内(仅限圆管)做层流流动,在热充分发展区对流换热的平均努塞尔数 Nu 可由理论计算得到:

$$q_{w} = 常数, Nu = 4.36 \tag{5-22}$$
$$t_{w} = 常数, Nu = 3.66 \tag{5-23}$$

上两式说明,在层流热充分发展区,平均努塞尔数 Nu 为定值,且两种不同壁面条件下,努塞尔数 Nu 的偏差不大于 20%。

一般情况下,由于层流流动的进口区较长,Sieder-Tate 给出了包含进口区和热充分发展区的平均努塞尔数 Nu 的计算关联式:

$$Nu = 1.86\left(Re\,Pr\,\frac{d}{l}\right)^{1/3}\left(\frac{\mu_{f}}{\mu_{w}}\right)^{0.14} \tag{5-24}$$

式(5-24)的使用范围是:$Re<2200, Pr>0.60, RePr\frac{d}{l}>10$。特征尺寸为管内径 d;特征速度为管内流体的平均速度 u_{m};定性温度取流体的算术平均温度,$t_{f}=\frac{(t_{f}''+t_{f}')}{2}$;动力黏度 μ_{f} 和 μ_{w} 的定性温度分别为流体平均温度 t_{f} 和壁面温度 t_{w};l 为整个直管长度。

2) 管内紊流对流换热

流体在管内的紊流对流换热,采用 Dittus-Boelter 的关联式计算平均努塞尔数 Nu:

$$Nu = 0.023Re^{0.8}Pr^{n} \tag{5-25}$$

式(5-25)的运用范围是:$10^{4}<Re<12\times10^{4}, 0.7<Pr<120, \frac{l}{d}>60$。其他特征参数同式(5-24)。

式(5-25)中指数 n 的取值与流体被加热和被冷却有关。若流体被加热,$n=0.4$;若流体被冷却,$n=0.3$。指数 n 的不同取值,实质上是考虑到层流底层中流体黏度受温度的影响,属于物性修正。同时,该公式还对壁温与流体温度间的温差 $\Delta t=t_{w}-t_{f}$ 有一定限制。对于气体,$\Delta t\leqslant50\ ℃$;对于水,$\Delta t\leqslant20\sim30\ ℃$;对于油类,$\Delta t\leqslant10\ ℃$。

与管内层流不同,管内紊流对流换热受边界条件的影响不那么敏感,故紊流计算式既适用于恒壁温边界条件也适合于恒热流边界条件。

3) 管内过渡流对流换热

当管内流的雷诺数 $2200<Re<10^{4}$ 时,管内流处于过渡流,流动及换热不稳定,因而求得精度较高的关联式比较困难。工程上,人们常常避免管内流处于过渡流。

这里推荐两个准则关联式。

对于气体:

$$Nu = 0.0214(Re^{0.8}-100)Pr^{0.4}\left[1+\left(\frac{d}{l}\right)^{2/3}\right]\left(\frac{T_{f}}{T_{w}}\right)^{0.45} \tag{5-26}$$

式(5-26)的适用范围是:$Re=2200\sim10^{4}, Pr=0.6\sim6.5, \frac{T_{f}}{T_{w}}=0.5\sim1.5$($T$ 为热力学温标,下标 f 和 w 分别表示流体和壁面)。

对于液体：

$$Nu = 0.012(Re^{0.87} - 280)Pr_f^{0.4}\left[1 + \left(\frac{d}{l}\right)^{2/3}\right]\left(\frac{Pr_f}{Pr_w}\right)^{0.11} \quad (5-27)$$

式(5-27)的适用范围为：$Re = 2200\sim10^4$，$Pr = 1.5\sim200$，$\dfrac{Pr_f}{Pr_w} = 0.05\sim20$。

4）关联式相关的修正

上面针对三种不同的流态推荐了相关的对流换热关联式，其实，用于管内对流换热的关联式有很多，由于篇幅限制，这里只能做典型介绍。

由于受到实验条件的限制，很多关联式只能考虑部分相关因素的影响并进行修正，而不可能面面俱到，考虑所有因素。下面，我们介绍几种工程上常见的影响因素，并给出相应的修正公式，这样，只要在关联式的后面乘上对应的修正系数就可以了。

（1）物性修正。

工程中，对于大多数管内对流换热来讲，管壁与流体间的温差是比较大的，这就使得靠近管壁的流体与管中心部分流体的温度相差较大，也就是说管道截面流体温度变化较大，因而造成相关的流体物性有较大的差别，尤其是流体的黏度，这种因温度的变化而引起的黏度变化最终使流体在截面上的速度场发生变化，直接影响流体与壁面间的能量（热量）交换。图 5-9 给出了管内流动换热条件下温度对管内流体速度场的影响。

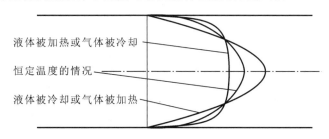

图 5-9　管内流动换热条件下温度对速度分布的影响

在这种情况下，必须对换热关联式进行物性修正，通常采用下面的修正方程。

对于液体，通常可采用黏度修正，即 $\left(\dfrac{\mu_f}{\mu_w}\right)^n$。其中，液体被加热时，$n = 0.11$，液体被冷却时，$n = 0.25$，下标 f 和 w 分别表示定性温度取流体和壁面温度。

对于气体，修正项为 $\left(\dfrac{T_f}{T_w}\right)^n$。其中，气体被加热时，$n = 0.55$，气体被冷却时，$n = 0.0$；$T$ 取热力学温标。

值得注意的是，在有些关联式中，已经考虑了物性的修正，此时，不必重复修正。

（2）短管修正。

当管道长度与管内径之比 $l/d < 60$ 时，这种管道流属于短管流，这对进口段的影响不能忽视，这些影响包括速度（即雷诺数）、管道入口的几何形状等。图 5-10 给出了这些因素对进口段传热系数的影响。

对于钝角（尖角）入口的短管，推荐采用下式进行修正。

$$c_l = 1 + \left(\frac{d}{l}\right)^{0.7} \quad (5-28)$$

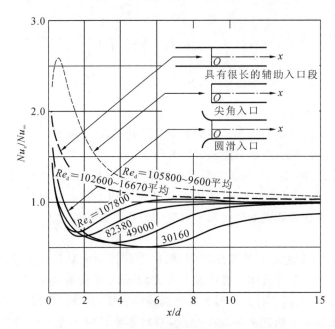

图 5-10　进口段局部表面传热系数随 x/d 的变化

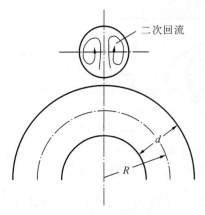

图 5-11　弯管流动情况示意图

（3）弯管修正。

当管道流体流经弯管时,由于离心力的作用,在弯管处会形成垂直于流动方向的二次流动,如图 5-11 所示,这会加强管内流体的扰动,有利于流体间的能量或动量交换,使管内对流换热强度增加。

当流体为气体时,弯管修正系数为

$$c_R = 1 + 1.77(d/R) \tag{5-29}$$

当流体为液体时,弯管修正系数为

$$c_R = 1 + 10.3(d/R)^3 \tag{5-30}$$

式中：R 为弯管的曲率半径；d 为管内径。

若弯管的弯曲部分较短时,可忽略弯管的影响,不必进行弯管修正。

（4）非圆截面管道的修正。

工程上除了圆截面管道外,也常采用非圆截面管道,如矩形管、椭圆形管等。非圆管的修正通常采用当量直径来代替关联式中的直径,当量直径的定义为

$$d_e = \frac{4A_e}{P} \tag{5-31}$$

式中：A_e 为流通截面；P 为流体在管道截面上的润湿长度,也称为湿周。对于圆管,$d_e = d$。

值得指出的是,非圆管的层流对流换热有限定的计算公式或修正方程,而不能简单地用当量直径代替圆管直径。

例 5-6　空气以 2 m/s 的速度在内径为 10 mm 的管内流动,入口处空气的温度为 20 ℃,管壁温度为 120 ℃,试确定将空气加热至 60 ℃所需管子的长度。

解　定性温度为 $t_f = \frac{1}{2}(20+60)$ ℃＝40 ℃,查出空气的物性参数为：$\rho = 1.128$ kg/m³,

$c_p = 1.005$ kJ/(kg·℃)，$\lambda = 2.76 \times 10^{-2}$ W/(m·℃)，$\mu_f = 19.1 \times 10^{-6}$ kg/(m·s)，$Pr = 0.699$。而当 $t_w = 120$ ℃时，查得 $\mu_w = 22.8 \times 10^{-6}$ kg/(m·s)。

雷诺数 $Re = \rho u d / \mu = 1.18 \times 10^3 < 2200$，为层流。又因 $RePr \cdot d/L = 8.25/L$，如果 $L < 0.825$ m，则 $RePr \cdot d/L > 10$，可用式(5-24)进行计算，得 $h = 10.12 L^{-1/3}$。

由能量平衡有 $h\pi dL(t_w - t_f) = u_m \dfrac{\pi d^2}{4} \rho c_p (t''_f - t'_f)$，代入数据得 $hL = 2.83$。

比较上述两步得到的结果，有 $10.12 L^{-1/3} L = 2.83$，最后解得 $L = 0.148$ m。

由于 $L < 0.825$ m，前述假设是正确的。

例 5-7　水以 0.15 m/s 的速度在壁温为 10 ℃、内直径为 60 mm、长为 1.2 m 的管内流动，入口处水的温度为 30 ℃，试计算出口处的水温。

解　因出口水温未知，故暂取入口水温为定性温度。当 $t = 30$ ℃时，水的物性参数 $\rho = 995.7$ kg/m³，$c_p = 4.17$ kJ/(kg·℃)，$\lambda = 61.8 \times 10^{-2}$ W/(m·℃)，$\mu = 801.6 \times 10^{-6}$ kg/(m·s)，$\nu = 0.805 \times 10^{-6}$ m²/s，$Pr = 5.42$；而 $t_w = 10$ ℃时，$\mu_w = 1306 \times 10^{-6}$ kg/(m·s)，$Pr_w = 9.52$。

计算雷诺数 $Re = 9.3 \times 10^3$，为过渡流动状态，因而可利用式(5-27)进行计算，有

$$h = 785 \text{ W/(m}^2 \cdot \text{℃)}$$

由管内流动换热的热平衡关系式有

$$h\pi dL \left[\frac{1}{2}(t'_f + t''_f) - t_w \right] = \frac{\pi d}{4} \rho u_m c_p (t'_f - t''_f)$$

代入数据，解得 $t''_f = 27.7$ ℃。

重新取定性温度 $t_f = (30 + 27.7)/2$ ℃ $= 28.9$ ℃。本应以 28.9 ℃作为定性温度，查取水的物性参数重复以上计算，求出 t''_f。但因 28.9 ℃与 30 ℃相差较小，物性参数变化不大，故可不重新计算，最终认为出口水温为 $t''_f = 27.7$ ℃。

例 5-8　水在 $\phi 20 \times 1$ mm 的管内流动，入口温度为 80 ℃，质量流率为 0.5 kg/s，管壁温度为 20 ℃，欲将水冷却至 50 ℃，试确定所需管长。

解　当 $t_f = (t'_f + t''_f)/2 = 65$ ℃时，水的物性参数 $\rho = 980.5$ kg/m³，$c_p = 4.183$ kJ/(kg·℃)，$\lambda = 66.4 \times 10^{-2}$ W/(m·℃)，$\nu = 0.447 \times 10^{-6}$ m²/s，$Pr = 2.77$，$\mu = 438 \times 10^{-6}$ kg/(m·s)。当 $t_w = 20$ ℃时，$\mu_w = 1004$ kg/(m·s)。

计算流体流速 $u_m = q_m / \left(\dfrac{\pi d^2}{4} \rho \right) = 2$ m/s，雷诺数为 $Re = \dfrac{u_m d}{\nu} = 8.05 \times 10^4$，为紊流流动。选用式(5-25)计算表面传热系数，有 $h = 10470$ W/(m²·℃)。

最后由能量平衡方程计算管子长度，有

$$L = \frac{q_m c_p (t'_f - t''_f)}{h\pi d(t_f - t_w)} = 2.36 \text{ m}$$

5.3　自然对流换热

5.2 节介绍了强制对流换热，它是指外界如风机、水泵等机电设备对流体的作用(做功)驱使流体流动，并与壁面在一定温差下进行表面换热，而在自然界或工程中，还有一种流动和传热，即由于流场中存在着一定的温度(或浓度)分布不均匀，流体密度分布存在着较大差异，并导致流体产生流动，这就是所谓的自然对流，由于自然对流产生流动的流体与固壁间

因温差而产生热量(能量)交换,这种发生在固壁表面的传热现象称为自然对流换热。

自然对流换热现象在自然界中广泛存在,比如地球大气环境中的大气层环流、台风以及冷空气的形成等,本书仅对工程技术中存在的自然对流换热进行介绍。

在工程技术领域,我们通常按流体所在空间以及固壁边界层发展的特性,将自然对流换热分为两类。当流体处于相对很大的空间,且边界层能够充分发展时,这类自然对流换热称为大空间自然对流换热。如图 5-12(a)、(b)、(c)所示。当流体流动空间相对很小,边界层发展受到制约时,这类自然对流换热称为受限空间自然对流换热,如图 5-12(d)、(e)所示。

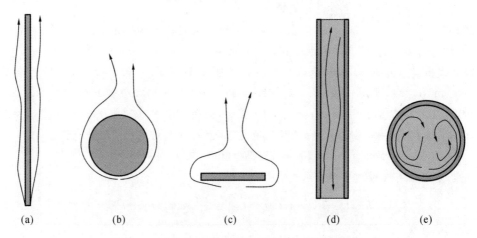

图 5-12　流体与固体壁面之间的自然对流换热过程
(a) 竖直平板(或竖管);(b) 水平管;(c) 水平板;(d) 竖直夹层;(e) 横圆管内侧

1. 大空间自然对流换热的流动与换热特性

为了分析和讨论自然对流的流动与换热特性,我们以等温竖直平板在大空间空气介质中自然冷却过程为例来进行讨论,如图 5-13 所示。

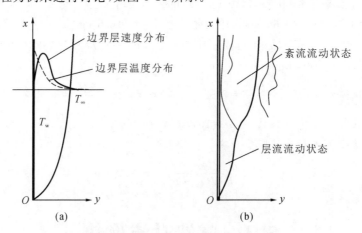

图 5-13　竖直平板在空气中的冷却过程
(a) 速度分布和温度分布;(b) 自然对流边界层的发展

假设等温平板的温度为 T_w,大空间空气处于静止状态,即 $u_\infty = 0$,空气温度为 T_∞,且 $T_w > T_\infty$,即平板被冷却。靠近平板壁的空气被加热,且空气温度升高,从而使局部空气密度减小,产生热空气上升流动,由于空气黏度很小,在整个平板壁面处形成了一个很薄的热空气上升流动层,或称为自然对流的速度边界层,这个边界层从平板的下部端点($x=0$)处开始形成,沿壁面向上逐渐增厚,这个边界层的形成与流体强制对流边界层很相似,其速度变化规律是:在平板壁面处的速度 $u_w=0$,沿 y 轴方向(流动法线方向),速度开始增大,当达到最大值后,速度又开始减小,在边界层外缘处,其速度等于主流速度即 $u_\infty=0$,速度分布如图5-13(a)所示。与流体掠过水平板相同,竖直平板自然对流所形成的边界层的流态也分为层流和紊流,如图 5-13(b)所示。

热边界层同样也存在于自然对流过程中,自然对流热边界层的形成机理与强制对流很相似。由于竖直等温平板与空气间存在着温差,沿气流流动方向,热边界层逐渐增厚,边界层内的断面温度也从 T_w 逐渐降到 T_∞,如图 5-13(a)所示。实验结果表明,热边界层的厚度与 Pr 有关,当 $Pr\approx1$ 时,热边界层的厚度与速度边界层厚度基本相等,当 Pr 很大时,热边界层的厚度远小于速度边界层的厚度。

尽管在自然对流中,流体的惯性力和黏性力仍然对流动起着重要的作用,但自然对流流动的驱动力是密度差产生的浮升力,这是自然对流流动与强制对流流动的主要区别。因而,在判断自然对流是层流还是紊流时,不是用惯性力与黏性力之比的无量纲准则数 Re,而是采用反映浮升力与黏性力相对大小的另一个无量纲准则数格拉晓夫数(Grashof number)Gr,关于格拉晓夫数,将在下面微分方程推导中进行讨论。

2. 竖直平板自然对流换热的微分方程及准则数

由上面对自然对流换热特性及机理的讨论,我们可以认为,大空间竖直平板的自然对流换热实质上仍属于边界层流动的换热,它也一定遵循边界层流动与传热的质量守恒、动量守恒和能量守恒定律。由于自然对流情况下,流体运动的驱动力是浮升力,因而,在动量方程中,必须考虑与此相关的力。

我们仍然采用图 5-13 所示的自然对流模型和坐标系,且除了密度外,其他物性参数均为常数。根据三个守恒定律,可得到自然对流换热边界层的控制方程组,即

$$\frac{\partial u}{\partial x}+\frac{\partial v}{\partial y}=0 \tag{5-32a}$$

$$\rho\left(u\frac{\partial u}{\partial x}+v\frac{\partial v}{\partial y}\right)=-\rho g-\frac{\mathrm{d}p}{\mathrm{d}x}+\mu\frac{\partial^2 u}{\partial y^2} \tag{5-32b}$$

$$\rho c_p\left(u\frac{\partial\theta}{\partial x}+v\frac{\partial\theta}{\partial y}\right)=\lambda\frac{\partial^2\theta}{\partial y^2} \tag{5-32c}$$

在自然对流边界层控制体中,系统受到的力(法向应力)就是浮升力,而动量方程(5-32b)中,x 轴方向的力为 $-\rho g-\dfrac{\mathrm{d}p}{\mathrm{d}x}$,因而,这个力就应该等于浮升力。

根据浮升力的概念,可得单位体积的浮升力为

$$f=g(\rho_\infty-\rho) \tag{5-33}$$

即

$$-\rho g-\frac{\mathrm{d}p}{\mathrm{d}x}=g(\rho_\infty-\rho) \tag{5-34}$$

式中:ρ_∞ 和 ρ 分别为边界层外主流(或边界层控制体底下)的密度和边界层内的流体密度。

在能量方程式(5-32c)中,$\theta=t-t_\infty$,t_∞ 和 t 分别为主流温度和边界内的温度。

将式(5-34)代入动量方程,则有

$$\rho\left(u\frac{\partial u}{\partial x}+v\frac{\partial u}{\partial y}\right)=g(\rho_\infty-\rho)+\mu\frac{\partial^2 u}{\partial y^2} \tag{5-35}$$

因而式(5-32a),(5-32c)和(5-35)构成了自然对流的控制方程。

为了能更清楚地了解自然对流换热与哪些特征参数或无量纲准则数有关联,我们将对三个方程进行无量纲处理。为此,先引入变量参考值:

L 为竖直平板长;温差 $\theta_w = t_w - t_\infty$;$u_a$ 为特征流速,u_a 是由浮升力驱动产生的速度,且 $u_a = \sqrt{g\beta\theta_w L}$,其中,$\beta$ 是体积膨胀系数,$\beta = \frac{1}{\nu}\left(\frac{\partial \nu}{\partial \tau}\right)_P \approx \frac{1}{\rho}\left(\frac{\rho_\infty - \rho}{\tau - \tau_\infty}\right) = \frac{\rho_\infty - \rho}{\rho\theta_w}$。

再定义无量纲变量:

$$X = \frac{x}{L}, Y = \frac{y}{L}, \Theta = \frac{t - t_\infty}{t_w - t_\infty} = \frac{\theta}{\theta_w}, U = \frac{u}{u_a}, V = \frac{v}{u_a}$$

将以上无量纲变量分别代入自然对流控制方程的式(5-32a)、式(5-35)和式(5-32c),整理后可得

$$\frac{\partial U}{\partial X} + \frac{\partial V}{\partial Y} = 0 \tag{5-36a}$$

$$U\frac{\partial U}{\partial X} + V\frac{\partial U}{\partial Y} = \Theta + \sqrt{\frac{1}{Gr}}\frac{\partial^2 U}{\partial Y^2} \tag{5-36b}$$

$$U\frac{\partial \Theta}{\partial X} + V\frac{\partial \Theta}{\partial Y} = \frac{1}{Pr}\sqrt{\frac{1}{Gr}}\frac{\partial^2 \Theta}{\partial Y^2} \tag{5-36c}$$

式中:$Gr = \frac{g\beta\theta_w L^3}{\nu^2}$,称为格拉晓夫数。

现在我们来讨论格拉晓夫数 Gr 的物理意义。

由式(5-33)的单位体积浮升力,将体积膨胀系数 β 代入式(5-33),可得浮升力的另外一种表达方式:

$$f = \rho g\beta(t_w - t_\infty) = \rho g\beta\theta_w \tag{5-37}$$

我们来讨论动量方程式(5-32b)中等式右侧的浮升力项(第一项和第二项之和)与黏性摩阻项(第三项)之间的比值,即

$$\frac{浮升力项}{黏性摩阻项} = \frac{\rho g\beta\theta_w}{\mu\frac{\partial^2 u}{\partial y^2}} \tag{5-38}$$

根据相似理论,确定式(5-38)与特征量间的定性关系。

长度特征量为 L,速度特征量为 $u_a = \sqrt{g\beta\theta_w L}$,将浮升力项式(5-37)改写为

$$f = \rho g\beta\theta_w = \frac{\rho}{L}u_a^2$$

由式(5-38),采用相似理论可得到

$$\frac{\rho g\beta\theta_w}{\mu\frac{\partial^2 u}{\partial y^2}} \propto \frac{\frac{\rho}{L}u_a^2}{\mu\frac{u_a}{L^2}} = \frac{\rho u_a L}{\mu} = \sqrt{\frac{g\beta\theta_w L^3}{\nu^2}} = \sqrt{Gr} \tag{5-39}$$

由式(5-39),我们可以理解以 u_a 为特征速度时,格拉晓夫数 Gr 的物理意义是浮升力与黏性摩阻力之比。

由式(5-39),我们还可以发现,$\frac{\rho u_a L}{\mu}$ 实际上正好是以特征速度 u_a 表达的雷诺数 Re,或 $Gr = Re^2$,雷诺数 Re 的原意是惯性力与黏性力之比,因为我们这里采用表明浮升力驱动产生

的速度 u_a 作为特征速度,因而可理解在自然对流换热中,这种惯性力是由浮升力驱动而形成的,这与强制对流换热中,惯性力由外界力驱动形成是有区别的。因此,在自然对流换热中,通常用格拉晓夫数 Gr 来作为准则数,而不用雷诺数 Re,以区别自然对流和强制对流。

在强制对流换热中,计算平均表面换热系数一般采用准则方式 $Nu = f(Re, Pr)$,类似地,在自然对流换热中,可采用 $Nu = f(Gr, Pr)$ 来计算平均表面换热系数。

3. 大空间自然对流换热计算

对于大空间自然对流换热,常采用下面的关联式来计算平均表面换热系数:

$$Nu = C(Gr \cdot Pr)^n = CRa^n \tag{5-40}$$

式中:$Ra = Gr \cdot Pr$,称为瑞利数(Rayleigh number);对于式中的指数 n,一般情况下,层流和紊流的取值分别为 1/4 和 1/3。因而,对紊流来讲,由于格拉晓夫数 Gr 中的特征长度 L 为三次方,正好与 $n = 1/3$ 的幂指数相约为 L,而传热系数 $h = kNu/L$,因而 L 项被约掉。也就是说,对于大空间紊流的自然对流换热,其平均表面换热系数与特征尺寸无关。

表 5-5 给出了不同壁面特征和流态下,公式中 C、n 的取值和适用范围,公式中相关物性的定性温度为 $t_m = (t_w + t_\infty)/2$。这里要强调的是,式(5-40)仅适用于恒壁温的情况,即 $t_w =$ 常数。

表 5-5　各种自然对流换热的 C、n 值和特征尺寸及适用范围

壁面形状和位置	示意图	流动状态	C	n	特征尺寸	适用范围 $(Gr \cdot Pr)$
竖板或竖管（圆柱体）		层流	0.59	1/4	板(管)高 L	$10^5 \sim 10^9$
		紊流	0.10	1/3		$10^9 \sim 10^{12}$
水平放置圆管（圆柱体）		层流	0.53	1/4	外直径 d	$10^5 \sim 10^9$
热面向上或冷面向下的水平板		层流	0.54	1/4	正方形边长,长方形取两边长平均值,圆盘取 $0.9d$,窄长条取短边长	$10^5 \sim 2 \times 10^7$
		紊流	0.14	1/3		$2 \times 10^7 \sim 3 \times 10^{10}$
热面向下或冷面向上的水平板		层流	0.27	1/4	（同上）	$3 \times 10^5 \sim 3 \times 10^{10}$

Churchill 和 Chu 提出了适用范围更大的关联式,其适用范围非常大,$Gr \cdot Pr = 10^{-1} \sim 10^{12}$,且无须判断流态。

对于竖板,

$$Nu = \left\{ 0.825 + \frac{0.387 (Gr \cdot Pr)^{1/6}}{\left[1 + (0.492/Pr)^{9/16} \right]^{8/27}} \right\}^2 \tag{5-41}$$

特征尺寸为板宽 L,定性温度为平均膜温 t_{m}。

对于水平圆柱体,

$$Nu = \left\{ 0.60 + \frac{0.387 (Gr \cdot Pr)^{1/6}}{\left[1 + (0.559/Pr)^{9/16} \right]^{8/27}} \right\}^2 \tag{5-42}$$

特征尺寸为圆柱体外径 d,定性温度取膜温 t_{m}。

同样,上述二式只适用于恒壁温条件。

在实际工程应用中,除了恒壁温外,还有一种恒热流工况也是常见的,如电子器件自然对流或散热器的散热。这种情况下,壁温沿壁面是变化的,由于壁面温度 t_{w} 是未知的,故格拉晓夫数 Gr 也无法求得,为此,我们引入一个修正的格拉晓夫数,并用星号标注,即 Gr^*:

$$Gr^* = Gr \cdot Nu = g \beta q_{\mathrm{w}} L^4 / (\lambda \nu^2) \tag{5-43}$$

式中:$Nu = hL/\lambda = \dfrac{q_{\mathrm{w}} L}{\theta_{\mathrm{w}} \lambda}$,对应的自然对流换热系数关联式为

$$Nu = c (Gr^* \cdot Pr)^n \tag{5-44}$$

对于竖板层流,

$$Nu = 0.60 (Gr^* \cdot Pr)^{1/5} \tag{5-45}$$

适用范围:$Gr^* \cdot Pr = 10^5 \sim 10^{11}$。

对于竖板紊流,

$$Nu = 0.17 (Gr^* \cdot Pr)^{1/4} \tag{5-46}$$

适用范围:$Gr^* \cdot Pr = 2 \times 10^{13} \sim 10^{16}$。

4. 受限空间自然对流换热计算

与大空间自然对流换热不同,受限空间自然对流换热是在有限空间内进行的,如图 5-14 所示。受到狭窄空间的约束,冷热壁面间所形成的边界层流动,不会像大空间自然对流那样只沿热表面向上流动(或只沿冷表面向下流动),而是在冷热边界层向下流和向上流交汇时产生环状流。这种冷热边界层相互缠绕形成的环状流,加大了空间内流动的扰动,并伴随着热量的交换。受限空间中流体和热交换与冷热壁面间的相对位置、形状、放置方式、两壁面间的温差大小以及流体物性等因素相关。如果两壁间的相对间距足够大,以致两个边界层的流动互不干扰,即不发生环状流,这种情况可视为大空间自然对流。若两壁间距很小,且温差也很小,则其间的热交换可以按导热方式处理。

对于图 5-14 中的三种受限自然对流方式,我们给出了换热计算公式。

这三种布置方式的格拉晓夫数 Gr 的定义为

$$Gr = \frac{g \beta (t_{\mathrm{w1}} - t_{\mathrm{w2}}) \delta^3}{\nu^2}$$

式中:t_{w1}、t_{w2} 分别为两壁温度,且可取热壁温为 t_{w1},冷壁温为 t_{w2};δ 为两壁间间距或夹层宽度。

1) 竖夹层

恒壁温条件下,空气在竖夹层的换热准则关联式为

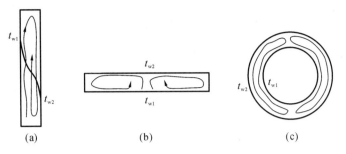

图 5-14 受限空间自然对流换热

(a) 竖夹层;(b) 水平夹层;(c) 水平环缝

当 $Gr < 2000$ 时,$Nu = 1$。

当 $2 \times 10^3 < Gr < 2 \times 10^5$ 时,$Nu = 0.18 Gr^{1/4} (H/\delta)^{-1/9}$。 (5-47)

当 $2 \times 10^5 < Gr < 1.1 \times 10^7$ 时,$Nu = 0.065 Gr^{1/3} (H/\delta)^{-1/9}$。 (5-48)

式中:H 为竖夹层高度,定性温度取为 $t_m = (t_{w1} + t_{w2})/2$。

2)水平夹层

恒壁温情况下,水平夹层中空气自然对流换热关联式为

当 $10^4 < Gr < 4 \times 10^5$ 时,$Nu = 0.195 Gr^{1/4}$。 (5-49)

当 $Gr > 4 \times 10^5$ 时,$Nu = 0.068 Gr^{1/3}$。 (5-50)

式中:定性温度为 $t_m = (t_{w1} + t_{w2})/2$。

3)水平环缝

自然对流换热计算关联式为

$$Nu = \left(0.2 + 0.145 \frac{\delta}{d_1} Gr\right)^{0.25} \exp\left(-0.02 \frac{\delta}{d_1}\right)$$ (5-51)

式中:d_1 为环缝内径;定性温度为 $t_m = (t_{w1} + t_{w2})/2$。该公式适用于 $\delta/d_1 = 0.55 \sim 2.65$。

例 5-9 长 1 mm、宽 1 mm 的平板竖直放置在 20 ℃ 的空气中,板的一侧表面绝热,而另一侧表面的温度保持在 60 ℃。求该板的对流散热量。如该板未绝热的一侧水平朝上或朝下放置,此时该板的自然对流散热量又将是多少?

解 由 $t_m = (60 + 20)/2$ ℃ $= 40$ ℃ 查空气的物性值:$\nu_m = 16.96 \times 10^{-6}$ m²/s,$\lambda_m = 0.0276$ W/(m·℃),$Pr_m = 0.699$。

在竖放的情况下,$(Gr \cdot Pr)_m = \left(\dfrac{g\beta \Delta t L^3}{\nu^2} \cdot Pr\right)_m = 3.047 \times 10^9 > 10^9$,为紊流流动,其表面传热系数为

$$h = 0.10 (Gr \cdot Pr)_m^{1/3} \cdot \lambda_m / L = 4.0 \text{ W/(m}^2 \cdot \text{℃)}$$

故可以计算出散热量为

$$\Phi = hA \Delta T = 4 \times (1 \times 1) \times (60 - 20) \text{ W} = 160 \text{ W}$$

在水平朝上放置的情况下,由于是方形平板,故特征尺寸与竖直放置的情况相同,表面传热系数计算式为

$$h = 0.15 (Gr \cdot Pr)_m^{1/3} \cdot \lambda_m / L = 6.0 \text{ W/(m}^2 \cdot \text{℃)}$$

则散热量为

$$\Phi = hA \Delta T = 6.0 \times (1 \times 1) \times (60 - 20) \text{ W} = 240 \text{ W}$$

在水平朝下放置的情况下表面传热系数为

$$h = 0.27(Gr \cdot Pr)_{\mathrm{m}}^{1/4} \cdot \lambda_{\mathrm{m}}/L = 1.75 \ \mathrm{W/(m^2 \cdot ℃)}$$

相应散热量为

$$\Phi = hA\Delta T = 1.75 \times (1 \times 1) \times (60 - 20)\mathrm{W} = 70 \ \mathrm{W}$$

例 5-10　外直径 $d=25$ mm 的输电线,水平置于温度 $t_{\mathrm{f}}=25$ ℃的大气中,每米输电线的电阻为 $400 \times 10^{-5} \ \Omega$,如果输电线输送 100 A 的电流,试确定输电线的表面温度。

解　因 t_{w} 未知,先取定性温度 30 ℃,此时空气的物性为

$$\lambda = 2.6 \times 10^{-2} \ \mathrm{W/(m^2 \cdot ℃)}, \nu = 16 \times 10^{-6} \ \mathrm{m^2/s}, Pr = 0.701$$

对于 1 m 长的输电线,散热量为 $\Phi = I^2 R = h\pi d(T_{\mathrm{w}} - T_{\infty})$,代入已知数据整理得出

$$h(t_{\mathrm{w}} - 25) = 509.3$$

通常输电线周围的自然对流为层流,故采用水平圆柱体层流换热公式计算表面传热系数:

$$h = 0.53(Gr \cdot Pr)^{1/4} \cdot \lambda/d$$

整理得出

$$h = 3.453(t_{\mathrm{w}} - 25)^{1/4}$$

两者联立解出 $t_{\mathrm{w}} = 79.3$ ℃。

重取定性温度,即 $t_{\mathrm{m}} = (79 + 25)/2$ ℃ $= 52$ ℃ ≈ 50 ℃。查出空气物性为

$$\lambda = 2.83 \times 10^{-2} \ \mathrm{W/(m \cdot ℃)}, \nu = 17.95 \times 10^{-6} \ \mathrm{m^2/s}, Pr = 0.698$$

重新计算表面传热系数,有 $h = 9.2 \ \mathrm{W/(m^2 \cdot ℃)}$。代入 $h(t_{\mathrm{w}} - 25) = 509.3$ 解出

$$t_{\mathrm{w}} = \frac{509.3}{9.2} + 25 \ ℃ = 80.4 \ ℃$$

所设 $t_{\mathrm{w}} = 79.3$ ℃与所求 $t_{\mathrm{w}} = 80.4$ ℃相差甚小,故认为输电线的表面温度 $t_{\mathrm{w}} = 80.4$ ℃。

最后计算 $Gr \cdot Pr$ 数值,以校对是否为层流自然对流,有

$$Gr \cdot Pr = \frac{9.81 \times (79 - 25) \times (25 \times 10^{-3})^3}{(273 + 50) \times (17.95 \times 10^{-6})^2} \times 0.698 = 5.5 \times 10^4 < 10^9$$

与所做的层流假设一致。

例 5-11　为减少热损失,我国东北地区常采用两层玻璃窗,窗子尺寸为 1.2 m×1.3 m,两层间的距离为 120 mm,测得它们的温度分别为 10 ℃和 -10 ℃。试计算通过夹层的热损失。

解　由 $t_{\mathrm{m}} = (t_1 + t_2)/2 = 0$ ℃,查得空气的物性参数为 $\lambda = 2.44 \times 10^{-2} \mathrm{W/(m \cdot ℃)}, \nu = 13.28 \times 10^{-6} \ \mathrm{m^2/s}, Pr = 0.707$。计算得

$$Gr_{\mathrm{m}} = \frac{g\beta(t_1 - t_2)\delta^3}{\nu^2} = 7.04 \times 10^6$$

用竖夹层公式 $Nu_{\mathrm{m}} = 0.065 Gr_{\mathrm{m}}^{1/3} \left(\dfrac{h}{\delta}\right)^{-1/9}$,计算得表面传热系数 $h = 1.96 \ \mathrm{W/(m^2 \cdot ℃)}$,最后得出通过夹层的热损失为 $\Phi = hA(t_1 - t_2) = 56.4 \ \mathrm{W}$。

例 5-12　水平环形夹层外表面和内表面间的直径分别为 10 cm 和 4 cm,温度分别为 25 ℃和 40 ℃,中间充满水,试确定通过每米长环形夹层的热量。

解　由 $t_{\mathrm{m}} = (t_1 + t_2)/2 \approx 30$ ℃,可查出水的物性参数:$\lambda = 61.8 \times 10^{-2} \ \mathrm{W/(m \cdot ℃)}, \nu = 0.805 \times 10^{-6} \ \mathrm{m^2/s}, Pr = 5.42, \beta = 3.2 \times 10^{-4} \ \mathrm{K^{-1}}$。

由环形夹层的厚度为 $\delta = \dfrac{1}{2}(d_2 - d_1) = 3$ cm,计算出 $Gr_{\mathrm{m}} = \dfrac{g\beta(t_2 - t_1)\delta^3}{\nu^2} = 2.62 \times 10^6$,

于是选用环缝公式 $Nu_m = \left(0.2 + 0.145\dfrac{\delta}{d_1}Gr_m\right)^{0.25} \exp\left(-0.02\dfrac{\delta}{d_1}\right)$ 计算表面传热系数,得出

$$h = 468.85 \text{ W/(m}^2 \cdot \text{℃)}$$

5.4　沸腾换热

1. 气液相变换热的基本概念

气液相变传热包括两大类:沸腾换热(或蒸发换热)和凝结换热。沸腾换热是指由液态向汽态转变的相变换热,凝结换热则是指由汽态向液态转变的相变换热。

这两类相变换热有一些基本的共性和特征。

(1)利用相变潜热进行换热。无论是由液态到汽态的沸腾换热还是由汽态到液态的凝结换热,在换热过程中一定会伴随相变潜热的热交换,通常相变潜热所携带的热量要远大于显热的热量,因而相变换热的换热强度要远大于其他单相流体的对流换热,比如水的沸腾或凝结相变换热的表面传热系数一般可在 10^4 W/(m² · K)以上,甚至更高,相应的热流密度可达 10^6 W/m² 数量级,如果通过强化措施,热流密度甚至可达 10^{10} W/m²,这是其他对流换热方式所不及的。

(2)与其他换热方式类似,其换热基本方程仍可写为

$$q = h\Delta t$$

式中:q 为热流密度;h 为相变换热表面传热系数;Δt 为相变换热温差。且

对于沸腾,有 $\qquad\qquad\qquad \Delta t = t_w - t_s$ $\qquad\qquad\qquad$ (5-52)

对于凝结,有 $\qquad\qquad\qquad \Delta t = t_s - t_w$ $\qquad\qquad\qquad$ (5-53)

这里,t_w 为沸腾或凝结换热过程中与流体直接接触的固体表面温度,t_s 为流体饱和温度。因而,要求出换热量,就必须求得换热系数 h。

(3)相变换热的机理十分复杂,很难用控制方程来描述,更不可能求得分析解,通常只有通过相似理论的量纲分析法和实验方法,得到相关的关联式。

对于沸腾或凝结换热,采用量纲分析法可得到几个主要的无量纲变量。

$$Nu = \frac{hL}{\lambda} = f\left(\frac{g\rho(\rho_l - \rho_v)L^3}{\mu^2}, \frac{c\Delta t}{\gamma}, \frac{\mu c}{\lambda}, \frac{g(\rho_l - \rho_v)L^2}{\sigma}\right) \qquad (5-54)$$

式中:Nu 是相变换热的努塞尔数;括号内的各项依序表达的是阿基米德数 Ar,反映了因气液两相密度差而引起的浮升力与黏性力的相对影响,雅各布数 Ja,反映的是相变流体显热与潜热之比,普朗特数 Pr,邦德数 Bo,反映的是重力场中体积力与表面张力之比。

当然,除了上述几个主要的准则数外,可能还会有其他的准则数,同时,也会有其他的物理参数,这要视具体问题而定。

2. 沸腾过程的分析

在一定压力下,当液体与高于对应压力的饱和温度的壁面接触时,可能会在壁面处发生相变(汽化),同时会伴随着气泡的生成,这种现象叫作沸腾。液体在与高于饱和温度的壁面接触时,在一定的过热度 $\Delta t_s = t_w - t_s$,以及壁面表面粗糙度等因素的影响下,会形成气泡核(汽化核心),并产生气泡,且气泡会逐渐长大,在浮升力和表面张力的共同作用下,气泡会脱离加热表面,并在液体中上升。如果液体的温度较低(低于液体的饱和温度),则气泡会在液

体中消失,同时释放热量,若液体温度较高(高于液体的饱和温度),则气泡可能还会继续长大,并向上浮升,达到液体表面。气泡脱离壁面后,在其原来生长的壁面,立即会有液体补充,并在汽化核心处,重新形成气泡。当汽化核心越多时,形成的气泡也越多,一旦气泡脱落的频率增加,液体会因气泡上升而产生扰动,致使沸腾换热过程增强。

在大容器中,液体由冷态开始加热直至全沸腾过程中,存在着两种沸腾,当容器中的液体温度低于饱和温度时,壁面上形成的气泡上升到液体中会破裂消失,这称为过冷沸腾;而当容器中的液体温度等于或大于饱和温度时,气泡会一直上升并达到气液界面,这称为饱和沸腾。在过冷沸腾过程中,由于气泡破裂往往会发出高频的破裂声,而饱和沸腾的气泡到达气液界面时,会产生低频的振动,这也就是日常生活中所讲的"响水不开,开水不响"的道理。

沸腾过程中,气泡的生长和上升成为沸腾的关键。下面,我们分别对气泡的生长和上升进行简单的分析。

图 5-15 说明了在水平壁面上,气泡形成与接触角 ϕ 的关系,液体在壁面受热后,在汽化核心处开始产生气泡,并逐渐长大,当液体润湿壁面的能力较强,即接触角 ϕ 较小时,如图 5-15(a) 所示,气泡就容易脱离壁面而腾升,而液体润湿壁面的能力较差,即 ϕ 较大时,如图 5-15(b) 所示,则气泡很难从壁面脱落。而接触角 ϕ 的大小,即润湿能力的大小,与液体的物性和壁面材料的特性有关。长大的气泡一旦脱离壁面上升,在原汽化核心处会立即产生新的气泡,随着气泡脱落的频率增大,新气泡形成的频率也会增加。

我们通过气泡的受力分析来了解气泡上升及气泡存在的条件,图 5-16 给出了气泡在液体中的受力情况,由力平衡,不难得到

$$\pi R^2 (p_v - p_1) \geqslant 2\pi R\sigma \tag{5-55}$$

式(5-55)表明,作用在气泡内外的压力差 $(p_v - p_1)$ 必须大于或等于作用在气泡气液界面上的表面张力 σ,这样气泡方能生长和上升。

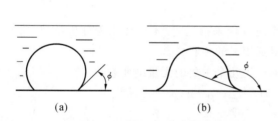

(a)   (b)

图 5-15 液体润湿壁面的示意图

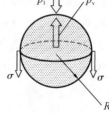

图 5-16 液体中气泡的受力分析

由式(5-55)可以得到

$$R \geqslant \frac{2\sigma}{p_v - p_1} \tag{5-56}$$

热力学的相平衡方程为

$$\frac{\mathrm{d}p}{\mathrm{d}T} = \frac{\gamma}{\left(\frac{1}{\rho_v} - \frac{1}{\rho_1}\right) T_s}$$

当压力不大,且 $\rho_1 \gg \rho_v$ 时,相平衡方程可简化为

$$\frac{\mathrm{d}p}{\mathrm{d}T} \approx \frac{p_v - p_1}{T_v - T_s} = \frac{\gamma p_v}{T_s} \tag{5-57}$$

式中:γ 为饱和温度 T_s 下液体的汽化潜热;T_v 为蒸汽温度;T_s 为饱和温度,且所有温度均为

热力学温标 K。

将式(5-57)化为 $p_v - p_1 = \dfrac{\gamma p_v (T_v - T_s)}{T_s}$，且代入式(5-56)可得

$$R \geqslant \frac{2\sigma T_s}{\gamma p_v (T_v - T_s)} \tag{5-58}$$

我们根据气泡热平衡的不同状态，来讨论气泡在液体中的存在、长大或破裂消失。气泡存在和长大的热平衡条件是：气液界面上的液体侧的温度等于或大于蒸汽温度，即 $t_1 \geqslant t_v >$ t_s。这时，液体通过气泡的气液界面向蒸汽侧传热，使蒸汽温度升高，气泡直径(体积)将增大，即气泡长大，同时，由于 t_v 增大，p_v 也相应增大，导致气泡的浮升力增加，气泡继续上升。若 $t_1 < t_v$，则蒸汽向液体传热并凝结，气泡内的蒸汽一旦凝结，对应的蒸汽压力就会下降。这时会出现两种情况：一种情况是，气泡内蒸汽压力下降，气泡缩小，以加大气泡内的蒸汽压力满足力平衡条件，但这种力平衡状态不会保持太长，因为气泡内外仍然存在着温差 $t_v - t_1$，蒸汽会继续在气泡内凝结，使气泡越来越小，并且随着气泡的上升运动凝结过程加剧，最后气泡逐渐消失；另一种情况是，当 $t_v - t_1$ 很大时，由于气泡内的凝结过程加剧，作用在气泡表面的力失衡，造成气泡破裂。

3. 大容器沸腾曲线

为了对沸腾的基本特征有更深入的认识，我们通过一个经典的沸腾实验来做进一步的分析，这个实验是将一个加热器浸没在盛有水的大容器中。随着加热器表面温度的升高，观察加热器表面沸腾过程中热流密度 q 与过热度 $\Delta t_s = t_w - t_s$ 间的关系曲线，这就是饱和水大容器沸腾曲线(也称池沸腾曲线)，如图 5-17 所示，沸腾曲线分为四个主要区域。

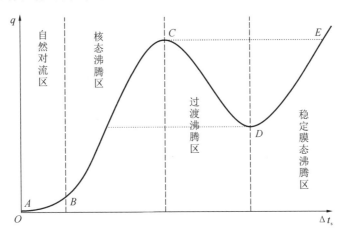

图 5-17　饱和水大容器沸腾曲线图

自然对流区，即图中 AB 段，由于加热器开始加热升温，加热面的温度较低，壁面附近液体的过热度较小，容器中液体的总体温度低于饱和温度。这时，壁面上虽然可能产生气泡，但汽化核心较少，能生成气泡的点很少，整个过程处于过冷沸腾状态。液体的运动主要由自然对流引起，壁面与流体间的换热也基本以自然对流换热为主。由于存在着一定程度的过冷沸腾，因而，该区段的换热强度比单纯自然对流换热略强。

核态沸腾区，即图中 BC 段，随着加热器壁面温度升高，壁面与壁面附近液体间的过热度增加，在壁面处汽化核心点也逐渐增多，气泡不断地在壁面上生成、长大并脱离，点 B 以后的初期，由于上层液体的温度仍低于饱和温度，所以气泡上升到一定高度便破灭，随着这一

沸腾传热过程的进行,液池中的液体温度逐渐升高,当液池温度达到或超过饱和温度时,气泡便会一直向上腾升,最后到达自由表面,随着热流密度的增加及液池温度高于饱和温度,气泡生长的数量增加,气泡脱落和再生的频率也大幅增加,整个液池处于气泡剧烈的扰动中,沸腾传热过程达到高峰。这时,热流密度 q 仍继续增加并到达极值点 C,这时点 C 所对应的热流密度称为临界热流密度 q_{max}(critical heat flux,CHF),这点在沸腾曲线上具有特殊的意义。由于在核态沸腾区,气泡高频率地脱落再生使液体不断地冲刷壁面,保持了一定的过热度,同时气泡的剧烈扰动,使核态沸腾区换热强度达到最大,同时,热流密度也达到最大,因而,工程上往往将沸腾换热选定在核态沸腾区。

过渡沸腾区,即图中 CD 段,过点 C 之后,由于在壁面生成的气泡过多,以致在加热壁面部分地方,气泡相互结合形成一层汽膜,这使热表面向液体的热传递受阻,从而使得换热强度急剧下降,但此时汽膜尚不稳定,有些汽膜可能会破裂,或变成一个大气泡上升。在这个区段,沸腾过程处于核态沸腾和膜态沸腾共存的不稳定的过渡区。在这个区域,壁面过热度会快速增大,但热流密度下降,并到达最小的点 D。

膜态沸腾区,即图中 DE 段,由于热流密度的降低,而过热度继续升高,整个壁面形成了一层汽膜,且这层汽膜趋于稳定。这时,由于液体完全不能与加热壁面接触,热量的传递通过汽膜的蒸汽层的对流换热,传热系数下降到最低,同时,这又导致壁面过热度快速上升,表面温度急剧升高,这样使得辐射换热的作用开始显现,使热流密度向上升,在点 E,热流密度重新回到与点 C 相同的值,但过热度却可能是点 C 的百倍。

如果大容器内的液体是水,那么四个区域的过热度范围大致为:自然对流区 $\Delta t_s < 4\ ℃$,核态沸腾区 $4\ ℃ < \Delta t_s < 25\ ℃$,过渡沸腾区 $25\ ℃ < \Delta t_s < 100\ ℃$,膜态沸腾区 $\Delta t_s > 100\ ℃$。当然,对于不同的液体和不同的加热表面,这四个区段的过热度范围是不同的。

在工程中,我们通常希望将沸腾点控制在点 C 之前,即控制在临界热流密度 q_{max}(或)q_c 之前。这样可以使沸腾换热达到最大,而壁面过热度适中,但工程中的大多数沸腾加热设备,通常以改变加热面的热流密度而不是改变过热度作为调节沸腾工况的手段,如电加热器、燃烧器等。当热流密度逐渐增大并达到临界热流密度时,只要稍微再增加热流密度,加热壁面就会由于过热度的急剧增加而出现壁面温度飞升,这样一方面很容易造成换热设备的烧毁,另一方面沸腾传热强度会急剧下降。工程上常将点 C 之后的传热称为传热危机。

4. 大容器沸腾换热计算

正如前面所述,沸腾换热过程的机理十分复杂,目前尚无完整的理论模型和数学描述,而只能通过实验的方法,得到沸腾传热的计算式。

下面给出的关联式,是由罗森诺(W. M. Rohsenow)根据对流类比模型,利用实验数据整理得出的。核态沸腾热流密度与过热度之间的关系式为

$$\frac{c_{p,1}(t_w - t_s)}{\gamma} = C_{wl} \left\{ \frac{q}{\mu_1 \gamma} \left[\frac{\sigma}{g(\rho_1 - \rho_v)} \right]^{1/2} \right\}^{1/3} Pr_1^n \tag{5-59}$$

式中:q 为热流密度,W/m^2;$c_{p,1}$ 为饱和液体的比热容,$J/(kg \cdot K)$;γ 为饱和温度 t_s 下液体的汽化潜热,J/kg;μ_1 为饱和液体的动力黏度,$kg/(m \cdot s)$;ρ_1 和 ρ_v 分别为液体和蒸汽的密度,kg/m^3;蒸汽的定性温度取 $t_m = (t_w + t_s)/2$;Pr_1 为饱和液体的普朗特数;σ 为气液界面的表面张力,N/m;g 为当地重力加速度,m/s^2;C_{wl} 为与壁面材料和液体种类相关的系数。对于式中的指数 n,多数流体可取 1.7,而对于水可取 $n = 1.0$,系数 C_{wl} 和水的表面张力 σ 的数值由表 5-6 和表 5-7 给出。

表 5-6　系数 C_{wl} 的取值

液体壁面组合	C_{wl}	液体壁面组合	C_{wl}
水-镍	0.006	水-研磨不锈钢	0.0080
水-铜	0.013	水-化学浸湿后的不锈钢	0.0133
水-铂	0.013	酒精-铬	0.027
水-磨光铜	0.0128	苯-铬	0.010
35%KOH-铜	0.0054	50%KOH-铜	0.0027

表 5-7　水的表面张力 σ

饱和温度/℃	表面张力 $\sigma/(N/m)$	饱和温度/℃	表面张力 $\sigma/(N/m)$
0	75.6	150	48.7
20	72.8	200	37.8
40	69.6	250	36.2
60	66.2	300	14.4
80	62.2	350	3.8
100	58.7	374.15	0.0

式(5-59)计算结果的误差比较大,由热流计算温差的误差约为 40%,而由温差计算热流的误差则高达 100%。因而,在工程计算时,尽量采用本领域常用的经验公式来计算。

工程设计上,都希望沸腾换热落在核态沸腾区。由过热度和热流密度的大小基本可判断沸腾是否落在核态沸腾区,也就是说当过热度不是很大,且热流密度小于临界热流密度时,沸腾属于核态沸腾。下面给出临界热流密度 q_c 的计算公式。

$$q_c = \frac{\pi}{24}\gamma p_v \left[\frac{\sigma g\left(\rho_l - \rho_v\right)}{\rho_v^2}\right]^{1/4}\left(1+\frac{\rho_v}{\rho_l}\right)^{1/2} \tag{5-60}$$

对于稳态的膜态沸腾,下面给出水平圆管外膜态沸腾的传热系数的计算公式。

$$h_c = 0.62\left[\frac{g\gamma\rho_v\left(\rho_l-\rho_v\right)\lambda_v^3}{\mu_v d\left(t_w - t_s\right)}\right]^{1/4} \tag{5-61}$$

式中:除 ρ_l 和 γ 的值由饱和温度确定外,其余物性均以平均温度 $t_m = (t_w + t_s)/2$ 为定性温度,d 为管外径。

由于膜态沸腾时,加热壁面温度很高,因而必须考虑辐射换热的影响,故总的表面换热系数可写为

$$h^{4/3} = h_c^{4/3} + h_r^{4/3} \tag{5-62}$$

式中:h_r 为圆管与液膜之间的辐射换热表面传热系数。

例 5-13　大容器中饱和水的压力为 1.434×10^5 Pa,其中放置的加热镍棒的表面温度为 120 ℃。试计算加热镍棒与水之间的表面传热系数。

解　在 1.434×10^5 Pa 下,各物性参数值为 $t_s = 110$ ℃,$c_{p,l} = 4.233$ kJ/(kg · ℃),$\sigma = 569.0\times10^{-4}$ N/m,$\rho_l = 951.0$ kg/m³,$\mu_l = 259.0\times10^{-6}$ kg/(m · s),$Pr_l = 1.6$,$\rho_v = 0.8265$ kg/m³,$\gamma = 2229.9$ kJ/kg。

由表 5-6 可得 $C_{wl} = 0.006$,$n = 1.0$。由核态沸腾换热计算式

$$\frac{c_{p,1}(t_{\mathrm{w}}-t_{\mathrm{s}})}{\gamma}=C_{\mathrm{wl}}\left\{\frac{q}{\mu_1\gamma}\left[\frac{\sigma}{g(\rho_1-\rho_{\mathrm{v}})}\right]^{1/2}\right\}^{1/3}Pr_1^n$$

得到

$$q=\frac{(4.233\times10^3)^3\times10^3\times259.0\times10^{-6}}{(2.2299\times10^6)^2\times0.006^3\times1.6^3}\times\sqrt{\frac{9.81\times(951.0-0.8265)}{569.0\times10^{-4}}}\ \mathrm{W/m^2}$$

$$=1.81\times10^5\ \mathrm{W/m^2}$$

于是加热镍棒与水之间的表面传热系数为

$$h=\frac{q}{t_{\mathrm{w}}-t_1}=\frac{18.1\times10^5}{10}\ \mathrm{W/(m^2\cdot ℃)}=18.1\times10^4\ \mathrm{W/(m^2\cdot ℃)}$$

例 5-14　饱和水的压力为 1.434×10^5 Pa，在大容器中受到镍制加热器的加热。在达到核态沸腾时，试计算最大热流密度和最大温差。

解　1.434×10^5 Pa 所对应的饱和水及蒸汽的物性参数分别为 $t_{\mathrm{s}}=110$ ℃，$\rho_1=951.0$ kg/m³，$\gamma=2229.9$ kJ/kg，$c_{p,1}=4.233$ kJ/(kg·℃)，$Pr=1.60$，$\mu_1=259.0\times10^{-6}$ kg/(m·s)，$\rho_{\mathrm{v}}=0.8265$ kg/m³，由表 5-6 查得 $C_{\mathrm{wl}}=0.006$，从表 5-7 查出 $\sigma=569\times10^{-4}$ N/m，对于水，$n=1$。

在此情况下的最大热流密度为

$$q_{\mathrm{c}}=\frac{\pi}{24}\gamma p_{\mathrm{v}}\left[\frac{\sigma g(\rho_1-\rho_{\mathrm{v}})}{\rho_{\mathrm{v}}^2}\right]^{1/4}=1.27\times10^6\ \mathrm{W/m^2}$$

由核态沸腾计算式

$$\frac{c_{p,1}\Delta t}{\gamma}=C_{\mathrm{wl}}\left[\frac{q}{\mu_1\gamma}\sqrt{\frac{\sigma}{g(\rho_1-\rho_{\mathrm{v}})}}\right]^{1/3}Pr_1^n$$

代入数据解得 $\Delta t_{\max}=8.9$ ℃。

故最大热流密度为 1.27×10^6 W/m² 时的最大温差为 8.9 ℃。

例 5-15　电加热器的不锈钢加热管浸没在大容器的水中，在加热管的外表面上发生核态沸腾。水的压力为 1.434×10^5 Pa，加热管直径为 3 mm，其比电阻为 1.1×10^{-6} Ω·m。假定水过热 20 ℃，试计算通过加热管的最大电流，及在此条件下的临界热流密度。

解　1.434×10^5 Pa 压力对应的饱和水温度为 $t_{\mathrm{s}}=110$ ℃，而过热水温度为 $t=110+20$ ℃ $=130$ ℃。在过热水温度为 130 ℃ 时的物性参数：$\rho_1=934.8$ kg/m³，$\sigma=528.8\times10^{-4}$ N/m，$\rho_{\mathrm{v}}=1.497$ kg/m³，$\gamma=2173.8$ kJ/kg。

在此情况下临界热流密度为

$$q_{\mathrm{c}}=\frac{3.14}{24}\times2.1738\times10^6\times1.497\times\left[\frac{528.8\times10^{-4}\times9.81\times(934.8-1.497)}{1.497^2}\right]^{1/4}\ \mathrm{W/m^2}$$

$$=1.63\times10^6\ \mathrm{W/m^2}$$

电加热器的电阻为

$$R=C\frac{L}{A}=1.1\times10^{-6}\times\frac{L}{\pi d^2/4}=0.15L\ \Omega$$

由加热器的热平衡关系有 $q\cdot\pi dL=I^2R$，可解出

$$I=\left(\frac{q\cdot\pi dL}{R}\right)^{1/2}=313.7\ \mathrm{A}$$

故通过加热管的最大电流为 313.7 A，此时临界热流密度为

$$q_{\mathrm{c}}=1.63\times10^6\ \mathrm{W/m^2}$$

5.5　凝　结　换　热

1. 蒸汽表面凝结过程及换热机理

图 5-18 所示为蒸汽在冷凝壁面上不同的凝结形态和凝结过程。当蒸汽流经低于饱和温度的固壁表面时,蒸汽会在固壁表面开始凝结成液体并释放出汽化潜热。不同物性的凝结液在不同的固壁表面可能会存在两种基本形态,即膜状凝结和珠状凝结。

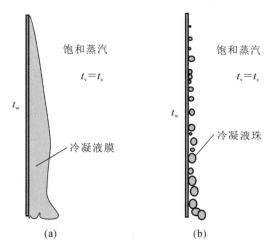

图 5-18　蒸汽在冷凝壁面上的凝结过程示意图
（a）膜状凝结；（b）珠状凝结

若在壁面形成的凝结液能够很好地润湿固体壁面,则壁面上会形成一层连续的液膜,并在重力作用下沿壁面向下流动,且沿向下流动方向,液膜厚度会增加,这就是所谓的膜状凝结。液膜形成后,蒸汽的凝结过程并不会在壁面上发生,而是在液膜表面上发生,并释放出汽化潜热,也就是说蒸汽所释放的热量是通过液膜传给壁面的。液膜成为膜状凝结的主要热阻,并且,随着蒸汽在液膜处凝结,液膜厚度增加,所形成的热阻也会增加,凝结换热强度也会随之减弱。

如果固壁表面是光滑的不粘水表面,凝结液因为表面张力的作用不能润湿表面,在固壁表面形成珠状凝结,冷壁上会出现大小不一的液珠,这时,蒸汽有可能在未形成液珠的地方直接与壁面接触,所形成的液珠也会与蒸汽接触,进而凝结,使液珠变大。当液珠长大到一定程度时,在重力作用下,开始向下流动,这些向下流动的液珠会与其下方的液珠相结合,形成更大的液珠,这些大液珠会沿壁面向下流动并冲刷壁面,在它冲刷过的壁面上随后又重新开始下一轮的凝结过程。

从两种凝结形态的凝结机理来看,显然,珠状凝结的传热强度要好于膜状凝结。实验结果表明,对于相同的流体介质,珠状凝结的表面传热系数要比膜状凝结大许多倍甚至高一个数量级。

介质蒸汽在冷壁表面会形成哪种凝结形态,取决于介质的凝结液与固壁冷面的表面附着力和表面张力的相对大小,表面附着力大或润湿性好则为膜状凝结,若表面张力大或润湿性差,则为珠状凝结。在实际工程上,由于几乎所有的纯净蒸汽都能很好地润湿清洁的冷凝表面,因此,凝结形态通常属于膜状凝结,而珠状凝结目前仍属于理想的凝结形态,也一直是研究者长期寻求和探索的研究课题。

2. 竖壁膜状凝结的理论解

努塞尔特(Nusselt)在1916年提出了竖壁膜状凝结的模型,他的这一经典理论直到今天仍被人们所引用。下面将介绍这一理论以及这一理论中经典的思想。

对于竖壁膜状凝结,努塞尔特理论中做了如下假设:

(1) 介质为单一组分的纯净蒸汽,不含不可凝结气体及其他杂质;

(2) 蒸汽为饱和蒸汽,且气液物性为常数;

(3) 蒸汽处于静止状态,且忽略蒸汽与液膜之间的摩擦力;

(4) 忽略液膜的惯性力,故液膜所受的黏性力和重力与在蒸汽中的浮升力相平衡;

(5) 在液膜与蒸汽的界面处,液膜温度等于蒸汽的饱和温度;

(6) 忽略液膜内因对流引起的传热,假定液膜内仅以导热方式进行传热,且液膜内的温度为线性分布;

(7) 液膜表面平滑无波动;

(8) 忽略液膜的过冷。

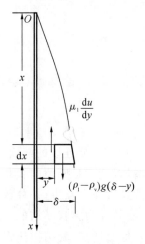

图 5-19　竖壁凝结流动换热示意图

根据上述假设,构造竖壁膜状凝结的物理模型,如图5-19所示,并在液膜内任取一个微元体,且平板宽度很大,即只考虑 x-y 坐标方向,在宽度方向取一个单位长度,液膜的密度和动力黏度分别为 ρ_l 和 μ_l,蒸汽密度为 ρ_v,蒸汽温度为 $t_v = t_s$,壁面温度为 t_w,液膜厚度为 δ,且沿 x 方向液膜厚度逐渐增厚,即 $\delta = \delta(x)$。

由假设(3)和(4)对微元体建立力平衡方程,即微元体的重力=液膜间的黏性力+浮升力

$$\rho_l g(\delta - y)\mathrm{d}x = \mu_l \frac{\mathrm{d}u}{\mathrm{d}y}\mathrm{d}x + \rho_v g(\delta - y)\mathrm{d}x \tag{5-63}$$

化简后可得

$$\mu_l \mathrm{d}u = (\rho_l - \rho_v)g(\delta - y)\mathrm{d}y \tag{5-64}$$

对应上述微分方程的边界条件为

$$当\ y = 0\ 时,u = 0$$

式(5-64)积分后可得液膜内的速度分布

$$u = \frac{(\rho_l - \rho_v)g}{\mu_l}\left(\delta y - \frac{y^2}{2}\right) \tag{5-65}$$

由液膜速度分布,我们可求出任意 x 处的凝结液膜的质量流量,即

$$q_m = \int_0^{\delta(x)} \rho_l u \mathrm{d}x = \frac{\rho_l(\rho_l - \rho_v)}{3\mu_l}g\delta^3 \tag{5-66}$$

由式(5-66),可得到在 $\mathrm{d}x$ 微元段,凝结液膜的质量流量增量为

$$\mathrm{d}q_m = \frac{\mathrm{d}}{\mathrm{d}x}\left[\frac{\rho_l(\rho_l - \rho_v)}{3\mu_l}g\delta^3\right]\mathrm{d}x = \frac{\rho_l(\rho_l - \rho_v)}{\mu_l}g\delta^2 \mathrm{d}\delta \tag{5-67}$$

在 $\mathrm{d}x$ 微元段,蒸汽在液膜界面释放出来的潜热为 $\gamma \mathrm{d}q_m$,其中 γ 为汽化潜热。且根据假设(6),蒸汽释放出来的潜热是通过液膜以导热方式传递的,故有

$$\gamma dq_m = \gamma \frac{\rho_l(\rho_l - \rho_v)}{\mu_l} g\delta^2 d\delta = \lambda_l \frac{t_s - t_w}{\delta} dx \tag{5-68}$$

式(5-68)右端即为液膜的导热量,其中液膜的温度分布考虑了线性假设,λ_l 为液膜导热系数,t_s 为饱和温度。

对应式(5-68)的边界条件是:

$$当 \ x = 0 \ 时, \delta = 0$$

对式(5-68)进行积分,可得液膜厚度随流动方向(沿 x 方向)的关系式,即

$$\delta = \left[\frac{4\mu_l \lambda_l (t_s - t_w)x}{g\gamma\rho_l(\rho_l - \rho_v)} \right]^{1/4} \tag{5-69}$$

对于凝结换热,同样引入与此对应的表面传热系数 h_x,由液膜的热平衡,即凝结换热量等于液膜导热量,有

$$dq_m dx = d\Phi = h_x(t_s - t_w)dx = \lambda_l \frac{(t_s - t_w)}{\delta} dx \tag{5-70}$$

显然

$$h_x = \frac{\lambda_l}{\delta} \tag{5-71}$$

将式(5-69)的 δ 代入式(5-71),则得到竖壁膜状凝结换热的局部表面传热系数的理论解为

$$h_x = \left[\frac{\rho_l(\rho_l - \rho_v)g\gamma\lambda_l^3}{4\mu_l(t_s - t_w)x} \right]^{1/4} \tag{5-72}$$

将式(5-72)沿竖壁全长 L 积分,可得到整个竖壁的平均表面传热系数:

$$h = \frac{1}{L}\int_0^L h_x dx = 0.943 \left[\frac{\rho_l(\rho_l - \rho_v)g\gamma\lambda_l^3}{\mu_l(t_s - t_w)L} \right]^{1/4} \tag{5-73}$$

由努塞尔数的定义,可得到竖壁膜状凝结的努塞尔数为

$$Nu = \frac{hL}{\lambda_l} = 0.943 \left[\frac{\rho_l(\rho_l - \rho_v)g\gamma L^3}{\lambda_l \mu_l(t_s - t_w)} \right]^{1/4} \tag{5-74}$$

式(5-72)、式(5-73)和式(5-74)称为竖壁膜状凝结的努塞尔特理论解。在努塞尔特理论中,最为人们所称赞和流传的是,他抓住了膜状凝结问题的主要矛盾,认为层流膜状凝结的传热热阻就是很薄的一层液膜,并认为液膜内的传热仅通过液膜的导热进行,可忽略液膜薄层内因对流引起的热传递。这种抓住问题的关键,通过合理的假设,将复杂问题简单化的思想是值得我们学习和借鉴的。

在努塞尔特解的方程中,除了汽化潜热和蒸汽密度按饱和温度取值外,其他物性的定性温度取液膜的平均温度 $t_m = (t_w + t_s)/2$。

如果凝结壁面与水平面成一定倾角 φ,只要将努塞尔特理论解中的重力加速度进行修正,即将 $g' = g\sin\varphi$ 代替公式中的 g 即可。

若考虑蒸汽流动而引起的液膜表面波动,这时表面波动会使凝结换热能力提高 20% 左右,故工程上采用以下方程来计算表面凝结换热系数:

$$h = 1.13 \left[\frac{\rho_l(\rho_l - \rho_v)g\gamma\lambda_l^3}{\mu_l L(t_s - t_w)} \right]^{1/4} \tag{5-75}$$

努塞尔特解还可以推广到水平圆管和球体外表面的膜状凝结,即

$$h = C \left[\frac{\rho_l(\rho_l - \rho_v)g\gamma\lambda_l^3}{\mu_l d(t_s - t_w)} \right]^{1/4} \tag{5-76}$$

式中:d 为水平管外径或球半径;对于水平圆管,$C=0.725$,对于球体,$C=0.826$。

同样,努塞尔特解还可以应用于水平竖排布置(见图 5-20),其凝结表面换热系数为

$$h = 0.725\left[\frac{\rho_l(\rho_l - \rho_v)g\gamma\lambda_l^3}{\mu_l nd(t_s - t_w)}\right]^{1/4} \tag{5-77}$$

式中:n 为排数;d 为管外径。

工程中,往往会遇到竖壁很长的膜状凝结,这时,液膜的流态可能出现紊流,如图 5-21 所示,紊流流态的出现会导致凝结换热增强,液膜边界层从层流转变为紊流主要取决于液膜雷诺数的大小,而这里的雷诺数定义为

$$Re_\delta = 4\rho_l u_L \delta / \mu_l \tag{5-78}$$

式中:u_L 为液膜离开竖板时的平均流速;4δ 为液膜当量直径。因为底部 $x=L$ 处单位板宽的质量流量为 $q_m = \rho_l u_L \delta$,由式(5-70)也可得到,$q_m = hL\Delta t/\gamma$,则

$$u_L = \frac{hL\Delta t}{\rho_l \delta \gamma} \tag{5-79}$$

将式(5-79)代入式(5-78),可得到液膜雷诺数,即

$$Re_\delta = \frac{4hL\Delta t}{\mu_l \gamma} \tag{5-80}$$

式中:$\Delta t = t_s - t_w$,h 为努塞尔特理论解的表面传热系数。

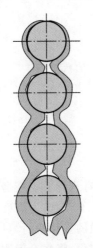

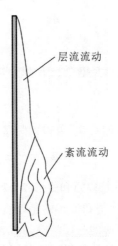

层流流动

紊流流动

图 5-20 竖排多管管外膜状凝结   图 5-21 冷凝液膜流动状态的改变

计算竖板膜状凝结换热时,先按照层流膜状凝结换热(即努塞尔特理论解)计算出竖板的平均表面传热系数 h,再用式(5-80)计算出相应的液膜雷诺数 Re_δ,若 $Re_\delta > 1600$,则表明液膜流动已从层流转化为紊流,这时,可按照下式计算膜状凝结表面传热系数

$$h = 0.00743\left[\frac{L(t_s - t_w)}{\mu_l \gamma}\left(\frac{g\rho_l^2 \lambda_l^3}{\mu_l^2}\right)^{5/6}\right]^{1/3} \tag{5-81}$$

3. 影响膜状凝结换热诸多因素的讨论

在进行膜状凝结换热分析时忽略了诸多影响因素,实际上这些因素对凝结换热的影响是不容忽视的,下面将分别进行讨论。

(1)不凝结气体的影响。蒸汽中含有不能凝结的气体,如空气,即使含量很少,也会对凝结换热产生很大的影响。例如,水蒸气中有重量百分比为 1% 的空气就会使表面传热系数下降 60%。这是因为,在靠近液膜表面的蒸汽侧,随着蒸汽的凝结,蒸汽的分压力逐步减小,

不能凝结的气体的分压力会逐步增大;这样,蒸汽要到达液膜表面就必须以扩散的方式穿过聚积在界面附近的不能凝结的气体层。同时,蒸汽分压力的下降使相应的饱和温度下降,从而减小了凝结的推动力(Δt_s)。因此,在冷凝设备中,排除不凝结气体以保证设备正常工作是非常重要的。

(2) 蒸汽流速的影响。在理论分析中忽略了蒸汽流速的影响,因而只适用于蒸汽流速较低的情况。当蒸汽流速较高,如水蒸气流速大于 10 m/s 时,蒸汽对液膜表面的黏性作用力就不能忽略。一般而言,当蒸汽流动方向与液膜向下的流动方向一致时,会使液膜变薄,表面传热系数增大;方向不一致时则使液膜变厚,导致表面传热系数减小,但蒸汽流速更大一些时汽流撕破液膜会使液膜变薄,导致换热能力加强。

(3) 过热蒸汽的影响。前面的公式是用于饱和蒸汽的,如果蒸汽过热会使凝结换热能力有所提高。此时只要将计算公式中的汽化潜热用过热蒸汽与饱和凝结液的焓差代替,就可用饱和蒸汽的计算公式来进行过热蒸汽凝结换热的计算。

(4) 凝结液膜过冷的影响。努塞尔特分析中忽略了凝结液膜过冷对换热的影响,这对于如水蒸气这样的潜热相对于显热较大的流体,即 $\gamma/[c_p(t_s-t_w)]\gg1$,是可以接受的,反之则应以 $\gamma'=\gamma+0.68c_p(t_s-t_w)$ 代替计算公式中的 γ,以考虑液膜过冷的影响。

例 5-16　由 22 根水平管组成的冷凝器,管外径为 18 mm,管长为 1.2 m。每小时流入冷凝器的干饱和水蒸气为 1100 kg,其压力为 2.7×10^5 Pa。假设管外壁温度为 60 ℃。冷凝水的温度与蒸汽饱和温度相同。试问冷凝器能否将蒸汽全部冷凝?

解　压力为 2.7×10^5 Pa,对应的饱和蒸汽温度为 130 ℃,$\gamma=2173.8$ kJ/kg,液膜的平均温度 $t_m=\dfrac{130+60}{2}$ ℃ $=95$ ℃。查得 95 ℃ 液膜的物性参数为:$\rho_1=961.9$ kg/m^3,$c_p=4.214$ kJ/(kg·℃),$\lambda_1=0.682$ W/(m^2·℃),$\mu_1=298.7\times10^{-6}$ kg/(m·s),$Pr_e=1.85$。

由式(5-76)可以求得管外凝结表面传热系数为:$h=8.42\times10^3$ W/(m^2·℃),于是每根管的冷凝液量为 $q_m=\dfrac{h\cdot\pi dL\cdot\Delta t}{\gamma}=0.018$ kg/s。

由于液膜雷诺数

$$Re=\frac{4(q_m/2)}{\mu}=\frac{4\times0.009}{298.7\times10^{-6}}=120.5<1600$$

故管外冷凝液为层流流动状态,所用公式正确。这样,就可以从已知蒸汽量计算出所需的管子数量,即 $n=G/q_m=1100/3600/0.018=16.97531$(根)。因此,由 22 根水平管组成的冷凝器完全可以将 1100 kg 水蒸气全部凝结。

例 5-17　温度为 42 ℃ 的干饱和水蒸气在温度为 28 ℃ 的竖壁上冷凝。试计算从竖壁顶部往下 0.3、0.6、0.9 m 高度处的液膜厚度和局部表面传热系数。

解　液膜的平均温度为 35 ℃,查得 35 ℃ 液膜物性参数为:$\rho_1=994.0$ kg/m^3,$\lambda_1=0.627$ W/(m·℃),$\mu_1=727.4\times10^{-6}$ kg/(m·s),且查得 42 ℃ 时的 $\gamma=2402.1$ kJ/kg。

由式(5-69)冷凝液膜的厚度为

$$\delta_x=\left[\frac{4\mu_1\cdot\lambda_1\cdot(t_s-t_w)x}{\rho_1^2g\cdot\gamma}\right]^{1/4}=\left[\frac{4\times727.4\times10^{-6}\times0.627\times14}{994^2\times9.81\times2402.1\times10^3}\right]^{1/4}\times x^{1/4}$$
$$=1.818\times10^{-4}x^{1/4}$$

于是不同位置处的液膜厚度分别为

$$\delta_{0.3}=1.818\times10^{-4}\times0.3^{0.25}\text{ m}=0.1346\times10^{-3}\text{ m}$$

$$\delta_{0.6} = 1.818 \times 10^{-4} \times 0.6^{0.25} \text{ m} = 0.1600 \times 10^{-3} \text{ m}$$

$$\delta_{0.9} = 1.818 \times 10^{-4} \times 0.9^{0.25} \text{ m} = 0.1771 \times 10^{-3} \text{ m}$$

膜状凝结的局部表面传热系数由式(5-72)计算,有

$$h_x = \left[\frac{g \gamma \rho_l^2 \cdot \lambda_l^3}{4 \mu_l (t_s - t_w) x} \right]^{1/4} = \frac{3.445 \times 10^3}{x^{0.25}}$$

于是对应高度上的局部表面传热系数分别为

$$h_{0.3} = \frac{3.445 \times 10^3}{0.3^{0.25}} \text{ W/(m}^2 \cdot \text{℃)} = 4.655 \times 10^3 \text{ W/(m}^2 \cdot \text{℃)}$$

$$h_{0.6} = \frac{3.445 \times 10^3}{0.6^{0.25}} \text{ W/(m}^2 \cdot \text{℃)} = 3.914 \times 10^3 \text{ W/(m}^2 \cdot \text{℃)}$$

$$h_{0.9} = \frac{3.445 \times 10^3}{0.9^{0.25}} \text{ W/(m}^2 \cdot \text{℃)} = 3.537 \times 10^3 \text{ W/(m}^2 \cdot \text{℃)}$$

例 5-18　一竖直冷却面置于饱和水蒸气中,如将冷却面的高度增加为原来的 n 倍,其他条件不变,且液膜仍为层流,问平均表面传热系数和凝结液量如何变化?

解　由竖壁凝结换热的计算公式可知,表面传热系数与竖壁高度之间的关系为 $h \propto H^{-1/4}$,因而两种板高表面传热系数之比为

$$\frac{h_n}{h_1} = \frac{(nH)^{-1/4}}{H^{-1/4}} = n^{-1/4} = \frac{1}{\sqrt[4]{n}}$$

由冷凝液膜的质量流量公式

$$m = \frac{hF \Delta t}{\gamma} = \frac{h \cdot Hb \Delta t}{\gamma}$$

式中:b 为板宽。

可以得出两种情况的质量流量之比为

$$\frac{m_n}{m_1} = \frac{h_n H_n}{h_1 H_1} = \frac{1}{\sqrt[4]{n}} \cdot n = n^{-1/4}$$

思　考　题

1. 什么是内部流动? 什么是外部流动?

2. 试说明管槽内对流换热的入口效应并简单解释其原因。

3. 对流动现象而言,外掠单管的流动与管道内的流动有什么不同?

4. 对于外掠管束的换热,整个管束的平均表面传热系数只有在流动方向管排必大于一定值后方与排数无关,试分析其原因。

5. 什么叫大空间自然对流换热? 什么叫受限空间自然对流换热? 这与强制对流中的外部流动及内部流动有什么异同?

6. 把一块温度低于环境温度的大平板竖直地置于空气中,试画出平板上流体流动及局部表面传热系数的分布图。

7. 什么叫膜状凝结? 什么叫珠状凝结? 膜状凝结时热量传递过程的主要阻力在什么地方?

8. 在努塞尔特关于膜状凝结理论分析的多条假设中,最主要的简化假设是哪两条?

9. 有人说,在其他条件相同的情况下,水平管外的凝结换热一定比竖直管强烈,这一说法一定成立吗?

10. 试说明大容器沸腾的 q Δt 曲线中各部分的换热机理。

11. 对于热流密度可控及壁面温度可控的两种换热情形,分别说明控制热流密度小于临界热流密度及温差小于临界温差的意义,并针对上述两种情形分别举出一个工程应用实例。

12. 在学习过的对流换热中,表面传热系数计算式中显含换热温差的有哪几种换热方式? 其他换热方式中不显含温差是否意味着与温差没有任何关系?

13. 在图 5-17 所示的沸腾曲线中,为什么稳定膜态沸腾区的曲线会随 Δt 的增加而迅速上升?

14. 如果以后工作中遇到一种对流换热现象需要计算,但你以前并未学过,当你决定从参考资料中寻找换热准则(特征数)方程时,你应当注意些什么?

15. 有一根内直径为 d 的长管,其壁面温度保持为 T_w,而温度为 T_1 的水以 $\dot{m}$ 的质量流量从管内流过。今假设水与管壁间的换热系数 h 保持不变,水的比热容为 c_p,试导出水温沿管长方向 x 的变化情况。

16. 对于竖直夹层内的自然对流换热,换热计算公式为 $q=h(t_{w1}-t_{w2})$,格拉晓夫数 $Gr=g\beta(t_{w1}-t_{w2})\delta^3/\nu^2$。式中 t_{w1}、t_{w2} 分别为两壁面的温度;δ 为夹层宽度。已知恒壁温条件下竖直夹层内空气的换热准则关系式为:当 $Gr<2000$ 时,$Nu=1$;当 $2\times10^3<Gr<2\times10^5$ 时,$Nu=0.18Gr^{1/4}(H/\delta)^{-1/9}$;当 $2\times10^5<Gr<1.1\times10^7$ 时,$Nu=0.065Gr^{1/3}(H/\delta)^{-1/9}$;$H$ 为竖夹层高度。公式中准则的定性温度为 $t_m=(t_{w1}+t_{w2})/2$。试分析当 $Gr<2000$ 时,为什么 Nu 为常数,并且 $Nu=1$?

17. 水蒸气在管外凝结换热时,一般将管束水平放置而不是竖直放置,为什么?

习　　题

5-1　设某一电子件的外壳可以简化成图 5-22 所示的形状,截面呈正方形,上、下表面绝热,而两侧竖壁分别维持在 t_h 及 $t_c(t_h>t_c)$。试定性地画出空腔截面上空气流动的图像。

5-2　一种输送大电流的导线,其母线的截面形状如图 5-23 所示,内管为导体,其中通以大电流,外管起保护导体的作用。设母线为水平走向,内外管间充满空气,试分析内管中产生的热量是怎样散失到周围环境中的,并定性地画出截面上空气流动的图像。

5-3　在高速飞行部件中广泛采用的钝体是一个轴对称的物体(见图 5-24)。试据你所掌握的流动与传热知识,画出钝体表面上沿 x 方向的局部表面传热系数的大致图像,并分析滞止点 S 附近边界层流动的状态(层流或紊流)。

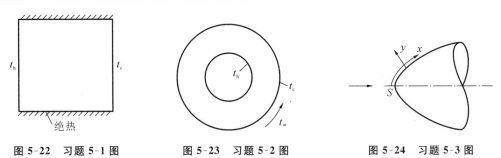

图 5-22　习题 5-1 图　　　　图 5-23　习题 5-2 图　　　　图 5-24　习题 5-3 图

5-4　一常物性的流体同时流过温度与之不同的两根直管 1 与 2,且 $d_1=2d_2$。流动与

换热均已处于紊流充分发展区域。试确定在下列两种情形下两管内平均表面传热系数的相对大小:

(1) 流体以相同的流速流过两管;

(2) 流体以相同的质量流量流过两管。

5-5　变压器油在内径为 30 mm 的管子内冷却,管子长 2 m,质量流量为 0.313 kg/s。变压器油的平均物性可取为 $\rho=885$ kg/m³,$\nu=3.8\times10^{-5}$ m²/s,$Pr=490$。试判断流动状态及换热是否已进入充分发展区。

5-6　发电机的冷却介质从空气改为氢气可以提高冷却效率,试对氢气与空气的冷却效果进行比较。比较的条件是:管道内紊流对流换热,通道几何尺寸、流速均相同,定性温度为 50 ℃,气体均处于常压下,不考虑温差修正。50 ℃氢气的物性参数为:$\rho=0.0755$ kg/m³,$\lambda=19.42\times10^{-2}$ W/(m·K),$\mu=9.41\times10^{-6}$ kg/(m·s),$c_p=14.36$ kJ/(kg·K)。

5-7　平均温度为 100 ℃、压力为 120 kPa 的空气,以 1.5 m/s 的流速流经内径为 25 mm 的电加热管子。试估计在换热充分发展区的对流换热表面传热系数。均匀热流边界条件下管内层流充分发展对流换热区 $Nu=4.36$。

5-8　水以 0.5 kg/s 的质量流量流过一个内径为 2.5 cm、长 15 m 的直通道,入口水温为 10 ℃。管子除了入口处很短的一段距离外,其余部分每个截面上的壁温都比当地平均水温高 15 ℃。试计算水的出口温度,并判断此时的热边界条件。

5-9　水以 1.2 m/s 的平均流速流过内径为 20 mm 的长直管。

(1) 管子壁温为 75 ℃,水从 20 ℃加热到 70 ℃;

(2) 管子壁温为 15 ℃,水从 70 ℃冷却到 20 ℃。试计算两种情形下的表面传热系数,并讨论造成差别的原因。

5-10　一螺旋管式换热器的管子内径 $d=12$ mm,螺旋数为 4,螺旋直径 $D=150$ mm。进口水温 $t'=20$ ℃,管内平均流速 $u_m=0.6$ m/s,平均内壁温度为 80 ℃。试计算冷却水出口温度。

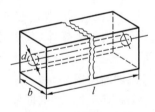

图 5-25　习题 5-11 图

5-11　现代储蓄热能的一种装置的示意图如图 5-25 所示。一根内径为 25 mm 的圆管被置于一正方形截面的石蜡体中心,热水流过管内使石蜡熔化,从而把热水的显热转化成石蜡的潜热而储蓄起来。热水的入口温度为 60 ℃,质量流量为 0.15 kg/s。石蜡的物性参数为:熔点为 27.4 ℃,熔化潜热 $L_s=244$ kJ/kg,固体石蜡的密度 $\rho_s=770$ kg/m³。假设圆管表面温度在加热过程中一直处于石蜡的熔点,试计算把该单元中的石蜡全部熔化,热水需流过多长时间? 图中:$b=0.25$ m,$l=3$ m。

5-12　流体以 1.5 m/s 的平均速度流经内径为 16 mm 的直管,液体平均温度为 10 ℃,换热已进入充分发展阶段。试比较当流体分别为氟利昂 R134a 及水时对流换热表面传热系数的相对大小。管壁平均温度与液体平均温度的差值小于 10 ℃,流体被加热。

5-13　1.013×10^5 Pa 下的空气在内径为 76 mm 的直管内流动,入口温度为 65 ℃,入口体积流量为 0.022 m³/s,管壁的平均温度为 180 ℃。问管子要多长才能使空气加热到 115 ℃?

5-14　一块长 400 mm 的平板,平均壁温为 40 ℃。常压下 20 ℃的空气以 10 m/s 的速度纵向流过该板表面。试计算离平板前缘 50 mm、100 mm、200 mm、300 mm、400 mm 处的热边界层厚度、局部表面传热系数及平均表面传热系数。

5-15　温度为 0 ℃的冷空气以 6 m/s 的流速平行地吹过一太阳能集热器的表面。该表面呈方形，尺寸为 1 m×1 m，其中一个边与来流方向垂直。如果表面平均温度为 20 ℃，试计算由于对流而散失的热量。

5-16　在一摩托车引擎的壳体上有一条高 2 cm、长 12 cm 的散热片（长度方向与车身平行）。散热片表面温度为 150 ℃。如果车子在 20 ℃的环境中逆风前进，车速为 30 km/h，而风速为 2 m/s，试计算此时肋片的散热量（风速与车速方向平行）。

5-17　一个亚音速风洞实验段的最大风速可达 40 m/s。为了使外掠平板的流动的 Re 数达到 $5×10^5$，问平板需多长。设来流温度为 30 ℃，平板壁温为 70 ℃。如果平板温度用低压水蒸气在夹层中凝结来维持，当平板垂直于流动方向的宽度为 20 cm 时，试确定水蒸气的凝结量。风洞中的压力可取为 $1.013×10^5$ Pa。

5-18　为保证微处理机的正常工作，采用一个小风机将气流平行地吹过集成电路块表面，如图 5-26 所示。试分析：

（1）如果每个集成电路块的散热量相同，在气流方向上不同编号的集成电路块的表面温度是否一样，为什么？温度要求较高的组件应当放在什么位置？

（2）哪些无量纲量影响对流换热？

5-19　飞机的机翼可近似地看成一块置于平行气流中的长 2.5 m 的平板，飞机的飞行速度为 400 km/h，空气压力为 $0.7×10^5$ Pa，空气温度为 −10 ℃。机翼顶面吸收的太阳辐射为 800 W/m²，其自身辐射忽略不计。试确定处于稳态时机翼的温度（假设温度是均匀的）。如果考虑机翼的本身辐射，这一温度应上升还是下降？

5-20　为解决世界上干旱地区的用水问题，曾召开过数次世界性会议进行讨论，有一个方案是把南极的冰山拖到干旱地区去。那种宽阔且平整的冰山是最适宜于拖运的。设要把一座长 1 km、宽 0.5 km、厚 0.25 km 的冰山拖运到 6000 km 以外的地区去，平均拖运速度为 1 km/h。拖运路上水温的平均值为 10 ℃。作为一种估算，在拖运中冰与环境的作用可认为主要是冰块的底部与水之间的换热。试估算在拖运过程中冰山的自身融化量。冰的熔化热为 $3.34×10^5$ J/kg。当 $Re≫5×10^5$ 时，全部边界层可认为已进入紊流状态。

5-21　一个空气加热器由宽 20 mm 的薄电阻带沿空气流动方向并行排列组成（见图 5-27），其表面平整光滑。每条电阻带在垂直于流动方向上的长度为 200 mm，且各自单独通电加热。假设在稳态运行过程中每条电阻带的温度都相等。从第一条电阻带的功率表中读出功率为 80 W，问第 10 条、第 20 条电阻带的功率表读数各为多少？（其他热损失不计，流动为层流。）

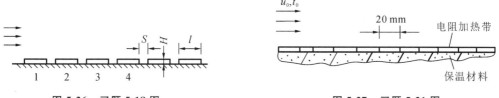

图 5-26　习题 5-18 图　　　　　　　　　图 5-27　习题 5-21 图

5-22　直径为 10 mm 的电加热圆柱置于气流中冷却，在 $Re=4000$ 时每米长圆柱通过对流换热散失的热量为 69 W。若把圆柱直径改为 20 mm，其余条件不变（包括 t_w），问每米长圆柱放热为多少？

5-23　测定流速的热线风速仪是利用流速不同对圆柱体的冷却能力不同，从而导致电热丝温度及电阻值不同的原理制成的。用电桥测定电热丝的阻值可推得其温度。今有直径为 0.1 mm 的电热丝与气流方向垂直地放置。来流温度为 20 ℃,电热丝温度为 40 ℃,加热功率为 17.8 W/m。试确定此时的流速。略去其他的热损失。

5-24 一个优秀的马拉松长跑运动员可以在 2.5 h 内跑完全程(41842.8 m)。为了估计他在跑步过程中的散热损失,可以做这样的简化:把人体看成高 1.75 m、直径为 0.35 m 的圆柱体,皮肤温度作为柱体表面温度,取为 31 ℃;空气是静止的,温度为 15 ℃。不计柱体两端面的散热,试据此估算一个马拉松长跑运动员跑完全程后的放热量(不计出汗散失的部分)。

5-25 一未包绝热材料的蒸汽管道用来输送 150 ℃的水蒸气。管道外径为 500 mm,置于室外。冬天室外温度为 −10 ℃。如果空气以 5 m/s 流速横向吹过该管道,试确定其单位长度上的对流散热量。

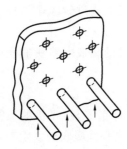

5-26 如图 5-28 所示,一股冷空气横向吹过一组圆形截面的直肋。已知:最小截面处的空气流速为 3.8 m/s,气流温度 $t_f = 35$ ℃;肋片的平均表面温度为 65 ℃,导热系数为 98 W/(m·K),肋根温度维持定值;$s_1/d = s_2/d = 2,d = 10$ mm。为有效地利用金属,规定肋片的 mH 值不应大于 1.5,试计算此时肋片应多高?在流动方向上直肋排数大于 10。

图 5-28 习题 5-26 图

5-27 某锅炉厂生产的 220 t/h 高压锅炉,其低温段空气预热器的设计参数为:叉排布置,$s_1 = 76$ mm,$s_2 = 44$ mm,管子尺寸为 $\phi40$ mm × 1.5 mm。平均温度为 150 ℃的空气横向冲刷管束,流动方向的总排数为 44。在管排中心线截面上的空气流速(即最小截面上的流速)为 6.03 m/s。试确定管束与空气间的平均表面传热系数。管壁平均温度为 185 ℃。

5-28 在锅炉的空气预热器中,空气横向掠过一组叉排管束,$s_1 = 80$ mm,$s_2 = 50$ mm,管子外径 $d = 40$ mm。空气在最小截面处的流速为 6 m/s,流体温度 $t_f = 133$ ℃,流动方向上的排数大于 10,管壁平均温度为 165 ℃。试确定空气与管束间的平均表面传热系数。

5-29 如图 5-29 所示,在两块安装有电子器件的等温平板之间安装了 25 × 25 根散热圆柱,圆柱直径 $d = 2$ mm,长度 $L = 100$ mm,顺排布置,$s_1 = s_2 = 4$ mm。设圆柱体表面的平均温度为 340 K,进入圆柱束的空气温度为 300 K,进入圆柱束的流速为 10 m/s,试确定圆柱束传递的对流换热量。

5-30 如图 5-30 所示,反应堆中的棒束元件被纵向水流所冷却。已知冷却水平均温度 $t_f = 200$ ℃,平均流速 $u = 8$ m/s。元件外直径 $d = 9$ mm,相邻元件的中心间距 $s = 13$ mm。被冷却表面的平均热流密度 $q = 1.7 \times 10^6$ W/m²。试求被冷却表面的平均表面传热系数和平均壁面温度(可按当量直径的方法,且可忽略入口效应和自由温差所引起的修正)。

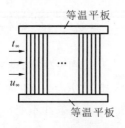

图 5-29 习题 5-29 图

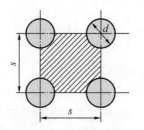

图 5-30 习题 5-30 图

5-31　将水平圆柱体外自然对流换热的准则式改写成以下的简单形式：

$$h = c(\Delta t/d)^{1/4}$$

其中系数 c 取决于流体种类及温度。对于空气及水，试分别计算 $t = 40\ ℃、60\ ℃、80\ ℃$ 的三种情形时上式中的系数 c 的值。

5-32　一直径为 25 mm、长为 1.2 m 的竖直圆管，表面温度为 60 ℃，试比较把它置于下列两种环境中的自然对流散热量：

（1）15 ℃、$1.013×10^5$ Pa 下的空气；

（2）15 ℃、$2.026×10^5$ Pa 下的空气。

在一定压力变化范围（大约从 $0.1×10^5$ Pa 到 $10×10^5$ Pa）内，空气的 $\mu、c_p、\lambda$ 可认为与压力无关。

5-33　一根 $L/d = 10$ 的金属柱体，从加热炉中取出置于静止空气中冷却。从加速冷却的观点，柱体应水平放置还是竖直放置（设在这两种情况下辐射散热相同）？试估算开始冷却的瞬间在两种放置情形下自然对流冷却散热量的比值。两种情形下流动均为层流（端面散热不计）。

5-34　假设把人体简化成直径为 275 mm、高 1.75 m 的等温竖直圆柱，其表面温度比人体体内的正常温度低 2 ℃，试计算该模型位于静止空气中时的自然对流散热量，并与人体每天的平均摄入热量（5440 kJ）相比较。圆柱两端面的散热可不考虑，人体正常体温按 37 ℃ 计算，环境温度为 25 ℃。

5-35　有人认为，一般房间的墙壁表面每平方米面积与室内空气间的自然对流换热量相当于一个家用白炽灯泡的功率。试对冬天与夏天的两种典型情况做估算，以判断这一说法是否有根据。设墙高 2.5 m，夏天墙表面温度为 35 ℃，室内温度为 25 ℃；冬天墙表面温度为 10 ℃，室内空气温度为 20 ℃。

5-36　一电子器件的散热器由一组相互平行的竖直放置的肋片组成，如图 5-31 所示，$z = 20$ mm，$H = 150$ mm，$t = 1.5$ mm。平板上的自然对流边界层厚度 $\delta(x)$ 可按式 $\delta(x) = 5x(Gr_x/4)^{-1/4}$ 计算，其中 x 为从平板底面算起的当地高度，Gr_x 以 x 为特征长度。散热片的温度可认为是均匀的，并取 $t_w = 75\ ℃$，环境温度 $t_\infty = 25\ ℃$。试确定：

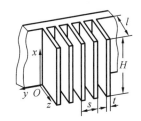

图 5-31　习题 5-36 图

（1）使相邻两平板上的自然对流边界层不互相干扰的最小间距 s；

（2）在上述间距下一个肋片的自然对流散热量。

5-37　一块有内部电热器的正方形薄平板，边长为 30 cm，被竖直地置于静止的空气中。空气温度为 35 ℃。为防止平板内部电热丝过热，其表面温度不允许超过 150 ℃。试确定所允许的电热器的最大功率。平板表面传热系数取为 8.52 W/(m² · K)。

5-38　对题 5-37 所描述的情形，设已知加热功率为 310 W，其中 42% 通过自然对流散失，且假定热流密度是均匀的。试确定平板的最高壁温。

5-39　一直径为 25 mm 的金属球壳，其内置有电热器，该球被悬吊于温度为 20 ℃ 的盛水的容器中。为使球体表面温度维持在 65 ℃，问电热器功率应为多大？球的自然对流换热的关系式为

$$Nu = \frac{2 + 0.589(Gr \cdot Pr)^{1/4}}{[1 + (0.469/Pr)^{9/16}]^{4/9}} \quad (Gr \cdot Pr \leqslant 10^{11}, Pr \geqslant 0.7)$$

特征尺寸为球壳的外直径,定性温度为 $t_m = (t_w + t_\infty)/2$。

5-40　一水平封闭夹层,其上、下表面的间距 $\delta = 14$ mm,夹层内是压力为 1.013×10^5 Pa 的空气。设一个表面的温度为 90 ℃,另一表面为 30 ℃。针对热表面在冷表面上方和热表面在冷表面下方这两种情形,试计算各自通过夹层单位面积的传热量。

5-41　一太阳能集热器吸热表面的平均温度为 85 ℃,其上覆盖表面的温度为 35 ℃,两表面形成相距 5 cm 的夹层。试确定在每平方米夹层上空气自然对流的散热量。研究表明,当 $Gr_\delta \cdot Pr < 1700$ 时不会产生自然对流而是纯导热工况。试对本例确定不产生自然对流的两表面间间隙的最大值,此时的散热量为多少(不包括辐射部分)?

5-42　一烘箱的顶部尺寸为 0.6 m × 0.6 m,顶面温度为 70 ℃。为减少热损失及安全起见,在顶面上又加了一个封闭夹层,夹层盖板与箱顶的间距为 50 mm。假设加夹层后原箱顶的温度仍为 70 ℃,试计算加夹层后的自然对流热损失是不加夹层时的百分之几? 环境温度为 27 ℃。

5-43　一太阳能集热器置于水平的房顶上。在集热器的吸热表面上用玻璃作顶形成一封闭的空气夹层,夹层厚 10 cm。设吸热表面的平均温度为 90 ℃,玻璃内表面温度为 30 ℃,试确定由于夹层中空气自然对流散热而引起的热损失。吸热表面为正方形,尺寸是 1 m × 1 m。如果吸热表面不设空气夹层,让吸热表面直接暴露于大气之中,试计算在表面温度为 90 ℃时,由于空气的自然对流而引起的散热量(环境温度取为 20 ℃)。

5-44　与水平面成倾角 θ 的夹层中的自然对流换热,可以近似地以 $g\cos\theta$ 来代替 g 而计算 Gr 数。今有一 $\theta = 30°$ 的太阳能集热器,吸热表面的温度 $t_{w1} = 140$ ℃,吸热表面上的封闭空间抽成压力为 0.2×10^5 Pa 的真空。封闭空间的顶盖为一透明窗,其面向吸热表面侧的温度为 40 ℃。夹层厚 8 cm。试计算夹层单位面积的自然对流散热损失,并从热阻的角度分析,在其他条件均相同的情况下,夹层抽真空与不抽真空对玻璃窗温度的影响。

5-45　$t_s = 40$ ℃的水蒸气及 $t_s = 40$ ℃的 R134a 蒸气,在等温竖壁上膜状凝结,试计算离开 $x = 0$ 处 0.1 m、0.5 m 处的液膜厚度。设 $\Delta t = t_w - t_s = 5$ ℃。

5-46　当把一杯水倒在一块炽热的铁板上时,板面上立即会产生许多跳动着的小水滴,而且可以维持相当一段时间而不被汽化。试从传热学的观点来解释这一现象(常称为莱登佛罗斯特(Leidenfrost)现象),并从沸腾换热曲线上找出开始形成这一状态的点。

5-47　饱和水蒸气在高度 $L = 1.5$ m 的竖管外表面上做层流膜状凝结。水蒸气压力为 $p = 2.5 \times 10^5$ Pa,管子表面温度为 123 ℃。试利用努塞尔特分析解计算离开管顶 0.1 m、0.2 m、0.4 m、0.6 m 及 1.0 m 处的液膜厚度和局部表面传热系数。

5-48　饱和温度为 50 ℃的纯净水蒸汽在外径为 25.4 mm 的竖直管束外凝结。蒸汽与管壁的温差为 11 ℃,每根管子长 1.5 m,共 50 根管子。试计算该冷凝器管束的热负荷。

5-49　立式氨冷凝器由外径为 50 mm 的钢管制成。钢管外表面温度为 25 ℃,冷凝温度为 30 ℃。要求每根管子的氨凝结量为 0.009 kg/s,试确定每根管子的长度。

5-50　水蒸气在水平管外凝结。设管径为 25.4 mm,壁温低于饱和温度 5 ℃,试计算在冷凝压力为 5×10^3 Pa、5×10^4 Pa、10^5 Pa 及 10^6 Pa 下的凝结换热表面传热系数。

5-51　饱和温度为 30 ℃的氨蒸气在立式冷凝器中凝结。冷凝器中管束高 3.5 m,冷凝温度比壁温高 4.4 ℃。试问在冷凝器的设计计算中可否采用层流液膜的公式。物性参数可按 30 ℃计算。

5-52　一工厂中采用 0.1 MPa 的饱和水蒸气在一金属竖直薄壁上凝结,对置于壁面另一侧的物体进行加热处理。已知竖壁与蒸气接触的表面的平均壁温为 70 ℃,壁高 1.2 m,宽 30 cm。在此条件下,一被加热物体的平均温度可以在 0.5 h 内升高 30 ℃,确定这一物体的平均热容量。不考虑散热损失。

5-53　一块与竖直方向成 30°的正方形平壁,边长为 40 cm,有压力为 1.013×10^5 Pa 的饱和水蒸气在此板上凝结,平均壁面温度为 96 ℃。试计算每小时的凝结水量。如果该平板与水平方向成 30°,问凝结量将是现在的百分之几?

5-54　压力为 1.013×10^5 Pa 的饱和水蒸汽,用水平放置的壁温为 90 ℃的铜管凝结。有下列两种选择:用一根直径为 10 cm 的铜管或用 10 根直径为 1 cm 的铜管。试问:

(1) 这两种选择所产生的凝结水量是否相同? 最多可以相差多少?

(2) 要使凝结水量的差别最大,小管径系统应如何布置(不考虑容积的因素)。

(3) 上述结论与蒸汽压力、铜管壁温是否有关(保证两种布置的其他条件相同)?

5-55　为估算位于同一竖直面内的几根管子的平均表面传热系数,可采用下面偏于保守的公式:$h_n = h_1 n^{-1/4}$,其中 h_1 为由上往下第 1 排管子的凝结换热表面传热系数,这里假定 n 根管子的壁温相同。试加以说明。

5-56　为了强化竖管外的蒸汽凝结换热,有时可采用如图 5-32 所示的凝结液泄出罩。设在高 L 的竖管外,等间距地布置了 n 个泄出罩,且加罩前与加罩后管壁温度及其他条件都保持不变。试导出加罩后全管的平均表面传热系数与未加罩时的平均表面传热系数间的关系式。

如果希望表面传热系数提高 1 倍,应加多少个罩? 如果 $L/d = 100$,为使竖管的平均表面传热系数与水平管一样,需加多少个罩?

5-57　今有一台由直径为 20 mm 的管束所组成的卧式冷凝器,管子成叉排布置。在同一竖排内的平均管排数为 20,管壁温度为 15 ℃,凝结压力为 4.5×10^3 Pa,试估算纯净水蒸气凝结时管束的平均表面传热系数。

5-58　直径为 6 mm 的合金圆钢在 98 ℃水中淬火时的冷却曲线如图 5-33 所示。圆钢初温为 800 ℃。试分析曲线各段所代表的换热过程的性质。

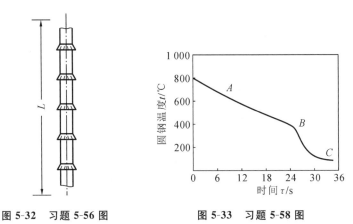

图 5-32　习题 5-56 图　　　　图 5-33　习题 5-58 图

5-59　平均压力为 1.98×10^5 Pa 的水,在内径为 15 mm 的铜管内做充分发展的单相强制对流换热。水的平均温度为 100 ℃,壁温比水温高 5 ℃。试问:当流速多大时,对流换热的热流密度与同压力、同温差下的饱和水在铜表面上做大容器核态沸腾时的热流密度相等？

5-60　当液体在一定压力下做大容器饱和核态沸腾时，欲使表面传热系数增加 10 倍，温差 $(t_w - t_s)$ 应增加几倍？如果同一液体在圆管内做单相紊流换热(充分发展区)，为使表面传热系数提高 10 倍，流速应增加多少倍。为维持流体流动所消耗的功将增加多少倍？设物性为常数。

5-61　直径为 5 cm 的电加热铜棒被用来产生压力为 3.61×10^5 Pa 的饱和水蒸气，铜棒表面温度高于饱和温度 5 ℃，问需要多长的铜棒才能维持 90 kg/h 的产气率？

5-62　一铜制平底锅底部的受热面直径为 30 cm，要求其在 1.013×10^5 Pa 的大气压下沸腾时每小时能产生 2.3 kg 饱和水蒸气。试确定锅底干净时其与水接触面的温度。

5-63　一台电热锅炉，用功率为 8 kW 的电热器来产生压力为 1.43×10^5 Pa 的饱和水蒸气。电热丝置于两根长为 1.5 m、外径为 15 mm 的钢管内(经机械抛光后的不锈钢管)，而该两根钢管置于水内。设所加入的电功率均用来产生蒸气，试计算不锈钢管壁面温度的最高值。钢管壁厚 1.5 mm，导热系数为 10 W/(m·K)。

5-64　直径为 30 mm 的钢棒(碳含量约为 1.5%)在 100 ℃ 的饱和水中淬火。在冷却过程中的某一瞬间，棒表面温度为 110 ℃，试估算此时棒表面的温度梯度。沸腾换热表面传热系数可按式 (5-59) 估计。

5-65　一直径为 3.5 mm、长 100 mn 的机械抛光的薄壁不锈钢管，被置于压力为 1.013 $\times 10^5$ Pa 的水容器中，水温已接近饱和温度。对该不锈钢管两端通电以作为加热表面。试计算当加热功率为 1.9 W 及 100 W 时，水与钢管表面间的表面传热系数。

5-66　式(5-59)可以进一步简化成 $h = cq^{0.67}$，其中系数 c 取决于沸腾液体的种类、压力及液体与固体表面的组合。对于水在抛光的铜、铂及化学腐蚀与机械抛光的不锈钢表面上的沸腾换热，式(5-59)中的 C_{wl} 均可取为 0.013。试针对 $p = 1.013 \times 10^5$ Pa、4.76×10^5 Pa、10.03×10^5 Pa、19.08×10^5 Pa、39.78×10^5 Pa 下的大容器沸腾，计算上述情形中的系数 c。

5-67　在所有的对流换热计算式中，沸腾换热的实验关联式大概是分歧最大的。就式(5-59)而言，用它来估计 q 时最大误差可达 100%。另外，系数 C_{wl} 的确定也是引起误差的一个方面。今设在给定的温差下，由于 C_{wl} 的取值偏高了 20%，试估算热流密度的计算值引起的偏差。如果规定了热流密度，则温差的估计又会引起多大的偏差，通过具体的计算来说明。

5-68　用直径为 1 mm、电阻率 $\rho = 1.1 \times 10^{-6}$ Ω·m 的导线通过盛水容器作为加热元件。试确定，在 $t_s = 100$ ℃ 时为使水的沸腾处于核态沸腾区，该导线所能允许的最大电流。

5-69　在实验室内进行压力为 1.013×10^5 Pa 的大容器沸腾实验时，采用大电流通过小直径不锈钢管的方法加热。为了能在电压不高于 220 V 的情形下演示整个核态沸腾区域，试估算所需的不锈钢管的每米长电阻应为多少。设选定的不锈钢管的直径为 3 mm，长为 100 mm。

5-70　试计算当水在月球上并在 10^5 Pa 及 10×10^5 Pa 下做大容器饱和沸腾时，核态沸腾的最大热流密度比地球上的相应数值小多少(月球上的重力加速度为地球的 1/6)？

5-71　一氨蒸发器中，氨液在一组水平管外沸腾，沸腾温度为 -20 ℃。假设可以把这一沸腾过程近似地作为大容器沸腾看待，试估计每平方米蒸发器外表面所能承担的最大制冷量。-20 ℃ 时氨从液体变成气体的相变热(潜热) $\gamma = 1329$ kJ/kg，表面张力 $\sigma = 0.031$ N/m，密度 $\rho_v = 1.604$ kg/m³。

5-72　一直径为 5 cm、长为 10 cm 的钢柱体从温度为 1100 ℃ 的加热炉中取出后，被水平地置于压力为 $1.013×10^5$ Pa 的盛水容器中（水温已近饱和）。试估算刚放入时工件表面与水之间的换热量及工件的平均温度下降率。钢的密度 $\rho=7790$ kg/m^3，比热容 $c=470$ J/(kg·K)，发射率 $\varepsilon=0.8$。

参 考 文 献

[1] 王补宣. 工程传热传质学（上册）[M]. 2 版. 北京：科学出版社，2015.

[2] 杨世铭，陶文铨. 传热学[M]. 4 版. 北京：高等教育出版社，2006.

[3] 戴锅生. 传热学[M]. 2 版. 北京：高等教育出版社，1999.

[4] 俞佐平，陆煜. 传热学[M]. 3 版. 北京：高等教育出版社，1995.

[5] 章熙民，任泽霈，梅飞鸣. 传热学[M]. 4 版. 北京：中国建筑工业出版社，2007.

[6] 埃克尔特 E R G，德雷克 R M. 传热与传质分析[M]. 航青，译. 北京：科学出版社，1983.

[7] HOLMAN J P. Heat transfer[M]. 10th ed. Boston：McGraw-Hill，2011.

[8] KREITH F，BOHN M S. Principles of heat transfer[M]. 4th ed. New York：Harper & Row Publishers，1986.

[9] INCROPERA F P，DEWITT D P. Introduction to heat transfer[M]. 3rd ed. New York：John Wiley & Sons，1996.

[10] 王启杰. 对流传热与传质分析[M]. 西安：西安交通大学出版社，1991.

[11] 陈钟顾. 传热学专题讲座[M]. 北京：高等教育出版社，1989.

[12] 程尚模，黄素逸. 传热学[M]. 北京：高等教育出版社，1990.

[13] 陈维汉，许国良，靳世平. 传热学[M]. 武汉：武汉理工大学出版社，2004.

[14] NAKAYAMA A. PC-Aided numerical heat transfer and fluid flow[M]. Boca Raton ：CRC Press，1995.

[15] NAKAYAMA A，KUWAHARA F，XU G L. Thermal fluid flow and heat transfer (in Japanese)[M]. Tokyo ：Kyoritsu Shuppon，2002.

[16] XU G L，NAKAYAMA A，KUWAHARA F. The Concept of known velocity boundary for automatic setting of boundary conditions[J]. Int. Comm. Heat Mass Transfer，2002，29（3）：335-343.

[17] 江宏俊. 流体力学（上册）[M]. 北京：高等教育出版社，1985.

[18] 赵学端，廖其奠. 粘性流体力学[M]. 北京：机械工业出版社，1983.

第6章

热辐射基础

热辐射不需要通过任何介质来实现热量传递,因此它是不同于传导和对流的另一种热量传递方式。热辐射和辐射换热普遍存在于太阳能利用、热能利用、辐射采暖、炉膛内分析和计算等领域。在本章中,首先介绍热辐射的基本概念,然后从黑体辐射的研究入手,讨论热辐射的基本定律,进而讨论实际物体的辐射和吸收特性。

6.1 基 本 概 念

热辐射作为热量传递的基本方式之一,是借助电磁波的能量传播过程。发射电磁波是各类物质的固有属性。所有温度高于绝对零度的物体,其内微观粒子都处于受激状态,从而物体不断地向外发射特定的电磁波谱。图 6-1 所示为根据波长分布的电磁波波谱。电磁波的波长范围很广,包括波长达数百米的无线电波到波长小于 10^{-14} m 的宇宙射线。各种射线由于激发方式不同而性质各异,而且投射到物体上会产生不同的效应。本章只研究由物质的自身温度或热运动而产生的电磁辐射,即热辐射。热辐射处于整个电磁波谱的中段,即辐射光谱从 $0.1 \sim 1000 \ \mu m$ 之间的波长部分,包括红外线、可见光和部分紫外线。

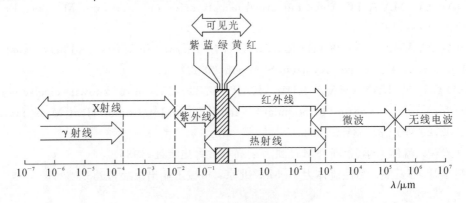

图 6-1 电磁波波谱

有两种理论可以解释辐射传递能量的现象,即经典的电磁波理论和量子理论。经典的电磁波理论可解释辐射传递能量的波动性,量子理论则解释其粒子性。在大多数情况下,这两种理论得出的结果十分一致。对工程技术人员来说,辐射能的本质(波或光子)并不重要,重点是研究热辐射的工程应用。工程上最感兴趣的是波长为 $0.38 \sim 0.76 \ \mu m$ 的可见光和波长为 $0.76 \sim 1000 \ \mu m$ 的红外线。在工业中所遇到的温度大多在 2000 K 以下,此时大部分能量位于红外线波段 $0.76 \sim 20 \ \mu m$,可见光波段所占比例很小。与之相反,太阳辐射的主要能量分布在可见光波段,即 0.2~2 μm。

　　与导热、对流换热相比,热辐射这种传热方式有如下特点:① 热辐射不依赖介质进行能量传递,事实上在真空中传递的效率最高;② 在物体的辐射换热中还伴随着热力学能和电磁能的转化;③ 温度高于 0 K 的物体不仅会辐射能量,同时还会吸收能量。即使各个物体的温度相同,辐射换热也会进行,只是此时各个物体辐射换热处于动态平衡状态,即辐射的能量等于吸收的能量。

　　一个物体如果与另一个物体相互能够看得见,那么它们之间就会发生辐射热交换。而交换的辐射换热量不仅与两个物体的温度有关,而且与物体的形状、大小和相互位置有关,同时还与物体所处的环境密切相关。这些问题都将在下面进行讨论。

　　和可见光规律相同,当热辐射的能量投射到物体表面上时,会被物体吸收、反射和透射,如图 6-2 所示。如果单位时间投射到单位物体表面全波长的辐射能量,即投入辐射为 $G(\text{W/m}^2)$,被表面反射部分为 G_{ρ},吸收部分为 G_{a},透射部分为 G_{τ}。根据能量守恒定律有

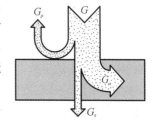

$$G = G_{\rho} + G_{a} + G_{\tau} \tag{6-1}$$

将式(6-1)两边同时除以 G,可得

$$\rho + \alpha + \tau = 1 \tag{6-2}$$

图 6-2　物体对热辐射的吸收、反射与透射示意图

式中:

$$\alpha = \frac{G_{a}}{G}, \quad \rho = \frac{G_{\rho}}{G}, \quad \tau = \frac{G_{\tau}}{G} \tag{6-3}$$

　　α、ρ、τ 分别称为物体对投射辐射能的吸收比、反射比与透射比(习惯上又称吸收率、反射率和透射率),分别反映了被物体吸收、反射和透射的辐射能所占的份额。如果投入辐射是投射到单位物体表面某一波长的辐射能,以上关系式同样适用。

　　当热辐射投射到固体或液体表面时,一部分被反射,其余部分在很薄的表面层内就被完全吸收了,所以吸收和反射几乎都在表面进行,因而可以视为一个表面过程。对于金属导体,薄层的厚度仅有 1 μm,而对于大多数非导电体,薄层的厚度小于 1 μm。因此,对于固体和液体,由于热射线不能穿过固体和液体,可以认为对热辐射的透射比为零,式(6-2)可简化为 $\rho + \alpha = 1$。

　　当热辐射投射到气体时,由于气体几乎不反射热射线,可以认为其对热辐射的反射比为零,式(6-2)可简化为 $\tau + \alpha = 1$。由于气体对热射线的吸收和透射是在气体容积中进行的,其自身的辐射也是在容积中完成的。因此,气体的热辐射是容积辐射,与气体内部特征有关,与其表面状况无关。

　　由于不同物体的吸收比、反射比与透射比因具体条件不同差别很大,给热辐射的计算带来很大困难。为了简化问题,定义一些理想物体。

　　透射比 $\tau = 1$ 的物体称为透明体。在热辐射研究中完全的透明体是不存在的,但在一定条件下,如玻璃材料对于可见光和空气对于红外线,可以视为透明体。

　　反射比 $\rho = 1$ 的物体称为白体(具有漫反射的表面)或镜体(具有镜反射的表面)。镜反射的特点是反射角等于入射角,如图 6-3(a)所示。漫反射时被反射的辐射能在物体表面上方空间各个方向上均匀分布,如图 6-3(b)所示。物体表面对热辐射的反射情况取决于物体表面的粗糙程度和投射辐射能的波长。把一个球投到固体表面上时,如果球的直径远大于

固体的表面粗糙度,则很容易形成镜反射,如篮球在球场上的运动;但是当球的直径与固体的表面粗糙度具有同一数量级时,则容易形成漫反射。还应指出,漫反射表面的自身辐射也是漫发射的,而镜反射表面的自身辐射也是镜发射的。对全波长范围的热辐射能完全镜反射或完全漫反射的实际物体是不存在的,绝大多数工程材料在工业温度范围(温度小于 2000 K)内对热辐射的反射可近似为漫反射。

当吸收比 $\alpha=1$ 时,所有入射辐射的能量全部都被物体吸收,这种理想的吸收体称为绝对黑体,简称黑体。黑体将所有投射在它上面的波长和所有方向上的辐射能全部吸收,在所有物体之中,它吸收热辐射的能力最强。黑体可以用来作为比较实际物体发射辐射能的标准。在一般温度条件下,可见光波段只占全波长范围的一部分,所以物体对热射线的吸收能力不能单凭物体的颜色判断,即黑颜色的物体不一定是黑体。

黑体是一种理想物体,在自然界是不存在的,只有少数表面,如炭黑、金刚砂、金黑等近似黑体。但可以人工制造出接近黑体的模型。图 6-4 所示的是一个人工黑体模型:一个内表面吸收比较高的空腔,空腔的壁面上有一个小孔,进入其中的热射线,经过多次吸收和反射,只有极小量的热射线能够从开孔处出来,相当于小孔的吸收比接近于 1,即接近于黑体。研究黑体的辐射在热辐射研究中具有重要的理论意义和实用价值,也是我们讨论热辐射的重要内容。

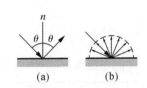

图 6-3　镜反射与漫反射示意图

(a) 镜反射　(b) 漫反射

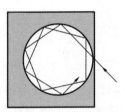

图 6-4　人工黑体模型

6.2　黑体辐射和吸收的基本定律

1. 辐射力和辐射强度

在讨论黑体辐射的基本定律之前,为了表示单位物体向外界发射辐射能的数量,需要引入称为辐射力和辐射强度的物理量。

1) 总辐射力 E

总辐射力指单位时间内物体单位辐射面积向半球空间一切方向所发射出去的全部波长的辐射能量,用符号 E 表示,单位为 W/m^2。总辐射力表征了物体发射能力的大小。总辐射力又称为辐射力,对于微元表面 dA,总辐射力的数学表达式为

$$E = d\Phi/dA \tag{6-4}$$

式中:$d\Phi$ 为 dA 面积内物体向半球空间辐射出去的总辐射能。

2) 单色辐射力

单色辐射力(又称光谱辐射力)指单位时间内物体单位辐射面积向半球空间一切方向所发射出去的某一波长范围的辐射能量,用符号 E_λ 表示,单位为 W/m^3。单色辐射力用来描

述辐射能量随波长的分布特征,表征了物体发射某一波长辐射能力的大小。对于微元表面 $\mathrm{d}A$,数学表达式为

$$E_\lambda = \frac{\mathrm{d}\Phi_\lambda}{\mathrm{d}A} = \frac{\mathrm{d}^2\Phi}{\mathrm{d}\lambda\mathrm{d}A} \tag{6-5}$$

式中:$\mathrm{d}\Phi_\lambda$ 为微元面积 $\mathrm{d}A$ 内物体向半球空间辐射出去的某一波长的辐射能;λ 为热射线的波长,单位为 $\mu\mathrm{m}$。

在热辐射的整个波谱内,不同波长发射出的辐射能是不同的。显然,单色辐射力和辐射力之间存在下述关系:

$$E = \int_0^\infty E_\lambda \mathrm{d}\lambda \tag{6-6}$$

3) 方向辐射力

方向辐射力(又称定向辐射力)指单位时间内物体单位辐射面积向半球空间中某一方向单位立体角内辐射的所有波长的辐射能量。方向辐射力描述物体表面辐射能量在半球空间中的分布特征。对于微元表面,其数学表达式为

$$E_\varphi = \frac{\mathrm{d}^2\Phi}{\mathrm{d}\bar\omega\mathrm{d}A} \tag{6-7}$$

式中:$\mathrm{d}\bar\omega$ 为微元立体角。

立体角用来衡量空间中的面相对于某一点所张开的空间角度的大小,其量度与平面角的量度类似。平面几何中,在一个半径为 r 的圆上,弧长 s 所对应的圆心角是平面角,大小为 $\theta = s/r$,单位是 rad(弧度)。立体角为半径为 r 的球面上的面积 f 与球心所对应的一个空间角度(见图 6-5),用 $\bar\omega$ 表示。立体角表达式为

$$\bar\omega = \frac{f}{r^2} \tag{6-8}$$

单位为 sr(球面度)。整个半球的面积 $f = 2\pi r^2$,立体角为 $2\pi\,\mathrm{sr}$。

对于给定方向的微元立体角 $\mathrm{d}\bar\omega$,根据图上的几何关系有

$$\mathrm{d}\bar\omega = \frac{\mathrm{d}f}{r^2} = \frac{r\mathrm{d}\varphi \cdot r\sin\varphi\mathrm{d}\theta}{r^2} = \sin\varphi\mathrm{d}\varphi\mathrm{d}\theta \tag{6-9}$$

由有关辐射力的定义,显然有以下关系

$$E_\lambda = \frac{\mathrm{d}E}{\mathrm{d}\lambda} \tag{6-10}$$

$$E = \int_0^\infty E_\lambda \mathrm{d}\lambda \tag{6-11}$$

$$E_\varphi = \frac{\mathrm{d}E}{\mathrm{d}\bar\omega} \tag{6-12}$$

$$E = \int_0^{2\pi} E_\varphi \mathrm{d}\bar\omega = \int_{\theta=0}^{\theta=2\pi}\int_{\varphi=0}^{\varphi=\pi/2} E_\varphi \sin\varphi\mathrm{d}\varphi\mathrm{d}\theta \tag{6-13}$$

$$E_{\lambda,\varphi} = \frac{\mathrm{d}E}{\mathrm{d}\lambda\mathrm{d}\bar\omega} \tag{6-14}$$

$$E = \int_0^{2\pi}\int_0^\infty E_{\lambda,\varphi}\mathrm{d}\lambda\mathrm{d}\bar\omega = \int_{\theta=0}^{\theta=2\pi}\int_{\varphi=0}^{\varphi=\pi/2}\int_{\lambda=0}^{\lambda=\infty} E_\varphi \sin\varphi\mathrm{d}\varphi\mathrm{d}\theta\mathrm{d}\lambda \tag{6-15}$$

4) 定向辐射强度

在不同方向上所能看到的辐射面积是不同的。如图 6-6 所示,微元辐射面 $\mathrm{d}A$ 位于球心的底面,在任意方向 φ 看到的辐射面积并不是 $\mathrm{d}A$,而是 $\mathrm{d}A\cos\varphi$。也就是随着 φ 的增大,辐

射面积在该方向上的可见面积(投影面积)减小。通常把单位时间内在某一辐射方向上物体在单位可见辐射面积向该方向单位立体角内辐射的一切波长的能量称为该方向上的定向辐射强度,用符号 I_φ 表示,单位为 $W/(m^2 \cdot sr)$。定向辐射强度以给定辐射方向所看到的单位面积作为计算依据,表示空间中任意位置(点)的辐射能的强度(能流密度)。根据定义有

$$I_\varphi = \frac{dE}{\cos\varphi d\bar{\omega}} = \frac{E_\varphi}{\cos\varphi} \tag{6-16}$$

$$E = \int_0^{\pi/2} \int_0^{2\pi} I_\varphi \cos\varphi \sin\varphi d\theta d\varphi \tag{6-17}$$

为了方便,凡与黑体辐射相关的物理量,均标以下标 b,例如黑体的辐射力和单色辐射力将分别表示为 E_b 和 $E_{b\lambda}$。以下将对黑体辐射的基本定律展开讨论。

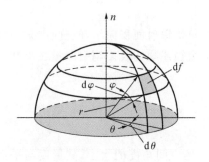

图 6-5　球坐标系中的立体角

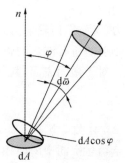

图 6-6　辐射面积的定义

2. 普朗克定律

1901 年,普朗克以量子假设为基础,确定了黑体辐射随波长的分布规律,给出了黑体的单色辐射力 $E_{b\lambda}$ 与热力学温度 T、波长 λ 之间的函数关系,称为普朗克定律,即

$$E_{b\lambda} = \frac{c_1 \lambda^{-5}}{e^{c_2/(\lambda T)} - 1} \tag{6-18}$$

式中:λ 为波长,m;T 为黑体的热力学温度,K;c_1 为普朗克第一常数,$c_1 = 3.743 \times 10^{-16}$ W · m^2;c_2 为普朗克第二常数,$c_2 = 1.4387 \times 10^{-2}$ m · K。

根据普朗克定律绘制不同温度下黑体的单色辐射力曲线,如图 6-7 所示。每一条曲线表示相同温度下黑体单色辐射力随波长的变化关系。可见,在一定温度下,黑体的单色辐射力随着波长的增加而增加,在某个波长上单色辐射力会达到一个峰值 $(E_{b\lambda})_{max}$,而后又随着波长的增加而慢慢减小。不同温度所对应的最大单色辐射力的波长 λ_{max} 显然是不相同的。对某一温度而言,$E_{b\lambda}$ 曲线与横坐标围成的面积就是该温度下的总辐射力。随着温度的增加,总辐射力迅速增加,且峰值对应的波长 λ_{max} 向短波方向移动,也就是高温辐射中短波热射线含量大而长波热射线含量相对少的原因。

为了更加清晰地表示黑体单色辐射力的变化规律,式(6-18)还可以写成另一种通用形式。这种通用形式不需要为每一温度都提供一条单独曲线。将方程(6-18)的两边同时除以 T^5 可得到

$$\frac{E_{b\lambda}}{T^5} = \frac{c_1}{(\lambda T)^5 \left[e^{c_2/(\lambda T)} - 1\right]} = f(\lambda T) \tag{6-19}$$

根据这一关系可知,$\dfrac{E_{b\lambda}}{T^5}$ 仅是 λT 的函数,绘制的曲线如图 6-8 所示。

例 6-1　太阳如同一个辐射温度为 5870 K 的黑体。试求太阳辐射在可见光中部 $\lambda =$

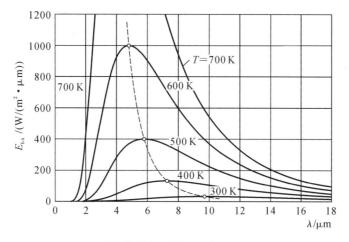

图 6-7　黑体的单色辐射力与波长、温度的关系

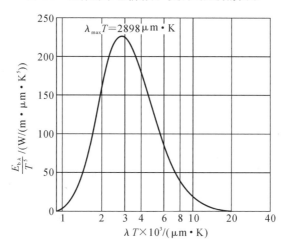

图 6-8　黑体的单色辐射力与 λT 的函数关系

$0.55~\mu m$ 处的单色辐射力。

解　由式(6-18)有

$$E_{b\lambda} = \frac{3.743 \times 10^{-16} \times (0.55 \times 10^{-6})^{-5}}{e^{1.4387 \times 10^{-2}/(0.55 \times 10^{-6} \times 5780)} - 1}~\text{W/m}^3 = 0.814 \times 10^{14}~\text{W/m}^3$$

3. 维恩位移定律

1891 年,维恩采用热力学理论推导出了对应于最大单色辐射力的波长 λ_{max} 与物体的热力学温度 T 之间的关系:

$$\lambda_{max} T = 2.8976 \times 10^{-3}~\text{m} \cdot \text{K} \approx 2.9 \times 10^{-3}~\text{m} \cdot \text{K} \tag{6-20}$$

式(6-20)表达的波长 λ_{max} 与物体的热力学温度 T 成反比的规律,称为维恩位移定律。事实上,将普朗克定律的表达式(6-18)对波长求极限即可得到维恩位移定律。

例 6-2　试分别计算温度为 2000 K 和 5800 K 的黑体的最大单色辐射力所对应的波长 λ_{max}。

解　由式(6-20)有

$T = 2000$ K 时, $\lambda_{max} = 2.9 \times 10^{-3}/2000$ m$= 1.45~\mu m$。

$T = 5800$ K 时, $\lambda_{max} = 2.9 \times 10^{-3}/5800$ m$= 0.50~\mu m$。

计算结果表明,太阳表面温度(约 5800 K)的黑体辐射峰值的波长位于可见光区段。可见光的波长范围虽然很窄(0.38~0.76 μm),但所占太阳辐射能的份额却很大(约为44.6%)。而在工业上的一般高温范围(约 2000 K)内,黑体辐射峰值的波长位于红外线区段。例如,加热炉中铁块升温过程中颜色的变化可以体现黑体辐射的特点:当铁块的温度低于 800 K 时,所发射的热辐射主要是红外线,人的眼睛感受不到,看起来还是原色。随着温度的升高,铁块的颜色逐渐变为暗红、鲜红、橘黄,温度超过 1300 K 时开始变为亮白等颜色,这是由于随着温度的升高,铁块发射的热辐射中可见光及可见光中短波的比例逐渐增大。

4. 斯特藩-玻尔兹曼定律

在辐射换热计算中,黑体辐射力的计算是至关重要的。根据(6-11)和式(6-18)有

$$E_b = \int_0^\infty E_{b\lambda} d\lambda = \int_0^\infty \frac{c_1 \lambda^{-5}}{e^{c_2/(\lambda T)} - 1} d\lambda = \sigma_0 T^4 \tag{6-21}$$

式中:σ_0 为斯特藩-玻尔兹曼常数,又称黑体辐射常数,其值为 5.67×10^{-8} W/(m² · K⁴)。式(6-21)就是斯特藩-玻尔兹曼定律(又称四次方定律),它是计算辐射换热的基础。在普朗克提出量子理论之前,分别由斯特藩采用实验方法(1879 年)和玻尔兹曼采用热力学理论(1884 年)得出。应用中,为了便于计算,式(6-21)通常改写成

$$E_b = C_0 \left(\frac{T}{100} \right)^4$$

式中:C_0 称为黑体辐射系数,其值为 5.67 W/(m² · K⁴)。

例 6-3　一个黑体表面,从 27 ℃加热到 827 ℃,求该表面的辐射力增加了多少?

解　由式(6-21),有
$$E_{b1} = \sigma_0 T_1^4 = 5.67 \times 10^{-8} \times (273+27)^4 \text{ W/m}^2 = 459 \text{ W/m}^2$$
$$E_{b2} = \sigma_0 T_2^4 = 5.67 \times 10^{-8} \times (273+827)^4 \text{ W/m}^2 = 83014 \text{ W/m}^2$$

其辐射力增加了约 180 倍,可见随着温度的增加,辐射换热将成为换热的主要方式。

例 6-4　一个边长为 0.1 m 的正方形平板加热器,每一面辐射功率为 10^2 W。如果将加热器看作黑体,试求加热器的温度和对应于加热器最大黑体单色辐射力的波长。

解　设加热器每一面的面积为 A,由辐射力定义式及式(6-21)有
$$E = \frac{\Phi}{A} = \sigma_0 T^4$$
所以
$$T = \left(\frac{\Phi}{A\sigma_0} \right)^{1/4} = \left(\frac{10^2}{0.1^2 \times 5.67 \times 10^{-8}} \right)^{1/4} \text{ K} = 648 \text{ K}$$

根据维恩位移定律,$\lambda_{max} = 2.8976 \times 10^{-3}/648$ m = 4.47 μm。

工程上许多实际问题中往往需要计算某一波长范围内黑体辐射的能量,也就是波段辐射力。设黑体在某一波段 λ_1 和 λ_2 之间的辐射能为 ΔE_b。如图 6-9 所示,ΔE_b 即为温度曲线在 λ_1 和 λ_2 之间所包含的面积(阴影部分)。根据辐射力的定义有

$$\Delta E_b = \int_{\lambda_1}^{\lambda_2} E_{b\lambda} d\lambda$$

或

$$\Delta E_b = \int_0^{\lambda_2} E_{b\lambda} d\lambda - \int_0^{\lambda_1} E_{b\lambda} d\lambda$$

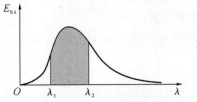

图 6-9　黑体在某一波段内的辐射

常把黑体的波段辐射力表示成同温度下黑体辐射力的百分数,称为波段辐射函数,即

$$F_{b,(\lambda_1-\lambda_2)} = \frac{\Delta E_b}{E_b} = \frac{\int_0^{\lambda_2} E_{b\lambda} d\lambda}{\sigma_0 T^4} - \frac{\int_0^{\lambda_1} E_{b\lambda} d\lambda}{\sigma_0 T^4} = F_{b,(0-\lambda_2)} - F_{b,(0-\lambda_1)} \tag{6-22}$$

式中：$F_{b,(0-\lambda_1)}$ 表示波长从 0 到 λ_1 的波段辐射函数，其余类似。

将式(6-22)改写成以 λT 为自变量的波段辐射函数，使用起来更方便，其形式为

$$F_{b,(\lambda_1 T-\lambda_2 T)} = \int_0^{\lambda_2} \frac{E_{b\lambda}}{\sigma_0 T^5} d(\lambda T) - \int_0^{\lambda_1} \frac{E_{b\lambda}}{\sigma_0 T^5} d(\lambda T) = F_{b,(0-\lambda_2 T)} - F_{b,(0-\lambda_1 T)} \tag{6-23}$$

波段辐射函数的数值由表 6-1 给出。根据给定区间的波长和黑体的温度，即可求出波段辐射能量，即

$$\Delta E_b = E_b (F_{b,(0-\lambda_2)} - F_{b,(0-\lambda_1)}) \tag{6-24}$$

表 6-1 黑体辐射函数

$\lambda T/(\mu m \cdot K)$	$F_{b,(0-\lambda)}/(\%)$	$\lambda T/(\mu m \cdot K)$	$F_{b,(0-\lambda)}/(\%)$	$\lambda T/(\mu m \cdot K)$	$F_{b,(0-\lambda)}/(\%)$
1000	0.0323	3800	44.38	16000	97.38
1100	0.0916	4000	48.13	18000	98.08
1200	0.214	4200	51.64	20000	98.56
1300	0.434	4400	54.92	22000	98.89
1400	0.782	4600	57.96	24000	99.12
1500	1.290	4800	60.79	26000	99.30
1600	1.979	5000	63.41	28000	99.43
1700	2.862	5500	69.12	30000	99.53
1800	3.946	6000	73.81	35000	99.70
1900	5.225	6500	77.66	40000	99.79
2000	6.690	7000	80.83	45000	99.85
2200	10.11	7500	83.46	50000	99.89
2400	14.05	8000	85.64	55000	99.92
2600	18.34	8500	87.47	60000	99.94
2800	22.82	9000	89.07	70000	99.96
3000	27.36	9500	90.32	80000	99.97
3200	31.85	10000	91.43	90000	99.98
3400	36.21	12000	94.51	100000	99.99
3600	40.40	14000	96.29	—	—

例 6-5 试计算太阳辐射中可见光所占的比例。

解 太阳可认为是表面温度为 $T = 5762$ K 的黑体，可见光的波长范围是 $0.38 \sim 0.76$ μm，即 $\lambda_1 = 0.38$ μm，$\lambda_2 = 0.76$ μm，于是，

$$\lambda_1 T = 2190 \ \mu m \cdot K, \quad \lambda_2 T = 4380 \ \mu m \cdot K$$

由表 6-1 可查得

$$F_{b,(0-\lambda_1)} = 9.94\%, \quad F_{b,(0-\lambda_2)} = 54.59\%$$

可见光所占的比例为

$$F_{b,(\lambda_1-\lambda_2)} = F_{b,(0-\lambda_1)} - F_{b,(0-\lambda_2)} = 44.65\%$$

从上述结果可以看出,太阳辐射中可见光所占的比例很大。

5. 兰贝特定律

黑体辐射在空间的分布遵循兰贝特定律。理论上可以证明,黑体表面具有漫射性质,在任意方向上的定向辐射强度与方向无关,即黑体辐射的定向辐射强度在半球空间各个方向上是相同的,均等于它在法线方向($\varphi=0$)上的方向辐射力 $E_{b\lambda,\varphi=0}$(见图 6-6),即

$$I_{b\varphi} = E_{b\varphi=0} \tag{6-25}$$

假设黑体在与法线方向成 φ 角的 φ 方向的单色辐射力为 $E_{b\lambda,\varphi}$,则兰贝特定律可以描述成另一形式:

$$E_{b\lambda,\varphi} = E_{b\lambda,\varphi=0}\cos\varphi \tag{6-26}$$

式(6-26)说明黑体的方向辐射力随方向角 φ 呈余弦规律变化,所以兰贝特定律也称为余弦定律。除黑体表面外,漫射表面也遵守兰贝特定律。式(6-25)、式(6-26)是兰贝特定律的一般表述。

黑体的辐射强度与辐射力存在什么关系呢? 根据式(6-17),对黑体有

$$E = \int_0^{\pi/2}\int_0^{2\pi} I_{b\varphi}\cos\varphi\sin\varphi d\theta d\varphi = I_{b\varphi}\pi \tag{6-27}$$

所以,$I_{b\varphi}=E_b/\pi$。此式表明,黑体的辐射力是黑体辐射强度的 π 倍。从中不难发现黑体的辐射强度也仅是热力学温度的函数。

6. 黑体的吸收特性

吸收比表示物体吸收入射辐射的能力。物体吸收入设辐射的百分数定义为吸收比。与辐射力概念类似,吸收比也可划分为以下四种:对来自一切方向和所有波长的入射辐射的吸收比,称为总吸收比(简称吸收比),以符号 α 表示;对来自一切方向的某一波长的入射辐射的吸收比,称为单色吸收比,以符号 α_λ 表示;对来自某一方向的所有波长的入射辐射的吸收比,称为方向吸收比,以符号 α_φ 表示;对来自某一方向某一波长的入射辐射的吸收比,称为单色方向吸收比,以符号 $\alpha_{\lambda,\varphi}$ 表示。

由黑体定义可知,黑体是理想的吸收体,它对一切波长和所有方向的入射辐射的吸收比均等于 1。于是对黑体有

$$\alpha_b = \alpha_{b\lambda} = \alpha_{b\varphi} = \alpha_{b\lambda,\varphi} = 1$$

6.3　实际物体的辐射和吸收

黑体是吸收比为 1 的理想物体,实际物体不同于黑体。实际物体的辐射和吸收比黑体复杂,其特性取决于许多因素,如组成、表面粗糙度、温度、辐射波长等。下面分别介绍实际物体的辐射和吸收特性以及二者之间的关系。

1. 实际物体的辐射特性

实际物体的单色辐射力随波长和温度的变化是不规则的,并不遵守普朗克定律。图6-10给出了同温度下黑体辐射和实际物体辐射的单色辐射力随温度变化的曲线。显然,实

际物体表面的热辐射性能弱于黑体表面,为了研究问题的方便,引入黑度(发射率)的概念。黑度被定义为实际表面的辐射力与同温度下黑体的辐射力之比。根据辐射力的几种定义,可以得到不同的发射率。

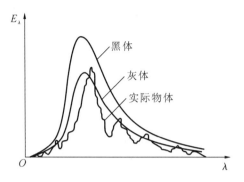

图 6-10　单色辐射力随波长的变化

(1)总发射率,简称发射率(习惯称为黑度),即实际物体的辐射力与同温度下黑体辐射力的比值,即

$$\varepsilon = \frac{E}{E_b} \tag{6-28}$$

(2)单色发射率,即实际表面的单色辐射力与同温度下黑体表面的单色辐射力之比,即

$$\varepsilon_\lambda = \frac{E_\lambda}{E_{b\lambda}} \tag{6-29}$$

发射率与单色发射率之间的关系为

$$\varepsilon = \frac{\int_0^\infty \varepsilon_\lambda E_{b\lambda}\,\mathrm{d}\lambda}{E_b} \tag{6-30}$$

(3)方向发射率,即物体表面在某方向上的方向辐射力与同温度黑体表面在该方向上的方向辐射力之比,亦可表示为物体在某方向上的辐射强度与同温度黑体在该方向上的辐射强度之比,即

$$\varepsilon_\varphi = \frac{E_\varphi}{E_{b\varphi}} = \frac{I_\varphi \cos\varphi}{I_b \cos\varphi} = \frac{I_\varphi}{I_b} \tag{6-31}$$

(4)单色方向发射率,公式为

$$\varepsilon_{\lambda,\varphi} = \frac{E_{\lambda,\varphi}}{E_{b\lambda,\varphi}} \tag{6-32}$$

如果已知某物体的发射率 ε,则该物体的辐射力为

$$E = \varepsilon E_b = \varepsilon \sigma_0 T^4 \tag{6-33}$$

应该指出:实际物体的辐射力并不严格与热力学温度的四次方成正比。但在工程计算中,仍认为一切物体的辐射力都与热力学温度的四次方成正比,存在的偏差包含在由实验确定的发射率 ε 数值之中。由于以上原因,发射率除了与物体本身性质有关外还与温度相关。

如果实际物体是漫射表面,则其方向发射率 ε_φ 应等于常数,而与角度无关。但事实证明,实际物体不是漫发射体,即辐射强度在空间各个方向的分布不遵循兰贝特定律,其辐射强度在半球空间的不同方向会发生变化,是方向角的函数。图 6-11 与图 6-12 分别描绘了若干材料表面的方向发射率随方向角 φ 的变化。

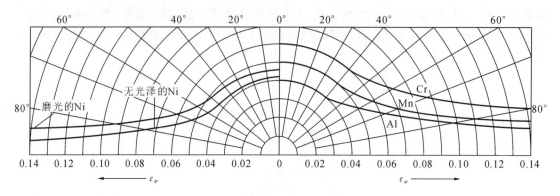

图 6-11　几种金属材料的方向发射率

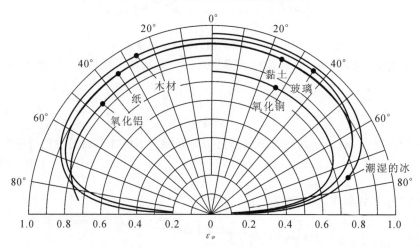

图 6-12　几种非金属材料的方向发射率

从图 6-11 和图 6-12 可以看出，ε_φ 不等于常数。对于磨光的金属表面，在 $0°\sim40°$ 范围内 ε_φ 可近似看作常数，然后随着 φ 角增大 ε_φ 急剧增大，直到 φ 接近 $90°$ 才有所减小。对于非金属表面，在 $0°\sim60°$ 范围内，ε_φ 基本上为一个常数，表现出等强辐射的特征，而在 $\varphi>60°$ 之后明显急剧减小，直至 $90°$ 时趋于零。

工程上主要应用的是沿半球空间的平均发射率，即总发射率，它是对全波长在一定温度下各方向的方向发射率的积分平均值。尽管实际物体的方向发射率有上述变化，但不显著影响平均发射率。因为发射率多用实验方法测定，而测量法线方向的方向发射率最为简单，所以测量物体表面的发射率时通常测量法线方向的方向发射率 $\varepsilon_{\varphi=0}$。研究比较表明，平均发射率与法向发射率相比变化不大，一般采用如下修正。

对于非金属表面：$\varepsilon/\varepsilon_{\varphi=0}=0.95\sim1$

对于高度磨光的金属表面：$\varepsilon/\varepsilon_{\varphi=0}=1\sim1.2$

可近似认为大多数工程材料服从兰贝特定律，不考虑物体不同方向辐射特性的变化。

需要注意的是，物体表面的发射率只取决于发射体本身，与外界条件无关。表 6-2 列出了一些常用材料的法向发射率。除了前述的表面温度以外，表面的性质、状况，如表面粗糙度、氧化和玷污程度、表面涂层厚度等都对物体发射率有很大影响。目前除了高度磨光的金属外，不能用分析方法说明所有这些因素的影响。一般而言，非金属材料的发射率高于金属，粗糙表面的发射率高于光滑表面。

表 6-2　常用材料表面的法向发射率

材料类别和表面状况	温度/℃	法向发射率
磨光的铬	150	0.058
铬镍合金	52～1034	0.64～0.76
灰色、氧化的铅	38	0.28
镀锌的铁皮	38	0.23
具有光滑的氧化层表皮的钢板	20	0.82
氧化的钢	200～600	0.8
磨光的铁	400～1000	0.14～0.38
氧化的铁	125～525	0.78～0.82
磨光的铜	20	0.03
氧化的铜	50	0.6～0.7
磨光的黄铜	38	0.05
无光泽的黄铜	38	0.22
磨光的铝	50～500	0.04～0.06
严重氧化的铝	50～500	0.2～0.3
磨光的金	200～600	0.03～0.03
磨光的银	200～600	0.02～0.03
石棉纸	40～400	0.94～0.93
耐火砖	500～1000	0.8～0.9
红砖(粗糙表面)	20	0.88～0.93
玻璃	22	0.94
木材	20	0.8～0.82
碳化硅涂料	1010～1400	0.82～0.92
上釉的瓷件	20	0.93
油毛毡	20	0.93
抹灰的墙	20	0.94
灯黑	20～400	0.95～0.97
锅炉炉渣	0～1000	0.97～0.70
各种颜色的油漆	100	0.92～0.96
雪	0	0.8
水(厚度>0.1 mm)	0～100	0.96

2. 实际物体的吸收特性

实际物体表面对热辐射的吸收是针对投入辐射而言的。实际物体对入射辐射吸收的百分数称为该物体的吸收比。与黑体不同的是,对实际物体来说,总吸收比 α、单色吸收比 α_λ、方向吸收比 α_φ 和单色方向吸收比 $\alpha_{\lambda,\varphi}$ 不仅仅与物体的物质结构、表面特征以及温度状况有关,而且还与投入辐射的辐射能随波长和温度的变化情况密切相关。因此,实际物体的吸收比比物体的发射率要复杂得多。

图 6-13 给出了对于来自不同温度的黑体辐射源,室温下某些非金属材料的法向总吸收比。由图中可以看出,白纸能够很好地吸收低温下发出的辐射,但对于高温辐射却是不良吸收体;而沥青路面和石板屋顶却能很好地吸收高温辐射,如太阳能。

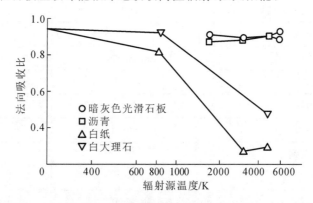

图 6-13　某些实际物体的单色吸收比

上述辐射源温度对吸收比的影响是由于实际物体的单色吸收比不等于常数。图 6-14 和图 6-15 分别给出了由实验得出的某些金属和非金属材料在室温下对黑体辐射的单色吸收比。可见,某些材料,例如磨光的铜和铝,单色吸收比随波长变化较小;但是,白瓷砖等材料的单色吸收比随波长变化较大。这种辐射特性随波长变化的性质称为辐射特性对波长的选择性。人们经常利用这种选择性来为工农业生产服务,如玻璃暖房就是利用玻璃对短波(如小于 2 μm)热辐射吸收较少而对长波(如大于 3 μm)热辐射吸收较多的性质,使大部分太阳能穿过玻璃进入室内,而阻止室内物体发射的辐射能透过玻璃达到室外,达到保温的目的。由于实际物体的单色吸收比随入射波长变化,而入射辐射的性质又取决于入射辐射的温度,因此辐射源的温度会对物体产生影响。为了简化问题,这里假定投入辐射来自黑体表面 2,那么吸收表面 1 对其的吸收比可以定义为

$$\alpha = \frac{\int_0^\infty \alpha_\lambda(T_1) E_{b\lambda}(T_2)\,\mathrm{d}\lambda}{\int_0^\infty E_{b\lambda}(T_2)\,\mathrm{d}\lambda} = \frac{\int_0^\infty \alpha_\lambda(T_1) E_{b\lambda}(T_2)\,\mathrm{d}\lambda}{\sigma_0 T_2^4} \qquad (6\text{-}34)$$

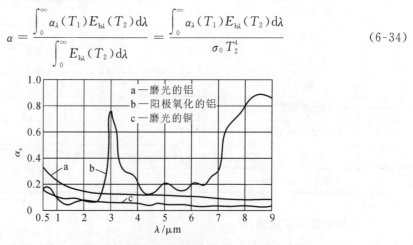

图 6-14　一些金属材料的单色吸收比

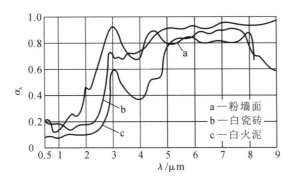

图 6-15　一些非金属材料的单色吸收比

由式(6-34)可知,吸收比是温度 T_1 和 T_2 的函数。如果投入辐射不是来自黑体,而是来自实际的物体表面,尤其是来自不同温度的物体表面,物体表面对其的吸收比几乎是不可测定的。但是如果物体的单色吸收比与波长无关,即 $\alpha_\lambda =$ 常数,则无论投入辐射情况如何,物体的总吸收比将为常数,并等于 α_λ,此时物体的总吸收比只取决于其本身的状况。在热辐射分析中,我们把单色吸收比与波长无关的物体称为灰体,即灰体在一定温度下有

$$\alpha_\lambda = \alpha = 常数$$

与黑体一样,灰体也是一种理想的辐射表面。在一定条件下可以认为实际表面具有灰体的特性。在工程中通常用到的热辐射范围内,可以将实际表面近似作为灰体处理。

灰体是从物体表面对投入辐射的吸收特性上来定义的,如果再在其发射特性上给予等强辐射的假设,即为漫射灰表面。漫射灰表面的方向发射率和方向吸收比与方向无关,单色发射率和单色吸收比与波长无关,则它对于来自任何方向和任何波长的入射波长的吸收比均为常数,同时其发射的辐射也等于对任何方向和任何波长的黑体辐射的一个固定份额。这种简化处理给辐射换热计算带来很大方便。

3. 实际物体辐射与吸收之间的关系——基尔霍夫定律

1860 年,德国物理学家基尔霍夫(G. R. Kirchhoff)采用热力学方法揭示了物体吸收辐射能的能力与发射辐射能的能力之间的关系,称为基尔霍夫定律。基尔霍夫定律可以通过研究图 6-16 所示的平行平板间的辐射换热导出。

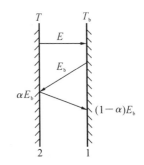

图 6-16　平行平板间的辐射换热

假设两平行平板之间距离很小,从一块板发出的辐射能全部落到另一块板上。若板 1 为黑体表面,板 2 为任意平面。板 1 的辐射力和表面温度分别为 E_b 和 T_b,板 2 的辐射力、吸收比和表面温度分别为 E、α 和 T。对于板 2,单位时间单位面积辐射出去的能量为 E,当这部分能量全部落到板 1 时,由于板 1 为黑体表面,能量全部被板 1 吸收。与此同时,板 1 辐射出去的能量 E_b 只有 αE_b 被板 2 吸收,其余 $(1-\alpha)E_b$ 被反射并被板 1 全部吸收。由此得两板之间的辐射换热量为

$$q = E - \alpha E_b$$

当系统处于热平衡时,$T_b = T$,$q = 0$,于是上式转化为

$$\frac{E}{\alpha} = E_b \tag{6-35}$$

将式(6-35)与式(6-28)相联系,可以得出:

$$\varepsilon = \alpha \tag{6-36}$$

　　式(6-35)和式(6-36)分别是基尔霍夫定律的两种数学表达式,揭示了实际物体辐射力和吸收比之间的关系。式(6-35)表明物体在某温度下的辐射力与其对同温度黑体辐射的吸收比之比恒等于该温度下黑体的辐射力。式(6-36)可以表述为,在孤立体系热平衡条件下物体的黑度等于其对同温度黑体辐射的吸收比。必须注意的是,基尔霍夫定律是从热平衡的条件中导出的,所以只有在热平衡条件下才成立。从该式不难看出,吸收比高的物体其辐射能力也强,即善于辐射的物体也善于吸收。黑体的吸收比最大,因而辐射能力最强。

　　基尔霍夫定律向我们揭示,物体的吸收比可以在一定条件下用其黑度来表示。但这个条件是较为苛刻的,即要在孤立体系热平衡条件下,且物体的吸收比是对黑体辐射而言的。如果在进行工程辐射换热计算时,物体之间温度不相等,就存在热交换,黑度等于吸收比的条件就不满足。因此,基尔霍夫定律对于物体之间的辐射换热计算不会带来方便。

　　对于灰体,由于其单色吸收比为常数,所以灰体的吸收比等于其发射率,与投射源的温度无关,那么不论投入辐射是否来自黑体,也不论物体与外界是否处于热平衡状态,都存在 $\varepsilon = \alpha$,可见灰体无条件满足基尔霍夫定律。

　　对于工程上常见的温度范围($T \leqslant 2000\ \mathrm{K}$),大部分辐射能都处于红外波长范围内,此时单色吸收比基本与波长无关,所以绝大多数工程材料都可以近似为漫射灰体,已知发射率的数值就可以由式(6-36)确定吸收比的数值,不会引起较大的误差。但在研究物体表面对太阳能的吸收和本身的热辐射时,不能简单地将物体当作灰体,而错误地认为对太阳能的吸收比等于在常温下自身辐射的发射率。这是因为近50%的太阳辐射位于可见光的波长范围内,而自身热辐射位于红外波长范围内,由于实际物体的单色吸收比对投入辐射的波长具有选择性,所以一般物体对太阳辐射的吸收比与自身辐射的发射率有较大的差别。

　　此外,基尔霍夫定律除式(6-35)和式(6-36)以外,还有其他不同层次的表达式,但适用条件不同。对于任意表面,有 $\varepsilon_{\lambda,\varphi}(T) = \alpha_{\lambda,\varphi}(T)$;对于漫射表面,则满足 $\varepsilon_\lambda(T) = \alpha_\lambda(T)$。进一步讨论请参阅相关文献。

6.4　气体的辐射和吸收

1. 气体辐射特点

　　在工程上常见的温度范围内,单原子气体和空气、氢、氧、氮等分子对称型的双原子气体的实际辐射和吸收能力很小,可认为是热辐射的透明体。但是,二氧化碳、水蒸气、二氧化硫、甲烷、氟利昂等三原子、多原子及非对称型的双原子气体(一氧化碳等)却具有相当大的辐射和吸收能力。因此当换热过程中包含上述气体时,必须予以考虑。和固体与液体辐射相比较,气体辐射具有如下两个特点。

1) 气体辐射和吸收对波长有选择性

　　固体表面的辐射和吸收光谱是连续的,气体只在某些波段内具有辐射能力和吸收能力,所以气体不是灰体,其辐射和吸收对波长有强烈的选择性。一般把气体具有辐射能力的波段称为光带。在光带以外,气体可以看作透明体,既不辐射又不吸收。表6-3列出了水蒸气和二氧化碳的辐射和吸收主要光带。可以看出,这些光带均位于红外线的波长范围内,而且部分光带重叠。

表 6-3　水蒸气和二氧化碳的辐射和吸收光带

光　　带	H₂O		CO₂	
	波长 $\lambda_1 \sim \lambda_2 / \mu m$	$\Delta\lambda / \mu m$	波长 $\lambda_1 \sim \lambda_2 / \mu m$	$\Delta\lambda / \mu m$
第一光带	2.24~3.27	1.03	2.36~3.02	0.66
第二光带	4.8~8.5	3.7	4.01~4.8	0.79
第三光带	12~25	13	12.5~16.5	4.0

2）气体的辐射和吸收是在整个容积中进行的

固体和液体的辐射和吸收都是在表面上进行的,而气体的辐射和吸收则在整个容积中进行。就辐射而言,气体层界面所感受到的辐射为到达界面的整个容积的辐射。就吸收而言,投射到气体层界面上的辐射能在辐射的行程中被沿程的气体分子吸收而逐渐降低。降低程度取决于气体的容积、形状、分压力以及温度。所以,气体的辐射和吸收能力与气体的温度、分压力以及射线平均行程长度有关。

2. 气体吸收定律

当辐射能穿过气体层时,射线的能量因被气体分子吸收而不断地削弱。如图 6-17 所示,假设投射到气体界面 $x=0$ 处的单色辐射强度为 $I_{\lambda 0}$,通过一段距离 x 后,该辐射强度为 $I_{\lambda x}$。通过微元气体层 dx 后,单色辐射强度的减少量为 $dI_{\lambda x}$。显然,辐射强度的减少量 $dI_{\lambda x}$ 与 $I_{\lambda x} dx$ 成正比,则

$$dI_{\lambda x} = -k_\lambda I_{\lambda x} dx \qquad (6\text{-}37)$$

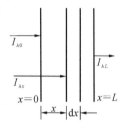

图 6-17　单色射线穿过气层时的减弱情况

式中: k_λ 为单位距离内单色辐射强度减少的百分数,称为单色减弱系数。它与气体的种类、密度和波长有关。负号表示随着气层厚度增加,辐射强度减小。

当气体的温度和压力为常数时, k_λ 不变。对于厚度为 L 的气层,式（6-37）积分得

$$\int_{I_{\lambda 0}}^{I_{\lambda L}} \frac{dI_{\lambda x}}{I_{\lambda x}} = -\int_0^L k_\lambda dx$$

$$I_{\lambda L} = I_{\lambda 0} e^{-k_\lambda L} \qquad (6\text{-}38)$$

式（6-38）说明单色辐射强度在吸收性气体中传播时按指数规律减弱。这一规律称为贝尔定律。将式（6-38）改写成

$$\frac{I_{\lambda L}}{I_{\lambda 0}} = e^{-k_\lambda L}$$

$I_{\lambda L}/I_{\lambda 0}$ 是厚度为 L 的气体层的单色透射比 $\tau_{\lambda L}$。对于气体,反射比 $\rho_\lambda = 0$,于是有 $\tau_{\lambda L} + \alpha_{\lambda L} = 1$,由此可得厚度为 L 的气体层的单色吸收比为

$$\alpha_{\lambda L} = 1 - e^{-k_\lambda L} \qquad (6\text{-}39)$$

可见,当气体层的厚度 L 很大时, $\alpha_{\lambda L}$ 趋近于 1,即在该波长下气体层具有黑体的性质。采用基尔霍夫定律,厚度为 L 的气体层的单色发射率为

$$\varepsilon_{\lambda L} = \alpha_{\lambda L} = 1 - e^{-k_\lambda L} \qquad (6\text{-}40)$$

3. 气体的发射率

上面我们论述了气体中某个特定波长的辐射能在某个规定方向上的传递过程。而在实际工程应用中,重要的是确定气体对所有光带范围内的辐射和吸收能力。气体的辐射和吸

收能力一般由实验测定。为计算方便,我们仍定义气体发射率为气体辐射力与同温度下黑体辐射力之比,即 $\varepsilon_g = E_g / E_b$。影响气体发射率的因素包括气体的种类、温度、分压力和射线平均行程长度。在工程应用上,可根据霍特尔提供的图表来确定。

图 6-18 和图 6-20 所示分别为 CO_2 和 H_2O 的发射率。图中横坐标为气体热力学温度,以气体分压力和射线平均行程长度 s 的乘积为参数。

必须注意的是,使用图 6-18 和图 6-20 时还需要根据分压力进行修正。图 6-18 中,混合气体的总压力为 1.013×10^5 Pa。当气体总压力不等于 1.013×10^5 Pa 时,必须对图 6-18 查出的发射率进行修正,修正系数 C_{CO_2} 由图 6-19 查出,即

$$\varepsilon_{CO_2} = C_{CO_2} \varepsilon_{CO_2}^* \tag{6-41}$$

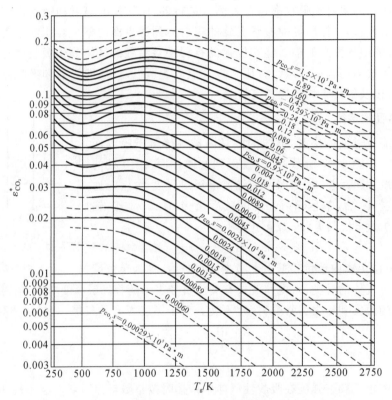

图 6-18　CO_2 的发射率

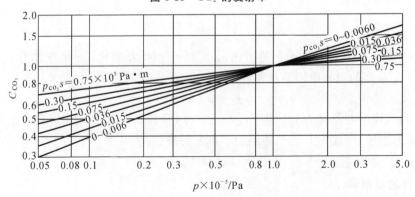

图 6-19　CO_2 的压力修正系数

H_2O 的发射率和压力修正系数分别如图 6-20 和图 6-21 所示。

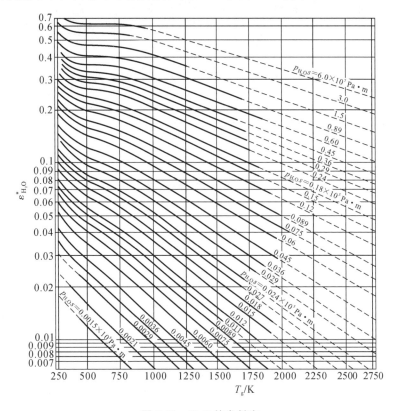

图 6-20　H_2O 的发射率

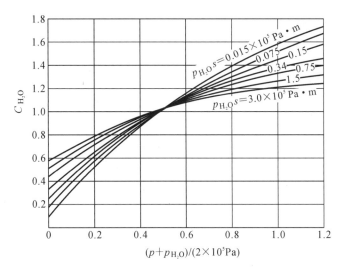

图 6-21　H_2O 的压力修正系数

　　在燃烧产生的烟气中,主要的吸收气体是 CO_2 和 H_2O,其他气体的含量很少,其辐射和吸收能力可以忽略。由于 CO_2 和 H_2O 的部分光带相互重叠,因此含有 CO_2 和 H_2O 的烟气的发射率不等于各自发射率的累加。通常用下式计算烟气的发射率:

$$\varepsilon_g = \varepsilon_{CO_2} + \varepsilon_{H_2O} - \Delta\varepsilon \tag{6-42}$$

式中:$\Delta\varepsilon$ 由图 6-22 查出。

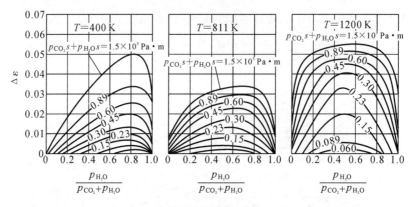

图 6-22 烟气的 $\Delta\varepsilon$ 值

在上述各图中,确定气体发射率时均用到射线平均行程 s(即气体辐射层的有效厚度)。对于不同形状的气体容积,s 值可查表 6-4,其他情况则根据下式计算:

$$s \approx \frac{3.6V}{F} \tag{6-43}$$

式中:V 为气体容积;F 为包壁的面积。

表 6-4 射线平均行程 s

气体容积的形状	特性尺度	受到气体辐射的位置	射线平均行程
球	直径 d	整个包壁或壁上的任何地方	$0.6d$
立方体	边长 b	整个包壁	$0.6b$
高度等于直径的圆柱体	直径 d	底面圆心 整个包壁	$0.77d$ $0.6d$
两无限大平行平板之间	平板间距 H	平板	$1.8H$
无限长圆柱体	直径 d	整个包壁	$0.9d$
高度等于底圆直径两倍的圆柱体	直径 d	上下底面 侧面 整个包壁	$0.6d$ $0.76d$ $0.73d$
$1\times1\times4$ 的正方柱体	短边 b	1×4 表面 1×1 表面 整个包壁	$0.82b$ $0.78b$ $0.81b$
叉排或顺排管束之间	节距 s_1、s_2,外直径 d	管束表面	$0.9d\left(\dfrac{4s_1 s_2}{\pi d^2}-1\right)$

例 6-6 有一个窑炉,炉膛容积为 40 m^3,炉膛表面积为 60 m^2,烟气的温度为 1500 K,总压力为 10^5 Pa,其中水蒸气的容积含量为 8%,CO_2 的容积含量为 19%,求烟气的发射率。

解 射线平均行程

$$s = 3.6V/F = 3.4 \times 40/60 \text{ m} = 2.4 \text{ m}$$

分压力为

$$p_{H_2O} = 10^5 \times 0.08 \text{ Pa} = 0.08 \times 10^5 \text{ Pa}$$

$$p_{CO_2} = 10^5 \times 0.19 \text{ Pa} = 0.19 \times 10^5 \text{ Pa}$$

$$p_{H_2O} \cdot s = 10^5 \times 0.08 \times 2.4 \text{ Pa} \cdot \text{m} = 0.192 \times 10^5 \text{ Pa} \cdot \text{m}$$

$$p_{CO_2} \cdot s = 10^5 \times 0.19 \times 2.4 \ Pa \cdot m = 0.456 \times 10^5 \ Pa \cdot m$$

查图 6-18 得 $\varepsilon_{CO_2}^* = 0.16$；查图 6-20 得 $\varepsilon_{H_2O}^* = 0.14$；查图 6-19 得 $C_{CO_2} = 1$，查图 6-21 得 $C_{H_2O} = 1.05$；查图 6-22 得 $\Delta\varepsilon \approx 0.045$。所以烟气的发射率为

$$\varepsilon_g = C_{CO_2}\varepsilon_{CO_2}^* + C_{H_2O}\varepsilon_{H_2O}^* - \Delta\varepsilon = 1 \times 0.16 + 1.05 \times 0.14 - 0.045 = 0.262$$

4. 气体的吸收比

气体辐射具有选择性，不能将其视为灰体，因此气体的吸收比 α_g 不等于气体的发射率 ε_g。正如固体吸收比一样，气体的吸收比不仅取决于自身性质，即气体的温度、分压力和射线平均行程，而且还取决于外界透射来的辐射的性质。CO_2 和 H_2O 混合气体对温度为 T_w 的黑体外壳辐射的吸收比可用下式计算：

$$\alpha_g = \alpha_{H_2O} + \alpha_{CO_2} - \Delta\alpha \tag{6-44}$$

α_{H_2O}、α_{CO_2}、$\Delta\alpha$ 则可用下列经验公式计算：

$$\alpha_{H_2O} = C_{H_2O}\varepsilon'_{H_2O}\left(\frac{T_g}{T_w}\right)^{0.45} \tag{6-45}$$

$$\alpha_{CO_2} = C_{CO_2}\varepsilon'_{CO_2}\left(\frac{T_g}{T_w}\right)^{0.65} \tag{6-46}$$

$$\Delta\alpha = \Delta\varepsilon' \tag{6-47}$$

式中：ε'_{H_2O}、ε'_{CO_2} 和 $\Delta\varepsilon'$ 的数值可分别根据图 6-20、图 6-18、图 6-22，以外壳温度 T_w 为横坐标，以 $p_{H_2O}sT_g/T_w$、$p_{CO_2}sT_g/T_w$ 为新的参数查取。同样，修正系数从图 6-21 和图 6-19 查取。

思　考　题

1. 热辐射与导热和对流换热相比有何本质区别？

2. 什么叫黑体？在热辐射理论中为什么引入这一概念？

3. 一个物体，只要温度 $T > 0$ K 就会不断向外界辐射能量。试问它的温度为什么不会因其热辐射而降至 0 K？

4. 温度均匀的空腔壁面上的小孔具有黑体辐射的特性，那么空腔内部壁面的辐射是否也是黑体辐射？

5. 黑体的辐射能按空间方向是怎样分布的？定向辐射强度与空间方向无关是否意味着黑体的辐射能在半球空间各方向上是均匀分布的？

6. 为什么要提出灰体这样的理想物体？说明引入灰体的概念对工程辐射换热计算的意义？

7. 对于一般物体，吸收比等于发射率在什么条件下才成立？

8. 气体辐射有何特性？

习　　题

6-1　试分别计算温度为 0 ℃、100 ℃、1500 ℃和 6000 ℃的黑体的辐射力。

6-2　空气中有一黑体，其温度为 1000 K，试求：

(1) $\lambda = 3 \ \mu m$ 时的单色辐射力；

(2) $\lambda = 3 \ \mu m$，与表面法线成 $\theta = 60°$时的单色方向辐射力；

(3) λ 为何值时单色辐射力最大;

(4) 黑体的总辐射力。

6-3　把太阳表面近似地看成 $T=5800$ K 的黑体,试确定太阳发出的辐射能中可见光所占的百分数。

6-4　绘出表面温度为 1200 K 和 5000 K 时黑体的单色辐射力与波长的函数曲线。

6-5　一黑体温度为 1111 K,向空间辐射,试求:

(1) $λ=1$ μm 和 $λ=5$ μm 时的单色辐射力之比;

(2) 在 $λ=1$ μm 至 $λ=5$ μm 波长间隔内黑体辐射的份额;

(3) 在何波长下单色辐射力最大;

(4) 在 1 μm$\leqslant λ\leqslant 5$ μm 区间内该黑体发射多少能量。

6-6　一黑体辐射,其对应最大辐射力的波长为 1.5 μm,试求 $λ=1$ μm 至 $λ=4$ μm 区间内黑体辐射的份额。

6-7　在外层空间中,一个直径为 344 mm 的球形人造卫星的表面温度为 -12 ℃,球面可看作黑体且外界无辐射能投射到该球面上。为使球面维持 -12 ℃不变,试计算:

(1) 球内所需的功率;

(2) 球面对波长 $λ=4$ μm 射线的单色辐射力。

6-8　100 W 灯泡中的钨丝温度为 2800 K,发射率为 0.3。试计算:

(1) 钨丝所必需的最小表面积;

(2) 钨丝发射的辐射能中,波长在 0.4~0.7 μm 的可见光范围内的辐射能所占的份额;

(3) 在何波长下单色辐射力最大。

6-9　硅酸玻璃允许波长为 0.33~2.6 μm 的射线通过 92%,而不允许其他波长的射线通过。当把太阳能投射到该玻璃上时,将有多少能量份额通过玻璃?假定太阳为 6000 K 的黑体辐射。

6-10　用特定的仪器测得,一黑体炉发出的波长为 0.7 μm 的辐射能(在半球范围内)为 10^8 W/m³,试问该黑体炉工作在多高的温度下?在该工况下黑体炉的加热功率为多大?辐射小孔的面积为 4×10^{-4} m²。

6-11　当钢制工件在炉内加热时,随着工件温度的升高,其颜色会逐渐由暗红变成白色。假设钢件的表面可以看作黑体,试计算工件表面温度为 900 ℃ 及 1100 ℃ 时,工件所发出的辐射能中的可见光是温度为 700 ℃ 时的多少倍?($λT\leqslant 600$ μm·K 时 $F_{b,(0-λ)}=0$,$λT=800$ μm·K 时 $F_{b,(0-λ)}=0.16\times10^{-4}$。)

6-12　一选择性吸收表面的单色吸收比随 λ 变化的特性如图 6-23 所示。试计算当太阳投入辐射为 $G=800$ W/m² 时,该表面单位面积上所吸收的太阳能量及对太阳辐射的总吸收比。

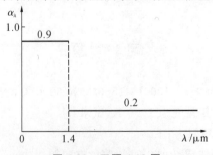

图 6-23　习题 6-12 图

6-13　暖房的升温作用可以从玻璃的光谱透射比变化特性得到解释。有一块厚为 3 mm 的玻璃,经测定,其对波长为 0.3~2.5 μm 的辐射能的透射比为 0.9,而对其他波长的辐射能可以认为完全不透射。试据此计算温度为 5800 K 的黑体辐射及温度为 300 K 的黑体辐射反射到该玻璃上时各自的总透射比。

6-14　用一直径为 20 mm 的热流计探头测定一微小表面积 A_1 的辐射热流,该表面的温度为 $T_1=1000$ K。环境温度很低,因而对探头的影响可以不计。因某些原因,探头只能安置在与 A_1 表面法线成 45°处,距离 $l=0.5$ m 处(见图 6-24),探头测得的热量为 1.815×10^{-3} W。表面 A_1 是漫射的,而探头表面的吸收比可近似地取为 1。试确定 A_1 的发射率。A_1 的面积为 4×10^{-4} m²。

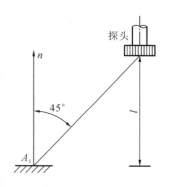

图 6-24　习题 6-14 图

6-15　试确定 CO_2 的发射率。气体处在很长的、直径为 0.6096 m 的圆柱体内,其温度为 1388 K,CO_2 的分压力为 0.2 $\times 10^5$ Pa,气体的总压力为 0.3×10^5 Pa。

6-16　1388 K 的燃烧烟气,其系统内的总压力为 2×10^5 Pa,CO_2 的分压力为 0.08×10^5 Pa,H_2O 的分压力为 0.16×10^5 Pa,试计算直径为 0.9144 m 的长圆柱烟道中,该烟气的发射率。

参 考 文 献

[1] 程尚模,黄素逸,白彩云,等. 传热学[M]. 北京:高等教育出版社,1990.

[2] 陈维汉,许国良,靳世平. 传热学[M]. 武汉:武汉理工大学出版社,2004.

[3] SIEGEL R,HOWELL J R. Thermal radiation heat transfer[M]. Washington:Hemisphere publishing Corp. ,1981.

[4] 杨世铭,陶文铨. 传热学[M]. 3 版. 北京:高等教育出版社,1998.

[5] 王补宣. 热工基础[M]. 北京:高等教育出版社,1984.

[6] 斯帕罗 E M, 塞斯 R D. 辐射传热[M]. 顾传保,张学学,译. 北京:高等教育出版社,1982.

[7] WEIBERT J A. Engineering radiation heat transfer[M]. New York:Holt,Rinchart and Winston,Inc. ,1966.

第7章

辐射换热计算

由于物体间的辐射换热是在整个空间中进行的,因此在讨论任意两表面间的辐射换热时,必须对所有参与辐射换热的表面均进行考虑。实际处理中,常把参与辐射换热的有关表面视作一个封闭腔,表面间的开口设想为具有黑表面的假想面。

为了简化辐射换热的计算,假设:①进行辐射换热的物体表面之间是不参与辐射的透明介质(如单原子或具有对称分子结构的双原子气体、空气)或真空;②参与辐射换热的物体表面都是漫射(漫发射、漫反射)灰体或黑体表面;③每个表面的温度、辐射特性及投入辐射分布均匀。实际上,能严格满足上述条件的情况很少,但工程上为了计算简便,常近似地认为物体辐射换热满足上述条件。

7.1 两黑体表面间的辐射换热

本节讨论被透明介质隔开的任意位置两黑体表面间的辐射换热。由于黑体的吸收比等于1,两黑体间又充满不吸收辐射的透明介质,因此这种情况下的辐射换热计算最简单。

1. 角系数的定义

物体间的辐射换热必然与物体表面的几何形状、大小及相对位置有关,角系数可以描述以上因素对表面之间的能量分配关系的影响。这里定义,一表面发射出去的辐射能投射到另一表面上的份额为该表面对另一表面的角系数。如图 7-1 所示,两个任意位置的表面 1、2,其温度分别为 T_1 和 T_2,从表面 1 发射的总辐射能中直接投射到表面 2 上的辐射能所占总辐射能的百分数称为表面 1 对表面 2 的角系数,用符号 $X_{1,2}$ 表示。同样,表面 2 对表面 1 的角系数用 $X_{2,1}$ 表示。可见,角系数符号中第一个下标表示发射辐射能的表面,第二个下标表示接收辐射能的表面。角系数只表示离开某表面的辐射能投射到另一表面的份额,与另一表面吸收能力没有关系。

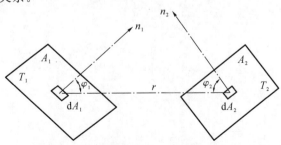

图 7-1 任意黑体表面间的辐射换热

根据角系数的定义,单位时间内由表面 A_1 到达表面 A_2 的能量为 $E_{b1}A_1X_{1,2}$。同时,单位时间内由表面 A_2 到达表面 A_1 的能量为 $E_{b2}A_2X_{2,1}$。因为 A_1 和 A_2 都是黑体,故它们之间的辐射换热量为

$$\Phi_{1,2} = E_{b1}A_1X_{1,2} - E_{b2}A_2X_{2,1} \qquad (7\text{-}1)$$

从式(7-1)可看出,由于黑体温度和面积均已知,故只需求解出角系数,就可计算黑体表面之间的辐射换热量。

2. 角系数的性质

角系数具有相对性、完整性和可加性。

角系数的相对性(或互换性)描述了两个任意位置的漫射表面之间角系数的相互关系。对于任意两表面均有

$$A_1X_{1,2} = A_2X_{2,1} \qquad (7\text{-}2)$$

由于任何物体都与其他所有参与辐射换热的物体构成一个封闭空腔,因此它所发出的辐射能百分之百地落在封闭空腔的各个表面上,因此一个表面辐射到半球空间的能量应全部被其他包围表面接收,即

$$X_{1,1} + X_{1,2} + X_{1,3} + \cdots + X_{1,n} = 1 \qquad (7\text{-}3)$$

式(7-3)称为角系数的完整性。式中的 $X_{1,1}$ 是表面 1 对自身的角系数。对于平表面或凸表面,$X_{1,1} = 0$。

角系数的可加性是角系数完整性的导出结果。实质上体现了辐射能的可加性。对于图 7-2(a)所示的系统,有

$$A_1E_{b1}X_{1,2} = A_1E_{b1}X_{1,a} + A_1E_{b1}X_{1,b}$$

即

$$X_{1,2} = X_{1,a} + X_{1,b} \qquad (7\text{-}4)$$

对于图 7-2(b)所示的系统,有

$$A_1E_{b1}X_{1,(2+3)} = A_1E_{b1}X_{1,2} + A_1E_{b1}X_{1,3}$$

即

$$X_{1,(2+3)} = X_{1,2} + X_{1,3} \qquad (7\text{-}5)$$

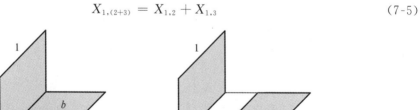

(a)　　　　　　　　(b)

图 7-2　角系数的可加性

3. 角系数计算

角系数的计算方法有很多,本节重点介绍积分法和代数法。

1) 积分法

积分法是利用角系数的基本定义通过积分确定角系数的方法。如图 7-3 所示,分别从表面 A_1 和 A_2 上取两个微元面积 dA_1 和 dA_2。采用第 6 章定向辐射强度的定义,dA_1 向

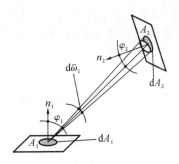

图 7-3　两表面之间的角系数

$\mathrm{d}A_2$ 辐射的能量为

$$\mathrm{d}\Phi_1 = \mathrm{d}A_1 I_1 \cos\varphi_1 \mathrm{d}\bar{\omega}_1 \tag{7-6}$$

根据立体角的定义，$\mathrm{d}\bar{\omega}_1 = \mathrm{d}A_2 \cos\varphi_2 / r^2$，代入式(7-6)得到

$$\mathrm{d}\Phi_1 = I_1 \frac{\cos\varphi_1 \cos\varphi_2}{r^2} \mathrm{d}A_1 \mathrm{d}A_2 \tag{7-7}$$

根据辐射强度与辐射力之间的关系：

$$I_b = \frac{E_b}{\pi} \tag{7-8}$$

则表面 $\mathrm{d}A_1$ 向半球空间发出的辐射能为 $\Phi_1 = \pi I_1 \mathrm{d}A_1$。于是 $\mathrm{d}A_1$ 对 $\mathrm{d}A_2$ 的角系数为

$$X_{\mathrm{d}1,\mathrm{d}2} = \frac{\mathrm{d}\Phi_1}{\Phi_1} = \frac{\cos\varphi_1 \cos\varphi_2 \mathrm{d}A_2}{\pi r^2} \tag{7-9}$$

同理，我们可以导出微元表面 $\mathrm{d}A_2$ 对 $\mathrm{d}A_1$ 的角系数，即

$$X_{\mathrm{d}2,\mathrm{d}1} = \frac{\mathrm{d}\Phi_2}{\Phi_2} = \frac{\cos\varphi_1 \cos\varphi_2 \mathrm{d}A_1}{\pi r^2} \tag{7-10}$$

比较式(7-9)和式(7-10)可以得到角系数的相对性 $\mathrm{d}A_1 X_{\mathrm{d}1,\mathrm{d}2} = \mathrm{d}A_2 X_{\mathrm{d}2,\mathrm{d}1}$。分别对上述两公式中的其中一个表面积分，就能导出微元表面对另一表面的角系数，即微元表面 $\mathrm{d}A_1$ 对整个表面 A_2 的角系数为

$$X_{\mathrm{d}1,2} = \int_{A_2} \frac{\cos\varphi_1 \cos\varphi_2}{\pi r^2} \mathrm{d}A_2 \tag{7-11}$$

微元表面 $\mathrm{d}A_2$ 对整个表面 A_1 的角系数为

$$X_{\mathrm{d}2,1} = \int_{A_1} \frac{\cos\varphi_1 \cos\varphi_2}{\pi r^2} \mathrm{d}A_1 \tag{7-12}$$

利用角系数的互换性应有 $\mathrm{d}A_1 X_{\mathrm{d}1,2} = A_2 X_{2,\mathrm{d}1}$，则表面 A_2 对微元表面 $\mathrm{d}A_1$ 的角系数为

$$X_{2,\mathrm{d}1} = \frac{1}{A_2} \int_{A_2} \frac{\cos\varphi_1 \cos\varphi_2}{\pi r^2} \mathrm{d}A_2 \mathrm{d}A_1 \tag{7-13}$$

对式(7-13)积分，得到整个表面 A_2 对表面 A_1 的角系数为

$$X_{2,1} = \frac{1}{A_2} \int_{A_1} \int_{A_2} \frac{\cos\varphi_1 \cos\varphi_2}{\pi r^2} \mathrm{d}A_2 \mathrm{d}A_1 \tag{7-14}$$

表面 A_1 对表面 A_2 的角系数为

$$X_{1,2} = \frac{1}{A_1} \int_{A_2} \int_{A_1} \frac{\cos\varphi_1 \cos\varphi_2}{\pi r^2} \mathrm{d}A_1 \mathrm{d}A_2 \tag{7-15}$$

从上面的推导可以看出，角系数是 φ_1、φ_2、r、A_1 和 A_2 的函数，它们都是纯粹的几何量，所以角系数也是纯粹的几何量。角系数是纯粹几何量的原因在于假设物体是漫射表面，其具有等强辐射的特性，即物体的定向辐射强度与方向无关，因而有 $\Phi_1 = \pi I_1 \mathrm{d}A_1$，能推导出上述结果。当角系数为几何量时，它只与两表面的大小、形状和相对位置相关，与物体性质和温度无关。此时角系数的性质对于非黑体表面以及没有达到热平衡的系统也适用。

运用积分法可以求出一些较复杂几何体系的角系数。工程上为计算方便，通常将角系数表示成图表形式。图 7-4 至图 7-6 所示为一些常见几何体系的角系数。

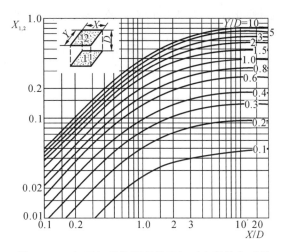

图 7-4　互相平行且等面积的两矩形之间的角系数

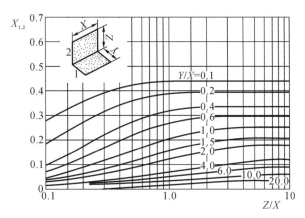

图 7-5　具有公共边的相互垂直的两矩形之间的角系数

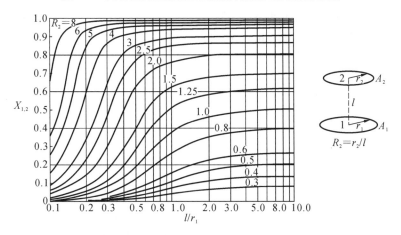

图 7-6　两同轴平行圆盘间的角系数

2）代数法

代数法是指针对某些几何体系,利用角系数的定义及性质通过代数运算确定角系数的方法。下面给出一些利用代数法求解的示例。

一个由三个垂直于纸面方向无限长的非凹表面(平面或凸面)构成的封闭腔,三个表面

的面积分别为 A_1、A_2、A_3(见图 7-7)。根据角系数的完整性可以写出

$$X_{1,2} + X_{1,3} = 1, \quad X_{2,3} + X_{2,1} = 1, \quad X_{3,1} + X_{3,2} = 1$$

根据角系数的相对性有

$$A_1 X_{1,2} = A_2 X_{2,1}, \quad A_2 X_{2,3} = A_3 X_{3,2}, \quad A_3 X_{3,1} = A_1 X_{1,3}$$

联立求解上述一元六次方程,可以分别求出未知的 6 个角系数,包括:

$$\begin{cases} X_{1,2} = \dfrac{A_1 + A_2 - A_3}{2A_1} = \dfrac{l_1 + l_2 - l_3}{2l_1} \\[2mm] X_{1,3} = \dfrac{A_1 + A_3 - A_2}{2A_1} = \dfrac{l_1 + l_3 - l_2}{2l_1} \\[2mm] X_{2,3} = \dfrac{A_2 + A_3 - A_1}{2A_2} = \dfrac{l_2 + l_3 - l_1}{2l_2} \end{cases} \quad (7\text{-}16)$$

式中:l_1、l_2、l_3 分别为三个表面在横截面上的边长。式(7-16)可以表述为:一个表面对另一表面的角系数可表示为两个参与表面之和减去非参与表面,然后除以二倍的该表面。

利用上述公式还可求解图 7-8 所示的两个垂直于纸面方向无限长的非凹表面 A_1 和 A_2(平面或凸面)的角系数。由于在封闭腔中才能使用角系数的完整性这个性质,因此做辅助线 ac、bd、ad、bc,它们代表了另外 4 个垂直于纸面方向无限长的表面。A_1、A_2、ac 面、bd 面构成了一个封闭体系。根据角系数的完整性,有

$$X_{1,2} = 1 - X_{1,ac} - X_{1,bd} \quad (7\text{-}17)$$

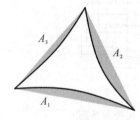

图 7-7 三表面构成的封闭空腔

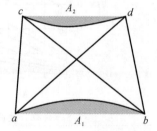

图 7-8 两无限长表面的角系数

对于 A_1 与 ac、bc 面构成的封闭腔 abc,以及 A_1 与 ad、bd 面构成的封闭腔 abd,根据前面三个非凹表面构成的封闭空腔的计算结果,可得

$$X_{1,ac} = \frac{ab + ac - bc}{2l_1} \quad (7\text{-}18)$$

$$X_{1,bd} = \frac{ab + bd - ad}{2l_1} \quad (7\text{-}19)$$

将式(7-18)、式(7-19)代入式(7-17),得到

$$X_{1,2} = \frac{(ad + bc) - (ac + bd)}{2ab} \quad (7\text{-}20)$$

由式(7-20)可以归纳出如下的一般关系:

$$X_{1,2} = \frac{交叉线之和 - 不交叉线之和}{2 \times 表面 A_1 \text{ 的横截面线段长度}}$$

可以表述为:一表面与对应表面的角系数等于构成封闭四边形的对角线之和减去其余两边线段之和,然后除以二倍的该表面的横截面线段长度。

求出黑体表面之间的角系数之后,即可方便地算出它们之间的辐射换热量,即

$$\Phi_{1,2} = E_{b1} A_1 X_{1,2} - E_{b2} A_2 X_{2,1} = A_1 X_{1,2}(E_{b1} - E_{b2}) \quad (7\text{-}21)$$

例 7-1 如图 7-9 所示,一块金属板上钻了一个直径为 $d=0.01$ m 的小孔。如果金属板的温度为 450 K,周围环境的温度为 290 K。当小孔和周围环境均可看成黑体时,求小孔内表面向周围环境的辐射换热量。

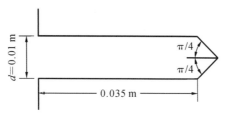

图 7-9 例 7-1 图

解 小孔的内表面积为

$$A_1 = \pi \times 0.01 \times 0.035 + \frac{1}{2}\pi \times 0.01 \times 0.005 \times \sin\frac{\pi}{4} \text{ m}^2 = 1.21 \times 10^{-3} \text{ m}^2$$

小孔的开口面积为

$$A_2 = \frac{\pi}{4} \times 0.01^2 \text{ m}^2 = 7.85 \times 10^{-5} \text{ m}^2$$

小孔的开口对内表面的角系数为

$$X_{2,1} = 1$$

根据角系数的相对性,小孔的内表面对小孔开口的角系数为

$$X_{1,2} = \frac{A_2 X_{2,1}}{A_1} = \frac{7.85 \times 10^{-5}}{1.21 \times 10^{-3}} = 0.0649$$

小孔的辐射换热量为

$$\Phi_{1,2} = A_1 X_{1,2}(E_{b1} - E_{b2}) = 0.151 \text{ W}$$

7.2 灰体表面间的辐射换热

1. 有效辐射

灰体表面间的辐射换热要比黑体表面复杂得多,因为灰体表面的吸收比小于 1,只能部分吸收投射来的辐射,其余部分则被反射出去,结果存在辐射能多次吸收和反射的现象。

为了简化计算,引入有效辐射的概念。有效辐射是指单位时间离开单位面积表面的辐射能。考察任意一个参与辐射的灰体表面,设该表面温度为 T,面积为 A,如图 7-10 所示。处在一定温度条件下的物体表面,要向半球空间辐射出辐射能,所以表面 A 由于自身温度向外发出辐射能 E,同时,也要吸收投射到它上面的部分辐射能,并反射出去一部分。外界投射到表面 A 上的辐射能称为投入辐射,用符号

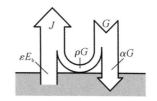

图 7-10 有效辐射的示意图

G 表示。吸收和反射的能量分别为 αG 和 $(1-\alpha)G$。有效辐射力即等于物体表面自身的辐射力与其对投入辐射力的反射部分之和,记为 J,即

$$J = E + (1 - \alpha)G = \varepsilon E_{b} + (1 - \varepsilon)G \tag{7-22}$$

式中:有效辐射力 J 的单位为 W/m^2。

　　用探测器测得的表面辐射实际上是有效辐射。根据表面的热平衡,假定向外界净传热量为正值,单位面积的辐射换热量应该等于有效辐射力与投入辐射之差,即

$$\frac{\Phi}{A} = J - G \tag{7-23}$$

同时也等于自身辐射力与吸收的投入辐射能之差,即

$$\frac{\Phi}{A} = \varepsilon E_{b} - \varepsilon G \tag{7-24}$$

从式(7-23)和(7-24)中消去投入辐射力可以得到

$$\Phi = \frac{E_{b} - J}{\dfrac{1 - \varepsilon}{\varepsilon A}} \tag{7-25}$$

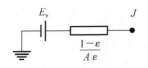

图 7-11　表面辐射热阻网络图

写成这种形式是便于以后进行辐射换热计算。上式在形式上与电路欧姆定律表达式相同,$E_{b} - J$ 一般称为表面辐射势差,相当于电势差,E_{b} 可看作电源电动势;$(1 - \varepsilon)/(\varepsilon A)$ 称为表面辐射热阻,相当于电阻,因而有:热流＝势差/热阻。所以,对于每一个参与辐射换热的漫灰表面,可以画出图 7-11 所示的表面辐射热阻的网络图。

　　根据表面辐射热阻定义,当灰体表面的发射率或吸收比越大时,表面越接近黑体。对于黑体表面,$\varepsilon = 1$,表面辐射热阻为零,$J = E_{b}$。此时物体表面辐射出去的辐射热流为

$$\Phi = E_{b}A \tag{7-26}$$

　　对于绝热表面,由于表面在参与辐射换热的过程中既不得到能量又不失去能量,因而有 $\Phi = 0$,根据式(7-25),可以得出

$$J = E_{b} = \sigma_{0}T^{4} \tag{7-27}$$

即绝热表面的有效辐射等于其同温度下的黑体辐射的辐射力,这样的表面称为重辐射面,如熔炉中的反射拱、保温良好的炉墙等。值得注意的是,虽然投射到重辐射面的辐射能与离开的辐射能大小相等,但是因为重辐射面的温度与其他表面的温度不同,所以重辐射面的存在改变了辐射能的方向分布。重辐射面的几何形状、尺寸及相对位置将影响整个系统的辐射换热。

2. 组成封闭腔的两个灰体表面间的辐射换热

　　若两个漫灰表面 1、2 构成一个封闭腔,如图 7-12 所示,并假设 $T_{1} > T_{2}$。表面 1 投射到表面 2 上的辐射能为 $\Phi_{1 \to 2} = A_{1}J_{1}X_{1,2}$,同时表面 2 投射到表面 1 上的辐射能为 $\Phi_{2 \to 1} = A_{2}J_{2}X_{2,1}$。则两表面之间净辐射换热量为

$$\Phi_{1,2} = A_{1}X_{1,2}J_{1} - A_{2}X_{2,1}J_{2} \tag{7-28}$$

　　由角系数的互换性有 $A_{1}X_{1,2} = A_{2}X_{2,1}$,上式可写为

$$\Phi_{1,2} = \frac{J_{1} - J_{2}}{\dfrac{1}{A_{1}X_{1,2}}} = \frac{J_{1} - J_{2}}{\dfrac{1}{A_{2}X_{2,1}}} \tag{7-29}$$

式中:$J_{1} - J_{2}$ 为两表面间的空间辐射势差;$1/(A_{1}X_{1,2})$ 为两表面间的空间辐射热阻。空间辐射热阻取决于表面间的几何关系。由式(7-29)同样可以画出空间辐射网络图,如图 7-13

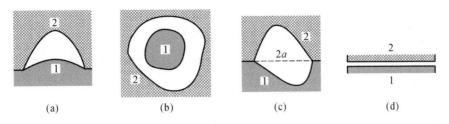

图 7-12　两表面构成的封闭腔

所示。

如果物体表面为黑体,因 $J = E_b$,则式(7-29)转化为

$$\Phi_{1,2} = \frac{E_{b1} - E_{b2}}{\dfrac{1}{A_1 X_{1,2}}} = A_1 X_{1,2} \sigma_0 (T_1^4 - T_2^4) \qquad (7\text{-}30)$$

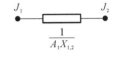

图 7-13　空间辐射网络图

所以,对于黑体表面之间的辐射换热,只要知道了两表面之间的角系数以及两表面的温度,就可以计算出它们之间的辐射换热量。

3. 组成封闭腔的多灰表面之间辐射换热的网络法求解

利用辐射热阻的概念,可以将辐射换热系统模拟成相应的电路系统,从而借助电路理论来求解辐射换热问题。

对于两个任意灰表面间的辐射换热,由于两个表面构成一个封闭腔,由系统热平衡关系可以得出

$$\Phi_1 = \Phi_{1,2} = -\Phi_2 \qquad (7\text{-}31)$$

即表面 1 发出的净辐射能应等于两表面间交换的辐射能,也等于表面 2 发出的辐射能的负值。其辐射热阻网络如图 7-14 所示。可见,两个漫灰表面之间的辐射换热热阻由三个串联的辐射热阻组成,即两个表面辐射热阻和一个空间辐射热阻。联立式(7-25)、式(7-29)和式(7-31),可得

$$\Phi_{1,2} = \frac{E_{b1} - E_{b2}}{\dfrac{1-\varepsilon_1}{A_1 \varepsilon_1} + \dfrac{1}{A_1 X_{1,2}} + \dfrac{1-\varepsilon_2}{A_2 \varepsilon_2}} = \frac{\sigma_0 (T_1^4 - T_2^4)}{\dfrac{1-\varepsilon_1}{A_1 \varepsilon_1} + \dfrac{1}{A_1 X_{1,2}} + \dfrac{1-\varepsilon_2}{A_2 \varepsilon_2}} \qquad (7\text{-}32)$$

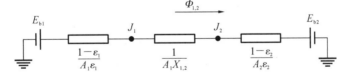

图 7-14　两漫灰表面间的辐射网络图

以 A_1 作为计算面积,式(7-32)可改写成

$$\Phi_{1,2} = \frac{A_1 X_{1,2}(E_{b1} - E_{b2})}{X_{1,2}\left(\dfrac{1}{\varepsilon_1} - 1\right) + 1 + \dfrac{A_1 X_{1,2}}{A_2}\left(\dfrac{1}{\varepsilon_2} - 1\right)} = \frac{A_1 X_{1,2}(E_{b1} - E_{b2})}{X_{1,2}\left(\dfrac{1}{\varepsilon_1} - 1\right) + 1 + X_{2,1}\left(\dfrac{1}{\varepsilon_2} - 1\right)}$$

$$= \varepsilon_s A_1 X_{1,2}(E_{b1} - E_{b2})$$

式中:ε_s 称为辐射换热系统的系统黑度,它作为修正因子,考虑了由于灰体系统发射率小于 1 而对传热造成的影响。

$$\varepsilon_s = \frac{1}{1 + X_{1,2}\left(\dfrac{1}{\varepsilon_1} - 1\right) + X_{2,1}\left(\dfrac{1}{\varepsilon_2} - 1\right)} \tag{7-33}$$

式(7-32)是在一般情况下得到的两个漫灰表面构成的封闭腔的辐射换热式。对于下面两种常见情况,式(7-32)可以进一步简化。

在图 7-12(b)构成的封闭腔中,一个凸形漫灰表面 A_1 被另一个漫灰表面 A_2 所包围。因为 A_1 对 A_2 的角系数 $X_{1,2}$ 等于 1,公式(7-32)可以简化为

$$\Phi_{1,2} = \frac{A_1(E_{b1} - E_{b2})}{\dfrac{1}{\varepsilon_1} + \dfrac{A_1}{A_2}\left(\dfrac{1}{\varepsilon_2} - 1\right)} = \frac{A_1\sigma_0(T_1^4 - T_2^4)}{\dfrac{1}{\varepsilon_1} + \dfrac{A_1}{A_2}\left(\dfrac{1}{\varepsilon_2} - 1\right)} \tag{7-34}$$

当 $A_1 \ll A_2$ 时,式(7-34)又可进一步简化为

$$\Phi_{1,2} = A_1\varepsilon_1(E_{b1} - E_{b2}) \tag{7-35}$$

在图 7-12(d)构成的封闭腔中,两个紧靠表面之间相互平行。此时 A_1 对 A_2 的角系数 $X_{1,2}$ 等于 1,且 $A_1 = A_2$。公式(7-32)可以简化为

$$\Phi_{1,2} = \frac{A_1(E_{b1} - E_{b2})}{\dfrac{1}{\varepsilon_1} + \dfrac{1}{\varepsilon_2} - 1} = \frac{A_1\sigma_0(T_1^4 - T_2^4)}{\dfrac{1}{\varepsilon_1} + \dfrac{1}{\varepsilon_2} - 1} \tag{7-36}$$

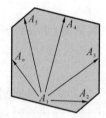

图 7-15　多表面构成的封闭腔的辐射换热

运用有效辐射的概念,还可以计算由多个漫灰表面构成的封闭腔内的辐射换热(见图 7-15)。封闭腔内的任一表面 i 的净辐射热量为

$$\Phi_i = \frac{E_{bi} - J_i}{\dfrac{1 - \varepsilon_i}{A_i\varepsilon_i}} \tag{7-37}$$

它应该等于表面 i 与封闭腔中所有其他表面间分别交换的辐射热量的代数和,即

$$\Phi_i = \sum_{j=1}^{n} \Phi_{i,j} = \sum_{j=1}^{n} A_i X_{i,j}(J_i - J_j) = \sum_{j=1}^{n} \frac{J_i - J_j}{\dfrac{1}{A_i X_{i,j}}} \tag{7-38}$$

于是可得

$$\frac{E_{bi} - J_i}{\dfrac{1 - \varepsilon_i}{A_i\varepsilon_i}} = \sum_{j=1}^{n} \frac{J_i - J_j}{\dfrac{1}{A_i X_{i,j}}} \tag{7-39}$$

根据上述公式,可以绘出图 7-16 所示的辐射网络。

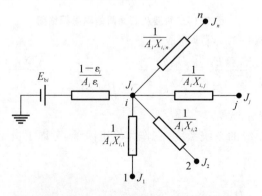

图 7-16　表面 i 与其他表面间的辐射换热网络

　　只要将图 7-16 所示的有效辐射节点 $J_1, J_2, \cdots, J_n$ 与表面辐射热阻相连接,就构成了完整的封闭空腔辐射换热网络图。进而按照式(7-39)列出所有节点的节点方程,解出各节点的有效辐射,就可以利用式(7-37)求出各表面的净辐射换热量。这种求解辐射换热的方法称为辐射网络法。

　　采用辐射网络法计算辐射换热的步骤为:在已知各表面的面积、温度和黑度的基础上,按照热平衡关系画出辐射网络图;计算表面相应的黑体辐射力、表面辐射热阻、角系数及空间热阻;进而利用节点热平衡确定辐射节点方程;再求解节点方程得出表面的有效辐射;最后确定漫灰表面的辐射热流和与其他表面间的交换热流量。下面以由三个漫灰表面组成的封闭腔的辐射换热为例进行介绍。

　　对于由三个凸形漫灰表面构成的封闭空腔,按照辐射热平衡关系可以画出图 7-17 所示的辐射网络图。由图中的三个节点可以确立三个节点方程。

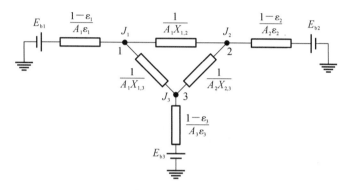

图 7-17　三个漫灰表面之间的辐射网络图

对于节点 1:
$$\frac{E_{b1} - J_1}{\dfrac{1 - \varepsilon_1}{\varepsilon_1 A_1}} + \frac{J_2 - J_1}{\dfrac{1}{A_1 X_{1,2}}} + \frac{J_3 - J_1}{\dfrac{1}{A_1 X_{1,3}}} = 0$$

对于节点 2:
$$\frac{E_{b2} - J_2}{\dfrac{1 - \varepsilon_2}{\varepsilon_2 A_2}} + \frac{J_1 - J_2}{\dfrac{1}{A_2 X_{2,1}}} + \frac{J_3 - J_2}{\dfrac{1}{A_2 X_{2,3}}} = 0$$

对于节点 3:
$$\frac{E_{b3} - J_3}{\dfrac{1 - \varepsilon_3}{\varepsilon_3 A_3}} + \frac{J_1 - J_3}{\dfrac{1}{A_1 X_{3,1}}} + \frac{J_2 - J_3}{\dfrac{1}{A_2 X_{3,2}}} = 0$$

　　联立求解以上三个方程就可以获得三个未知量 J_1、J_2 和 J_3,从而求出各表面的净辐射热量 Φ_1、Φ_2 和 Φ_3,以及表面之间的辐射换热量 $\Phi_{1,2}$、$\Phi_{2,3}$ 和 $\Phi_{1,3}$ 等。

　　在由三个凸形漫灰表面构成的封闭空腔中,如果一个面为绝热表面,其有效辐射等于其辐射力,并且在辐射换热网络中,重辐射面的有效辐射节点是浮动的,取决于其他表面的温度和空间位置,绝热面温度与其发射率无关,如图 7-18 所示。

　　例 7-2　两个相距 1 m,直径为 2 m 的平行放置的圆盘,相对表面的温度分别为 $t_1 = 500$ ℃,$t_2 = 200$ ℃,发射率分别为 $\varepsilon_1 = 0.3$,$\varepsilon_2 = 0.6$,圆盘的另外两个表面的换热忽略不计。试确定下列两种情况下每个圆盘的净辐射换热量:

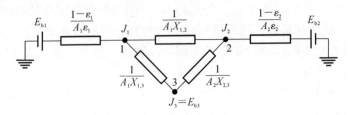

图 7-18　辐射网络中的重辐射面

（1）两圆盘被置于 $t_3 = 20$ ℃的大房间中；

（2）两圆盘被置于一绝热空腔中。

解　圆盘表面分别为 1、2，第三表面计为 3，则可以查得

$$X_{1,2} = X_{2,1} = 0.38, \quad X_{1,3} = X_{2,3} = 1 - 0.38 = 0.62$$

（1）网络图如图 7-18 所示。

$$R_1 = \frac{1 - \varepsilon_1}{\varepsilon_1 A_1} = \frac{1 - 0.3}{0.3 \times \dfrac{4\pi}{4}} = 0.743$$

$$R_2 = \frac{1 - \varepsilon_2}{\varepsilon_2 A_2} = \frac{1 - 0.6}{0.6 \times \pi} = 0.212$$

$$R_3 = \frac{1}{A_1 X_{1,2}} = \frac{1}{0.38 \times \pi} = 0.838$$

$$R_5 = R_4 = \frac{1}{A_1 X_{1,3}} = \frac{1}{0.62 \times \pi} = 0.513$$

对节点 J_1 和 J_2 可以列出以下方程：

$$\frac{E_{b1} - J_1}{0.743} + \frac{J_2 - J_1}{0.838} + \frac{J_3 - J_2}{0.513} = 0$$

$$\frac{E_{b2} - J_2}{0.212} + \frac{J_1 - J_2}{0.838} + \frac{J_3 - J_2}{0.513} = 0$$

其中，$J_3 = E_{b3}$。

$$E_{b1} = 5.67 \times 10^{-8} \times (773)^4 \ \text{W/m}^2 = 20244 \ \text{W/m}^2$$

$$E_{b2} = 5.67 \times 10^{-8} \times (473)^4 \ \text{W/m}^2 = 2838 \ \text{W/m}^2$$

$$E_{b3} = 5.67 \times 10^{-8} \times (293)^4 \ \text{W/m}^2 = 417.9 \ \text{W/m}^2$$

代入以上两式整理得

$$J_1 = 7015, \quad J_2 = 2872$$

所以

$$\Phi_1 = \frac{E_{b1} - J_1}{0.743} = \frac{20244 - 7015}{0.743} \ \text{W} = 17.8 \ \text{kW}$$

$$\Phi_2 = \frac{E_{b2} - J_2}{0.212} = \frac{2838 - 2872}{0.212} \ \text{W} = -160 \ \text{W}$$

（2）由于 $\dfrac{1}{R^*} = \dfrac{1}{R_3} + \dfrac{1}{R_4 + R_5} = 2.1685$，则 $R^* = 0.4612$。

$$R_{总} = 0.743 + 0.4612 + 0.212 = 1.4162$$

所以

$$\Phi_{1,2} = \frac{20244 - 2838}{1.4162} \ \text{W} = 12.29 \ \text{kW}$$

4. 辐射屏

减少表面间辐射换热最有效的方法是采用高反射率的表面涂层,或者在辐射表面之间加设辐射屏。保温瓶就是采用高反射率的涂层来减少辐射换热的。炼钢工人的遮热面罩、航天器的多层真空舱壁、低温技术中的多层隔热容器等则是采用辐射屏来减少辐射换热的。下面我们就以两个紧靠的平行平板为例来分析。

辐射屏的隔热原理如图 7-19 所示,两无限大平板 1、2 的温度和发射率分别为 T_1、T_2 和 ε_1、ε_2,面积均为 A,因为 $X_{1,2}=1$,根据辐射网络图(见 7-19(b))可知平板 1、2 之间的辐射换热量为

$$\Phi_{12} = \frac{\sigma_0 A(T_1^4 - T_2^4)}{1/\varepsilon_1 + 1/\varepsilon_2 - 1}$$

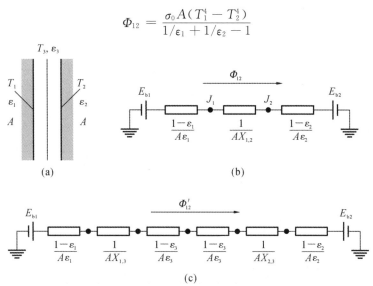

图 7-19　辐射屏原理示意图

如果在两平板之间再放置一个不透明的薄屏,其发射率为 ε_3,其他条件不变。根据辐射网络图(见图 7-19(c)),加入辐射屏时,相当于给两块平板之间的辐射换热增加了两个表面辐射热阻、一个空间辐射热阻。此时由于第三个表面的存在,原有两表面之间的辐射换热量大为减少。由两平面的辐射热平衡有

$$\Phi'_{12} = \frac{\sigma_0 A(T_1^4 - T_3^4)}{1/\varepsilon_1 + 1/\varepsilon_3 - 1} = \frac{\sigma_0 A(T_3^4 - T_2^4)}{1/\varepsilon_3 + 1/\varepsilon_2 - 1}$$

经整理得出

$$\Phi'_{12} = \frac{\sigma_0 A(T_1^4 - T_2^4)}{1/\varepsilon_1 + 2/\varepsilon_3 + 1/\varepsilon_2 - 2} \tag{7-40}$$

经过比较不难看出,辐射热阻增加了 $2/\varepsilon_3 - 1$。显然,这是一个大于 1 的数值,并且辐射屏的 ε_3 越小,这个附加热阻就越大。如果所有平板的黑度均相同,若平板间加设了 n 块辐射屏,则辐射换热量将为原来的 $1/(n+1)$。

辐射屏在测温技术中也得到了应用。工业上常用热电偶测量炉膛和管道中的气流温度,因为在炉膛或管壁与气流温度不同时存在壁面和热电偶之间的辐射换热,所以热电偶指示的温度并不能反映流体的真实温度。为了减少测温误差,需要给热电偶加装辐射屏,如图 7-20 所示。

未加设辐射屏时,热电偶接点辐射给管壁的热量为

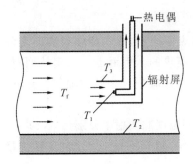

图 7-20　热电偶测温示意图

$$\Phi_{1,2} = \frac{E_{b1} - E_{b2}}{\dfrac{1-\varepsilon_1}{A_1\varepsilon_1} + \dfrac{1}{A_1 X_{1,2}} + \dfrac{1-\varepsilon_2}{A_2\varepsilon_2}}$$

$$= \frac{A_1(E_{b1} - E_{b2})}{\dfrac{1-\varepsilon_1}{\varepsilon_1} + \dfrac{1}{X_{1,2}} + \dfrac{A_1}{A_2}\dfrac{1-\varepsilon_2}{\varepsilon_2}}$$

由于 $A_2 \gg A_1$，$A_1/A_2 \to 0$，$X_{1,2}=1$，因此可以得到

$$Ah(T_f - T_1) = A\varepsilon_1\sigma(T_1^4 - T_2^4)$$

式中：h 为热电偶接点与燃气之间的表面传热系数；ε_1 为热电偶接点的发射率；T_f 为燃气的热力学温度。由上式可以得出热电偶的测温误差为

$$T_f - T_1 = \frac{\varepsilon_1\sigma(T_1^4 - T_2^4)}{h} \tag{7-41}$$

可见，热电偶的测温误差与热电偶接点和燃气通道壁面之间的辐射换热量成正比，与表面传热系数 h 成反比。为了进一步减小测温误差，通常将辐射屏做成抽气式，以便强化燃气与热电偶之间的对流换热，提高表面传热系数 h。

例 7-3　两平行大平壁，表面黑度分别为 0.5 和 0.8，如果中间加入一片黑度为 0.05 的铝箔，计算辐射换热将减少的百分数。

解　未加铝箔辐射屏时，辐射换热量 $\Phi_{1,2}$ 为

$$\Phi_{1,2} = A\frac{E_{b1} - E_{b2}}{\dfrac{1}{\varepsilon_1} + \dfrac{1}{\varepsilon_2} - 1} = A\frac{E_{b1} - E_{b2}}{\dfrac{1}{0.5} + \dfrac{1}{0.8} - 1} = A\frac{E_{b1} - E_{b2}}{2.25}$$

加入辐射屏后，辐射换热量 $\Phi_{1,3,2}$ 为

$$\Phi_{1,3,2} = \frac{E_{b1} - E_{b2}}{\dfrac{1-\varepsilon_1}{\varepsilon_1 A_1} + \dfrac{1}{A_1 X_{12}} + \dfrac{1-\varepsilon_{31}}{\varepsilon_{31} A_3} + \dfrac{1-\varepsilon_{32}}{\varepsilon_{32} A_3} + \dfrac{1}{A_2 X_{23}} + \dfrac{1-\varepsilon_2}{\varepsilon_2 A_2}}$$

$$= \frac{E_{b1} - E_{b2}}{\dfrac{1-0.5}{0.5A} + \dfrac{1}{A} + \dfrac{1-0.05}{0.05A} + \dfrac{1-0.05}{0.05A} + \dfrac{1}{A} + \dfrac{1-0.8}{0.8A}}$$

$$= A\frac{E_{b1} - E_{b2}}{41.25}$$

辐射换热量减少的百分数为

$$\frac{\Phi_{1,2} - \Phi_{1,3,2}}{\Phi_{1,2}} \times 100\% = \frac{\dfrac{1}{2.25} - \dfrac{1}{41.25}}{\dfrac{1}{2.25}} \times 100\% = 94.5\%$$

思 考 题

1.试述角系数的定义？"角系数是一个纯几何因子"的结论是在什么前提下提出的？

2.试述角系数的定义及其特征？这些特征的物理背景是什么？

3.实际表面系统与黑体系统相比，辐射换热计算增加了哪些复杂性？

4.什么是一个表面的自身辐射、投入辐射及有效辐射？有效辐射的引入对于灰体表面

系统辐射换热的计算有什么作用?

5.为什么计算一个表面与外界之间的净辐射换热量时要采用封闭腔的模型?

6.什么是辐射表面热阻?什么是辐射空间热阻?对于网络法的实际作用你是怎样认识的?

7.保温瓶的夹层玻璃表面为什么要镀一层反射比很高的材料?

8.用辐射换热的计算公式说明增强辐射换热应从哪些方面入手?

9.加辐射屏为什么可以减少辐射换热?

习　题

7-1　试求从图 7-21 所示的沟槽表面发出的辐射能中落到沟槽外面部分所占的百分数,设在垂直纸面方向沟槽为无限长。

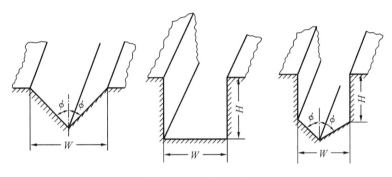

图 7-21　习题 7-1 图

7-2　确定图 7-22 中所示各种情况下的角系数。

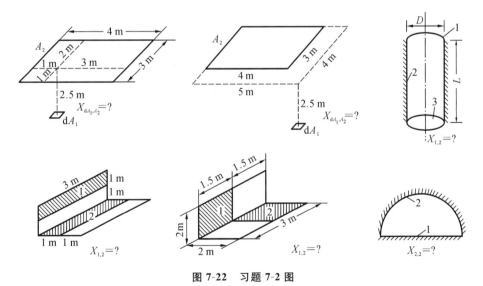

图 7-22　习题 7-2 图

7-3　两块平行放置的平板,温度分别保持 $t_1 = 527$ ℃ 和 $t_2 = 327$ ℃,板的发射率 $\varepsilon_1 = \varepsilon_2 = 0.8$,板间距离远小于板的宽度和高度。试求:

(1) 板 1 的本身辐射;

(2) 板 1 和板 2 之间的辐射换热量;

(3) 板 1 的有效辐射和反射辐射;

(4) 板 1 的投入辐射及板 2 的有效辐射。

7-4　相距甚近且平行放置的两等面积的黑体表面,温度分别为 1000 ℃ 和 500 ℃,试求它们之间的辐射换热量。如表面为灰体,发射率分别为 0.8 和 0.6,其辐射换热量又为多少。

7-5　在题 7-4 中,如在两灰表面间放置一块发射率为 0.04 的辐射屏,试求此时的辐射换热量和辐射屏的温度。

7-6　有一直径为 1 mm 的镍铬丝,其电阻率为 1.1×10^{-6} Ω·m。当外界环境的温度为 10 ℃,通过该丝的电流为 8 A 时,求镍铬丝的表面温度。假设只考虑辐射传热,镍铬丝的发射率为 0.8。

7-7　一电炉的电功率为 1 kW,炉丝的温度为 847 ℃,直径为 1 mm,电炉的效率(辐射功率与电功率之比)为 0.96,炉丝的发射率为 0.95,试确定炉丝的长度。

7-8　抽真空的保温瓶胆两壁面均涂有银,发射率 $\varepsilon_1 = \varepsilon_2 = 0.02$,内壁的温度为 100 ℃,外壁的温度为 20 ℃,试计算表面积为 0.25 m^2 时此保温瓶的辐射热损失。

7-9　两块宽 1.83 m,长 3.66 m 的矩形黑体表面互相平行地对放着,两表面的距离为 3.66 m。如果表面 1 的温度为 $t_1 = 93.33$ ℃,表面 2 的温度为 $t_2 = 315.56$ ℃,试计算:

(1) 两板间的辐射换热量;

(2) 假设周围环境为 21.11 ℃ 的黑体时两板净损失的辐射换热量。

7-10　一根裸汽管外装有遮热套,它们的直径分别为 $d_1 = 0.3$ m、$d_2 = 0.4$ m,相应的发射率为 $\varepsilon_1 = 0.8$、$\varepsilon_2 = 0.82$,汽管外表面的温度 $t_1 = 200$ ℃,遮热套管内表面的温度为 $t_2 = 180$ ℃,试计算每米长管的辐射热损失。

7-11　一同心长套管的内、外管的直径分别为 $d_1 = 50$ mm,$d_2 = 0.3$ m,温度 $t_1 = 277$ ℃,$t_2 = 27$ ℃,发射率 $\varepsilon_1 = 0.6$、$\varepsilon_2 = 0.28$。如果用直径 $d_3 = 150$ mm、发射率为 $\varepsilon_3 = 0.2$ 的薄壁铝管作为辐射屏插入内、外管之间,试求:

(1) 内、外管间的辐射换热量;

(2) 作为辐射屏的铝管的温度。

7-12　用裸露热电偶测量圆形管道中的气流温度,热电偶指示的温度为 $t_1 = 170$ ℃。已知圆管内壁的温度 $t_w = 93$ ℃,气流对热电偶接点的对流换热系数 $h = 75$ W/(m^2·℃),热电偶接点的发射率为 $\varepsilon = 0.6$,试求流动气体的真实温度及测温误差。

7-13　假定有两个同心的平行圆盘相距 0.9144 m,其中圆盘 1 的半径为 0.3048 m,温度为 93.33 ℃,圆盘 2 的半径为 0.4572 m,温度为 204.44 ℃。试求下列情况下的辐射换热量:

(1) 两圆盘均为黑体,周围不存在其他辐射;

(2) 两圆盘均为黑体,周围是一平截头的圆锥面作为重辐射表面;

(3) 两圆盘均为黑体,有一个温度为 −17.78 ℃ 的平截头的圆锥黑表面包住它们。

7-14　在题 7-13 中若两圆盘分别为发射率 $\varepsilon_1 = \varepsilon_2 = 0.7$ 的灰体,试计算周围没有其他辐射时两圆盘间的辐射换热量。

7-15　在题 7-14 中,若两灰圆盘被重辐射表面围住(平截头的圆锥面),试计算两灰圆盘的辐射换热。

7-16　在题 7-15 中,若两灰圆盘的平截头圆锥面亦为灰表面,其发射率为 $\varepsilon_3 = 0.4$,温度为 $T_3 = 422.22$ K,试计算两圆盘之间的辐射换热量。

7-17　宇宙飞船上的一肋片散热器的结构如图 7-23 所示。肋片的排数很多,在垂直于纸面的方向上可视为无限长。已知肋根部的温度为 300 K,肋片相当薄,且肋片材料的导热系数很大,环境是 0 K 的宇宙空间。肋片表面黑度 $\varepsilon = 0.83$。试计算肋片单位面积上的净辐射散热量。

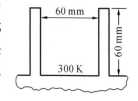

图 7-23　习题 7-17 图

7-18　有一面积为 3 m×3 m 的方形房间,地板的温度为 25 ℃,天花板的温度为 13 ℃,四面墙壁都是绝热的。房间高 2.5 m,所有表面的发射率为 0.8,求地板和天花板的净辐射换热量及墙壁的温度。

7-19　在 7.5 cm 厚的金属板上钻一个直径为 2.5 cm 的圆孔。金属板的温度为 260 ℃,孔的内表面加了一层发射率为 0.07 的金属箔作衬里。将一个 425 ℃、发射率为 0.5 的加热表面放在金属板一侧的孔上,金属另一侧的孔仍是敞开的。425 ℃ 的表面同金属板间无导热,试计算从敞开孔中辐射出去的热量。

7-20　一直径为 5 cm,深为 1.4 cm 的圆形空腔是由发射率为 0.8 的材料制成的,空腔的温度为 200 ℃。用 $D=0.7$、$s=0.3$、$R=0$ 的透明材料将孔口盖住。透明材料外表面的对流换热系数为 17 W/(m²·℃),环境空间及空气的温度均为 20 ℃,试计算空腔的净损失及透明覆盖层的温度。

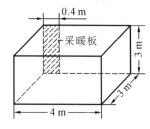

图 7-24　习题 7-21 图

7-21　某建筑物采用立式悬挂辐射采暖板,试求此采暖板和房间各表面的角系数。房间和采暖板的尺寸如图 7-24 所示。

7-22　在题 7-21 中,若辐射采暖板的发射率为 0.9,其余墙面的发射率均为 0.8,采暖板表面温度为 45 ℃,各墙面温度分别为:左侧墙 $t_1 = 14$ ℃,右侧墙 $t_2 = 16$ ℃,前墙 $t_3 = 10$ ℃,顶棚 $t_4 = 16$ ℃;地表面温度 $t_5 = 12$ ℃。计算此采暖板对墙面的辐射换热量,并写出用迭代法求解的计算机程序。

7-23　在煤粉炉的炉腔出口有四排凝渣管,其相对管距 s_1/d 和 s_2/d 比较大,因此透过前一排管子辐射平面上的炉腔火焰辐射能仍可近似认为是均匀的。若火焰对第一排凝渣管的角系数为 X,求火焰对凝渣管束的角系数。当 $s_1/d = 5$ 时,火焰辐射能可以透过凝渣管束的百分数又是多少?

7-24　有一环形空间,其内充满发射率和透射率分别为 0.3 和 0.7 的气体。环形空间的内、外径分别为 30 cm 和 60 cm,表面的发射率分别为 0.5 和 0.3,内表面的温度为 760 ℃,外表面的温度为 370 ℃。试计算从热表面到冷表面单位长度的净辐射换热量及气体的温度。

7-25　温度为 1360 K、压力为 1×10^5 Pa、比热容为 1.17 kJ/(kg·℃) 的混合气体,按重量计算,其中 CO_2 占 22%,O_2 和 N_2 占 78%。该混合气体由窑进入每边长为 0.15 m 的矩形通道,质量流量为 2 kg/s。通道内壁的发射率为 0.9,温度保持为 700 K,气体与壁面间的表面传热系数为 8.5 W/(m²·℃)。试计算:

(1) 为使气体温度降至 810 K 所需的矩形通道的长度;

(2) 辐射换热量和对流换热量的百分比。

7-26　一燃气轮机燃烧室的直径为 50 cm,其壁温维持为 800 ℃,燃烧产物的温度为 1400 ℃,压力为 10^5 Pa,CO_2 的容积浓度为 10%,H_2O 的容积浓度为 20%。假定燃烧室是一个很长的圆筒体,试确定气体与燃烧室壁之间的净辐射换热量。

7-27　锅炉的对流管束由外径 $d = 51$ mm 的管子组成,管间距 $s_1 = 120$ mm、$s_2 = 110$ mm。流过此管束的烟气中 CO_2 的含量为 12%,H_2O 的含量为 4%,烟气温度从 800 ℃ 下降到 400 ℃,管壁的温度为 250 ℃,表面发射率为 0.8,试计算烟气与管壁的辐射换热量。

7-28　一个外径为 100 mm 的钢管通过室温为 27 ℃ 的大房间。已知管子外壁面的温度为 100 ℃,其表面发射率为 0.85,空气与管壁间的对流换热系数为 8.55 W/(m² · ℃),试确定辐射换热系数及单位管长的热损失。

参 考 文 献

[1] 程尚模,黄素逸,白彩云. 传热学[M]. 北京:高等教育出版社,1990.

[2] 陈维汉,许国良,靳世平. 传热学[M]. 武汉:武汉理工大学出版社,2004.

[3] 郭志恭. 绝热工程[M]. 北京:化学工业出版社,1988.

[4] 杨世铭,陶文铨. 传热学[M]. 3 版. 北京:高等教育出版社,1998.

[5] 王邦维. 耐火材料工艺学[M]. 北京:冶金工业出版社,1984.

第8章

传热过程与换热器

换热器是工程上常用的热交换设备,其热交换过程都是一些典型的传热过程。同时在工程实际中,大量的热量传递过程常常不是以单一的热量传递方式出现的,而是两种或三种同时起作用。在这些同时存在多种热量传递方式的过程中,也必须对传热过程进行重点研究。因此在这一章里我们将重点介绍几种典型的传热过程,如通过平壁、圆筒壁和肋壁的传热过程,以及一些简单换热器的基本结构及传热计算方法。

8.1 传热过程的计算

在绪论中已经介绍,传热过程是指热流体通过固体壁面把热量传给冷流体的过程。这个过程传递的热量通常用传热公式计算:

$$\Phi = kA(t_{f1} - t_{f2}) \tag{8-1}$$

式中:t_{f1} 和 t_{f2} 分别为热流体与冷流体的温度;A 为参与传热的面积;k 为传热系数,单位为 $W/(m^2 \cdot \text{℃})$。

从式(8-1)可以看出,传热计算中的关键是确定传热系数和冷热流体的平均温差。下面我们将首先讨论不同传热表面的传热系数的计算。

1. 通过平壁的传热过程计算

通过平壁的传热过程在第1章已经讨论过,热流体通过一个平壁把热量传给冷流体,通过平壁的热流量可由下式计算:

$$\Phi = \frac{A(t_{f1} - t_{f2})}{\dfrac{1}{h_1} + \dfrac{\delta}{\lambda} + \dfrac{1}{h_2}} = Ak(t_{f1} - t_{f2}) \tag{8-2}$$

式中:h_1 和 h_2 分别为热流体和冷流体的表面换热系数;k 为通过平壁传热的传热系数,有

$$k = \frac{1}{\dfrac{1}{h_1} + \dfrac{\delta}{\lambda} + \dfrac{1}{h_2}} \tag{8-3}$$

对于通过无内热源的由几层平壁组成的多层平壁的稳态传热过程,如图 8-1 所示,假设各层材料的厚度分别为 $\delta_1, \delta_2, \cdots, \delta_n$,热导率 $\lambda_1, \lambda_2, \cdots, \lambda_n$ 均为常数,各层之间接触良好,无接触热阻,由于多层平壁总热阻等于各层热阻之和,因此传热公式为

$$\Phi = \frac{A(t_{f1} - t_{f2})}{\dfrac{1}{h_1} + \sum_{i=1}^{n} \dfrac{\delta_i}{\lambda_i} + \dfrac{1}{h_2}} = Ak(t_{f1} - t_{f2}) \tag{8-4}$$

式(8-4)中的传热系数为

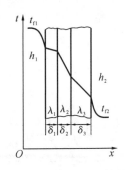

图 8-1　通过多层平壁的
传热

$$k = \cfrac{1}{\cfrac{1}{h_1} + \sum\limits_{i=1}^{n} \cfrac{\delta_i}{\lambda_i} + \cfrac{1}{h_2}} \tag{8-5}$$

式(8-4)还可写成

$$\Phi = \cfrac{(t_{f1} - t_{f2})}{\cfrac{1}{h_1 A_1} + \sum\limits_{i=1}^{n} \cfrac{\delta_i}{\lambda_i A} + \cfrac{1}{hA_2}} = \cfrac{(t_{f1} - t_{f2})}{R} \tag{8-6}$$

式中：R 表示平壁的总传热热阻。

　　需注意的是，流体与壁面间进行换热时，除了存在对流换热外，有时还有较强的辐射换热。我们把这种对流换热与辐射换热同时存在的换热过程称为复合换热。复合换热是十分复杂的换热问题，尤其是当周围环境物体的温度与流体温度和壁面温度均不相等时，传热计算就更加复杂。工程上通常只处理周围环境物体温度等于流体温度的情况。为了计算方便，通常将辐射换热量折合成对流换热量，引入辐射换热系数 h_r，即

$$h_r = \cfrac{\Phi_r}{A(t_w - t_f)} \tag{8-7}$$

式中：Φ_r 为辐射换热量。于是，复合换热系数等于对流换热系数 h_c 与辐射换热系数 h_r 之和，即

$$h = h_c + h_r \tag{8-8}$$

总换热量可以写成

$$\Phi = \Phi_c + \Phi_r = (h_c + h_r)A(t_w - t_f) = hA(t_w - t_f) \tag{8-9}$$

2. 通过圆筒壁的传热过程计算

　　首先研究单层圆筒壁的传热过程。如图 8-2 所示，长度为 l、热导率 λ 为常数的圆筒壁内外半径分别为 r_1、r_2，两侧的流体温度分别为 t_{f1} 和 $t_{f2}(t_{f1} > t_{f2})$，换热系数分别为 h_1 和 h_2。在稳态条件下通过圆筒壁的传热量为

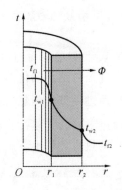

$$\Phi = \cfrac{t_{f1} - t_{w1}}{\cfrac{1}{\pi d_1 l h_1}} = \cfrac{t_{w1} - t_{w2}}{\cfrac{1}{2\pi\lambda l}\ln\cfrac{d_2}{d_1}} = \cfrac{t_{w2} - t_{f2}}{\cfrac{1}{\pi d_2 l h_2}} \tag{8-10}$$

经整理可以得出

$$\Phi = \cfrac{t_{f1} - t_{f2}}{\cfrac{1}{\pi d_1 l h_1} + \cfrac{1}{2\pi\lambda l}\ln\cfrac{d_2}{d_1} + \cfrac{1}{\pi d_2 l h_2}} \tag{8-11}$$

图 8-2　单层圆筒壁的传热过程

单位长度的传热量为

$$q = \cfrac{t_{f1} - t_{f2}}{\cfrac{1}{\pi d_1 h_1} + \cfrac{1}{2\pi\lambda}\ln\cfrac{d_2}{d_1} + \cfrac{1}{\pi d_2 h_2}} \tag{8-12}$$

从式(8-11)得出单层圆筒壁的总传热热阻为

$$R = R_1 + R_\lambda + R_2 = \cfrac{1}{\pi d_1 l h_1} + \cfrac{1}{2\pi\lambda l}\ln\cfrac{d_2}{d_1} + \cfrac{1}{\pi d_2 l h_2} \tag{8-13}$$

总热阻由内、外壁的对流换热热阻 R_1 和 R_2 以及圆筒壁的导热热阻 R_λ 组成。

　　由于圆筒的内外表面积不同，因此相应的传热系数 k 的表达方式也不同。如果选择圆

筒壁的外壁面作为计算面积,传热量的计算公式为

$$\Phi = \pi d_2 l k_2 (t_{f1} - t_{f2})$$

将上式与式(8-11)对照,可以得出基于圆筒壁外壁面的传热系数表达式为

$$k = \cfrac{1}{\cfrac{d_2}{d_1 h_1} + \cfrac{d_2}{2\lambda}\ln\cfrac{d_2}{d_1} + \cfrac{1}{h_2}} \tag{8-14}$$

习惯上,工程计算常以外壁面面积为基准,所以式(8-14)中 k 未加下标。

基于圆筒壁内壁面的传热量表达式为

$$\Phi = \pi d_1 l k_1 (t_{f1} - t_{f2})$$

同样可以得出基于圆筒壁内壁面的传热系数表达式,即

$$k_1 = \cfrac{1}{\cfrac{1}{h_1} + \cfrac{d_1}{2\lambda}\ln\cfrac{d_2}{d_1} + \cfrac{d_1}{d_2 h_2}} \tag{8-15}$$

对于多层圆筒壁的传热过程,传热量的计算式为

$$\Phi = \cfrac{t_{f1} - t_{f2}}{\cfrac{1}{\pi d_1 l h_1} + \sum_{i+1}^{n}\cfrac{1}{2\pi\lambda_i l}\ln\cfrac{d_{i+1}}{d_i} + \cfrac{1}{\pi d_{n+1} l h_2}}$$

为了减少输送管道的散热损失,在工程上,通常采用在管道外面加保温层的方法。但是有时在圆筒壁面上增加保温层却可能导致散热量增加。欲了解产生这种现象的原因就必须分析圆筒壁的热阻变化。

圆筒壁外加设了一层保温层的圆筒壁稳态传热过程如图 8-3 所示。假设壁面的导热系数为 λ_1,保温层的导热系数为 λ_x。分析通过圆筒壁的传热过程可知,传热热阻计算式为

$$R = R_1 + R_{\lambda 1} + R_{\lambda x} + R_2 = \cfrac{1}{\pi d_1 l h_1} + \cfrac{1}{2\pi\lambda_1 l}\ln\cfrac{d_2}{d_1} + \cfrac{1}{2\pi\lambda_x l}\ln\cfrac{d_x}{d_2} + \cfrac{1}{\pi d_x l h_2} \tag{8-16}$$

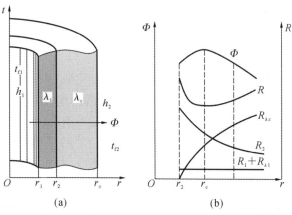

图 8-3　圆筒壁外加设保温层的稳态传热过程

(a) 两层圆筒壁的稳态传热过程;(b) Φ-r 关系曲线

从式(8-16)可以看出,随着保温层厚度 d_x 的增加,保温层的导热热阻逐步增大,而外壁的对流换热热阻 R_2 却逐步减小。所以,总热阻 R 随着 d_x 的增加先减小后增大,传热量则随着 d_x 的增加先增大后减小。因此,传热过程的总热阻会存在一个极小值,对应着传热量的最大值。对应总热阻极小值的外直径 d_c 被称为临界热绝缘直径。如果将式(8-16)对 d_x 求导并令其等于零,可以求出临界热绝缘直径 d_c,即

$$\frac{\mathrm{d}R}{\mathrm{d}d_x} = \frac{1}{2\pi\lambda_x d_x} - \frac{1}{\pi d_x^2 h_2} = 0$$

得到

$$d_x = \frac{2\lambda_x}{h_2} = d_c \tag{8-17}$$

从式(8-17)可以看出,临界热绝缘直径只与保温材料的导热系数以及周围介质的换热系数有关。上式还可改写为

$$\frac{h_2 d_c}{\lambda_x} = 2 \tag{8-18}$$

式(8-18)的左端是管道外表面的毕渥数。可见,当保温层管道外表面的毕渥数大于 2 时,增加保温层厚度可减少热损失;若毕渥数小于 2,增加保温层厚度则起到强化换热的作用。

在工程上,绝大多数需要加保温层的管道外径都大于临界热绝缘直径,所以一般情况下敷设保温材料能达到绝热的目的。只有当管径很小,保温材料的热导率又很大时,才需考虑临界热绝缘直径的问题。例如电缆线,在其外包上一层绝缘层后,不仅能起电绝缘的作用,还可以增加散热。所以有效利用临界热绝缘直径这一概念,可以更好地满足一些特殊要求。

例 8-1 蒸汽管道外径 $d_2 = 80$ mm,壁厚 $\delta = 3$ mm,钢材热导率 $\lambda = 53.7$ W/(m · ℃),管内蒸汽温度 $t_{f1} = 150$ ℃,周围空气温度 $t_{f2} = 20$ ℃,外表面对空气的换热系数 $h_2 = 7.6$ W/(m² · ℃),蒸汽对管内壁的换热系数 $h_1 = 116$ W/(m² · ℃),试求每米管长的散热损失。

解 利用式(8-11)进行计算,有

$$\begin{aligned}
\Phi &= \frac{t_{f1} - t_{f2}}{\dfrac{1}{\pi d_1 l h_1} + \dfrac{1}{2\pi\lambda l}\ln\dfrac{d_2}{d_1} + \dfrac{1}{\pi d_2 l h_2}} \\
&= \frac{150 - 20}{\dfrac{1}{116 \times \pi \times 0.074 \times 1} + \dfrac{1}{2\pi \times 53.7 \times 1}\ln\dfrac{80}{74} + \dfrac{1}{7.6 \times \pi \times 0.080 \times 1}} \text{ W} \\
&= 231.77 \text{ W}
\end{aligned}$$

3. 通过肋壁的传热过程计算

在工程上常出现两侧表面传热系数相差较大的传热过程,此时在换热系数较小的一侧壁面上加装金属肋片可以强化传热。下面以一侧加装肋片的平壁传热过程为例进行分析。

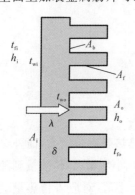

如图 8-4 所示,一侧加装肋片的平壁,无肋侧光壁的表面积为 A_i,肋侧总表面积为 A_o,包括肋片面积 A_f 及肋间面积 A_b 两个部分,即 $A_o = A_b + A_f$。由传热过程在稳态条件下的热平衡关系式可以得出

$$\Phi = \frac{t_{fi} - t_{wi}}{\dfrac{1}{A_i h_i}} = \frac{t_{wi} - t_{wo}}{\dfrac{\delta}{A_i \lambda}} = \frac{t_{wo} - t_{fo}}{\dfrac{1}{\eta_o A_o h_o}} \tag{8-19}$$

式中:η_o 为肋面效率,可以由肋侧表面的热平衡关系导出,即对于肋化侧有

图 8-4　肋壁的传热

$$\Phi = A_b h_o(t_{wo} - t_{fo}) + \eta_f A_f h_o(t_{wo} - t_{fo}) = \eta_o A_o h_o(t_{wo} - t_{fo}) \tag{8-20}$$

$$\eta_{\circ} = \frac{A_{\mathrm{b}} + \eta_{\mathrm{f}} A_{\mathrm{f}}}{A_{\circ}} \tag{8-21}$$

对式(8-19)进行整理,可以得到通过肋壁的传热量计算关系式为

$$\Phi = \frac{t_{\mathrm{fi}} - t_{\mathrm{fo}}}{\dfrac{1}{A_{\mathrm{i}} h_{\mathrm{i}}} + \dfrac{\delta}{A_{\mathrm{i}} \lambda} + \dfrac{1}{\eta_{\circ} A_{\circ} h_{\circ}}} \tag{8-22}$$

式(8-22)的分母项表示热阻,它包括平壁的导热热阻 $\delta/(A_{\mathrm{i}}\lambda)$、未装肋片一侧表面的对流换热热阻 $1/(A_{\mathrm{i}}h_{\mathrm{i}})$,以及装肋片一侧的对流换热热阻 $1/(\eta_{\circ}A_{\circ}h_{\circ})$,即

$$R = \frac{1}{A_{\mathrm{i}} h_{\mathrm{i}}} + \frac{\delta}{A_{\mathrm{i}} \lambda} + \frac{1}{\eta_{\circ} A_{\circ} h_{\circ}} \tag{8-23}$$

将式(8-22)按式(8-1)的传热公式形式书写,则基于无肋侧面积的传热系数为

$$k_{\mathrm{i}} = \frac{1}{\dfrac{1}{h_{\mathrm{i}}} + \dfrac{\delta}{\lambda} + \dfrac{1}{\eta_{\circ} \beta h_{\circ}}} \tag{8-24}$$

基于肋化侧面积的传热系数为

$$k_{\circ} = \frac{1}{\dfrac{\beta}{h_{\mathrm{i}}} + \dfrac{\beta \delta}{\lambda} + \dfrac{1}{\eta_{\circ} h_{\circ}}} \tag{8-25}$$

式中: $\beta = A_{\circ}/A_{\mathrm{i}}$,为肋化系数,表示表面装肋片以后总表面积扩大的倍数, β 值常远大于1, $\eta_{\circ}\beta$ 的值仍然应大于1。 $\eta_{\circ}\beta$ 值的大小取决于肋高与肋间距。增加肋高可以加大 β,但增加肋高会使肋片效率 η_{f} 降低,从而使肋面总效率 $\eta_{\circ}$ 降低。减小肋间距,即使肋片加密也可以加大 β,但肋间距过小会增大流体的流动阻力,使肋间流体的温度升高,降低传热温差,不利于传热。所以应该合理地选择肋高和肋间距,使 k_{i} 具有最佳值。此外,由于肋化侧的几何结构一般比较复杂,其表面传热系数的确定常常是比较困难的,多为实验研究的结果。

8.2　换热器类型

换热器是用来将高温流体的热量传递给低温流体的装置,它是广泛应用于动力、化工、冶金、轻工等工业部门以及日常生活中的热量交换设备。换热器可以按不同的方式分类。根据工作原理不同,换热器通常分为四类:间壁式、回热式(蓄热式)、混合式和热管式。下面将对其进行逐一介绍。

1. 间壁式换热器

冷、热两种流体由固体壁面隔开,热流体通过固体壁面把热量传给冷流体的热量交换设备称为间壁式换热器,其热量交换过程是典型的传热过程。

按照流动特征,间壁式换热器可分为顺流式、逆流式和叉流式。顺流换热器中冷、热流体的流动方向一致,逆流换热器中冷、热流体的流动方向相反,叉流换热器中冷、热流体流动方向相互成一定角度。

按照几何结构,间壁式换热器可分为套管式换热器、管壳式换热器、板式换热器,以及板翅、管翅等紧凑式换热器。

图 8-5 所示为顺流和逆流套管式换热器。套管式换热器是结构最简单的间壁式换热器,它由一根管子套上一根直径较大的管子组成,冷、热流体分别在内管和环状间隙中流过。

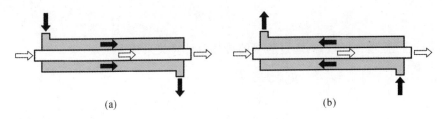

图 8-5　套管式换热器示意图

（a）顺流；（b）逆流

图 8-6 所示是管壳式换热器,其传热面由管束构成,管束由管板和折流挡板固定在外壳之中。两种流体分别在管内、外流动。管内流动的路径称为管程,管外流动的路径称为壳程。管程流体和壳程流体互不掺混,只是通过管壁交换热量。管壳式换热器可设计成单流程、双流程或多流程形式。

图 8-7 所示为板式换热器。板式换热器由若干片压制成形的波纹式金属片叠加而成,流体在两板间的通道中流动。图 8-8 所示为螺旋板式换热器,它由两块金属板卷制而成,具有等距离的螺旋通道,分别供冷、热流体在其中流动。图 8-9 所示为肋管式换热器,它由带肋片的管束构成。肋管的基管可以为圆管,也可以为椭圆管或异型管。椭圆肋管或异型肋管外侧的流动阻力比圆管小,并且在换热器中的布置更加紧凑,适用于管内液体和管外气体之间的换热,如汽车水箱散热器、空调系统的蒸发器等。

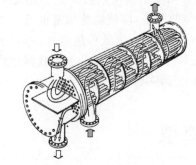

图 8-6　管壳式换热器示意图

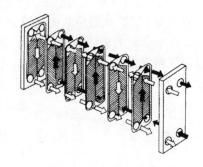

图 8-7　板式换热器示意图

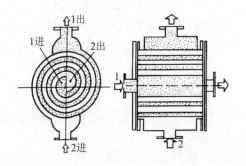

图 8-8　螺旋板式换热器示意图

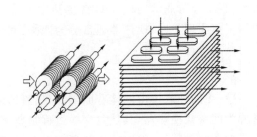

图 8-9　肋管式换热器示意图

2. 回热式换热器

回热式换热器采用冷、热两种流体依次交替地流过同一换热面而进行热量交换。当热流体流过时,换热面被加热到一定温度,热流体停止流入后,冷流体流过同一换热面。所以回热式换热器通过换热面周期性的吸、放热过程实现冷、热流体间的热量交换。因此,这种传热过程是非稳态的。锅炉中回转式空气预热器、全热回收式空气调节器等均为回热式换热器。

3. 混合式换热器

混合式换热器依靠冷、热两种流体直接接触、彼此混合来实现热量交换。图 8-10 所示的汽水混合器就属于混合式换热器。火力发电厂中的大型冷却水塔以及化工厂中的洗涤塔等也是混合式换热器。混合式换热器的换热效率最高。但是在工程实际中,其应用往往受到冷、热流体不能相互混合或难以分离的限制。

4. 热管式换热器

热管是一种具有较高的热传导能力的器件,其基本结构如图 8-11 所示。图中,热管是一个封闭的装有某种工作流体的金属壳体。当蒸发段受热时,芯网中的液体蒸发成气体。蒸汽在管内中空部分流到管子另一端,将热量传递给冷凝段。蒸汽在冷凝段中被冷却,重新变为液体,渗透到芯网中,然后由于毛细作用从芯网中流回蒸发段,完成工作流体的循环。可见,由单个或多根热管组成的热管换热器可将热流体

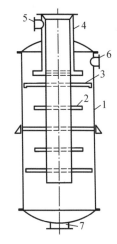

图 8-10　混合式换热器
1—外壳;2,3—环形淋水板;
4—热汽进口管;5—水进口管;
6—空气引出管;7—冷凝液引出管

的热量传给冷流体。一根工作温度为 1000 K 的钠热管,从蒸发段传输热量到冷凝段的相当导热系数可达 10^6 W/(m·℃),比导热性能良好的金属的导热系数高 $10^3 \sim 10^4$ 倍。但热管的导热能力受到工作流体、工作温度以及热管外侧换热情况的限制。

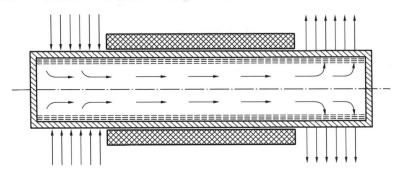

图 8-11　热管基本结构

8.3　对数平均温差

换热器是根据能量守恒和传热原理进行计算的。当忽略换热器与环境的换热损失时,冷流体吸收的热量与热流体放出的热量相等。如果假设换热器的热流体进、出口温度分别为 t'_1、t''_1;冷流体进、出口温度分别为 t'_2、t''_2;热流体的质量流量为 m_1,比热容为 c_{p1},而冷流体的质量流量为 m_2,比热容为 c_{p2};传热系数为 k,传热面积为 A,根据传热方程可以得到换热器传递的热量为

$$\Phi = kA \Delta t \tag{8-26}$$

式中:Δt 为传热温差(或称为传热温压)。

从换热器基本传热公式 $\Phi = kA\Delta t$ 可知,要获得换热器的传热量,必须计算出冷、热流体之间的平均温差。由于在换热器中,冷、热流体在沿传热面进行换热时其温度不断变化,因此温差也在不断变化,如图 8-12 所示。因此,换热器传热计算中的传热温差应该是整个换热器传热面的平均温差 Δt_m。

下面,我们以图 8-12(a)所示的套管式换热器顺流流动为例来求解平均温差 Δt_m。假设条件为:① 整个换热器的传热系数 k 为一常数;② 冷、热流体的流动均是稳定的;③ 冷、热流体的比热容和密度均为定值;④ 没有沸腾和凝结现象;⑤ 忽略换热器在环境中的损失。

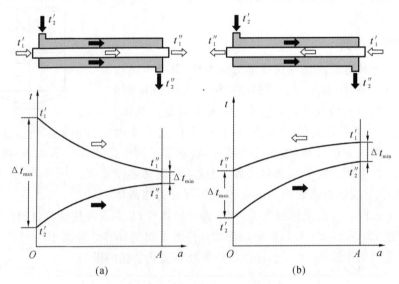

图 8-12　换热器的流体温度分布

(a) 顺流;(b) 逆流

如图 8-12(a)所示,换热器中热、冷流体的温度分别为 t_1 和 t_2。取微元传热面 dA,冷、热流体通过微元传热面后,热流体的温度降低了 dt_1,冷流体的温度升高了 dt_2。则通过微元面 dA 的热流量为

$$d\Phi = -m_1 c_{p1} dt_1 \tag{8-27}$$

和

$$d\Phi = m_2 c_{p2} dt_2 \tag{8-28}$$

上述两个公式是通过分别建立换热器热、冷流体的能量守恒得到的。根据假设条件,如果不考虑换热器向外界的散热,其传热量也可以表示为

$$\Phi = m_1 c_{p1}(t'_1 - t''_1) = m_2 c_{p2}(t''_2 - t'_2) \tag{8-29}$$

式(8-29)常称为换热器的热平衡方程。它也可以改写成如下形式:

$$\Phi = C_1(t'_1 - t''_1) = C_2(t''_2 - t'_2) \tag{8-30}$$

式中:$C_1 = m_1 c_{p1}$,$C_2 = m_2 c_{p2}$ 分别为热、冷流体的热容量。

由式(8-27)、式(8-28)得

$$d(t_1 - t_2) = d(\Delta t) = dt_1 - dt_2 = -d\Phi\left(\frac{1}{m_1 c_{p1}} + \frac{1}{m_2 c_{p2}}\right) \tag{8-31}$$

令 $\mu = \frac{1}{m_1 c_{p1}} + \frac{1}{m_2 c_{p2}}$,代入式(8-31)可得

$$d(\Delta t) = -\mu d\varPhi \tag{8-32}$$

应用传热方程式 $d\varPhi = k\Delta t dA$，代入式(8-31)并消去 $d\varPhi$ 得

$$\frac{d(t_1 - t_2)}{t_1 - t_2} = -\mu k\, dA \tag{8-33}$$

在整个换热面上对式(8-33)积分,得到

$$\ln\frac{\Delta t_2}{\Delta t_1} = -\mu k A \tag{8-34}$$

式中: $\Delta t_1 = t'_1 - t'_2$; $\Delta t_2 = t''_1 - t''_2$ 。式(8-34)还可写成 $\Delta t_2 = \Delta t_1 e^{-\mu k A}$,说明温度沿传热面呈指数变化。

从式(8-31)可以得出

$$\mu = \frac{1}{m_1 c_{p1}} + \frac{1}{m_2 c_{p2}} = \frac{\Delta t_1 - \Delta t_2}{\varPhi}$$

将其代入式(8-34),有

$$\varPhi = kA\, \frac{\Delta t_1 - \Delta t_2}{\ln\dfrac{\Delta t_1}{\Delta t_2}} \tag{8-35}$$

所以顺流换热器的平均温差为

$$\Delta t_{\mathrm{m}} = \frac{\Delta t_1 - \Delta t_2}{\ln\dfrac{\Delta t_1}{\Delta t_2}} \tag{8-36}$$

逆流换热器的温度沿传热面的分布如图 8-12(b)所示。其推导过程与顺流情况完全相同,只是进出口温度差不同,即 $\Delta t_1 = t'_1 - t''_2$, $\Delta t_2 = t''_1 - t'_2$ 。

对于交叉流或者由顺流、逆流和交叉流组合起来的流动,其传热公式中的平均温差的计算较为复杂。一般先按逆流方式计算出相应的对数平均温差,然后乘以从修正图表中由两个无量纲数 P 和 R 查出的修正系数 ψ ,其中

$$P = \frac{t''_2 - t'_2}{t'_1 - t'_2} \tag{8-37}$$

$$R = \frac{t'_1 - t''_1}{t''_2 - t'_2} \tag{8-38}$$

这里给出了几种流动方式的修正图表,如图 8-13 至图 8-16 所示。

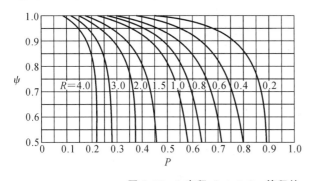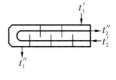

图 8-13　1 壳程,2,4,6,8…管程的 ψ 值

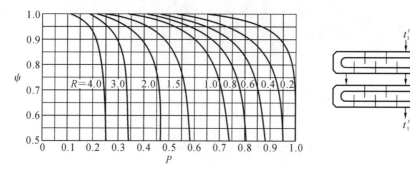

图 8-14　2 壳程,4,8,12,16···管程的 ψ 值

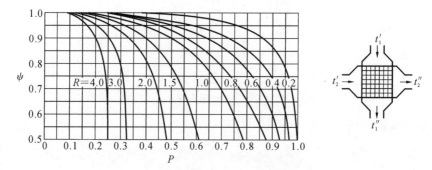

图 8-15　一次交叉流,两种流体各自不混合时的 ψ 值

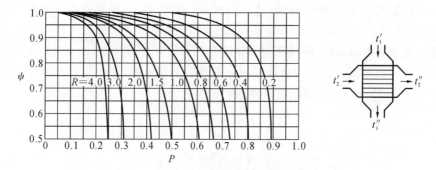

图 8-16　一次交叉流,一种流体混合、另一种流体不混合时的 ψ 值

*8.4　换热器计算

　　根据目的不同,换热器的传热计算分为两种类型:设计计算与校核计算。设计计算是根据生产任务给定的换热条件和要求,设计一台新的换热器,为此需要确定换热器的形式、结构及换热面积。而校核计算是对已有的换热器进行核算,看其能否满足一定的换热要求,一般需要计算流体的出口温度、换热量以及流动阻力等。

　　换热器的传热计算一般采用两种方法:平均温差法和效能-传热单元数法。下面将分别对这两种方法进行详细介绍。由于间壁式换热器应用最广泛,因此我们着重讨论间壁式换热器的传热计算。

1. 对数平均温差法

从以上分析可知,换热器传热计算的基本方程为

传热方程

$$\Phi = kA\,\Delta t_{\mathrm{m}} \tag{8-39}$$

热平衡方程

$$\Phi = m_1 c_{p1}(t'_1 - t''_1) = m_2 c_{p2}(t''_2 - t'_2) \tag{8-40}$$

以上方程中共有八个独立变量,它们是 kA、$m_1 c_{p1}$、$m_2 c_{p2}$、t'_1、t''_1、t'_2、t''_2 和 Φ。因此,换热器的热计算应该是给出其中的五个变量来求得其余三个变量的过程。新换热器设计计算的目的是在选定换热器形式后,给定流体的热容量 $m_1 c_{p1}$、$m_2 c_{p2}$ 和四个进、出口温度中的三个,计算另一个温度、换热量 Φ 以及传热性能量 kA。利用对数平均温差法进行设计计算的步骤如下:

(1) 根据已知的三个温度,利用换热器热平衡方程式(8-40)计算出另一个待定温度,并计算出传热量 Φ;

(2) 确定换热器的结构及流动形式,由冷、热流体的四个进、出口温度及流动形式确定 Δt_{m};

(3) 初步布置换热面,并计算相应的传热系数 k;

(4) 由传热方程式(8-39)计算换热面积 A,并计算换热器两侧的流动阻力;

(5) 如果流动阻力过大或者换热面积过大,造成设计不合理,增加了系统设备的投资和运行费用,则应改变设计方案重新计算。

对已有或设计好的换热器进行校核计算时,典型的情况是已知换热器的热容量 $m_1 c_{p1}$、$m_2 c_{p2}$,传热性能量 kA 以及冷、热流体的进口温度 t'_1、t'_2 等五个参数,计算出换热量 Φ 和冷、热流体的出口温度 t''_1 和 t''_2。由于冷、热流体的出口温度未知,无法计算传热平均温差和通过换热面的传热系数。在这种情况下,通常采用试算法。利用对数平均温差法进行校核计算的步骤如下:

(1) 首先假定一个流体的出口温度,按热平衡方程求出另一个出口温度;

(2) 由冷、热流体的四个进、出口温度及流动形式确定 Δt_{m};

(3) 根据换热器的结构计算出传热系数 k;

(4) 由传热方程求出换热量 Φ(假设出口温度下的计算值);

(5) 再由换热器热平衡方程计算出冷、热流体的出口温度值;

(6) 以新计算出的出口温度作为假设温度值,重复以上步骤(2)至(5),直至前后两次出口温度值的误差小于给定数值为止,一般相对误差应控制在 1% 以下。

实际试算过程通常采用迭代法,可以利用计算机进行运算。显然,利用对数平均温差法进行校核计算不太简便。因此,发展了效能-传热单元数法进行换热器的热计算。

例 8-2　某冷油器采用 1-2 型壳管式结构,流量为 39 $\mathrm{m^3/h}$ 的 30 号透平油从 $t'_1 = 56.9\ \mathrm{℃}$ 冷却到 $t''_1 = 45\ \mathrm{℃}$,冷却水的进口温度 $t'_2 = 33\ \mathrm{℃}$,流量为 $m_2 = 12.25\ \mathrm{kg/s}$,水在管侧流过,油在壳侧。传热系数为 $k = 312\ \mathrm{W/(m^2 \cdot ℃)}$,已知 30 号透平油在运行温度下的 $\rho_1 = 879\ \mathrm{kg/m^3}$,$c_{p1} = 1.95\ \mathrm{kJ/(kg \cdot ℃)}$。试求所需面积。

解　此题为设计计算。

透平油的放热量为

$$\Phi = m_1 c_{p1}(t'_1 - t''_1) = \frac{39 \times 879 \times 1.95 \times 10^3 \times (56.9 - 45)}{3600} \ \text{W} = 2.21 \times 10^5 \ \text{W}$$

冷却水的出口温度为

$$t''_2 = t'_2 + \frac{\Phi}{m_2 c_{p2}} = 33 + \frac{2.21 \times 10^5}{12.25 \times 4.19 \times 10^3} \ ℃ = 37 \ ℃$$

按逆流布置的对数平均温差为

$$\Delta t_{m逆} = \frac{\Delta t_{max} - \Delta t_{min}}{\ln \dfrac{\Delta t_{max}}{\Delta t_{min}}} = \frac{(56.9 - 37) - (45 - 33)}{\ln \dfrac{56.9 - 37}{45 - 33}} \ ℃ = 15.62 \ ℃$$

参数 P 和 R 分别为

$$P = \frac{t''_2 - t'_2}{t'_1 - t'_2} = \frac{37 - 33}{56.9 - 33} = 0.17$$

$$R = \frac{t'_1 - t''_1}{t''_2 - t'_2} = \frac{56.9 - 45}{37 - 33} = 3$$

查图 8-13 得到 $\psi = 0.97$，故 $\Delta t_m = \psi \Delta t_{m逆} = 0.97 \times 15.62 \ ℃ = 15.1 \ ℃$。

冷油器的计算面积为

$$A = \frac{\Phi}{k \Delta t_m} = \frac{2.21 \times 10^5}{312 \times 15.1} \ \text{m}^2 = 46.9 \ \text{m}^2$$

2. 效能-传热单元数法

换热器中，冷、热流体的温度变化与热容量 $m_1 c_{p1}$、$m_2 c_{p2}$ 成反比。在冷、热流体进口温度和流量一定时，增加 kA，冷、热流体的出口温度将发生变化，传热量 Φ 将随之改变。在极限情况下，kA 为无限大时，换热器传热热阻为零。顺流时，冷、热流体的出口温度将相等，即 $t''_2 = t''_1$。逆流时，当 $m_1 c_{p1} > m_2 c_{p2}$ 时可以把冷流体加热到接近于热流体的进口温度，即 $t''_2 = t'_1$。此时，换热器具有最大的换热量，即

$$\Phi_{max} = C_2(t''_2 - t'_2) = C_{min}(t'_1 - t'_2) \tag{8-41}$$

当 $m_1 c_{p1} < m_2 c_{p2}$ 时，可以把热流体冷却到接近于冷流体的进口温度，即 $t''_1 = t'_2$。此时，换热器最大的换热量为

$$\Phi_{max} = C_1(t'_1 - t''_1) = C_{min}(t'_1 - t'_2) \tag{8-42}$$

为了方便换热器的传热计算，定义换热器的效能为换热器实际的传热量与最大可能的传热量之比，即

$$\varepsilon = \frac{\Phi}{\Phi_{max}} \tag{8-43}$$

当 $m_1 c_{p1} > m_2 c_{p2}$ 时，将式(8-41)代入式(8-43)，得

$$\varepsilon = \frac{\Phi}{\Phi_{max}} = \frac{C_2(t''_2 - t'_2)}{C_2(t'_1 - t'_2)} = \frac{t''_2 - t'_2}{t'_1 - t'_2} \tag{8-44}$$

当 $m_1 c_{p1} < m_2 c_{p2}$ 时，将式(8-42)代入式(8-43)，得

$$\varepsilon = \frac{\Phi}{\Phi_{max}} = \frac{C_1(t'_1 - t''_1)}{C_1(t'_1 - t'_2)} = \frac{t'_1 - t''_1}{t'_1 - t'_2} \tag{8-45}$$

将式(8-44)和式(8-45)写成统一的形式，则

$$\varepsilon = \frac{\Phi}{\Phi_{max}} = \frac{C_{min}(t' - t'')_{max}}{C_{min}(t'_1 - t'_2)} = \frac{(t' - t'')_{max}}{t'_1 - t'_2} \tag{8-46}$$

当可以得到换热器的效能时,换热器的传热量可用下式计算:

$$\Phi = \varepsilon \Phi_{\max} = \varepsilon C_{\min}(t'_1 - t'_2) \tag{8-47}$$

现在以单流程逆流换热器为例,讨论换热器效能的计算。

假设冷流体的热容量 $m_2 c_{p2}$ 为 $C_{\min}$,则传热量为

$$\Phi = C_2(t''_2 - t'_2) = kA \frac{(t'_1 - t''_2) - (t''_1 - t'_2)}{\ln \dfrac{t'_1 - t''_2}{t''_1 - t'_2}} \tag{8-48}$$

将式(8-47)改写成

$$t'_1 = t'_2 + \frac{\Phi}{\varepsilon C_{\min}} = t'_2 + \frac{t''_2 - t'_2}{\varepsilon} \tag{8-49}$$

于是

$$t'_1 - t''_2 = t'_2 - t''_2 + \frac{t''_2 - t'_2}{\varepsilon} = \left(\frac{1}{\varepsilon} - 1\right)(t''_2 - t'_2) \tag{8-50}$$

根据式(8-40)求出 t''_1 为

$$t''_1 = t'_1 - \frac{C_2}{C_1}(t''_2 - t'_2) \tag{8-51}$$

将式(8-49)代入后得

$$t''_1 - t'_2 = \frac{t''_2 - t'_2}{\varepsilon} - \frac{C_2}{C_1}(t''_2 - t'_2) = \left(\frac{1}{\varepsilon} - \frac{C_2}{C_1}\right)(t''_2 - t'_2) \tag{8-52}$$

将式(8-50)和式(8-52)代入式(8-48)得

$$\ln \frac{\left(\dfrac{1}{\varepsilon} - 1\right)}{\left(\dfrac{1}{\varepsilon} - \dfrac{C_2}{C_1}\right)} = \frac{kA}{C_2}\left(\frac{C_2}{C_1} - 1\right) \tag{8-53}$$

从式(8-53)得到效能的计算公式为

$$\varepsilon = \frac{1 - \exp\left[\dfrac{kA}{C_2}\left(\dfrac{C_2}{C_1} - 1\right)\right]}{1 - \dfrac{C_2}{C_1}\exp\left[\dfrac{kA}{C_2}\left(\dfrac{C_2}{C_1} - 1\right)\right]} \tag{8-54}$$

式(8-54)是在假定冷流体的热容量 $m_2 c_{p2}$ 为 $C_{\min}$ 的基础上推导的。如果 $C_{\min}$ 为热流体的热容量也可推出上式,故将式(8-54)写成如下形式:

$$\varepsilon = \frac{1 - \exp\left[\dfrac{kA}{C_{\min}}\left(\dfrac{C_{\min}}{C_{\max}} - 1\right)\right]}{1 - \dfrac{C_{\min}}{C_{\max}}\exp\left[\dfrac{kA}{C_{\min}}\left(\dfrac{C_{\min}}{C_{\max}} - 1\right)\right]} \tag{8-55}$$

令

$$\text{NTU} = \frac{kA}{C_{\min}} \tag{8-56}$$

可以得到单流程逆流换热器的效能为

$$\varepsilon = \frac{1 - \exp\left[\text{NTU}\left(\dfrac{C_{\min}}{C_{\max}} - 1\right)\right]}{1 - \dfrac{C_{\min}}{C_{\max}}\exp\left[\text{NTU}\left(\dfrac{C_{\min}}{C_{\max}} - 1\right)\right]} \tag{8-57}$$

同理可求出单流程顺流换热器的效能为

$$\varepsilon = \frac{1 - \exp\left[-\text{NTU}\left(1 + \dfrac{C_{\min}}{C_{\max}}\right)\right]}{1 + \dfrac{C_{\min}}{C_{\max}}} \tag{8-58}$$

上面推导中，NTU 称为传热单元数，表征了换热器的传热性能与其热传送（对流）性能的对比关系，其值越大换热器传热效能越好，但这会导致换热器的投资成本和操作费用增大，从而使换热器的经济性能变坏。因此，必须进行换热器的综合性能分析来确定换热器的传热单元数。

当冷、热流体之一发生相变，即出现凝结和沸腾换热过程时，就会有 $C_{\max}$ 趋于无穷大的情况，式(8-57)和式(8-58)可以简化为

$$\varepsilon = 1 - \exp(-\text{NTU}) \tag{8-59}$$

而当冷、热流体的热容流率相等时，式(8-57)和式(8-58)可以简化为
对于顺流有

$$\varepsilon = \frac{1 - \exp(-2\text{NTU})}{2} \tag{8-60}$$

对于逆流有

$$\varepsilon = \frac{\text{NTU}}{1 + \text{NTU}} \tag{8-61}$$

由于不同的流体流动方式有不同的效能计算式，因此为了便于工程计算，常用的换热器效能的计算公式已经绘制成相应的线算图。这里给出了几种流动形式的 ε-NTU 图，如图8-17至图 8-20 所示。

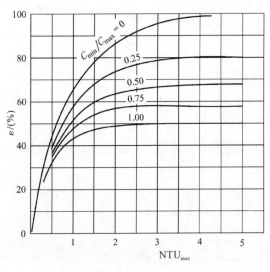

图 8-17　顺流换热器 ε-NTU 图

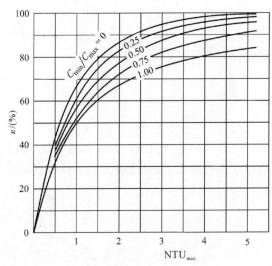

图 8-18　逆流换热器 ε- NTU 图

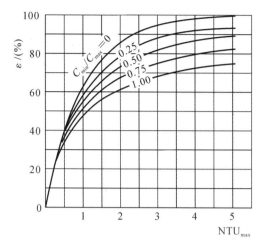

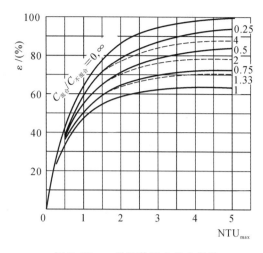

图 8-19　两流体均不混合交叉流　　　　图 8-20　一种流体混合的交叉流
　　　　换热器 ε-NTU 图　　　　　　　　　　　换热器 ε-NTU 图

换热器效能-传热单元数法,即 ε-NTU 法,同样可以进行换热器的设计和校核计算。用其进行换热器的校核计算的主要步骤为:

(1) 根据换热器的结构,计算换热器的传热系数 k;

(2) 计算换热器的传热单元数 NTU,以及 $C_{\min}/C_{\max}$ 的值;

(3) 按照换热器的流体流动方式,在相应的 ε-NTU 图中查出换热器效能 ε;

(4) 根据冷、热流体的进口温度及最小热容流率,按照式(8-47)求出换热量 Φ;

(5) 利用换热器热平衡方程计算冷、热流体的出口温度 t''_1 和 t''_2。

用效能-传热单元数法进行换热器设计计算的主要步骤为:

(1) 由换热器热平衡方程和传热方程求出待求的温度值以及传热量 Φ,计算 $C_{\min}/C_{\max}$ 的值;

(2) 由式(8-46)计算出换热器效能 ε;

(3) 根据选定的流动方式,从线算图中查出传热单元数 NTU;

(4) 确定换热面的布置,计算传热系数 k;

(5) 再由 NTU 的定义式(8-56)确定换热面积 A,同时计算流动阻力;

(6) 如果流动阻力过大,或者换热面积过大,造成设计不合理,则应改变设计方案重新计算。

思　考　题

1. 圆筒壁和肋壁的传热计算与平壁传热计算有何不同?

2. 换热器热计算依据的方程有哪些?

3. 为了增强一台油冷器的传热,用提高冷却水流速的方法效果并不显著,为什么?

4. 圆筒壁包上保温材料,有时反而使热流量增加。平壁外包保温材料会有这种现象吗,为什么?

5. 对于 $m_1 c_{p1} > m_2 c_{p2}$、$m_1 c_{p1} < m_2 c_{p2}$ 和 $m_1 c_{p1} = m_2 c_{p2}$ 三种情况,画出分别在顺流和逆流时

的流体温度曲线。

6.什么是换热器的设计计算和校核计算？这两种计算的步骤各自有哪些？

习　　题

8-1　热流物体 A 流入一换热器中加热石油，其进口温度为 300 ℃，出口温度为 200 ℃。石油从 25 ℃加热后升至 175 ℃。试求两流体顺流和逆流时的对数平均温差。

8-2　压力为 6.18×10^5 Pa 的干饱和蒸汽在换热器中冷凝，冷却水在管内流过，温度从 20 ℃上升至 70 ℃。试求对数平均温差。

8-3　题 8-1 中的换热器如果是交叉流动形式，两种流体在换热器中均不混合，试求换热器的传热平均温差 Δt_m。

8-4　在空气加热器中，空气从 20 ℃被加热到 230 ℃，烟气从 430 ℃被冷却到 250 ℃。试求流体顺流、逆流和交叉流时的传热平均温差。两种流体交叉流动时烟气混合，空气不混合。

8-5　换热器中热重油加热含水石油。重油的温度从 280 ℃降到 190 ℃，含水石油从 20 ℃加热到 160 ℃。试求两液体顺流和逆流时的对数平均温差。假设传热系数 k 和热流密度相同，问逆流与顺流相比加热面积减少多少？

8-6　假定冷、热流体进、出换热器的温度一定，换热器为管壳式。试分析热流体在壳侧和管侧的对数平均温差有无差别。假如冷、热流体的进、出口温度分别为 $t'_1 = 300$ ℃，$t''_1 = 210$ ℃，$t'_2 = 100$ ℃，$t''_2 = 200$ ℃。试计算逆流、一次交叉流（两种流体均不混合）情况下热流体在管侧和在壳侧时的对数平均温差。

8-7　需要将流体 A 从 120 ℃冷却到 50 ℃，为此用 10 ℃的水冷却，水的最终温度为 24 ℃。假设换热器的传热系数为 1000 W/(m²·℃)，传热量为 14 kW，试求流体顺流和逆流时需要的换热面积。

8-8　在一次交叉流的换热器中，用锅炉的烟气加热水。已知烟气进、出换热器的温度分别为 250 ℃和 140 ℃，流量为 2.5 kg/s，$c_p = 1.09$ kJ/(kg·℃)，常压水的温度从 20 ℃加热到 80 ℃，换热器的传热系数为 190 W/(m²·℃)。试用对数平均温差法和效能-传热单元数法计算所需换热面积。

8-9　在题 8-8 中一次交叉流换热器中，由于锅炉用水量减少一半，水和烟气的进换热器温度保持不变。试问水和烟气出换热器的温度各是多少？传热量是多少？假定传热系数和换热面积不变。

8-10　高温燃气通过换热器加热空气。试求两种气体顺流和逆流通过换热器所需的传热面积。已知燃气的初温为 600 ℃，终温为 300 ℃，空气的流量为 40000 m³/h，空气从 30 ℃加热到 250 ℃。换热器的传热系数为 20 W/(m²·℃)，空气的压力为 1.013×10^5 Pa。

8-11　在一顺流换热器中用水来冷却另一种液体。水的初温和流量分别为 15 ℃和 0.25 kg/s。液体的初温和流量分别为 140 ℃和 0.07 kg/s。换热器的传热系数为 35 W/(m²·℃)，传热面积等于 8 m²。液体的比热容为 0.717 kJ/(kg·℃)。假定热流体在换热器长度方向上的温度变化为线性变化，试求水和液体的终温以及传热量。

8-12　在题 8-11 的条件下，假如热流体在换热器长度方向上温度呈指数变化，试求水和热流体的终温和传热量。

8-13　在套管式换热器中,用 20 ℃的水来冷却温度为 120 ℃的油。已知水的流量为 200 kg/h,油的比热容 c_p =2.1 kJ/(kg·℃)。要求套管式换热器的出口水温不超过 99 ℃,油温不低于 60 ℃。换热器传热系数为 250 W/(m²·℃)。试计算被冷却的油的最大流量。

8-14　一台利用蒸汽凝结来加热冷流体的换热器,在整个凝结过程中热流体的温度保持不变,试推导此换热器效能 ε 的表达式。

8-15　100 ℃的水蒸气在冷凝器中冷凝成 100 ℃的水。20 ℃的冷却水进入冷凝器后,在出口处温度升至 43 ℃。试计算该冷凝器的效能是多少?

8-16　80 ℃的油进入冷油器被水冷却到 20 ℃离开,冷油器的传热面积等于 7.5 m²,传热系数为 6000 W/(m²·℃)。冷水进口温度为 10 ℃。油的流量为 8000 kg/h,c_p = 2000 J/(kg·℃)。假设冷油器内两流体逆流流动,试求水的质量流量。

8-17　流量为 45500 kg/h 的水在一加热器中从 80 ℃加热到 150 ℃。加热器为 2 壳程 8 管程的管壳式加热器,传热面积 925 m²。热废气的初温为 350 ℃,终温为 175 ℃。假设热废气为空气,其物性参数为常数,试求此加热器的传热系数。

8-18　一台冷却器每小时冷却 275 kg 的热流体需要用 10 ℃的冷却水 1000 kg 才能将热流体从 120 ℃冷却到 50 ℃。热流体的比热容 c_p =3.04 kJ/(kg·℃)。冷却器的传热系数 k=1100 W/(m²·℃)。试求顺流和逆流布置时所需传热面积是多少?

8-19　300 ℃的废气在一次交叉流换热器的翅片管外流过,离开换热器时温度降到 100 ℃。翅片管内有 35 ℃的压力水流过,温度升到 125 ℃。废气的比热容为 1000 J/(kg·℃),以废气侧面积计算的传热系数为 100 W/(m²·℃)。试用效能-传热单元数法计算废气侧所需面积。

8-20　设题 8-19 中的一次交叉流翅片管换热器翅片侧的传热面积为 45 m²,传热系数为 100 W/(m²·℃)。设废气的流量为 1.5 kg/s,进口温度为 250 ℃;冷却水进口温度仍为 35 ℃,流量为 1 kg/s;废气的比热容为 1000 J/(kg·℃)。试求换热器的传热量、废气和水的出口温度。

8-21　在一台交叉肋片管换热器中,压力水受到燃气轮机废气的加热。废气的质量流量为 2 kg/s,进口温度 t'_1 =325 ℃。水的质量流量为 0.5 kg/s,进口温度 t'_2 =25 ℃,出口温度 t''_2 =150 ℃。换热器的传热面积为 10 m²。试求换热器的传热系数。取废气的比热容 c_{p1} =1000 J/(kg·℃)。

8-22　160 ℃的机油在薄壁套管式换热器中被冷却到 60 ℃,25 ℃的水作为冷却剂。机油和水的流量均为 2 kg/s。内管直径为 0.5 m。套管换热器的传热系数为 250 W/(m²·℃)。机油的比热容为 2.25 kJ/(kg·℃)。试问此换热器需用多长才能满足冷却机油的要求?

8-23　在一逆流换热器中把流量为 0.5 m³/h 的变压器油从 95 ℃冷却到 40 ℃。冷却水温从 12 ℃上升到 50 ℃。油侧对流换热系数为 200 W/(m²·℃),水侧为 800 W/(m²·℃)。钢管壁厚 3 mm。试求冷却水流量和必需的换热面积。

8-24　传热面积为 48 m² 的管壳式换热器用来加热 77 ℃的水,水的流量为 85.5 t/h,水被加热到 95 ℃。热流体是 0.43×10⁵ Pa 的饱和水蒸气。试求换热器的传热系数。

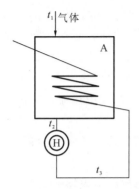

图 8-21　习题 8-25 图

8-25　有一台换热器如图 8-21 所示。气体进入换热器 A 的温度 $t_1 = 300\ ℃$，出口温度 $t_2 = 430\ ℃$，气体出换热器 A 后进入另一个加热器 H 中，气体再回换热器 A 的温度为 560 ℃。假设换热器 A 的换热面积为 360 m^2，气体流量为 10 t/h，平均比热容为 105 kJ/(kg·℃)，向环境中损失掉气体获得的 10% 的热量。试求换热器的传热系数。

8-26　螺旋盘管换热器中螺旋钢管一圈的直径为 0.4 m，其尺寸为 57 mm×3.5 mm。流量为 2 m^3/h 的变压器油从螺旋管中流过，油温从 90 ℃冷至 30 ℃。在换热器进口处冷却水的温度为 15 ℃，流至出口处已加热到 40 ℃。水侧换热系数为 580 W/(m^2·℃)。钢管壁和水垢的热阻共为 0.0007 (m^2·℃)/W。试求：

(1) 螺旋管的长度；

(2) 水的流量。

8-27　蒸汽暖风机由 150 根尺寸为 38 mm×3 mm 的水平钢管组成。5200 m^3/h 的空气在管内流动，将空气从 2 ℃加热到 90 ℃。含湿量为 6% 的水蒸气在管外加热，湿蒸气的压力为 1.98×10⁵ Pa。假设水蒸气不流动，不计冷凝水的过冷度，管壁平均温度为 90 ℃，试求水蒸气量和管长。

8-28　用压力为 4.76×10⁵ Pa 的水蒸气在管式蒸发器中加热另一种液体，使它在 127 ℃沸腾。液体的沸腾量为 1600 kg/h，汽化潜热为 377 kJ/kg。假设水蒸气为：

(1) 干饱和蒸汽；

(2) 过热到 250 ℃的蒸汽；

(3) $\chi = 0.8$ 的湿蒸汽。

试求三种情况下所需的水蒸气量。水蒸气在饱和温度下冷凝，蒸汽的比热容为 2.14 kJ/(kg·℃)。同时计算水蒸气为干饱和蒸气，传热系数为 809 W/(m^2·℃)时蒸发器的换热面积。

8-29　用内直径为 23 mm、外直径为 25 mm、长为 4 m 的 60 根铜管制成一台管壳式冷凝器。100 ℃的蒸汽在管外凝结。8 ℃的水在铜管内流过，其流量为 200000 kg/h。水侧的对流换热系数为 35000 W/(m^2·℃)，蒸汽侧的对流换热系数为 15000 W/(m^2·℃)。试计算蒸汽的凝结率。已知蒸汽的汽化潜热为 2257 kJ/kg。

8-30　热水流入一次交叉流换热器中加热冷水。热水进口温度为 90 ℃，流量为 10000 kg/h。冷水进口温度为 10 ℃，流量为 20000 kg/h，换热器效能为 60%。试求冷水出换热器的温度。

8-31　一次交叉流换热器的 0.6 m^2 通道中布置 32 根内、外直径分别为 10.2 mm 和 12.5 mm 的钢管。150 ℃的热水以平均流速 0.5 m/s 在管内流过。10 ℃的空气在换热器中被加热，体积流量为 1.0 m^3/s，压力为 1.1013×10⁵ Pa。管束外表面的对流换热系数为 400 W/(m^2·℃)。试计算流体的出口温度。

8-32　一台传热系数已知的套管式换热器在下列条件下运行：冷流体 $m_2 = 0.125$ kg/s，$c_{p2} = 4200$ J/(kg·℃)，$t'_2 = 40\ ℃$，$t''_2 = 95\ ℃$。热流体 $m_1 = 0.125$ kg/s，$c_{p1} = 2100$ J/(kg·℃)，$t'_1 = 210\ ℃$。试求最大可能的传热量，换热器的效能，顺、逆流时所需的面积比。

8-33　在一台逆流套管式换热器中用 100 ℃的热油将 25 ℃的水加热到 50 ℃。热油出口温度降至 65 ℃。换热器的传热系数为 340 W/(m² · ℃),传热量为 29 kW。试求换热器面积。换热器运行一段时间后,脏油使换热面结垢,其污垢系数为 0.004,试问在此条件下运行,换热器的面积应是多少。假设流体的入口温度不变,具有 0.004 的污垢系数后换热量减少多少?

8-34　在进行外科手术时病人的血液在手术前进行冷却。手术后血液在 0.5 m 长的逆流薄壁同心管中加热。内套管直径为 55 mm,热水进入套管的温度为 60 ℃,流量为 0.10 kg/s。血液的温度为 18 ℃,流量为 0.05 kg/s。套管式换热器的传热系数 k=500 W/(m² · ℃)。血液的比热容 c_p=3500 J/(kg · ℃)。试求血液的出口温度。

8-35　有一台用来生产饱和蒸汽的锅炉,其传热面是直径为 25 mm 的 500 根钢管。两流体为一次交叉流动形式。传热系数 k=50 W/(m² · ℃)。管外 1127 ℃的高温气体横掠管束。气体的比热容为 1120 J/(kg · ℃),质量流量为 10 kg/s。177 ℃的饱和水以 3 kg/s 的质量流量在管中流过,最后获得相同温度下的饱和水蒸气。试求需要的钢管长度。

8-36　空气预热器中有 1200 根钢管,直径为 70 mm,管长为 2 m。管子呈正方形排列,纵向布置 40 排,横向 30 排。纵向和横向管间距均为 140 mm。水蒸气在 127 ℃下冷凝,其换热系数比空气侧的换热系数大很多。1.013×10⁵ Pa、27 ℃的空气以 12 kg/s 的质量流量横掠管束。试求空气的出口温度。

参 考 文 献

[1] 程尚模,黄素逸,白彩云.传热学[M].北京:高等教育出版社,1990.

[2] 陈维汉,许国良,靳世平.传热学[M].武汉:武汉理工大学出版社,2004.

[3] 过增元,黄素逸.场协同原理与强化传热新技术[M].北京:中国电力出版社,2004.

[4] 杨世铭,陶文铨.传热学[M].4 版.北京:高等教育出版社,2006.

[5] 史美中,王中铮.热交换器原理与设计[M].南京:东南大学出版社,2003.

第 9 章

流动与传热数值计算

随着计算机的普及应用和性能的不断改善,以及相关数值计算方法的发展和应用程序的开发,传热学数值计算方法作为求解传热问题的有效工具也得到了相应的发展,利用计算机求解传热学问题愈来愈受到人们的普遍重视,而且在计算复杂传热问题中显示出它的优越性,因而成为传热学的一个重要的分支。传热数值计算的相关内容也很自然地成为工程类学生的传热学课程的不可缺少的部分。

本章的主要目的是使学生能简要地掌握流动与传热问题数值计算的基本方法。首先,我们以导热问题为例,介绍计算区域离散化的概念、内节点与边界节点方程式的建立方法、节点方程组的求解过程,以及非稳态导热问题的显式与隐式差分格式。在此基础上,将数值计算的基本思想进一步拓展到对流传热问题,重点介绍经典的 SIMPLE 算法,包括交错网格系统的选取和压力修正方程式。最后,介绍在上述思想的基础上开发的流动与传热计算软件 Saints2D,并给出传热问题虚拟实验的计算示例。

9.1　数值计算的基本思想

在第 2 章至第 5 章中,我们对较为简单的导热与对流传热问题,如一维、二维简单几何形状和边界条件的稳态导热和非稳态导热,通过肋片的导热和忽略内热阻的集总导热系统,平板层流边界层对流换热问题等进行了分析求解;然而对于一些更为复杂的流动与传热问题,如几何形状与边界条件复杂以及热物性变化较大的情况,紊流流动换热的情况等,分析求解变得很困难或者根本不可能进行。此时求解问题的唯一途径就是利用数值分析的办法来获得数值解。

数值求解通常是对微分方程直接进行数值积分或者把微分方程转化为一个代数方程组再进行求解,这里要介绍的是后一种方法。实现从微分方程到代数方程的转化可以采用不同的数学方法,如有限差分法、有限元法和边界元法等。这里仅向读者简要地介绍用有限差分法从微分方程确立代数方程的处理过程。

有限差分法的基本思想是把原来在时间和空间坐标中连续变化的物理量(如温度、压力、速度和热流等),用有限数目的离散点上的数值集合来近似表达。有限差分的数学基础是用差商代替微商(导数),而几何意义是用函数在某区域内的平均变化率代替函数的真实变化率。

从图 9-1 中可以看出有限差分表示的温度场与真实温度场的区别。图中用 T_0, T_1, T_2, …表示连续的温度场 T;Δx 为步长,它将区域的 x 方向划分为有限个数的区域,$\Delta x_0, \Delta x_1$, $\Delta x_2, \cdots$,它们可以相等,也可以不相等。当 Δx 相等时,T_1 处的真实变化率 a 可以用平均变

化率 b、c 或 d 来表示，其中 b，c 和 d 分别表示三种不同差分格式下的温度随时间的变化率，即

b 为向后差分格式　　　$\dfrac{\mathrm{d}T_1}{\mathrm{d}x} \approx \dfrac{T(x_1) - T(x_1 - \Delta x)}{\Delta x}$

c 为向前差分格式　　　$\dfrac{\mathrm{d}T_1}{\mathrm{d}x} \approx \dfrac{T(x_1 + \Delta x) - T(x_1)}{\Delta x}$

d 为中心差分格式 $\dfrac{\mathrm{d}T_1}{\mathrm{d}x} \approx \dfrac{T(x_1 + \Delta x) - T(x_1 - \Delta x)}{\Delta x}$

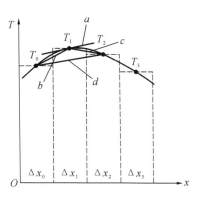

图 9-1　温度场的有限差分表示

这种差分格式也可以推广到高阶微商（导数）的情形。二阶导数的差分格式可以在一阶差分格式的基础上得出，即

$$\frac{\mathrm{d}^2 T_1}{\mathrm{d}x^2} \approx \frac{T(x_1 + \Delta x) - 2T(x_1) + T(x_1 - \Delta x)}{(\Delta x)^2}$$

采用这样的处理之后，反映温度场随时间、空间连续变化的微分方程就可以用反映离散点间温度线性变化规律的代数方程来表示。当利用相应的数学办法求解这些代数方程组之后，我们就能获得离散点上的温度值。这些温度值就可以近似表示温度场的连续的温度分布。

从上面的分析不难看出，当我们要对流动与传热问题进行数值求解时一定要采取三个大的步骤，即：研究区域的离散化；离散点（节点）差分方程的建立；节点方程（代数方程）的求解。

1. 时间与空间的离散化

下面我们以二维导热问题的数值求解为例进行较为详细的讨论。

研究二维导热问题时，假设温度场是时间和空间的连续函数，当进行数值求解时首先要做的事情是在所研究的时间和空间区域内把时间和空间分割成有限大小的小区域，如地球被人为地划分为不同的地域且冠以不同的名称，时间被年、月、日和时、分、秒分割。如果在所分割的每一个时间间隔和空间区域内均用同一个温度值来表示，那么原来连续变化的温度场就被一个离散的阶跃变化的温度分布所代替。这就是连续变化的温度场离散化处理的基本思路。

这里我们以一个矩形长柱体的非稳态导热过程为例来讨论区域离散化问题。如果不考虑矩形长柱体长度方向上的温度变化，那么它是一个二维非稳态导热问题，图 9-2 所示为长柱体矩形截面上区域离散化的情况。从图中可见，对于给定的空间区域，在 x 方向上的步长为 Δx，在 y 方向上的步长为 Δy，用它们作为空间尺度可以将矩形区域划分成纵横交错的网格系统，计算区域就被这些网格线分隔成一系列小的区域，称为控制面积，对于三维情况则为控制体积或控制容积，因而常在一般意义上称之为控制体；控制体的中心点称为节点。

控制体的形状是随着坐标系的不同而改变的，这里的控制体是一个个的矩形。网格的步长在每一个方向上可以均匀划分，也可以不均匀划分；所得到网格相应地被称为均匀网格或者非均匀网格。因此，选用不同的步长和不同的划分方法，可以将同一区域划分为不同大小、不同数目的控制区域，得到不同数目的节点数。

获得每个节点的温度值，就是导热数值计算的目的。显然，随着步长的不断减小，节点数目的不断增加，由节点温度表示的离散的温度场就会更加接近连续的温度场，但计算工作

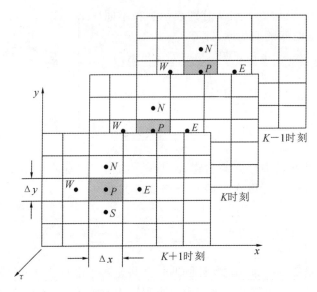

图 9-2　计算区域的离散化

量也会随之增加。

此外,在时间方向上离散化的步长常用 $\Delta\tau$ 来表示,$\Delta\tau$ 的选取也是可大可小的,也可以随时间的进程而变化。显然,无限小的时间步长 $\Delta\tau$ 亦会使得离散温度变化接近连续的温度改变,但是相应的计算工作量将会增加。

2. 节点方程的建立

为了得出所研究区域的节点温度,必须建立相应的节点方程。建立节点差分方程可以采用不同的方法。这些方法主要分为两大类。第一类包括泰勒(Taylor)级数展开法和多项式拟合法,它偏重于从数学的角度进行推导,其优点是便于对离散方程进行数学特性分析,但缺点是变步长网格的离散方程形式复杂、导出过程的物理概念不清晰、不能保证差分方程具有守恒特性。第二类包括控制体热平衡法和控制容积积分法,其优点是推导过程的物理概念清晰、离散方程系数具有一定的物理意义、差分方程具有守恒特性,但缺点是不便于对离散方程进行数学特性分析。因而,此两类方法可互为参考。

为了更好地理解节点方程的物理意义和掌握节点方程的建立方法,下面我们采用控制体热平衡法来建立节点方程。

1) 内节点方程

用控制体热平衡法建立节点方程的过程是将能量守恒方程应用于控制体,建立该节点与周围节点之间的能量平衡关系式,再利用傅里叶导热定律,最终获得控制体节点温度与周围节点温度之间的关系式。

考察图 9-2 中的节点 P 及其控制体,由能量平衡关系应有

$$\Phi_W + \Phi_E + \Phi_S + \Phi_N + \Phi_V = \Delta E \qquad (9-1)$$

式中:Φ_W、Φ_E、Φ_S 和 Φ_N 分别为邻近节点 W、E、S 和 N 通过传导方式传给节点 P 的热流量;Φ_V 为单位时间控制体内热源的发热量;ΔE 为控制体单位时间内热能的增加量。由傅里叶导热定律,在线性温度分布的假设下,时刻 K 周围节点传给节点 P 的热流量分别为

$$\Phi_W = \frac{\lambda}{\Delta x}(T_W^K - T_P^K)\Delta y \cdot 1, \quad \Phi_E = \frac{\lambda}{\Delta x}(T_E^K - T_P^K)\Delta y \cdot 1$$

$$\Phi_S = \frac{\lambda}{\Delta y}(T_S^K - T_P^K)\Delta x \cdot 1, \quad \Phi_N = \frac{\lambda}{\Delta y}(T_N^K - T_P^K)\Delta x \cdot 1$$

控制体内热源的发热量 $\Phi_V = q_V \Delta x \Delta y \cdot 1$，其中 q_V 为内热源强度，即单位时间单位体积的内热源发热量。

控制体单位时间的内热能增加量为

$$\Delta E = \rho c \frac{T_P^{K+1} - T_P^K}{\Delta \tau}\Delta x \Delta y \cdot 1$$

或

$$\Delta E = \rho c \frac{T_P^K - T_P^{K-1}}{\Delta \tau}\Delta x \Delta y \cdot 1$$

前者为时间上的向前差分，而后者为时间上向后差分。以上关系式中温度 T 的上标为所在时刻，下标为所在空间位置。

将以上关系式一并代入式(9-1)中，且假设 $\Delta x = \Delta y$，经整理可以得出二维非稳态导热问题的内节点的两种差分格式的差分方程。

（1）显式差分格式：

$$T_P^{K+1} = \frac{a\Delta \tau}{\Delta x^2}(T_W^K + T_E^K + T_S^K + T_N^K) + (1 - 4\frac{a\Delta \tau}{\Delta x^2})T_P^K + \frac{q_V \Delta \tau}{\rho c}$$

定义网格傅里叶数 $Fo_\Delta = \frac{a\Delta \tau}{\Delta x^2}$，其物理意义是表征控制体的导热性能与热储蓄性能之间的对比关系，反映控制体温度随时间变化的动态特性。显式差分格式简化为

$$T_P^{K+1} = Fo_\Delta(T_W^K + T_E^K + T_S^K + T_N^K) + (1 - 4Fo_\Delta)T_P^K + \frac{q_V \Delta \tau}{\rho c} \tag{9-2}$$

（2）隐式差分格式：

$$T_P^K = \frac{1}{1 + 4Fo_\Delta}\left[Fo_\Delta(T_W^K + T_E^K + T_S^K + T_N^K) + T_P^{K-1} + \frac{q_V \Delta \tau}{\rho c}\right]$$

或改写为

$$T_P^{K+1} = \frac{1}{1 + 4Fo_\Delta}\left[Fo_\Delta(T_W^{K+1} + T_E^{K+1} + T_S^{K+1} + T_N^{K+1}) + T_P^K + \frac{q_V \Delta \tau}{\rho c}\right] \tag{9-3}$$

比较上面两种差分格式可以看出，显式差分格式最突出的优点是节点温度表达式的右边只涉及 K 时刻（前一时刻）的节点温度值，那么只要知道了前一时刻周围节点的温度值就可以求出该节点的 $K+1$ 时刻（当前时刻）的温度值；而隐式差分格式却不同，温度表达式的右端除了涉及 K 时刻（前一时刻）的节点温度值以外，还含有 $K+1$ 时刻（当前时刻）的温度值，这就意味着必须同时计算当前时刻所有节点的温度值，即必须联立求解 $K+1$ 时刻所有节点的差分方程组，这样，计算工作量增大也就是显而易见的了。

虽然显式差分格式计算比较方便，但它却存在着一个缺点，即计算式中 Fo_Δ 值必须满足一定的条件才不至于使数值计算出现不收敛的问题，这在数值计算中称为差分格式的不稳定性。这里差分方程稳定性的条件是式(9-2)中的变量 T 前面的系数必须大于或等于零，分析一下差分方程中的各项系数，在 T_P^K 前的系数应满足 $1 - 4Fo_\Delta \geqslant 0$。因此

$$Fo_\Delta \leqslant \frac{1}{4} \tag{9-4}$$

此式称为显式差分格式的稳定性判据，从中可以看出时间步长和空间步长是相互制约的。

为了获得较为精确的节点温度值,选取的空间步长 Δx 不能太小,按照稳定性判据的要求,时间步长 $\Delta \tau$ 也相应地不能太大,因而必须在增加节点数目的同时增大时间间隔,从而使计算工作量加大。

与显式差分格式相反,由于隐式差分格式的节点方程中没有会使方程系数成为负值的系数项,因而不存在方程求解的不稳定性的问题。也就是说,对于隐式差分格式,无论 Fo_Δ 中的 Δx 和 $\Delta \tau$ 取什么样的数值,均不会出现数值计算结果的不收敛问题,因而方程是无条件稳定的。这样就使得我们能在满足一定精度的情况下尽可能地加大时间步长或空间步长,亦可以在计算过程中随意改变步长,而不必担心会造成计算结果不收敛。

这里指出,以上的讨论及结果适用于非稳态导热问题。稳态导热问题会更简单,只需要在式(9-2)或者式(9-3)中,令 $\Delta \tau \to \infty$ 或 $Fo_\Delta \to \infty$,并去掉温度 T^K 中的时间标志,就可得到二维稳态导热问题的内节点方程式,即

$$T_P = \frac{1}{4}(T_W + T_E + T_S + T_N) + \frac{q_V \Delta x^2}{4\lambda} \tag{9-5}$$

2）边界节点方程

在数值计算中所研究的区域的边界条件是通过边界节点的节点方程来反映的,因而边界节点的差分方程的建立十分重要。这里同样采用边界节点的控制体热平衡来确立边界节点的差分方程。

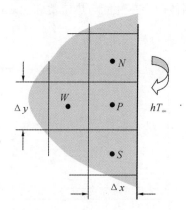

图 9-3 对流换热边界节点示意图

下面以对流换热边界为例,讨论如何建立边界节点的节点方程。如图 9-3 所示的边界节点 P,其控制体的热平衡关系式仍同式(9-1),式中诸项 Φ_W、Φ_S、Φ_N、Φ_V 和 ΔE 也一样,所不同的是对流边界的传热量 Φ_E。

从流体侧来看,应用牛顿冷却公式,假定壁面温度为 T_e,周围流体的温度为 T_∞,流体与壁面之间的表面传热系数为 h,则对流换热量为

$$\Phi_E = h(T_\infty - T_e) \cdot \Delta y \cdot 1$$

再者,从控制体侧来看,应用傅里叶定律,假定壁面处的温度梯度取向后差分格式,则应有

$$\Phi_E = \lambda \cdot \frac{T_e - T_P^K}{\Delta x/2} \cdot \Delta y \cdot 1$$

只要网格步长 Δx 足够小,两者的结果应该是一致的。从而可消去未知量 T_e,得到

$$\Phi_E = \lambda(T_\infty - T_P^K) \cdot \frac{2}{1 + 2\lambda/(h\Delta x)}$$

定义网格毕渥数 $Bi_\Delta \triangleq \frac{h\Delta x}{\lambda}$,其体现了控制体和环境间的换热性能与其导热性能之间的对比关系。将上面的结果代入式(9-1),可得到对流换热边界节点的两种差分格式。

（1）显式差分格式：

$$T_P^{K+1} = Fo_\Delta(T_W^K + T_S^K + T_N^K) + (1 - 3Fo_\Delta - \frac{2Bi_\Delta}{Bi_\Delta + 2}Fo_\Delta)T_P^K + \frac{2Bi_\Delta}{Bi_\Delta + 2}Fo_\Delta T_\infty + \frac{q_V \Delta \tau}{\rho c}$$

$$\tag{9-6}$$

（2）隐式差分格式：

$$T_P^K = \frac{1}{1 + Fo_\Delta(5Bi_\Delta + 6)/(Bi_\Delta + 2)}\left[Fo_\Delta(T_W^K + T_S^K + T_N^K) + T_P^{K-1} + \frac{2Bi_\Delta}{Bi_\Delta + 2}Fo_\Delta T_\infty + \frac{q_V \Delta\tau}{\rho c}\right]$$

$$(9\text{-}7)$$

可以看到，隐式差分格式仍然是无条件稳定的，而显式差分格式的稳定性判据为

$$Fo_\Delta \leqslant \frac{1}{3 + 2Bi_\Delta/(Bi_\Delta + 2)} \qquad (9\text{-}8)$$

这里指出，上面的结果是在对流换热边界条件下得到的，但经过简单的处理，可直接用于绝热边界条件与恒壁温边界条件。令 $Bi_\Delta \to \infty$，则有 $T_e = T_\infty = \text{const}$，上面的结果即可简化为恒壁温边界条件下对应的差分格式；而令 $Bi_\Delta = 0$，即 $h = 0$，即可简化为绝热边界条件下对应的差分格式。

3. 节点方程的求解

由上面的讨论可以看出，对应于离散温度场的每一个节点均可以列出相应的差分方程，这样就可以得出与节点数目相同的一个代数方程组。当联立求解这个代数方程组时，就可以得出每一个节点的温度值。一般情况下，差分方程组是线性代数方程组，而线性代数方程组是可以用直接法和迭代法求解的。常用的直接法有高斯消元法、列主元素消去法和矩阵求逆法，而迭代法常用的有高斯-赛德尔迭代法和超（欠）松弛迭代法。

今有一线性代数方程组：

$$\begin{cases} a_{11}T_1 + a_{12}T_2 + \cdots + a_{1j}T_j + \cdots + a_{1n}T_n = b_1 \\ a_{21}T_1 + a_{22}T_2 + \cdots + a_{2j}T_j + \cdots + a_{2n}T_n = b_2 \\ \vdots \\ a_{i1}T_1 + a_{i2}T_2 + \cdots + a_{ij}T_j + \cdots + a_{in}T_n = b_i \\ \vdots \\ a_{n1}T_1 + a_{n2}T_2 + \cdots + a_{nj}T_j + \cdots + a_{nn}T_n = b_n \end{cases}$$

用迭代法求解该方程组的思路为，寻找一个由 $(T_1, T_2, \cdots, T_n)$ 组成的列向量，使其收敛于某一个极限向量 $(T_1^*, T_2^*, \cdots, T_n^*)$，且该极限向量就是该方程的精确解。

当这个线性代数方程组的系数项 $a_{ii} \neq 0 (i = 1, 2, \cdots, n)$ 时，可将其改写成迭代形式，有

$$\begin{cases} T_1 = (b_1 - a_{12}T_2 - a_{13}T_3 - \cdots - a_{1j}T_j - \cdots - a_{1n}T_n)/a_{11} \\ T_2 = (b_2 - a_{21}T_1 - a_{23}T_3 - \cdots - a_{2j}T_j - \cdots - a_{2n}T_n)/a_{22} \\ \vdots \\ T_i = (b_i - a_{i1}T_1 - a_{i2}T_2 - \cdots - a_{ij}T_j - \cdots - a_{in}T_n)/a_{ii} \\ \vdots \\ T_n = (b_n - a_{n1}T_1 - a_{n2}T_2 - \cdots - a_{nj}T_j - \cdots - a_{nn-1}T_{n-1})/a_{nn} \end{cases}$$

以上各式可以用一个通用的形式来表示：

$$T_i = (b_i - \sum_{j=1(j \neq i)}^{n} a_{ij}T_j)/a_{ii}, \quad i = 1, 2, \cdots, n$$

利用上式就可以进行迭代求解了，其步骤是，合理选择（假设）各节点的初始温度，将其作为第零次迭代的近似温度值，记为 $T_i^{(0)}(i = 1, 2, \cdots, n)$；将 $T_i^{(0)}$ 代入上式的右端，得到第一次迭代的近似值 $T_i^{(1)}$；之后将 $T_i^{(1)}$ 再代入上式的右端，得出第二次的近似值 $T_i^{(2)}$；如此反复进行下去，直至进行到 K 次，使相邻的两次近似解 $T_i^{(K+1)}$ 和 $T_i^{(K)}(i = 1, 2, \cdots, n)$ 之间的偏

差小于预先设定的小量 ε，即满足 $|T_i^{(K+1)} - T_i^{(K)}| \leqslant \varepsilon (i=1,2,\cdots,n)$ 或 $|(T_i^{(K+1)} - T_i^{(K)})/T_i^{(K)}| \leqslant \varepsilon (i=1,2,\cdots,n)$。此时各节点的温度值$[T_1^{(K)}，T_2^{(K)}，\cdots，T_n^{(K)}]$已经有足够的精度用来表示代数方程组的解，从而可以结束方程求解的迭代过程。

从上述的迭代过程不难发现，当我们用第零次迭代值去进行第一次迭代时，$T_i^{(1)}$ 的值已经不断地产生出来，当计算 $T_r^{(1)}$ 时，到 $r-1$ 的 $T_i^{(1)}$ 已经求出。如果此时在计算 $T_r^{(1)}$ 时涉及的 $T_i^{(0)}(i=1,2,\cdots,r-1)$ 全部用已求出的 $T_i^{(1)}(i=1,2,\cdots,r-1)$ 代替，这势必会加快迭代收敛的速度。这种改进后的迭代方法被称为高斯-赛德尔迭代法。高斯-赛德尔迭代法的方程组迭代形式为

$$T_i^{K+1} = (b_i - \sum_{j=1(j \neq i)}^{i-1} a_{ij} T_j^{K+1} - \sum_{j=i+1(j \neq i)}^{n} a_{ij} T_j^K)/a_{ii}, i=1,2,\cdots,n$$

归纳起来，高斯-赛德尔迭代法的求解步骤可表述为，将代数方程组写成迭代形式；设初始值经迭代得出节点新值；有新值则去掉旧值，不断以新换旧，且在迭代过程中应用；在迭代获得满足给定精度的节点温度值后结束方程组的迭代。

*9.2　流动与传热的数值计算

与导热问题相比，对流换热问题的数值计算要复杂得多；从微分控制方程的数目来看，它增加了连续性方程和动量方程。求解 N-S 方程的一个主要难点在于：由动量方程求解速度场时，压力梯度项是未知的，压力场的信息必须从连续性方程中获取，但连续性方程中并不直接出现压力项。在二维流动中，不可压缩流体的连续性方程为

$$\frac{\partial u}{\partial x} + \frac{\partial v}{\partial y} = 0$$

一种解决办法是采用涡量-流函数法，通过交叉微分法将压力梯度从动量方程中消除，从而克服速度场与压力相关联的困难。然而，这种方法的局限性很明显：首先，在基于涡量-流函数的计算方法中，很难根据原始变量（即速度和压力）来设定涡量和流函数的初始条件及边界条件的数值；其次，更重要的是，涡量-流函数法不能推广到三维流动问题的计算中去，因为在三维空间中不存在这样的流函数的数学形式。

实际上，在基于原始变量速度和压力的计算方法中，上述困难并不存在；所以，对求解 N-S 方程的研究也就重新回到这一出发点。1965 年，Harlow 和 Welch 提出了著名的 MAC 法，随后的研究者对这一方法进行了改进工作，并取得了巨大的成功。1972 年，Patankar 和 Spalding 提出了修正压力场的方法，使得从动量方程式求得的速度场同时满足连续性方程式所要求的质量守恒定律；压力场的修正方程式则从连续性方程中提取，并从原来的隐式关系变为一种显式关系。所得到的方程被称为半隐式的压力关联方程(semi-implicit pressure-linked equation)，也就是著名的 SIMPLE 算法。从此，基于原始变量的有限差分法在求解 N-S 方程方面逐步得到了广泛的应用。

1. 交错网格系统

在 SIMPLE 算法中，需要不断地通过压力场的修正，来对速度场进行修正。为了更有效地进行这种重复处理，将压力场与速度场的节点位置错开半格（半个控制体的位置），如图 9-4 所示，各速度分量被定义在控制体的表面上。在节点 P 处 x 方向的速度分量 u 定义

在该控制体的东侧控制面上,y 方向的速度分量 v 定义在该控制体的北侧控制面上。这样,计算速度场的网格与计算压力场的网格是相互交错的,称为交错网格系统。

事实上,计算温度场、紊流动能场和紊流动能耗散率场等标量场量的控制体与计算压力场的控制体是一样的,称为标量控制体。计算速度矢量各分量的控制体则分别被称为 u 控制体、v 控制体等。

从图 9-4 中还可以看出,流体在某一点的速度,主要是由于其前后两点的压力的差值造成的,交错网格系统在流体力学上正体现了压力驱动的物理机制。

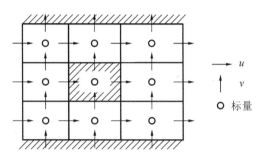

图 9-4　交错网格系统

2. 通用输运方程及离散化

二维层流流动换热问题的数值计算,需要求解一个连续性方程、两个动量方程和一个能量方程;而对于二维紊流流动换热问题,则还要再加上 k-ε 紊流模型的两个输运方程,整个微分方程组共包括六个方程式。求解方程组显然是一项十分繁杂的工作。如果能够用一个通用形式的数学微分方程来同时描述上述六个方程式,针对这个通用形式的微分方程式进行离散化处理和编写程序代码,由计算机来反复调用通用的程序代码,无疑是一件十分有意义的工作。这个通用形式的数学微分方程式便称为通用输运方程。

参看图 9-5,考察混合物流经一控制体时其中某特定组分的质量守恒问题。设 ϕ 为该组分的质量分数,则其浓度为 $\rho\phi$,用 Γ_ϕ 来表示该组分的扩散系数。该组分经控制体微元表面 $\mathrm{d}A$ 而流出控制体的净流出质量流率将包括对流项 $\rho\phi u \cdot \mathrm{d}A$ 和扩散项 $-\rho\Gamma_\phi\,\nabla\phi \cdot \mathrm{d}A$。流出控制体的净质量流率则为 $\int_{\mathrm{CS}}(\rho\phi u - \rho\Gamma_\phi\,\nabla\phi)\cdot \mathrm{d}A$。用 S_ϕ 表示该组分的质量源项,即单位混合物质量的该组分生成率,由质量平衡关系,应有

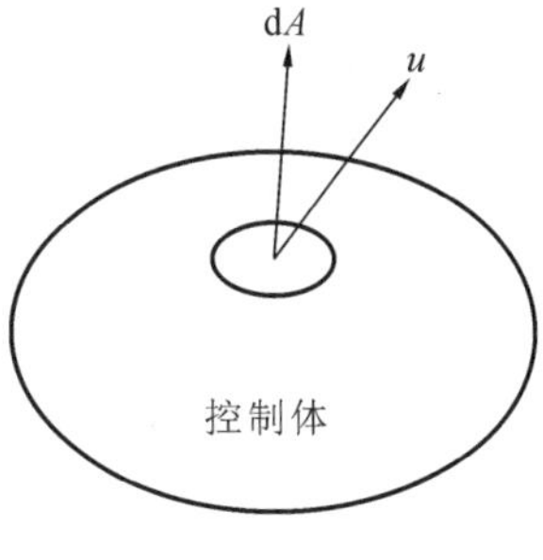

图 9-5　控制体示意图

$$\frac{\partial}{\partial\tau}\int_{\mathrm{CV}}\rho\phi\,\mathrm{d}V + \int_{\mathrm{CS}}(\rho\phi u - \rho\Gamma_\phi\,\nabla\phi)\,\mathrm{d}A = \int_{\mathrm{CV}}\rho S_\phi\,\mathrm{d}V \quad (9\text{-}9)$$

式中:下标 CS 表示对控制体表面的积分;下标 CV 表示对控制体体积的积分。应用散度定理,式(9-9)左边第二项变为 $\int_{\mathrm{CV}}\nabla\cdot(\rho\phi u - \rho\Gamma_\phi\,\nabla\phi)\,\mathrm{d}V$。由于控制体及其大小是任意选定的,可以去掉积分符号,式(9-9)变为

$$\frac{\partial\rho\phi}{\partial\tau} + \nabla\cdot(\rho\phi u - \rho\Gamma_\phi\,\nabla\phi) = \rho S_\phi \tag{9-10}$$

对于不可压缩流体的二维流动问题,式(9-10)变为

$$\frac{\partial\phi}{\partial\tau} + \frac{\partial}{\partial x}\left(u\phi - \Gamma_\phi\frac{\partial\phi}{\partial x}\right) + \frac{\partial}{\partial y}\left(v\phi - \Gamma_\phi\frac{\partial\phi}{\partial y}\right) = S_\phi \tag{9-11}$$

式(9-11)虽然是由混合物中某组分的质量平衡关系导出的,但却具有通用意义。视 ϕ 为通用变量,当其取值为 1、u、v、T 时,可分别得到连续性方程、动量方程和能量方程。并且,k-ε 方程也可以套用该微分方程的形式,相应的源项与扩散系数如表 9-1 所示。式(9-11)即为不可压缩流体的二维流动问题的通用输运方程。

表 9-1　通用输运方程中变量 ϕ 及其对应的 Γ_ϕ 和 S_ϕ

控制方程	ϕ	Γ_ϕ	S_ϕ
连续性方程	1	—	0
u 动量方程	u	$\nu+\varepsilon_m$	$-\dfrac{1}{\rho}\dfrac{\partial p}{\partial x}+\dfrac{\partial}{\partial x}\left(\Gamma_\phi\dfrac{\partial u}{\partial x}\right)+\dfrac{\partial}{\partial y}\left(\Gamma_\phi\dfrac{\partial v}{\partial x}\right)$
v 动量方程	v	$\nu+\varepsilon_m$	$-\dfrac{1}{\rho}\dfrac{\partial p}{\partial y}+\dfrac{\partial}{\partial x}\left(\Gamma_\phi\dfrac{\partial u}{\partial y}\right)+\dfrac{\partial}{\partial y}\left(\Gamma_\phi\dfrac{\partial v}{\partial y}\right)$
能量方程	T	$\dfrac{\nu}{Pr}+\dfrac{\varepsilon_m}{\sigma_T}$	0
k 输运方程	k	$\nu+\dfrac{\varepsilon_m}{\sigma_k}$	$P-\varepsilon$
ε 输运方程	ε	$\nu+\dfrac{\varepsilon_m}{\sigma_\varepsilon}$	$(c_1 P-c_2\varepsilon)\dfrac{\varepsilon}{k}$

通用输运方程　$\dfrac{\partial\phi}{\partial t}+\dfrac{\partial}{\partial x}\left(u\phi-\Gamma_\phi\dfrac{\partial\phi}{\partial x}\right)+\dfrac{\partial}{\partial y}\left(v\phi-\Gamma_\phi\dfrac{\partial\phi}{\partial y}\right)=S_\phi$

其中,$\varepsilon_m=c_D\dfrac{k^2}{\varepsilon}$,$P=v_t\left\{2\left(\dfrac{\partial u}{\partial x}\right)^2+2\left(\dfrac{\partial v}{\partial y}\right)^2+\left(\dfrac{\partial u}{\partial y}+\dfrac{\partial v}{\partial x}\right)^2\right\}$

下面对通用输运方程式(9-11)进行离散化处理。如图 9-6 所示,考虑节点 P 周围体积为 $\Delta x\Delta y$ 的控制体,其周围有四个邻近节点 E、W、N、S,控制体界面用符号 e、w、n、s 标记,节点间的距离用 δx、δy 加下标 e、w、n、s 表示。符号 f_n、f_s、f_e、f_w 是插值因子,其定义可从图中得到解释;例如,对节点 P,$f_w(\delta x)_w$ 表示控制面 w 至节点之间的距离。通用差分方程可以通过将通用输运方程在控制容积 $\Delta x\Delta y$ 上积分得到,即

$$\frac{1}{\Delta\tau}\int_\tau^{\tau+\Delta\tau}\int_s^n\int_w^e\frac{\partial\phi}{\partial t}dxdyd\tau+\frac{1}{\Delta\tau}\int_\tau^{\tau+\Delta\tau}\int_s^n\int_w^e\left[\frac{\partial}{\partial x}\left(u\phi-\Gamma_\phi\frac{\partial\phi}{\partial x}\right)+\frac{\partial}{\partial y}\left(v\phi-\Gamma_\phi\frac{\partial\phi}{\partial y}\right)\right]dxdyd\tau$$

$$=\frac{1}{\Delta\tau}\int_\tau^{\tau+\Delta\tau}\int_s^n\int_w^e S_\phi dxdyd\tau \tag{9-12}$$

将非稳态项进行离散化处理,有

$$\frac{1}{\Delta\tau}\int_\tau^{\tau+\Delta\tau}\int_s^n\int_w^e\frac{\partial\phi}{\partial t}dxdyd\tau=\frac{\Delta x\Delta y}{\Delta\tau}(\phi_P-\phi_P^\circ)$$

式中:上角标 o 表示当前时刻 τ 的值,而不带上角标的则为下一时刻 $\tau+\Delta\tau$ 的值。

对对流扩散项进行积分,有

$$\frac{1}{\Delta\tau}\int_\tau^{\tau+\Delta\tau}\int_s^n\int_w^e\left[\frac{\partial}{\partial x}\left(u\phi-\Gamma_\phi\frac{\partial\phi}{\partial x}\right)+\frac{\partial}{\partial y}\left(v\phi-\Gamma_\phi\frac{\partial\phi}{\partial y}\right)\right]dxdyd\tau$$

$$=\frac{1}{\Delta\tau}\int_\tau^{\tau+\Delta\tau}\left[\left(u\phi-\Gamma_\phi\frac{\partial\phi}{\partial x}\right)\Big|_w^e\Delta y+\left(v\phi-\Gamma_\phi\frac{\partial\phi}{\partial y}\right)\Big|_s^n\Delta x\right]d\tau$$

$$=f_\tau\left[\left(u\phi-\Gamma_\phi\frac{\partial\phi}{\partial x}\right)\Big|_w^e\Delta y+\left(v\phi-\Gamma_\phi\frac{\partial\phi}{\partial y}\right)\Big|_s^n\Delta x\right]$$

$$+(1-f_\tau)\left[\left(u\phi-\Gamma_\phi\frac{\partial\phi}{\partial x}\right)\Big|_w^e\Delta y+\left(v\phi-\Gamma_\phi\frac{\partial\phi}{\partial y}\right)\Big|_s^n\Delta x\right]^\circ$$

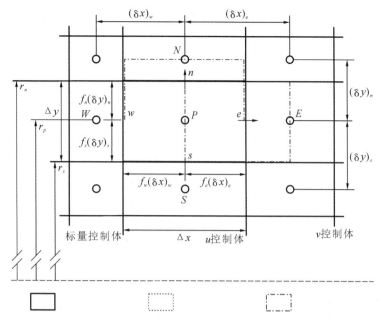

图 9-6　通用输运方程离散化的控制体

式中：f_τ 是介于 0 和 1 之间的加权调和因子。$f_\tau = 0$ 时即得到显式差分格式，$f_\tau = 1$ 时得到隐式差分格式，$f_\tau = 1/2$ 时的表达式称为 Crank-Nikolson 差分格式，也就是半隐式差分格式。显式差分格式与隐式差分格式的稳定性问题在前面已有所讨论，半隐式差分格式的稳定性则介于两者之间。出于计算稳定性方面的考虑，通常采用隐式差分格式。

对源项进行积分得

$$\frac{1}{\Delta \tau}\int_{\tau}^{\tau+\Delta \tau}\int_{s}^{n}\int_{w}^{e}S_\phi \mathrm{d}x\mathrm{d}y\mathrm{d}\tau = S_{\phi P}\Delta x\Delta y = (\mathrm{SC}_P + \mathrm{SP}_P\phi_P)\Delta x\Delta y$$

这里假定源项 S_ϕ 能被分离为 SC 和 SP 两项，它们分别为源项 S_ϕ 的近似为常数的部分和线性化系数，但它们不必一定为常数。如果选择适当，可使源项分离出的线性化系数为负数，便于加速迭代计算的收敛速度。

至此，可得到变量 ϕ 的通用输运方程的有限差分格式为

$$a_P\phi_P = a_E\phi_E + a_W\phi_W + a_N\phi_N + a_S\phi_S + b \qquad (9\text{-}13)$$

式中：
$$a_E = -f_e F_e + \frac{\Gamma_e\Delta y}{(\delta x)_e}, \quad a_W = f_w F_w + \frac{\Gamma_w\Delta y}{(\delta x)_w},$$

$$a_N = -f_n F_n + \frac{\Gamma_n\Delta y}{(\delta y)_n}, \quad a_S = f_s F_s + \frac{\Gamma_s\Delta x}{(\delta y)_s},$$

$$a_P = \frac{\Delta x\Delta y}{\Delta \tau} + a_E + a_W + a_N + a_S + F_e - F_w + F_n - F_s - \mathrm{SP}_P\Delta x\Delta y,$$

$$b = \mathrm{SC}_P\Delta x\Delta y + \frac{\Delta x\Delta y}{\Delta \tau}\phi_P^\circ,$$

$$F_e = u_e\Delta y, \quad F_w = u_w\Delta y, \quad F_n = v_n\Delta x, \quad F_s = v_s\Delta x$$

注意，在交错网格划分中，u、v 动量方程的控制容积分别以半个控制体的长度在东、北两个方向上错开半格。在 u 控制体、v 控制体和标量控制体中，相应的系数 $a_E \sim a_S$ 应根据三种不同控制体的三种不同设置来分别进行计算。

为谨慎起见，在动量方程的求解过程中，常将压力项从综合项 b 的余项中分离出来。也

就是说,求解分速度 u 时,改用下述差分方程形式:

$$a_P\phi_P = a_E\phi_E + a_W\phi_W + a_N\phi_N + a_S\phi_S + \Delta y(p_w - p_e) + b \tag{9-14}$$

同样地,求解分速度 v 时,改用下述差分方程形式:

$$a_P\phi_P = a_E\phi_E + a_W\phi_W + a_N\phi_N + a_S\phi_S + \Delta x(p_s - p_n) + b \tag{9-15}$$

这里应该说明:任何基于中心差分格式的有限差分法,都会遇到高雷诺数的限制,即在高雷诺数的情况下可能出现迭代计算不稳定的问题,甚至得不到收敛的结果。要克服这一困难有几种做法,其中之一是采用 Spalding 提出的混合差分格式,它是基于一维对流扩散方程来逼近精确解的指数形式。混合差分格式很容易通过对系数 $a_E \sim a_S$ 进行如下处理来实现:

$$\begin{cases} a_E = \max(a_E, -F_e, 0), & a_W = \max(a_W, F_w, 0) \\ a_N = \max(a_N, -F_n, 0), & a_S = \max(a_S, F_s, 0) \end{cases} \tag{9-16}$$

这里,$\max(A, B, C)$ 是取 A、B、C 三者中的最大值。

3. 压力修正方程:SIMPLE 算法

Patankar 和 Spalding 推荐使用的 SIMPLE 算法的核心思想是,建立一种将连续性方程和压力场紧密联系起来的关联方程式,即压力修正方程,据此推算出一个合理的压力场分布,再将压力梯度代入动量方程以求解各速度分量。具体做法是,首先假想一个压力场,然后通过关联方程式来估算压力修正值的大小,从而对假想压力场做出修正;重复此过程,直至各点的压力修正值接近于零;由于压力修正方程是从连续性方程中提取出来的,根据动量方程计算得到的速度场,自然也就能够同时满足连续性方程的要求。

在迭代计算的过程中,设压力 p 和速度 u、v 可以分解为其当前值 $\tilde{p}$、$\tilde{u}$、$\tilde{v}$ 与修正值 p'、u'、v' 之和,即

$$p = \tilde{p} + p', \quad u = \tilde{u} + u', \quad v = \tilde{v} + v' \tag{9-17}$$

将式(9-17)代入 u 动量方程的离散表达式(9-14),去掉带"～"符号的部分及余项 b(因为它们总体上平衡了),可得

$$a_P u'_P = \Delta y(p'_w - p'_e) + (a_E u'_E + a_W u'_W + a_N u'_N + a_S u'_S)$$

考虑到上式右端第二项的部分表示周围节点 E、W、N、S 位置的压力修正值对中心节点 P 处速度的影响,推导压力修正方程的控制体如图 9-17 所示,它的影响是间接的或隐含的 (implicit),可将其略去;因为与节点 P 处的压力修正的影响相比,它是次要的,且会随着迭代求解过程的收敛而最终消失。SIMPLE 法的半隐式(semi-implicit)格式这种说法的来源,就是因为修正过程中略去了邻近节点压力修正值的间接的影响。于是,上式变为

$$u'_P = d_x(p'_w - p'_e) \tag{9-18}$$

式中:$d_x = \Delta y / a_P$。

类似地,由 v 动量方程式(9-15)得

$$v'_P = d_y(p'_s - p'_n) \tag{9-19}$$

式中:$d_y = \Delta x / a_P$

这样就在速度修正值与压力修正值之间建立起了一种显式关系。接下来,我们考虑连续性方程的离散表达式,这由通用差分方程式(9-13)可以很容易地得到。设 $\phi = 1$,$SC_P = SP_P = 0$,可得

$$F_e - F_w + F_n - F_s = 0$$

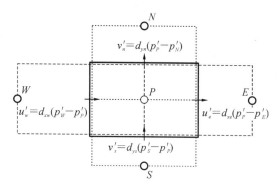

图 9-7　推导压力修正方程的控制体

上式也可分解为初始值部分和修正值部分,即

$$u'_e \Delta y - u'_w \Delta y + v'_n \Delta x - v'_s \Delta x = \widetilde{F}_w - \widetilde{F}_e + \widetilde{F}_s - \widetilde{F}_n$$

将式(9-17)、式(9-18)代入上式,得到

$$a_P p'_P = a_E p'_E + a_W p'_W + a_N p'_N + a_S p'_S + b \tag{9-20}$$

式中:$a_E = \Delta y d_{xe}$,$a_W = \Delta y d_{xw}$,$a_N = \Delta x d_{yn}$,$a_S = \Delta x d_{ys}$

$$a_P = a_E + a_W + a_N + a_S, \quad b = \widetilde{F}_w - \widetilde{F}_e + \widetilde{F}_s - \widetilde{F}_n$$

　　编制计算机程序时应注意:计算压力修正方程中的 $d_{xe} \sim d_{ys}$ 必须在求解压力修正方程之前进行更新和储存,就像我们收集 u、v 动量方程的系数一样。计算修正压力场 p' 的边界条件是相当简单的,这可能就是 SIMPLE 算法能广泛应用于各种流场计算的主要原因之一。显然,如果边界上的压力已知,则沿着边界的修正压力值将为 0;而如果边界上的速度已知,则边界法线方向上 p' 的梯度必然为 0,或者设 $d_{x(y)}$ 为 0,因为这时不需要对速度进行修正(参见式(9-17)和式(9-18))。

　　SIMPLE 算法的基本计算步骤归纳如下:

(1) 假设修正压力初场 p'(可简单地设为 $p' = 0$);

(2) 求解动量方程式(9-14)和式(9-15),得到相应的速度场 $\widetilde{u}$ 和 $\widetilde{v}$;

(3) 求解压力修正方程式(9-20),得到新的修正压力 p';

(4) 按式(9-18)和式(9-19)计算速度的修正值,按式(9-17)更新速度场、压力场;

(5) 求解其他标量输运方程;

(6) 从步骤(2)开始重复上述计算过程,直至满足收敛性判别条件为止。

4. 紊流壁面法则

　　在紊流边界层中,层流底层总是存在的。在层流底层区域内,流体的黏性起着主导作用,而紊流的影响则可以忽略不计,从而可以用 $\tau_w = \mu \dfrac{\mathrm{d}\overline{u}}{\mathrm{d}y}$ 来计算壁面的应力。

　　在一些紊流计算模型中,为了能够较为准确地计算层流底层和缓冲层内的应力分布和热流密度分布,在动量与能量方程中就必须充分地考虑流体黏性的作用;与此同时,还应该考虑到,由于壁面的影响,层流底层和缓冲层内的紊流尺度会减小。这一类模型称为低雷诺数模型。

　　在数值计算中应用低雷诺数模型时,毫无疑问,靠近壁面处应该分配相当大数量的网格节点,以便能够准确地反映出时均速度、温度和各紊流参量在层流底层和缓冲层内的剧烈变化。

在另一些紊流计算模型中,不需要知道层流底层和缓冲层内有关场量的详细信息,于是可以利用紊流的壁面法则,直接将靠近壁面的第一个节点置于充分发展的紊流区之内。这一类模型称为高雷诺数模型。

在数值计算中应用高雷诺数模型时,可以节省大量的网格节点数,但必须确保靠近壁面的第一个节点是位于充分发展的紊流区之内的。如图 9-8 所示,设层流底层和缓冲层的总厚度为 δ_{lam},该处的速度 $\bar{u}$ 按线性关系估计为

$$\bar{u} = \frac{(\tau_{\text{w}}/\rho)\delta_{\text{lam}}}{\nu}$$

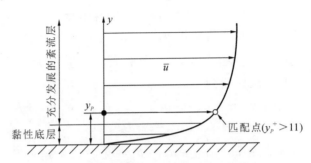

图 9-8　紊流边界层的三层结构模型与速度剖面

按壁面法则估计则为

$$\bar{u} = \left(\frac{\tau_{\text{w}}}{\rho}\right)^{1/2} \frac{1}{\kappa} \ln\left[\frac{(\tau_{\text{w}}/\rho)^{1/2}\delta_{\text{lam}}}{\nu} + B\right]$$

两式联立可得

$$\frac{(\tau_{\text{w}}/\rho)^{1/2}\delta_{\text{lam}}}{\nu} \approx 11 \tag{9-21}$$

显然,第一个节点距壁面的距离 y_P 应该大于 δ_{lam}。在具体应用时,通常定义一无量纲的距离

$$y_P^+ = \frac{(\tau_{\text{w}}/\rho)^{1/2} y_P}{\nu} \tag{9-22}$$

计算程序将自行检查,在靠近壁面的第一个节点处应满足

$$y_P^+ > 11 \tag{9-23}$$

9.3　Saints2D 软件简介

Saints2D 是依据前述原理而专门设计的流动与传热数值计算软件。为了增强软件的功能和通用性,程序在以下三个方面进行了拓展:

(1) 轴对称(三维)情况下流动与传热问题;

(2) 旋转机械内流动与传热问题;

(3) 多孔介质内流动与传热问题。

相应地,计算区域的坐标系及通用输运方程形式必须进行一些改变。为简单起见,这里不给出详细的推导过程,仅列出通用输运方程及各项的数学表达式。

如图 9-9 所示，我们使用 (x,y) 坐标系来同时代表笛卡尔（Cartesian）直角坐标系及圆柱坐标系。在圆柱坐标系中，设 x 为轴向坐标，y 为径向坐标。符号 $c_x = g_x/g$ 为重力矢量的方向角余弦，c_x 可取 $-1 \sim 1$ 范围内的任意数值；当重力与轴线方向一致时，取值 -1 或 1。在旋转机械内的流动与传热问题的计算中，我们用符号 w 表示周向旋转速度。

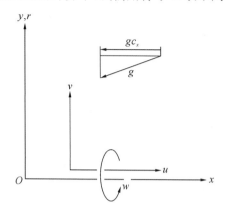

图 9-9　Saints2D 所用坐标系

将通用输运方程式（9-11）改写为如下表达式，注意方程中所有独立变量均为时均量。

$$\zeta r^* \frac{\partial \phi^*}{\partial \tau^*} + \frac{\partial}{\partial x^*} r^* \left(u^* \phi^* - \Gamma^* \frac{\partial \phi^*}{\partial x^*} \right) + \frac{\partial}{\partial y^*} r^* \left(v^* \phi^* - \Gamma^* \frac{\partial \phi^*}{\partial y^*} \right) = S^* \quad (9\text{-}24)$$

通用方程式中的通用变量列于表 9-2 中，各源项的形式列于表 9-3 中。

如表 9-2、表 9-3 所示，通用方程式中包含了多孔介质中的流动与传热问题的处理。设多孔介质的空隙率（即流体所占体积份额）为 ε^+，渗透率为 K，当不存在多孔介质时，可取空隙率 $\varepsilon^+ = 1$，渗透率 K 为无穷大。

表 9-2　Saints2D 中的通用变量

控制方程	ϕ	ζ	Γ
连续性方程	1	—	—
u 动量方程	u	ε^+	$(\nu + \varepsilon_m)\varepsilon^+$
v 动量方程	v	ε^+	$(\nu + \varepsilon_m)\varepsilon^+$
w 动量方程	w	ε^+	$(\nu + \varepsilon_m)\varepsilon^+$
能量方程	T	$\varepsilon^+ + (1-\varepsilon^+)\dfrac{\rho_s c_s}{\rho_f c_f}$	$\nu/Pr + \varepsilon_m/\sigma_T$
k 输运方程	k	1	$\nu + \varepsilon_m/\sigma_k$
ε 输运方程	ε	1	$\nu + \varepsilon_m/\sigma_\varepsilon$

表 9-3　Saints2D 中的标准源项 S^*

控制方程	标准源项
连续性方程	0
u 动量方程	$-\varepsilon^{+2}r^*\dfrac{\partial p^*}{\partial x^*}+\varepsilon^{+2}r^*c_x\dfrac{Gr}{Re^2}T^*+\dfrac{\partial}{\partial x^*}\left(r^*\Gamma^*\dfrac{\partial u^*}{\partial x^*}\right)+\dfrac{\partial}{\partial y^*}\left(r^*\Gamma^*\dfrac{\partial v^*}{\partial x^*}\right)$ $-\left[\dfrac{\Gamma^*}{(K^*/\varepsilon^+)}+\dfrac{C_F}{(K^*/\varepsilon^+)^{1/2}}(u^{*2}+v^{*2}+w^{*2})^{1/2}\right]u^*r^*$
v 动量方程	$-\varepsilon^{+2}r^*\dfrac{\partial p^*}{\partial y^*}+\varepsilon^{+2}r^*\sqrt{1-c_x^2}\dfrac{Gr}{Re^2}T^*+\dfrac{\partial}{\partial x^*}\left(r^*\Gamma^*\dfrac{\partial u^*}{\partial y^*}\right)+\dfrac{\partial}{\partial y^*}\left(r^*\Gamma^*\dfrac{\partial v^*}{\partial y^*}\right)$ $-\left[\dfrac{\Gamma^*}{(K^*/\varepsilon^+)}+\dfrac{C_F}{(K^*/\varepsilon^+)^{1/2}}(u^{*2}+v^{*2}+w^{*2})^{1/2}\right]v^*r^*\underline{-2\Gamma^*\dfrac{v^*}{r^*}+w^{*2}}$
w 动量方程	$\underline{-v^*w^*-\dfrac{w^*}{r^*}\dfrac{\partial}{\partial r^*}(r^*\Gamma^*)}$ $-\left[\dfrac{\Gamma^*}{(K^*/\varepsilon^+)}+\dfrac{C_F}{(K^*/\varepsilon^+)^{1/2}}(u^{*2}+v^{*2}+w^{*2})^{1/2}\right]w^*r^*$
能量方程	0
k 输运方程	$r^*(P^*+G^*-\varepsilon^*)$
ε 输运方程	$r^*\left[c_1(P^*+G^*)-c_2\varepsilon^*\right]\dfrac{\varepsilon^*}{k^*}$

$$P^*=v_t\left\{2\left(\dfrac{\partial u^*}{\partial x^*}\right)^2+2\left(\dfrac{\partial v^*}{\partial y^*}\right)^2+\left(\dfrac{\partial u^*}{\partial y^*}+\dfrac{\partial v^*}{\partial x^*}\right)^2+2\left(\dfrac{v^*}{r^*}\right)^2+\left(\dfrac{\partial w^*}{\partial x^*}\right)^2+\left[r^*\dfrac{\partial}{\partial r^*}\left(\dfrac{w^*}{r^*}\right)\right]^2\right\}$$

$$G^*=-\dfrac{Gr}{Re^2}\dfrac{v_t^*}{\sigma_T}\left(c_x\dfrac{\partial T^*}{\partial x^*}+\sqrt{1-c_x^2}\dfrac{\partial T^*}{\partial y^*}\right)$$

注:① 表中带下画线的部分仅在轴对称旋转机械内的流动情况下出现;

　　② Forchheimer 常数 C_F 的缺省值为 0.143,仅适于多孔介质的情况。

　　上述通用方程式为无量纲方程的形式,各参数用符号 * 标示。式中所选用的基本参考值有三个,即特征长度 L_{ref}、特征速度 u_{ref} 和特征温度差 ΔT_{ref},各无量纲参数定义为

$$x^*=x/L_{ref},\quad y^*=y/L_{ref},\quad \tau^*=\tau/(L_{ref}/u_{ref})$$
$$u^*=u/u_{ref},\quad v^*=v/u_{ref},\quad w^*=w/u_{ref}$$
$$p^*=(p-p_{ref})/\rho u_{ref}^2,\quad T^*=(T-T_{ref})/\Delta T_{ref}$$
$$k^*=k/u_{ref}^2,\quad \varepsilon^*=\varepsilon/(u_{ref}^3/L_{ref})$$
$$\Gamma^*=\Gamma/(L_{ref}u_{ref}),\quad K^*=K/L_{ref}^2$$
$$r^*=\begin{cases}1 & \text{直角坐标系(二维)}\\ y^* & \text{圆柱坐标系(三维)}\end{cases}$$

　　原则上,三个基本参考值 L_{ref}、u_{ref} 和 ΔT_{ref} 可以任意选取。但为了改善计算的收敛性和便于进行后处理,建议按照下面的方式来选取基本参考值。

　　(1) 特征长度 L_{ref}:选取任一有代表性的长度,如平板长度、管子直径。

　　(2) 特征速度 u_{ref}:强制对流情况下选取一个确定的速度尺度,如进口处平均流速;自然对流情况下考虑到浮力与惯性力之间的平衡关系,即 $\rho g\beta\Delta T_{ref}\sim\rho u_{ref}^2/L_{ref}$,选取一个隐含的(间接的)速度尺度,如 $u_{ref}=\sqrt{g\beta\Delta T_{ref}L_{ref}}$;混合对流情况下选取上面两者中的较大者或有助于得到较好解的结果的那一个。

（3）特征温度差 ΔT_{ref}：已知壁面温度时，选取进口处平均温度与壁面温度之差，即 ΔT_{ref} $=T_B-T_w$，T_B 是进口处流体的平均温度，T_w 为壁面温度；已知壁面热流密度时，考虑壁面热流密度与对流项之间的平衡关系，即 $q_w \sim \rho c_p \Delta T_{ref} u_{ref}$，选取 $\Delta T_{ref} = q_w/(\rho c_p u_{ref})$，无量纲温度为 $T^* = (T-T_B)/\Delta T_{ref}$。在 Saints2D 中，壁面热流密度以无量纲形式计算，即

$$q_w^* = -\Gamma^* \frac{\partial T^*}{\partial n^*}\bigg|_{n^*=0} = \frac{q_w}{\rho c_p \Delta T_{ref} u_{ref}} \left(= St = \frac{Nu}{Re \cdot Pr} \right) \tag{9-25}$$

这表明壁面热流密度 q_w^* 与斯坦顿数 St 是一致的。如果给定壁面热流密度 q_w^* 为热边界条件，应按照上式来计算。

其他几个无量纲数如下。

雷诺数：
$$Re = u_{ref} L_{ref}/\nu$$

格拉晓夫数：
$$Gr = g\beta \Delta T_{ref} L_{ref}^3/\nu^2$$

DARCY 数：
$$K^* = Da = K/L_{ref}^2$$

在 Saints2D 中，默认的计算法则为无量纲计算，上面已经介绍。在大多数实际应用中，有量纲分析法较无量纲分析法更受青睐。在这种情况下，我们只需简单地将三个基本参考值设为它们各自的单位物理量，便可得到有量纲形式的计算结果。即

$$L_{ref} = 1 \text{ m}, \quad u_{ref} = 1 \text{ m/s}, \quad \Delta T_{ref} = 1 \text{ ℃}, \quad \Delta \tau_{ref} = L_{ref}/u_{ref} = 1 \text{ s}$$

由于在程序中并不需要直接输入 L_{ref}、u_{ref} 和 ΔT_{ref} 的数值，因此，若要按照有量纲法则来进行计算，我们需要采用下面的替代办法，对前述无量纲数进行设置。

雷诺数：
$$Re = \frac{u_{ref} L_{ref}}{\nu} = \frac{1}{\nu (\text{m}^2/\text{s})}$$

格拉晓夫数：
$$Gr = \frac{g\beta \Delta T_{ref} L_{ref}^3}{\nu^2} = \frac{g(\text{m/s}^2)\beta(1/\text{K})}{(\nu(\text{m}^2/\text{s}))^2}$$

DARCY 数：
$$K^* = \frac{K}{L_{ref}^2} = \frac{K(\text{m}^2)}{1}$$

此外，建议使用国际标准 SI 单位制来输入数据，这样计算结果就为 SI 单位制形式。当然，也可采用英制单位制（不建议采用）来进行计算。

Saints2D 的计算流程如图 9-10 所示，其中所设定的控制方程的求解步骤按其运行顺序排列。

首先，给出几何尺寸、初始条件、边界条件，并将它们作为当前值保存，计算离散方程各系数。程序进行到下一时刻 $\tau = \tau + \Delta \tau$。

其次，分别求解 u、v 动量方程；根据所得到的速度场再求解压力修正方程，由修正压力场的数据对当前压力场和速度场进行修正；这样，连续性方程中的残差值就会减小。再求解其他输运方程，如能量方程、旋转速度 w 输运方程、紊流动能 k 方程及紊流动能耗散率 ε 方程。

然后，将计算得到的各场量数据作为当前值，更新与时间无关的边界条件值及由流动特征所决定的边界条件值。重复上面所述的计算，直至达到所规定的计算次数或者所要求的计算精度。

至此，时间步长加 1 至下一个时刻，在新的时刻重复以上整个计算过程，直至达到所要求的时间步长数为止。

在计算过程中，每一步的计算结果可由程序后处理模块自动显示出来。可以随时查看流函数曲线、速度矢量图、等温线图或者其他感兴趣的线图来审核收敛情况。

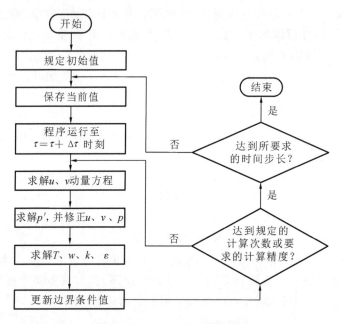

图 9-10　Saints2D 计算流程

如果是稳态问题的计算,则仅需要进行一个时间步长 $\Delta\tau$,程序中会自动设其为无穷大。

1. 速度已知与速度未知边界条件的概念

一个通用的计算程序应该能够适用于各种各样的边界条件类型,但是,对边界条件类型的一般性要求常常会导致它的输入程序变得十分烦琐;即便是使用目前国际上流行的一些商业软件与计算代码,对于求解像库特(Couette)流动这样简单的二维问题,也要花费很长时间来输入数据。Saints2D 提出了一个有用的概念——速度已知边界与速度未知边界,可以有效地解决边界条件类型的一般性与输入程序烦琐之间的矛盾。事实上,这个概念使得我们能够直接在计算区域中画出任意形状的物体,它将自动地转化为计算网格,从而可以借助鼠标、工具栏和对话框的简单操作,来快速地设置任意的边界条件类型及数值。

无论是二维平面问题还是轴对称问题,对于图 9-11 所示的矩形计算区域,一个边界的类型(计算区域的外部边界 W、S、E、N 或者内部物体表面,如阴影部分所示),可以根据该边界处的速度矢量是否已知(或者给定)而划分。

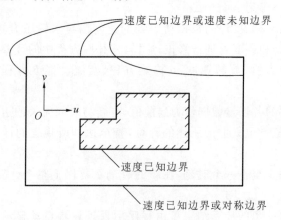

图 9-11　边界条件类型的划分

（1）速度已知边界：该边界处的速度矢量已知或者给定。一般情况下，除压力以外所有其他独立变量或者它们的通量也已知。

（2）速度未知边界：该边界处的速度数值未知，但其速度矢量与边界线相垂直。一般情况下，所有其他独立变量或者它们的通量也未知。因而，对于垂直于 x 方向的边界，相应的边界条件为

$$v = 0, \qquad \frac{\partial u}{\partial x} = 0, \qquad \frac{\partial^2 \phi}{\partial x^2} = 0 \tag{9-26}$$

而垂直于 y 方向的边界则为

$$u = 0, \qquad \frac{\partial v}{\partial y} = 0, \qquad \frac{\partial^2 \phi}{\partial y^2} = 0 \tag{9-27}$$

流动的出口处通常设置为速度未知边界，此处所有变量 ϕ 的二阶导数被设置为零值。值得注意的是，这只是一种近似方法，因为，当相应的扩散系数 Γ_ϕ 因空间位置而变化或随时间而变化时，该条件可能会失效，导致计算结果不收敛。

所幸的是，由这种近似所引起的误差并不算大，只要将该类边界条件设置在对流作用相对较强，而扩散作用相对较弱的区域，即可有效地避免计算结果发散。例如，可以将出口边界选择在流动变化比较平缓的地方，或者让出口边界远离上游流道中的绕流物体，也就是让出口边界处于回流区域之外，从而出口处计算变量的波动就难以影响到上游的流体。

（3）对称边界：该边界处任一独立变量的分布是关于边界对称的。对称边界条件可以写为

$$v = 0, \qquad \frac{\partial u}{\partial y} = 0, \qquad \frac{\partial \varphi}{\partial y} = 0 \tag{9-28}$$

式（9-26）至式（9-28）中 ϕ 代表除 u、v 外的其他独立变量。

首先，速度已知边界可以位于计算区域的任何地方。无论是计算区域的外部边界 W、S、E、N 还是内部物体表面，均可能被设置为速度已知边界。其次，速度未知边界则只可能出现在计算区域的四个外部边界 W、S、E、N 上。另外，对称边界只有一个，且只设置在计算区域的 S 边界处，它可以是 S 边界的一部分或者全部。

换言之，对于计算区域的任一外部边界，如果不知道该处的速度值，就可以将其定为速度未知边界。而在圆柱坐标系下，如果 S 边界某处速度未知，就可以将其定为轴对称边界。自然地，计算区域内部任何物体的表面均为速度已知边界。

原则上，轴对称边界是可以设置在计算区域的其他任一外部边界的。但是，若将其限定在 S 边界处，可以使计算程序的前处理工作得到很大的简化。因为，对于另外三个边界，就只剩下速度已知、速度未知这样两种选择；S 边界处也只有速度已知、轴对称两种选择。这样做的结果，虽然会使程序失去一定的灵活性，但对任何轴对称问题，我们都可以通过设置合适的重力加速度方向余弦值，来使问题得到解决。

上述按照速度来划分边界类型的另外一个好处是，当使用无量纲参数进行数值计算时，会出现很多为零值的边界条件，这些均可以由计算程序自动完成，无须手工输入。只有对于那些非零值的速度已知边界，才需要输入具体的参数值。

通常地，速度已知边界包括两种类型，即固体（绕流物体及流道）的壁面和流动的入口处。对所有速度已知边界，可以自动地默认为满足无滑移边界条件，除非是特别给定某参数值为非零值。这样，大多数情况下，需要手工输入的参数值有流动入口处的速度值和温度值、固体壁面处的温度或者热流量值。

2. Saints2D 软件的基本操作

读者可以扫描本书中二维码,获取 Saints2D 软件并运行,跟随下面的说明一同来操作。

1) 设定流动模式

程序启动后,进入图 9-12 所示的操作界面。

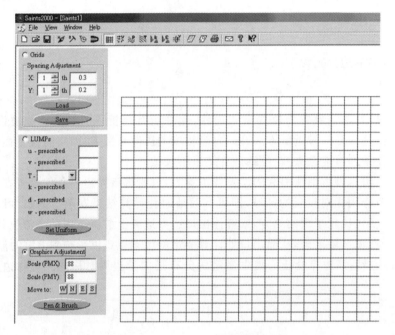

图 9-12　Saints2D 的操作界面

然后点击工具条上按钮 (称为导航按钮),将出现对话框"Select a module"(设定流动模式),如图 9-13 所示。有两种不同的模式可供选择,即"Wind tunnel module"(风洞模式)和"Free module"(自由流动模式)。

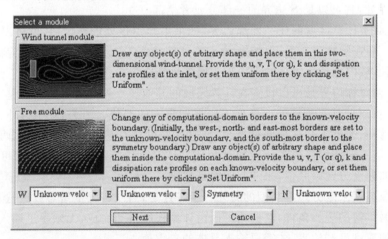

图 9-13　流动模式的选择

(1) 风洞模式:选择此模式,程序会自动地构造一个虚拟风洞,并自动设置所有边界条件的类型:W 侧为流动进口,上下两侧(N 和 S)为风洞壁面,它们归类于速度已知边界;E 侧为流动的自由出口,归类于速度未知边界。并且,所有零值边界条件数据也随之自动设定,如风洞壁面处被设置为 $u=v=0$。

在风洞模式下,我们可以通过后续的操作在风道内放置任意形状的几何物体。

(2)自由流动模式:在这种模式下,我们只需简单地辨别在 W、S、E、N 边界中哪些是速度已知边界,哪些是速度未知边界,就可以处理所有可能的二维直角坐标系与三维圆柱坐标系的计算问题。特别地,如果要处理三维圆柱坐标系问题,S 边界应选择为对称边界类型。

为便于介绍下一步的基本操作,我们选取风洞模式,然后点击"Next"按钮。

2)设置网格系统

在随之出现的对话框"Reset Grid Numbers"(输入网格数)中,设置网格线数、第一条网格线的起始坐标值、网格步长。(默认情况下会形成一个均匀网格系统,如有需要,在后续操作中可将其设为非均匀网格系统。)

这里,我们将 X Lines 和 Y Lines 分别设为 31 和 26,然后按下"Next"按钮,如图 9-14 所示。

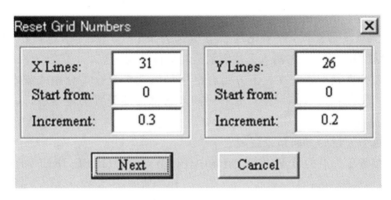

图 9-14　设定网格数

3)紊流、多孔介质的选定及无量纲数的设定

随后弹出的对话框是"Feed control parameters"(给定控制参数),如图 9-15 所示。在此可以完成以下几项设置。

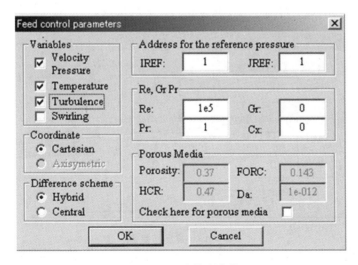

图 9-15　设定控制参数

(1)设定是纯导热问题还是对流换热问题。在左上方组合框中有 4 个检查框子项。如

果只选定"Temperature",则为纯导热问题,程序只对能量方程进行求解;如果只选定"Velocity Pressure",则为纯流动问题;如果同时选中此两项,则为对流换热问题。

(2) 设定是层流流动还是紊流流动问题。在左上方组合框中,如果选中"Turbulence",则为紊流流动问题;否则为层流流动问题。

(3) 设定坐标系。在左边中间组合框中可以选择直角坐标系或圆柱坐标系。

(4) 设定是否为旋转机械内的流动与换热问题。在左上方组合框中,如果选中"Swirling",则为旋转机械内的流动与换热问题;注意,应同时在(3)中选择圆柱坐标系。

(5) 设定是否为多孔介质内的流动与换热问题。此选项通过右下方的组合框来设定,可以修改多孔介质的特性数据。

(6) 设定流动为强制对流、自然对流还是混合对流。在右边中间组合框中,如果设置 $Gr=0$,则为强制对流;如果设置 $Gr \neq 0$,且在后续边界条件的设置中,各速度已知边界处的速度均为 0,则为自然对流;如果设置 $Gr \neq 0$,且在后续边界条件的设置中,至少有一个速度已知边界处的速度不为 0,则为混合对流。

在进行自然对流计算时,如果速度参考值选为 $u_{\mathrm{ref}} = \sqrt{g\beta\Delta T_{\mathrm{ref}} L_{\mathrm{ref}}}$,由于 $Gr = g\beta\Delta T_{\mathrm{ref}} L_{\mathrm{ref}}^3 / \nu^2$,此时应有 $Gr = Re^2$。在输入无量纲数据时应注意这一点。

(7) 设定差分格式类型。在左下方组合框中可以选择混合差分格式或中心差分格式。注意:当使用中心差分格式时,网格步长和时间步长都必须设置为足够小,以避免计算过程中出现迭代不稳定的情况。

(8) 设定重力矢量的方向角余弦 c_x。

(9) 设定参考压力点的节点位置。流场中任何节点位置(IREF,JREF)的压力值均可作为参照基准。

我们以紊流强制对流为例,将雷诺数设为 1e5(即 10^5),然后按下"OK"键。

4) 稳态与非稳态问题的处理

由导航按钮自动弹出的最后一个对话框是"Feed initial values"(设定初始值),如图9-16 所示。NTS(number of time steps)表示时间步长数,DTIME 表示时间步长 $\Delta\tau$,NIT(number of iterations)表示每一时间步长中重复迭代计算的次数。

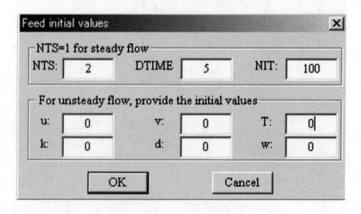

图 9-16　设定初始值

对于稳态问题,可简单地将 NTS 设为 1,NIT 设为一个能够达到收敛的数。然后,时间步长将被自动假定为无限大时间间隔。此时不用设定 DTIME 值。

对于非稳态问题,必须将 NTS 设为比 1 大的值,并在下面的组合框中输入初始值。注意：由于达到收敛所需的重复迭代计算次数会随时间步长的加大而增加，当我们增大 DTIME 值时，就必须使 NIT 值增大更多。

假设我们要进行一个非稳态问题的计算。那么，在"NTS"一栏中输入 2，在"DTIME"一栏中输入 5，然后点击"OK"键。

5）绘制实物图

前述操作完成后，对话框被关闭，重新回到启动界面窗口。

点击鼠标右键，打开工具菜单，如图 9-17（a）所示，选取绘图工具"Rectangle"（矩形）、"Round Rectangle"（圆角矩形）、"Ellipse"（椭圆）及"Polygon"（多边形）（"Line"（直线）不必选取）来绘制计算区域内任意形状的物体。

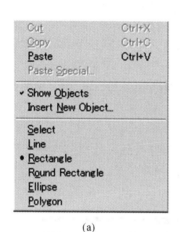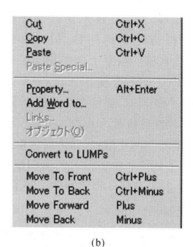

(a)　　　　　　　　　　(b)

图 9-17　几何建模工具

如果在计算区域内设置一个图 9-18 所示形状的物体，则被物体覆盖的区域就会在计算网格内形成一个空域，相应的网格节点及控制容积就会被取消而不进行计算。

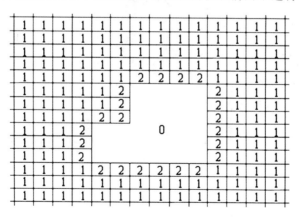

图 9-18　计算域的 IFORS 值设置

我们用一个二维数组 IFORS(is it within a field or solids)来表示各节点或控制容积处于计算区域之内，还是处于流道中绕流物体之内。某个控制容积的 IFORS 值的可能情况如下。

（1）IFORS＝0：位于速度已知边界及其内部的节点。例如，被绕流物体所覆盖的节点。

（2）IFORS＝1：位于计算区域内部的所有节点，但不包含那些与速度已知边界相邻的节点。例如,流体流动区域的内部节点。

(3) IFORS＝2:位于流体流动区域,但与速度已知边界相邻的节点。该类型节点所占的控制容积至少有一条或有几条边与速度已知边界直接相邻。边界条件的具体数值,将通过对这些节点及控制容积参数计算的直接影响而作用于整个计算区域。

Navier-Stokes方程求解器的程序模块会自动检测各节点 IFORS 值并做出相应的处理。如果 IFORS 值为1,则该节点方程的各项系数直接按照相邻节点的参数进行插值计算;如果 IFORS 值为2,则该节点方程中与速度已知边界相邻处的系数按照对应的边界条件进行处理;如果 IFORS 值为0,则说明该节点不在流体区域内,可以直接忽略,不予计算。

我们选用"Rectangle",将光标移至希望的位置并点击鼠标右键,拖动光标(按住鼠标右键不放),调整矩形的大小、形状、方位及位置,松开鼠标右键;将光标停留在矩形物体上,再次点击鼠标右键,会出现另一个工具栏,如图9-17(b)所示,从中选择"Convert to LUMPs",使该物体转化为网格。重复上面的操作可添加多个不同形状的物体,各物体可相互重叠。同时,还可使用"Copy"(复制)、"Paste"(粘贴)、"Cut"(剪切)等功能。

注意:在几何建模时,必须激活对话框中的"Graphics Adjustment"(绘图调整)按钮。

6) 调整非均匀网格步长

当要求为非均匀网格时,可激活对话框中的"Grids"(网格)按钮。通过选择各标量控制体的序号,在其右边编辑框中输入相应的步长数值,可得到所希望的典型非均匀网格系统,如图9-19所示,其中在矩形物体周围采用了较小的网格步长。

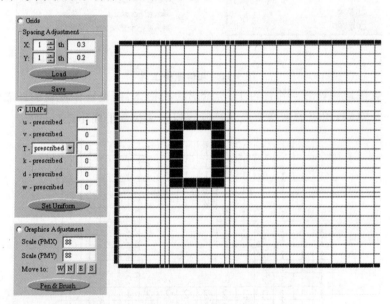

图9-19　非均匀网格及非零值边界条件的输入

7) 设定速度已知边界条件的数值

计算前处理的最后一步就是给定所有速度已知边界处的非零值边界条件数值。这时,必须激活左侧对话框中的"LUMPs"按钮。所有速度已知边界节点(包括流动进口和固体壁面)会以蓝色标记出来,如图9-19所示。点击任何一个边界节点,其相应的边界条件数值会在左侧对话框中显示出来,便于核查和修改;由于所有数据默认值为0,故我们仅需要输入非零边界条件数值。

第 9 章 流动与传热数值计算 · 227 ·

点击流动进口边界（即 W 边界）的任一节点，在"u-prescribed"（指定速度）中输入 1，然后点击"Set Uniform"按钮，使得该边界上所有其他节点与该节点具有相同的边界条件数值。（如果不点击"Set Uniform"，则输入的数值只在该节点处局部有效。）同样地，点击物体表面任一节点，在"T-prescribed"（指定温度）中输入 1，然后点击"Set Uniform"，设置一个壁面温度均匀的物体。（如果需指定壁面热流密度，那么将"T-prescribed"换成"T-Heat Flux"，输入热流密度值。）

至此，就完成了所有前处理工作。点击对话框中的"Save"键，给定一个 GBF 文件名及保存位置，可以保存所有前处理工作。点击对话框中的"Load"键，可以读入 GBF 文件数据。

8）计算与计算后处理

点击工具栏中的 ⬛ 键，计算过程开始，并伴有进度条，指示所需要的剩余计算时间。

针对流体绕流矩形物体的简单例子，程序运行数秒后计算结束。依次单击工具条按钮 ⬛ ⬛ ⬛ ⬛ ⬛ ⬛，便可察看速度场、压力场、温度场、紊流动能与紊流动能耗散率场、旋转速度场等场量信息。整个后处理工作由 Saints2D 软件自动完成。

单击工具条按钮 ⬛，可以切换到网格与计算区域的界面。单击任一边界或者流动出口，还可以显示该边界或者出口处的各场量的局部分布曲线。

通过以上的操作可得到流函数图，如图 9-20 所示。

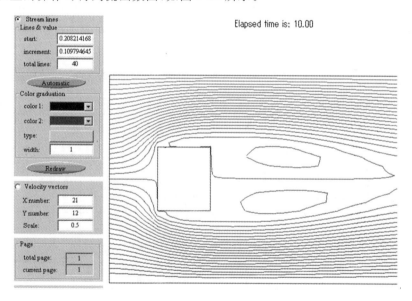

图 9-20　流函数图示例

9）打印输出

所有图形均可打印输出。单击工具条按钮 ⬛，可通过对话框来调整打印输出的效果。

3. 流动与传热问题的计算示例

本章中给出了 Saints2D 软件的 11 个计算示例，读者可以通过对这些示例的学习，掌握该软件的实际应用技巧，以解决所遇到的实际问题。为便于读者再现这些示例，它们被分别保存于文件名为 example1. GBF 至 example11. GBF 的文件中。

例 9-1　一维非稳态导热

考查无限大平板的一维非稳态导热问题。平板厚度为 0.2 m，材料热扩散系数 $a=$

9.742×10^{-5} m²/s，平板初始温度为 20 ℃。现平板左侧温度突然升至为 220 ℃，而右侧维持在初温 20 ℃ 不变。试观察平板内温度分布随时间的变化。

单击工具条的导航按钮 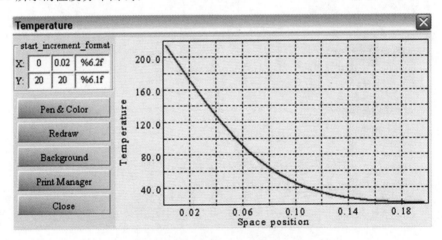，在对话框"Select a module"中选择"Free module"，将四个边界全部设为速度已知边界。将计算区域控制体数设为 2 行×10 列，也就是在对话框"Reset Grid Numbers"中，设置 X Lines＝11，Y Lines＝3，步长均为 0.02 m。在对话框"Feed control parameters"中只选定"Temperature"，并设 $Pr=1$，$Re=1/(9.743 \times 10^{-5})=10264$。在对话框"Feed initial values"中设置时间步长为 5 s，时间步长数 NTS＝2，各时间步长内的迭代计算次数 NIT＝100，并设初始温度 20 ℃。

此为一维导热问题，必须在 N、S 边界上给定绝热边界条件，即只允许热量沿 x 方向传递。激活左侧对话框中的"LUMPs"按钮，单击 S 边界上任一边界节点，在温度边界条件的选项中选择"Heat Flux"，在右边编辑框中输入 0（预设），然后点击"Set Uniform"按钮，这样，边界 S 就被设置为绝热边界。同样地，设置 N 边界也为绝热边界。单击 W 边界上任一边界节点，将其温度设为 220 ℃，点击"Set Uniform"按钮，这样，W 边界就被设置为恒温边界。类似地，设置 E 边界为恒温边界，温度为 20 ℃。前处理工作结束。

单击工具条中的按钮 ⊃，开始计算。计算过程迅速结束。注意，每次点击计算按钮一次，时间就向前推进 NTS×DTIME＝2×5 s＝10 s。为了显示出通过平板的温度场，我们仍然激活左侧对话框中的"LUMPs"按钮，将光标移至 N 或 S 边界处的任一边界节点处，点击鼠标右键，选择"Temperature"来显示平板内的温度分布曲线。时间进行到 $\tau=20$ s 时，就得到图 9-21 所示的温度分布曲线。

图 9-21　20 s 后的温度分布（例 9-1）

说明：可使用"Pen & Color"按钮来改变曲线的颜色，使用"Background"按钮来改变背景的颜色，也可以修改编辑框中的数值，点击"Redraw"按钮来更新图像，调整显示效果。

连续点击计算按钮 ⊃，随着时间的推进，可观察到温度分布曲线逐步接近线性的稳态温度场分布。

例 9-2　二维非稳态导热

有一根外方内圆的空心混凝土柱，内圆直径为 $L_{ref}/3$，外表方形的边长为 L_{ref}。初始时混凝土柱温度为 T_0。现突然将内壁温度升至 T_w，而外壁温度维持在初始温度 T_0 不变。试观察混凝土柱体内的瞬态温度分布。

仿照例 9-1,先进行导热问题的设定,四个边界 W、S、E、N 全部设为速度已知边界(速度为 0)。定义无量纲温度 $T^* = (T-T_0)/(T_w-T_0)$,这样,外壁温度为恒温 0,内壁温度为恒温 1,初始温度为 1。我们可以将 Re 和 Pr 设为单位量 1,定义无量纲坐标 $x^* = x/L_{ref}$、$y^* = y/L_{ref}$ 及无量纲时间 $\tau^* = a\tau/L_{ref}^2$(即 Fo),从而热传导方程可以写成无量纲形式:$\partial T^*/\partial \tau^* = \partial^2 T^*/\partial x^{*2} + \partial^2 T^*/\partial y^{*2}$。在对话框 "Feed initial values" 中设置时间步长为 0.005 (无量纲时间),时间步长数 NTS=2,各时间步长内的迭代计算次数 NIT=100,并设初始温度为 1(无量纲温度)。

接下来使用绘图工具,绘制一个直径为 $L_{ref}/3$ 的圆,用鼠标拖放至方形的中心,并转化为计算网格。

再激活左侧对话框中的"LUMPs"按钮。此时,四个外边界已自动地全部设置为恒温边界,温度值为 0。单击内壁圆形边界,设置为恒温边界,温度为 1。

下面开始计算。每点击计算按钮一次,无量纲时间就向前推进 NTS×DTIME=2×0.005=0.01。单击工具条上的温度场显示按钮,以切换至温度场的显示界面。图 9-22 所示分别为 $\tau^* = 0.01$ 和稳态($\tau^* \to \infty$)两种情况下的等温线图。

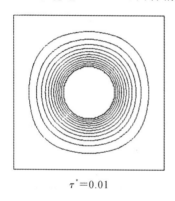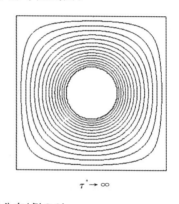

$$\tau^* = 0.01 \qquad\qquad\qquad\qquad \tau^* \to \infty$$

图 9-22　等温线分布(例 9-2)

从图中可以观察到,在初始阶段等温线呈同心圆扩散状,似乎不受外部(方形)边界条件的影响;但随着时间的推进,外部边界的影响逐渐波及内部,等温线形状也开始随时间而变化。

我们还可以检视外壁处的热流密度分布。切换至计算网格显示窗口,激活左侧对话框中的"LUMPs"按钮,将光标移至外边界处,点击鼠标右键,选择"Heat Flux"以显示无量纲热流密度,即 $q^* = Nu/(Re\,Pr) = qL_{ref}/[k(T_w-T_0)]$。可以看到 q^* 均为负值,它表示的是有热量自物体中心向外流出。

在 Saints2D 中,可以用锯齿形线来近似代替弯曲表面。这种做法引起的误差并不大。由于弯曲表面面积的增加与锯齿形所引起的对热流密度的低估,两者之间的影响可以相互抵消,因此可得到一个合理准确的热流密度值。

例 9-3　管内层流强制对流换热

流体以速度 u_B 和温度 T_{in} 进入管内。管长为管径 d 的 10 倍,管壁维持恒定温度 T_w。试确定管内速度场、压力场、温度场的分布,以及出口附近的摩擦系数和努塞尔数 Nu。假设基于体积平均流速和直径的雷诺数 $Re_d=100$,流体普朗特数 $Pr=1$。

这是一典型的轴对称问题,必须在对话框"Select a module"中选择"Free module",将 W 边界(进口)和 N 边界(管壁)设为速度已知边界,而将 S 边界(管子中心线)设为对称边界,E

边界(出口)设为速度未知边界。

在对话框"Feed control parameters"中应选择轴对称坐标系"Axisymetric",设置无量纲数 $Re=100$，$Pr=1$。其他设置可参见文件 example3. GBF，即通过点击"Load"按钮打开文件 example3. GBF，点击工具条按钮 可查看各项参数设置。注意这里以管径 d、体积平均流速 u_B、温度差 $(T_{in}-T_w)$ 为基本参考值来对所有变量进行无量纲化处理。

单击工具条的计算按钮，完成计算并获得稳态解。点击工具条中相应的按钮来切换窗口，观察管内速度场、压力场、温度场的分布，如图 9-23 所示。

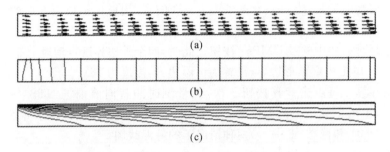

(a)

(b)

(c)

图 9-23 速度场、压力场和温度场分布(例 9-3)
(a) 速度场；(b) 压力场；(c) 温度场

从压力场图看，管子后部的等压线间距基本上是均匀的，说明管内流动已进入充分发展段。通过测量等压线的间隔距离，我们可以很容易地估算出无量纲压力梯度为

$$- \mathrm{d}p^* / \mathrm{d}x^* = [d/(\rho u_B^2)](- \mathrm{d}p/\mathrm{d}x) = 0.316$$

该结果与由 Hagen-Poiseuille 定律得到的管内流动的分析解是一致的，即

$$- \mathrm{d}p^* / \mathrm{d}x^* = 32/Re_d$$

从而管壁摩擦系数为

$$c_f = \frac{2\tau_w}{\rho u_B^2} = -\frac{1}{2} \frac{d}{\rho u_B^2} \frac{\mathrm{d}p}{\mathrm{d}x} = -\frac{1}{2} \frac{\mathrm{d}p^*}{\mathrm{d}x^*} = 0.158$$

激活左侧对话框中的"LUMPs"按钮，将光标移至出口边界处，点击鼠标右键，可分别查看出口处的温度分布、速度分布曲线，将光标移至管壁处点击鼠标右键，可查看壁面热流密度分布曲线，如图 9-24 所示。注意：沿边界处的热流密度"Heat Flux"是指由对流和热传导共同作用得到的无量纲总热流密度，即

$$(\rho c_p \boldsymbol{u} T + \boldsymbol{q}) \cdot \boldsymbol{n}/(\rho c_p \Delta T_{ref} u_{ref})$$

其中，$\boldsymbol{n}$ 为出口边界法线单位矢量，由边界指向计算域内部。这样，出口截面上总热流密度应为负值。

我们可以由下式估算出口处的体积平均温度：

$$T_B^* = \frac{T_B - T_w}{T_{in} - T_w} \equiv \frac{1}{\pi R^2 u_B} \int_0^R 2\pi r u \frac{T - T_w}{T_{in} - T_w} \mathrm{d}r = 8 \int_0^{0.5} y^* u^* T^* \mathrm{d}y^*$$

计算方法是

$$8 \times (0.05 \times 1.90 \times 0.295 + 0.15 \times 1.75 \times 0.255 + 0.25 \times 1.45 \times 0.185 +$$
$$0.35 \times 1.00 \times 0.105 + 0.45 \times 0.40 \times 0.03) \times 0.1 = 0.16$$

在出口处的热流密度图上，设最小值为 -0.02，单位刻度为 0.002，我们可以推知壁面($r=R$)处的无量纲热流密度为

$$q_w^* = q/(\rho c_p u_{ref} \Delta T_{ref}) = -0.006$$

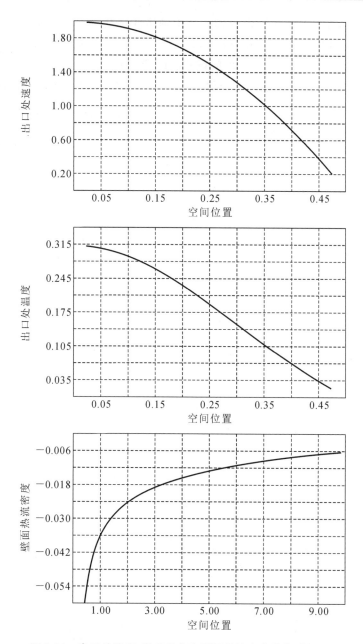

图 9-24   出口处速度、温度分布和壁面热流密度分布(例 9-3)

考虑到由式(9-25)给出的无量纲热流密度 q^* 与努塞尔数 Nu 之间的关系,可最终确定努塞尔数 Nu:

$$Nu = \frac{qd}{(T_w - T_B)\lambda} = \frac{q^*}{(0 - T_B^*)}Re_d Pr = \frac{-0.006}{-0.16} \times 100 \times 1 = 3.75$$

对于恒壁温充分发展段的流动来说,这个结果非常接近分析解,即 $Nu = 3.66$。

例 9-4   管内紊流强制对流换热

流体以速度 u_B 和温度 T_{in} 进入管内。管长为管径 d 的 100 倍,管壁维持恒定温度 T_w。试确定管内速度场、压力场、温度场的分布,以及出口附近的摩擦系数和努塞尔数 Nu。假设基于体积平均流速和直径的雷诺数 $Re_d = 10^5$,流体普朗特数 $Pr = 1$。

设置 x 方向上网格间距为 $10d$，是例 9-3 中网格间距的 10 倍，管子长度就为 $100d$。在对话框"Feed control parameters"中选择"Turbulence"选项，设置 $Re=10^5$，其他参数的设置可参见文件 example4.GBF。边界条件的设置也同例 9-3 一样。

开始计算，显示结果，观察速度场和温度场的变化。根据管子出口附近压力梯度，估算得摩擦系数 $c_f=-\dfrac{1}{2}\mathrm{d}p^*/\mathrm{d}x^*=0.00446$，此估算值非常接近由 Blasius 解给出的结果，即 $2c_f=-\mathrm{d}p^*/\mathrm{d}x^*=0.1582/Re_d^{1/4}=0.0089$。稳态情况下，管子出口边界处的速度分布、温度分布和紊流动能分布曲线如图 9-25 所示。

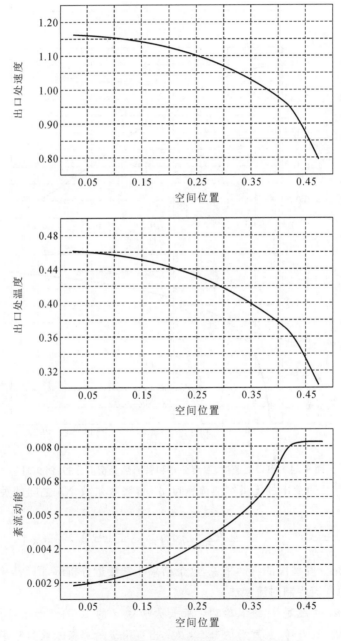

图 9-25　出口处速度、温度和紊流动能分布(例 9-4)

下面根据紊流的壁面法则，检查高雷诺数模型在本例中的有效性，核查靠近壁面处第一个内部节点是否在紊流充分发展区之内，看其是否满足 $y_P^+ > 11$。由图 9-25 查得 $k_P^* = k_P/u_B^2 = 0.0081$，从而有

$$y_P^+ = \frac{(\tau_w/\rho)^{1/2} y_P}{\nu} = (c_D^{1/2} k_P^*)^{1/2} y_P^* Re_d = (0.3 \times 0.0081)^{1/2} \times 0.05 \times 10^5 = 246$$

这说明靠近管壁的第一个内部节点处于紊流充分发展区内。

估算出口处体积平均温度和无量纲壁面热流密度，即

$$T_B^* = (T_B - T_w)/\Delta T_{ref} = 0.38$$
$$q^* = q/(\rho c_p u_{ref} \Delta T_{ref}) = -0.0009$$

这样就有

$$Nu = \frac{qd}{(T_w - T_B)\lambda} = \frac{q^*}{(0 - T_B^*)} Re_d Pr = \frac{-0.0009}{-0.38} \times 10^5 \times 1 = 237$$

这与著名的 Dittus-Boelter 公式的计算结果十分吻合，即

$$Nu_d = 0.023 Re_d^{0.8} Pr^{0.4} = 230$$

例 9-5　封闭空腔内自然对流换热

考察边长为 L_{ref} 的正方形腔体内的自然对流。腔体左侧壁面保持恒定温度 T_w，右侧壁面保持恒定温度 T_0，且 $T_w > T_0$，而上、下壁面均为绝热。设无量纲数 $Pr = 0.71$，$Gr = g\beta(T_w - T_0)L_{ref}^3/\nu^2 = 10^4$。试求腔体内速度场与温度场的稳态分布，并估算努塞尔数 Nu。

选用参考温度差 $\Delta T_{ref} = T_w - T_0$ 和参考速度 $u_{ref} = \sqrt{g\beta\Delta T_{ref}L_{ref}}$ 进行无量纲计算，从而设置 $Re = \frac{u_{ref}L_{ref}}{\nu} = \frac{\sqrt{g\beta\Delta T_{ref}L_{ref}}L_{ref}}{\nu} = \sqrt{Gr} = 100$。腔体的四个边界 W、S、E、N 全部为固体壁面，其中 W 侧为恒定温度 1，E 侧为恒定温度 0，上、下壁面的热流密度均设为 0，其他有关参数的设置参见文件 example5.GBF。

计算得到的速度场和温度场如图 9-26 所示。我们来核查任一垂直壁面处的无量纲热流密度 $q_w^*(y)$，如图 9-27 所示，沿壁面积分可得到要求解的努塞尔数 Nu 为

$$Nu = \frac{1}{\lambda\Delta T_{ref}}\int_0^{L_{ref}} q\,dy = Re\,Pr\int_0^1 q_w^*(y)\,dy^* \approx 10^2 \times 0.71 \times 0.029 = 2.06$$

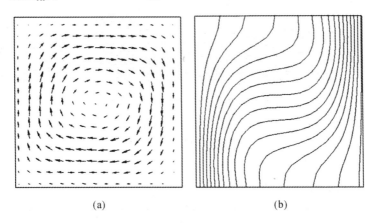

(a)　　　　　　　　(b)

图 9-26　速度场和温度场分布（例 9-5）

(a) 速度场；(b) 温度场

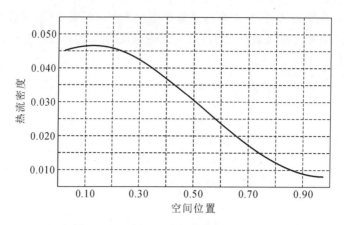

图 9-27　W 侧壁面的热流密度分布(例 9-5)

例 9-6　卡门漩涡

将 5 m×2.5 m 矩形物体置于来流速度为 1 m/s 的风洞中,试模拟流体绕流时在物体后方所形成的卡门漩涡。设流体的运动黏度 $\nu=2.17\times10^{-3}$ m²/s。

选取 $L_{ref}=1$ m,$u_{ref}=1$ m/s,则 $Re=460$,采用中心差分格式。其他有关参数的设置可参见文件 example6.GBF。

下面观察流线的变化,重复点击计算按钮,每隔 2 s 更新显示一次。可以粗略估算得到漩涡产生和消失的周期约为 20 s。图 9-28 所示为 80 s 后的流线图。

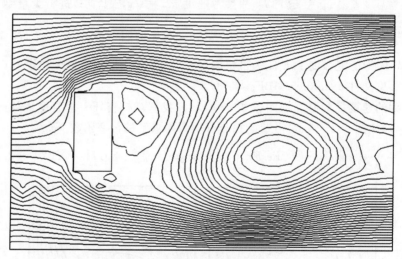

图 9-28　80 s 后的流线图(例 9-6)

现在,我们尝试将中心差分格式转换成混合差分格式,并继续计算。可以看到此时的流线变得相当光滑,漩涡产生和消失的周期也增加了,这是因为在混合格式下,数值黏度增大了。注意,求解这类复杂的非稳态流动问题时,必须仔细地选择时间步长与网格间距。

例 9-7　流过背向台阶的紊流

考察流体流过背向台阶的情形。设温度为 20 ℃,速度为 1 m/s,紊流动能为 10^{-4} m²/s²,紊流动能耗散率为 1.32×10^{-12} W/kg 的流体进入一个高 2 m 的通道,离通道入口 4 m 处有一高度为 1 m 的背向台阶,其后与另一高度为 3 m 的通道相连。通道底部及台阶表面在均匀热流密度 $q=1000$ W/m² 下加热,而通道丁部绝热。流体热物性数据为 $Pr=0.71,\rho=$

1 kg/m^3，$\nu = 2.2 \times 10^{-5} \text{ m}^2/\text{s}$，$c_p = 1000 \text{ J/(kg·K)}$。

我们采用有量纲的形式进行求解。有 $Re = 1/(2.2 \times 10^{-5}) = 4.6 \times 10^4$。底部加热的热流密度 $q = 1000 \text{ W/m}^2$，按照式(9-25)计算，有

$$q^* \approx \frac{q}{\rho c_p \Delta T_{\text{ref}} u_{\text{ref}}} = \frac{q}{\rho c_p \times 1 \times 1} = \frac{1000}{1 \times 1000} = 1$$

注意在流动入口边界处预设紊流动能 $k = 10^{-4}$ 和紊流动能耗散率 $\varepsilon = 1.32 \times 10^{-12}$，其他各参数设置参见文件 example7.GBF。

计算结果如图 9-29 所示。可以看到，平均切应力显著的区域也是紊流动能形成的区域。

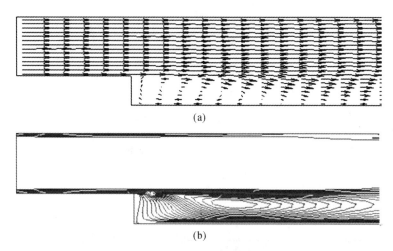

(a)

(b)

图 9-29 速度场与紊流动能场(例 9-7)

(a)矢量速度场；(b)紊流动能场

例 9-8 小车周围的紊流

一辆高 0.8 m、长 4 m 的小车，以 30 m/s(108 km/h)的速度行进在高速公路上。试考察小车周围空气的紊流流动。可近似采用二维模型进行计算，设空气的运动黏度为 $\nu = 1.5 \times 10^{-5} \text{ m}^2/\text{s}$。

将小车置于一风道内，设空气以车速绕流小车，小车保持相对静止。将进口速度选定为参考速度 $u_{\text{ref}} = 30 \text{ m/s}$，参考长度选定 $L_{\text{ref}} = 1 \text{ m}$，则 $Re = u_{\text{ref}} L_{\text{ref}} / \nu = 2 \times 10^6$。绘制小车模型最简便的方法就是，激活左侧对话框中的"Graphics Adjustment"按钮，点击鼠标右键，选择绘图工具菜单中的"Polygon"，粗略绘出小车的形状，将边角点放在大致的位置，最后定下小车模型，单击菜单中的"Convert to LUMPs"，转化为网格。然后调整网格间距以便准确设置小车的尺寸。其他有关参数和边界条件的设置可参见文件 example8.GBF。

小车周围空气流动的速度矢量场和压力场如图 9-30 所示。可以看到，在车体前面发生剧烈的流动加速，而车体后面则形成一个强剪切应力层，从而使紊流度很高。

例 9-9 旋转机械内的流动

考察一旋转式燃烧器装置。温度为 3000 ℃的高温气体，进入绕轴旋转的圆柱空腔内。圆柱进、出口直径分别为 0.2 m 和 0.4 m；距燃烧器进口约 0.5 m 处另有一同心的短圆柱体位于空腔内，其直径为 0.16 m，长度为 0.15 m。空腔壁面维持恒定温度 20 ℃，短圆柱体表面绝热。给定气体物性参数 $\nu = 10^{-5} \text{ m}^2/\text{s}$，$Pr = 1$。此外，进口处各速度分量为 $u = 30 \text{ m/s}$，

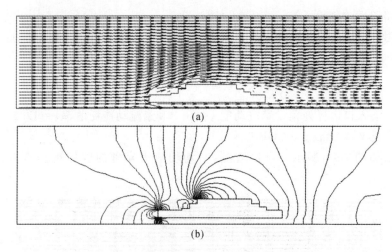

图 9-30　小车周围的速度场和压力场(例 9-8)

(a) 速度场；(b) 压力场

$v=0 \text{ m/s}, w=10\dfrac{r}{0.1}\text{m/s}$。试确定燃烧器内的速度场和温度场分布。

采用有量纲形式进行计算。$Re=u_{\text{ref}}L_{\text{ref}}/\nu=10^{5}$，选择紊流模式，其他各参数及边界条件的设置参见文件 example9.GBF。

计算结果如图 9-31 所示。从图中可以看到，在短圆柱体后方的速度场出现一个非常复杂的带旋转运动的回流图形。可看出在出现强平均剪切层的地方紊流度也最大。

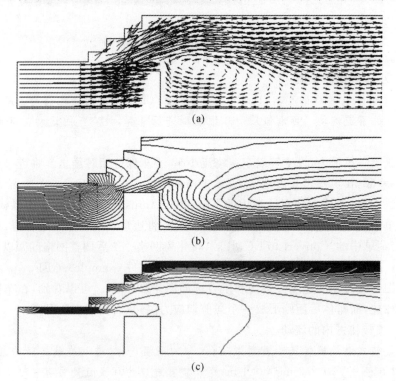

图 9-31　旋转式燃烧器内的速度场和温度场(例 9-9)

(a) 速度矢量场；(b) 旋转速度成分 w 的等值线；(c) 等温线

例 9-10　空调房间内的紊流混合对流

速度为 1 m/s 的热空气由空调流向通风房间。空调置于 4 m×3 m 房间的右上角,而为了通风,将通风口设在房间的左上角。热空气温度为 30 ℃,房间墙壁温度为 15 ℃。高为 1 m 的沙发位于房间的中央,温度亦为 15 ℃。试确定房间内的速度场和温度场。已知空气物性参数为 $\nu=10^{-5}$ m^2/s,$Pr=1$,$\beta=0.0034$/K。

采用有量纲形式进行计算。这里选择紊流模式,$Re=u_{ref}L_{ref}/\nu=1/\nu=10^5$,$Gr=g\beta\Delta T_{ref}L_{ref}^3/\nu^2$ $=g\beta/\nu^2=3.3\times10^8$。其他各参数及边界条件的设置参见文件 example10.GBF。

房间的速度场和温度场如图 9-32 所示。可以看见,在沙发后方出现一个相对较冷的区域。

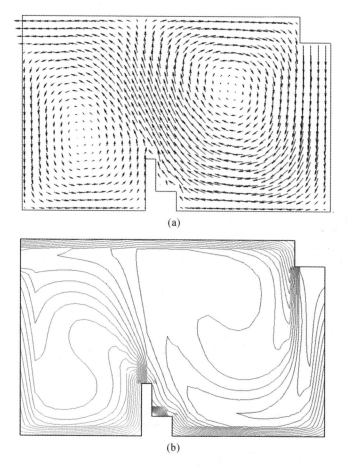

(a)

(b)

图 9-32　空调房内的速度场和温度场(例 9-10)

(a) 矢量速度场;(b) 等温线

例 9-11　多孔介质内的自然对流

边长为 L_{ref} 的正方形腔体内充满了高空隙率的多孔介质,如纤维和泡沫材料。左壁维持恒定温度 T_w,右壁维持恒定温度 T_{ref},且 $T_w>T_{ref}$,而上、下壁面均为绝热。设空隙率为常数 0.9,多孔材料与腔内流体的热容之比 $(\rho c_p)_s/(\rho c_p)_f=0.47$,格拉晓夫数 $Gr=g\beta(T_w-T_{ref})L_{ref}^3/\nu^2=10^5$,$Da=K/L_{ref}^2=0.001$,其中 K 是多孔介质的渗透率。腔内流体发生自然对流,试确定此问题的速度场和温度场。

设参考速度 $u_{ref}=\sqrt{g\beta(T_{wall}-T_{ref})L_{ref}}$,从而有 $Re=u_{ref}L_{ref}/\nu=\sqrt{Gr}=316.2$。在对话框

"Feed control parameters"右下方选中多孔介质(见图9-33),填入空隙率 ε^+, Da 数,以及热容比 HCR＝$(\rho c_p)_s/(\rho c_p)_f$＝0.47(仅在非稳态情况下有意义)。其他各参数和边界条件的设置参见文件 example11. GBF。

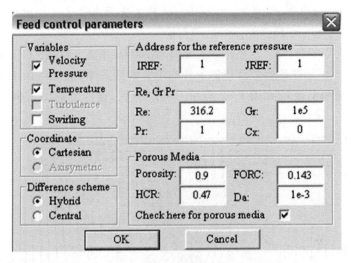

图9-33　多孔介质参数的设置(例9-11)

计算结果如图9-34所示,这与空腔内充满纯净流体时所得的结果(见图9-26)有着明显的差异。进行与例9-5相同的处理,可得总努塞尔数 Nu 为

$$Nu = \frac{1}{\lambda_{\text{eff}}\Delta T_{\text{ref}}}\int_0^{L_{\text{ref}}} q\mathrm{d}y = Re\ Pr\int_0^1 q^*\ \mathrm{d}y^* \approx 10^{2.5}\times 1\times 0.0078 = 2.45$$

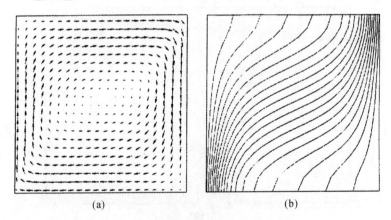

图9-34　多孔介质空腔内的速度场与温度场(例9-11)

(a) 速度矢量场;(b) 温度场

读者可以尝试改变 Gr 和 Da 进行多种设置,获得各种情况下的结果。不难发现,当 Da 相对较小(小于 10^{-3})时,决定努塞尔数 Nu 大小的无量纲参数不是 Gr,而是 Darcy-Rayleigh 数,即 $Gr \cdot Da \cdot Pr_{\text{eff}} = Kg\beta(T_w - T_{\text{ref}})L_{\text{ref}}/(a_{\text{eff}}\nu)$。

思　考　题

1. 利用有限差分法进行数值计算的基本思想是什么?
2. 什么是 SIMPLE 算法? 其求解步骤有哪些?

3. 试简要说明对导热问题进行有限差分数值计算的基本思想与步骤。

4. 试说明用节点控制体热平衡法建立节点温度差分方程的基本思想。

5. 推导导热微分方程的步骤和过程与用热平衡法建立节点温度离散的差分方程的过程十分相似,为什么前者得到的是温度场的精确描写,而由后者解出的却是温度场的近似分布?

6. 第三类边界条件的边界节点也可以采用将第三类边界条件表达式中的一阶导数用差分公式表示来建立其节点差分方程。试比较这样建立的差分方程与用热平衡法建立的差分方程的异同与优劣。

7. 什么是显式差分格式,什么是隐式差分格式?为什么显式差分格式在计算中存在稳定性问题而隐式差分格式却不存在?

8. 用高斯-赛德尔迭代法求解代数方程组时是否一定可以得到收敛的解?不能得出收敛的解是否是因为初场的假设不合适造成的?

习　　题

9-1　试将直角坐标系中的常物性、无内热源的三维非稳态导热微分方程化为显式差分格式,并指出其稳定性条件($\Delta x \neq \Delta y$)。

9-2　试用数值计算证实,对方程组

$$\begin{cases} x_1 + 2x_2 - 2x_3 = 1 \\ x_1 + x_2 + x_3 = 3 \\ 2x_1 + 2x_2 + x_3 = 5 \end{cases}$$

用高斯-赛德尔迭代法求解,其结果是发散的,并分析其原因。

9-3　对于图 9-35 所示的常物性、无内热源的二维稳态导热问题,试用高斯-赛德尔迭代法计算 t_1、t_2、t_3、t_4 的值。

9-4　对于图 9-36 所示的等截面直肋的稳态导热问题,试用数值方法求解节点 2、3 的温度。图中 $t_0 = 85$ ℃、$t_f = 25$ ℃、$h = 30$ W/(m² · K)。肋高 $H = 4$ cm,纵剖面面积 $A_L = 4$ cm²,导热系数 $\lambda = 20$ W/(m · K)。

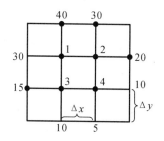

图 9-35　习题 9-3 图

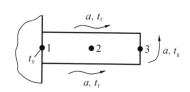

图 9-36　习题 9-4 图

9-5　设某一电子件的外壳可以简化成截面呈正方形的腔体,其上、下表面绝热,而两侧竖壁分别维持在 t_h 及 t_c($t_h > t_c$)。试定性地画出空腔截面上空气流动的图像。

9-6　极坐标中常物性、无内热源的非稳态导热方程为 $\dfrac{\partial t}{\partial \tau} = a\left(\dfrac{\partial^2 t}{\partial r^2} + \dfrac{1}{r}\dfrac{\partial t}{\partial r} + \dfrac{1}{r^2}\dfrac{\partial^2 t}{\partial \varphi^2}\right)$,试利用图 9-37 中的符号,列出节点 (i, j) 的差分方程式。

9-7　一金属短圆柱在炉内受热后被竖直地移置到空气中冷却,底面可认为是绝热的。为用数值法确定冷却过程中柱体温度的变化,取中心角为 1 rad 的区域来研究(见图 9-38)。已知柱体表面发射率 ε、自然对流表面的表面传热系数 h、环境温度 t_∞、金属的热扩散率 a,试列出图中节点 $(1,1)$、$(m,1)$、(M,n) 及 (M,N) 的离散方程式。假设在 r 及 z 方向上网格是均匀分布的。

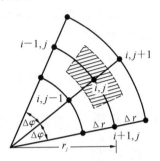

图 9-37　习题 9-6 图

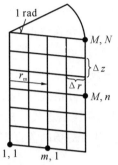

图 9-38　习题 9-7 图

9-8　一个二维物体的竖直表面受液体自然对流冷却,为考虑局部表面传热系数的影响,表面传热系数采用 $h=c(t-t_f)^{1.25}$ 来表示。试列出图 9-39 所示的稳态、无内热源物体边界节点 (M,n) 的温度方程,并对如何求解这一方程提出你的看法。设网格均匀分布。

9-9　在图 9-40 所示的有内热源的二维导热区域中,一个界面绝热,一个界面等温(包括节点 4),其余两个界面与温度为 t_f 的流体对流换热,表面传热系数 h 为常数,内热源强度为 q_V。试列出节点 1、2、5、6、9、10 的离散方程式。

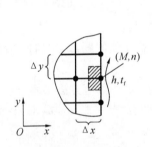

图 9-39　习题 9-8 图

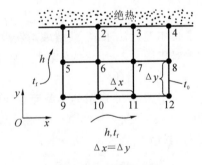

图 9-40　习题 9-9 图

9-10　一等截面直肋,高 H,厚 δ,肋根温度为 t_0,流体温度为 t_f,表面传热系数为 h,肋片导热系数为 λ。将它均分成 4 个节点(见图 9-41),并对肋端为绝热及为对流边界条件(h 同侧面)的两种情况列出节点 2、3、4 的离散方程式。设 $H=45$ mm,$\delta=10$ mm,$h=50$ W/(m² · K),$\lambda=50$ W/(m · K),$t_0=100$ ℃,$t_f=20$ ℃,计算节点 2、3、4 的温度(对于肋端的两种边界条件)。

9-11　一直径为 1 cm、长为 4 cm 的钢制圆柱形肋片,初始温度为 25 ℃。其后,肋基温度突然升高到 200 ℃,同时温度为 25 ℃ 的气流横向掠过该肋片,肋片的端部及侧面的表面传热系数均为 100 W/(m² · K)。试将该肋片等分成两段(见图 9-42),并用有限差分法的显式差分格式计算从开始加热时刻起相邻 4 个时刻的温度分布(以稳定性条件所允许的时间间隔为计算依据)。已知 $\lambda=43$ W/(m · K),$a=1.333\times10^{-5}$ m²/s。(提示:节点 4 的离散方程可由端面的对流散热与从节点 3 到节点 4 的导热相平衡这一条件列出。)

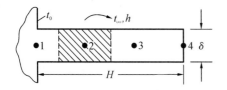

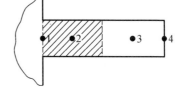

图 9-41　习题 9-10 图　　　　　　　　　　图 9-42　习题 9-11 图

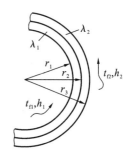

图 9-43　习题 9-12 图

9-12　复合材料在航空航天及化工等工业中得到日益广泛的应用。图 9-43 所示为双层圆筒壁,假设层间接触紧密,无接触热阻存在。已知 $r_1 = 12.5$ mm,$r_2 = 16$ mm,$r_3 = 18$ mm,$\lambda_1 = 40$ W/(m·K),$\lambda_2 = 120$ W/(m·K),$t_{f1} = 150$ ℃,$h_1 = 1000$ W/(m²·K),$t_{f2} = 60$ ℃,$h_2 = 380$ W/(m²·K)。试用数值方法确定稳态时双层圆筒壁截面上的温度分布。

9-13　一厚为 2.54 cm 的钢板,初始温度为 650 ℃,后置于水中淬火,其表面温度突然下降为 93.5 ℃并保持不变。试用数值方法计算中心温度下降到 450 ℃所需的时间。已知热扩散率 $a = 1.16 \times 10^{-5}$ m²/s。建议将平板 8 等分,取 9 个节点,并把数值计算的结果与按海斯勒图计算的结果做比较。

9-14　一火箭燃烧器,壳体内径为 400 mm,厚 10 mm,壳体内壁上涂了一层厚 2 mm 的包覆层。火箭发动时,推进剂燃烧生成的温度为 3000 ℃的烟气,经燃烧器端部的喷管喷往大气。大气温度为 30 ℃。设包覆层内壁与燃气间的表面传热系数为 2500 W/(m²·K),外壳表面与大气间的表面传热系数为 350 W/(m²·K),外壳材料的最高允许温度为 1500 ℃。试用数值法确定:为使外壳免受损坏,燃烧过程应在多长时间内完成。包覆材料的 $\lambda = 0.3$ W/(m·K),$a = 2 \times 10^{-7}$ m²/s;外壳的导热系数 $\lambda = 10$ W/(m·K),热扩散率 $a = 5 \times 10^{-6}$ m²/s。

9-15　锅炉汽包从冷态开始启动时,汽包壁温度随时间而变化。为控制热应力,需要计算汽包壁内的温度场。试用数值方法计算:当汽包内的饱和水温度上升的速率为 1 ℃/min、3 ℃/min 时,启动后 10 min、20 min 及 30 min 时汽包壁截面中的温度分布及截面中的最大温差。启动前,汽包处于 100 ℃的均匀温度。汽包可视为一无限长的圆柱体,外表面绝热,内表面与水之间的对流换热十分强烈。汽包的内径 $R_1 = 0.9$ m,外径 $R_2 = 1.01$ m,热扩散率 $a = 9.98 \times 10^{-6}$ m²/s。

9-16　有一砖墙厚 $\delta = 0.3$ m,$\lambda = 0.85$ W/(m·K),$\rho c = 1.05 \times 10^6$ J/(m³·K),室内温度 $t_f = 20$ ℃,$h = 6$ W/(m²·K)。起初该墙处于稳定状态,且内表面温度为 15 ℃。后寒潮入侵,室外温度下降为 $t_{f2} = -10$ ℃,外墙表面传热系数 $h_2 = 35$ W/(m²·K)。如果认为内墙温度下降 0.1 ℃是可感到外界温度变化的一个定量判据,问寒潮入侵后多长时间内墙才感知到?

9-17　一冷柜起初处于均匀的温度(20 ℃),后开启压缩机,冷冻室及冷柜门的内表面温度以均匀速度 18 ℃/h 下降。柜门尺寸为 1.2 m×1.2 m。保温材料厚 $\delta = 8$ cm,$\lambda = 0.02$ W/(m·K)。冰箱外表面包覆层很薄,热阻可略而不计。柜门受空气自然对流及环境之间辐射的加热。自然对流可按下式计算:

$$h = 1.55(\Delta t / H)^{1/4} \text{ W/(m}^2 \cdot \text{K)}$$

其中,H 为门高,表面发射率 $\varepsilon = 0.8$。通过柜门的导热可作为一维问题处理。试计算压缩机启动后 2 h 内的冷量损失。

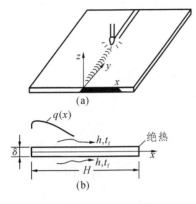

图 9-44　习题 9-18 图

*9-18　为对两块平板的对接焊过程(见图 9-44)进行数值计算,对其物理过程做以下简化处理:钢板中的温度场仅是 x 及时间 τ 的函数;焊枪的热源作用在钢板上时钢板吸收的热流密度 $q(x) = q_m \exp(-3r^2/r_e^2)$,$r_e$ 为电弧有效加热半径,q_m 为最大热流密度;平板上、下表面的散热可用 $q = h(t - t_f)$ 计算,侧面绝热;平板的物性为常数,熔池液态金属的物性与固体相同;固体熔化时吸收的潜热折算成当量的温升值,如设熔化潜热为 L,固体比热容为 c,则当固体达到熔点 t_s 后要继续吸收相当于使温度升高 (L/c) 的热量,但在这一吸热过程中该处温度不变。这样,图 9-44(a) 所示问题就简化成图 9-44(b) 所示的一维非稳态导热问题。试:

(1) 列出该问题的数学描述;

(2) 计算过程开始后 3.4 s 内钢板中的温度场,设在开始的 0.1 s 内有电弧的加热作用。已知 $q_m = 5024$ W/m^2,$h = 12.6$ W/(m$^2 \cdot$ K),$\lambda = 41.9$ W/(m $\cdot$ K),$\rho = 7800$ kg/m^3,$c = 670$ J/(kg $\cdot$ K),$L = 255$ kJ/kg,$t_s = 1485$ ℃,$H = 12$ cm,$r_e = 0.71$ cm。

9-19　对于例 9-1 中的非稳态导热问题,试通过数值模拟给出 20 s 后的温度分布,并与半无限大固体内非稳态导热问题的理论解的结果进行比较。

9-20　对于例 9-3 中的管内层流换热问题,若管子壁面改为均匀热流密度加热,其他条件保持不变,试计算距离入口 $10d$ 处的温度分布和努塞尔数 Nu。

9-21　对于例 9-5 中所述方形截面密闭容器,考察西侧壁面向上或向下移动时容器内气体的混合对流换热问题。如果 $Gr = 10^4$,且壁面移动速度取为 $v_{x=0} = \pm \sqrt{g\beta\Delta T_{ref}L_{ref}}$,其他条件不变,试计算努塞尔数 Nu,并将计算结果分别与纯自然对流换热情况下的结果对比。

9-22　对于例 9-5 中所述方形截面密闭容器,如果将容器按顺时针或逆时针方向旋转 $45°$,即 $c_x = \pm 1/\sqrt{2}$,设 $Gr = 10^4$,其他条件不变。试观察温度场、速度场的变化。

9-23　对于例 9-6 中的外掠绕流物体的流动问题,试自行设置其他各种形状的物体,观察卡门漩涡及变化周期;对于同一种形状的物体,试改变雷诺数 Re 的大小,再观察卡门漩涡及变化周期。

9-24　对于例 9-8 中运动汽车周围的流动问题,试改变汽车的形状和行进速度,观察其周围空气的速度和压力场的变化。

9-25　试用热平衡法推导内热源强度为 q_v 的二维稳态导热内部节点的差分方程。

9-26　试推导矩形肋片内部节点和端部节点的有限差分方程。

参 考 文 献

[1] KATSUKI S, NAKAYAMA A. Numerical simulation of heat and fluid flow(in Japanese)[M]. Toyko:Morikita Shuppan,1990.

[2] NAKAYAMA A. PC-aided numerical heat transfer and fluid flow[M]. Boca Raton:

CRC Press,1995.

[3] PATANKAR S V. Numerical heat transfer and fluid flow[M]. Washington：Hemisphere Publishing Corp. ,1980.

[4] PATANKAR S V,SPALDING D B. A calculation procedure for heat,mass and momentum transfer in three-dimensional parabolic flows[J]. Int. J. Heat Mass Transfer,1972(15)：551-559.

[5] SPALDING D B. A novel finite difference formulation for differential expressions involving with both first and second derivatives[J]. Int. J. for Numerical Method in Engineering,1972(4)：551-559.

[6] NAKAYAMA A,KUWAHARA F,XU G L. Thermal fluid flow and heat transfer(in Japanese)[M]. Tokyo：Kyoritsu Shuppon,2002.

[7] XU G L,NAKAYAMA A,KUWAHARA F. The concept of known-velocity boundary for automatic setting of boundary conditions[J]. Int. Comm. Heat Mass Transfer,2002,29 (3)：335-343.

[8] 杨世铭,陶文铨. 传热学[M].4 版. 北京：高等教育出版社,2006.

[9] 高应才. 数学物理方程及其数值解法[M]. 北京：高等教育出版社,1983.

[10] 江宏俊. 流体力学(上册)[M]. 北京：高等教育出版社,1985.

[11] 赵学端,廖其奠. 粘性流体力学[M]. 北京：机械工业出版社,1983.

[12] 程尚模,黄素逸. 传热学[M]. 北京：高等教育出版社,1990.

[13] 陈维汉,许国良,靳世平. 传热学[M]. 武汉：武汉理工大学出版社,2004.

[14] 王启杰. 对流传热与传质分析[M]. 西安：西安交通大学出版社,1991.

附 录

常用单位换算表

物理量名称	符号	换算系数 我国法定计量单位	换算系数 工程单位	物理量名称	符号	换算系数 我国法定计量单位	换算系数 工程单位	
压 力	p	Pa	atm	热流密度	q	W/m^2	$kcal/(m^2 \cdot h)$	
		1	9.86923×10^{-6}			1	0.859845	
		1.01325×10^5	1			1.163	1	
运动黏度	ν	m^2/s	m^2/s	导热系数	λ	$W/(m \cdot K)$	$kcal/(m \cdot h \cdot ℃)$	
		1	1			1	0.859845	
		0.092903	0.092903			1.163	1	
动力黏度	μ	$Pa \cdot s$	$kgf \cdot s/m^2$	表面传热系数 传热系数	h k	$W/(m^2 \cdot K)$	$kcal/(m^2 \cdot h \cdot ℃)$	
		1	0.101972			1	0.859845	
		9.80665	1			1.163	1	
比热容	c	$kJ/(kg \cdot K)$	$kcal/(kgf \cdot ℃)$	功率 热流量	P Φ	W	kcal/h	$kgf \cdot m/s$
		1	0.238846			1	0.859845	0.101972
		4.1868	1			1.163	1	0.118583
						9.80665	8.433719	1

金属材料的密度、比热容和导热系数表

材料名称	20 ℃ 密度 $\rho/(kg/m^3)$	20 ℃ 比热容 $c_p/[J/(kg \cdot K)]$	20 ℃ 导热系数 $\lambda/[W/(m \cdot K)]$	导热系数 $\lambda/[W/(m \cdot K)]$ 温度/℃ −100	0	100	200	300	400	600	800	1000	1200
纯 铝	2710	902	236	243	236	240	238	234	228	215			
杜拉铝(96Al-4Cu,微量 Mg)	2790	881	169	124	160	188	188	193					
铝合金(92Al-8Mg)	2610	904	107	86	102	123	148						
铝合金(87Al-13Si)	2660	871	162	139	158	173	176	180					
铍	1850	1758	219	382	218	170	145	129	118				
纯 铜	8930	386	398	421	401	393	389	384	379	366	352		
铝青铜(90Cu-10Al)	8360	420	56		49	57	66						
青铜(89Cu-11Sn)	8800	343	24.8		24	28.4	33.2						
黄铜(70Cu-30Zn)	8440	377	109	90	106	131	143	145	148				
铜合金(60Cu-40Ni)	8920	410	22.2	19	22.2	23.4							
黄 金	19300	127	315	331	318	313	310	305	300	287			
纯 铁	7870	455	81.1	96.7	83.5	72.1	63.5	56.5	50.3	39.4	29.6	29.4	31.6
阿姆科铁	7860	455	73.2	82.9	74.7	67.5	61.0	54.8	49.9	38.6	29.3	29.3	31.1
灰铸铁($w_C \approx 3\%$)	7570	470	39.2		28.5	32.4	35.8	37.2	36.6	20.8	19.2		
碳钢($w_C \approx 0.5\%$)	7840	465	49.8		50.5	47.5	44.8	42.0	39.4	34.0	29.0		

续表

材料名称	20 ℃			导热系数 λ/[W/(m·K)]									
	密度	比热容	导热系数	温　度/℃									
	$\rho/$ (kg/m³)	$c_p/$ [J/(kg·K)]	$\lambda/$ [W/(m·K)]	-100	0	100	200	300	400	600	800	1000	1200
碳钢($w_C\approx1.0\%$)	7790	470	43.2		43.0	42.8	42.2	41.5	40.6	36.7	32.2		
碳钢($w_C\approx1.5\%$)	7750	470	36.7		36.8	36.6	36.2	35.7	34.7	31.7	27.8		
铬钢($w_{Cr}\approx5\%$)	7830	460	36.1		36.3	35.2	34.7	33.5	31.4	28.0	27.2	27.2	27.2
铬钢($w_{Cr}\approx13\%$)	7740	460	26.8		26.5	27.0	27.0	27.0	27.6	28.4	29.0	29.0	
铬钢($w_{Cr}\approx17\%$)	7710	460	22		22	22.2	22.6	22.6	23.3	24.0	24.8	25.5	
铬钢($w_{Cr}\approx26\%$)	7650	460	22.6		22.6	23.8	25.5	27.2	28.5	31.8	35.1	38	
铬镍钢 (18-20Cr/8-12Ni)	7820	460	15.2	12.2	14.7	16.6	18.0	19.4	20.8	23.5	26.3		
铬镍钢 (17-19Cr/9-13Ni)	7830	460	14.7	11.8	14.3	16.1	17.5	18.8	20.2	22.8	25.5	28.2	30.9
镍钢($w_{Ni}\approx1\%$)	7900	460	45.5	40.8	45.2	46.8	46.1	44.1	41.2	35.7			
镍钢($w_{Ni}\approx3.5\%$)	7910	460	36.5	30.7	36.0	38.8	39.7	39.2	37.8				
镍钢($w_{Ni}\approx25\%$)	8030	460	13.0										
镍钢($w_{Ni}\approx35\%$)	8110	460	13.8	10.9	13.4	15.4	17.1	18.6	20.1	23.1			
镍钢($w_{Ni}\approx44\%$)	8190	460	15.8		15.7	16.1	16.5	16.9	17.1	17.8	18.4		
镍钢($w_{Ni}\approx50\%$)	8260	460	19.6	17.3	19.4	20.5	21.0	21.1	21.3	22.5			
锰钢($w_{Mn}\approx12\%$ ~13%, $w_{Ni}\approx3\%$)	7800	487	13.6			14.8	16.0	17.1	18.3				
锰钢($w_{Mn}\approx0.4\%$)	7860	440	51.2			51.0	50.0	47.0	43.5	35.5	27		
钨钢($w_W\approx5\%$~6%)	8070	436	18.7		18.4	19.7	21.0	22.3	23.6	24.9	26.3		
铅	11340	128	35.3	37.2	35.5	34.3	32.8	31.5					
镁	1730	1020	156	160	157	154	152	150					
钼	9590	255	138	146	139	135	131	127	123	116	109	103	93.7
镍	8900	444	91.4	144	94	82.8	74.2	67.3	64.6	69.0	73.3	77.6	81.9
铂	21450	133	71.4	73.3	71.5	71.6	72.0	72.8	73.6	76.6	80.0	84.2	88.9
银	10500	234	427	431	428	422	415	407	399	384			
锡	7310	228	67	75	68.2	63.2	60.9						
钛	4500	520	22	23.3	22.4	20.7	19.9	19.5	19.4	19.9			
铀	19070	116	27.4	24.3	27	29.1	31.1	33.4	35.7	40.6	45.6		
锌	7140	388	121	123	122	117	112						
锆	6570	276	22.9	26.5	23.2	21.8	21.2	20.9	21.4	22.3	24.5	26.4	28.0
钨	19350	134	179	204	182	166	153	142	134	125	119	114	110

附录 3　　　　　保温、建筑及其他材料的密度和导热系数

材料名称	温度 t/℃	密度 ρ/(kg/m³)	导热系数 λ/[W/(m·K)]	材料名称	温度 t/℃	密度 ρ/(kg/m³)	导热系数 λ/[W/(m·K)]
膨胀珍珠岩散料	25	60~300	0.021~0.062	棉花	20	117	0.049
沥青膨胀珍珠岩	31	233~282	0.069~0.076	丝	20	57.7	0.036
磷酸盐膨胀珍珠岩制品	20	200~250	0.044~0.052	锯木屑	20	179	0.083
水玻璃膨胀珍珠岩制品	20	200~300	0.056~0.065	硬泡沫塑料	30	29.5~56.3	0.041~0.048
岩棉制品	20	80~150	0.035~0.038	软泡沫塑料	30	41~162	0.043~0.056
膨胀蛭石	20	100~130	0.051~0.07	铝箔间隔层(5层)	21	—	0.042
沥青蛭石板管	20	350~400	0.081~0.10	红砖(营造状态)	25	1860	0.87
石棉粉	22	744~1400	0.099~0.19	红砖	35	1560	0.49
石棉砖	21	384	0.099	松木(垂直木纹)	15	496	0.15
石棉绳		590~730	0.10~0.21	松木(平行木纹)	21	527	0.35
石棉绒		35~230	0.055~0.077	水泥	30	1900	0.30
石棉板	30	770~1045	0.10~0.14	混凝土板	35	1930	0.79
碳酸镁石棉灰		240~490	0.077~0.086	耐酸混凝土板	30	2250	1.5~1.6
硅藻土石棉灰		280~380	0.085~0.11	黄砂	30	1580~1700	0.28~0.34
粉煤灰砖	27	458~589	0.12~0.22	泥土	20	—	0.83
矿渣棉	30	207	0.058	瓷砖	37	2090	1.1
玻璃丝	35	120~492	0.058~0.07	玻璃	45	2500	0.65~0.71
玻璃棉毡	28	18.4~38.3	0.043	聚苯乙烯	30	24.7~37.8	0.04~0.043
软木板	20	105~437	0.044~0.079	花岗石	—	2643	1.73~3.98
木丝纤维板	25	245	0.048	大理石	—	2499~2707	2.70
稻草浆板	20	325~365	0.068~0.084	云母	—	290	0.58
麻秆板	25	108~147	0.056~0.11	水垢	65	—	1.31~3.14
甘蔗板	20	282	0.067~0.072	冰	0	913	2.22
葵芯板	20	95.5	0.05	黏土	27	1460	1.3
玉米梗板	22	25.2	0.065				

附录 4　　　　　几种保温、耐火材料的导热系数与温度的关系

材料名称	材料最高允许温度 t/℃	密度 ρ/(kg/m³)	导热系数 λ/[W/(m·K)]
超细玻璃棉毡、管	400	18~20	$0.033+0.00023\{t\}_℃$ [1]
矿渣棉	550~600	350	$0.0674+0.000215\{t\}_℃$
水泥蛭石制品	800	400~450	$0.103+0.000198\{t\}_℃$
水泥珍珠岩制品	600	300~400	$0.0651+0.000105\{t\}_℃$
粉煤灰泡沫砖	300	500	$0.099+0.0002\{t\}_℃$
岩棉玻璃布缝板	600	100	$0.0314+0.000198\{t\}_℃$
A级硅藻土制品	900	500	$0.0395+0.00019\{t\}_℃$
B级硅藻土制品	900	550	$0.0477+0.0002\{t\}_℃$
膨胀珍珠岩	1000	55	$0.0424+0.000137\{t\}_℃$
微孔硅酸钙制品	650	≥250	$0.041+0.0002\{t\}_℃$
耐火黏土砖	1350~1450	1800~2040	$(0.7\sim0.84)+0.00058\{t\}_℃$
轻质耐火黏土砖	1250~1300	800~1300	$(0.29\sim0.41)+0.00026\{t\}_℃$
超轻质耐火黏土砖	1150~1300	540~610	$0.093+0.00016\{t\}_℃$
超轻质耐火黏土砖	1100	270~330	$0.058+0.00017\{t\}_℃$
硅砖	1700	1900~1950	$0.93+0.0007\{t\}_℃$
镁砖	1600~1700	2300~2600	$2.1+0.00019\{t\}_℃$
铬砖	1600~1700	2600~2800	$4.7+0.00017\{t\}_℃$

[1] $\{t\}_℃$ 表示材料的平均温度的数值。

附录 5　　　　　　　　　干空气的热物理性质($p=1.01325\times10^5$ Pa)

$t/℃$	$\rho/(kg/m^3)$	$c_p/$ [kJ/(kg·K)]	$\lambda\times10^2/$ [W/(m·K)]	$a\times10^6/$ (m²/s)	$\mu\times10^6/$ [kg/(m·s)]	$\nu\times10^6/(m^2/s)$	Pr
-50	1.584	1.013	2.04	12.7	14.6	9.23	0.728
-40	1.515	1.013	2.12	13.8	15.2	10.04	0.728
-30	1.453	1.013	2.20	14.9	15.7	10.80	0.723
-20	1.395	1.009	2.28	16.2	16.2	11.61	0.716
-10	1.342	1.009	2.36	17.4	16.7	12.43	0.712
0	1.293	1.005	2.44	18.8	17.2	13.28	0.707
10	1.247	1.005	2.51	20.0	17.6	14.16	0.705
20	1.205	1.005	2.59	21.4	18.1	15.06	0.703
30	1.165	1.005	2.67	22.9	18.6	16.00	0.701
40	1.128	1.005	2.76	24.3	19.1	16.96	0.699
50	1.093	1.005	2.83	25.7	19.6	17.95	0.698
60	1.060	1.005	2.90	27.2	20.1	18.97	0.696
70	1.029	1.009	2.96	28.6	20.6	20.02	0.694
80	1.000	1.009	3.05	30.2	21.1	21.09	0.692
90	0.972	1.009	3.13	31.9	21.5	22.10	0.690
100	0.946	1.009	3.21	33.6	21.9	23.13	0.688
120	0.898	1.009	3.34	36.8	22.8	25.45	0.686
140	0.854	1.013	3.49	40.3	23.7	27.80	0.684
160	0.815	1.017	3.64	43.9	24.5	30.09	0.682
180	0.779	1.022	3.78	47.5	25.3	32.49	0.681
200	0.746	1.026	3.93	51.4	26.0	34.85	0.680
250	0.674	1.038	4.27	61.0	27.4	40.61	0.677
300	0.615	1.047	4.60	71.6	29.7	48.33	0.674
350	0.566	1.059	4.91	81.9	31.4	55.46	0.676
400	0.524	1.068	5.21	93.1	33.0	63.09	0.678
500	0.456	1.093	5.74	115.3	36.2	79.38	0.687
600	0.404	1.114	6.22	138.3	39.1	96.89	0.699
700	0.362	1.135	6.71	163.4	41.8	115.4	0.706
800	0.329	1.156	7.18	188.8	44.3	134.8	0.713
900	0.301	1.172	7.63	216.2	46.7	155.1	0.717
1000	0.277	1.185	8.07	245.9	49.0	177.1	0.719
1100	0.257	1.197	8.50	276.2	51.2	199.3	0.722
1200	0.239	1.210	9.15	316.5	53.5	233.7	0.724

附录 6　　　　　　　　　烟气的热物理性质($p=1.01325\times10^5$ Pa)

（烟气中组成成分的质量分数：$w_{CO_2}=13\%$；$w_{H_2O}=11\%$；$w_{N_2}=76\%$）

$t/℃$	$\rho/(kg/m^3)$	$c_p/$ [kJ/(kg·K)]	$\lambda\times10^2/$ [W/(m·K)]	$a\times10^6/$ (m²/s)	$\mu\times10^6/$ [kg/(m·s)]	$\nu\times10^6/(m^2/s)$	Pr
0	1.295	1.042	2.28	16.9	15.8	12.20	0.72
100	0.950	1.068	3.13	30.8	20.4	21.54	0.69
200	0.748	1.097	4.01	48.9	24.5	32.80	0.67
300	0.617	1.122	4.84	69.9	28.2	45.81	0.65
400	0.525	1.151	5.70	94.3	31.7	60.38	0.64
500	0.457	1.185	6.56	121.1	34.8	76.30	0.63
600	0.405	1.214	7.42	150.9	37.9	93.61	0.62
700	0.363	1.239	8.27	183.8	40.7	112.1	0.61
800	0.330	1.264	9.15	219.7	43.4	131.8	0.60
900	0.301	1.290	10.00	258.0	45.9	152.5	0.59
1000	0.275	1.306	10.90	303.4	48.4	174.3	0.58
1100	0.257	1.323	11.75	345.5	50.7	197.1	0.57
1200	0.240	1.340	12.62	392.4	53.0	221.0	0.56

附录 7　　　　　　　　　　　　　饱和水的热物理性质

$t/℃$	$p×10^{-5}/$ Pa	$\rho/$ (kg/m³)	$h'/$ (kJ/kg)	$c_p/$ [kJ/(kg·K)]	$\lambda×10^2/$ [W/(m·K)]	$a×10^8/$ (m²/s)	$\mu×10^6/$ [kg/(m·s)]	$\nu×10^6/$ (m²/s)	$\beta×10^4/$ K⁻¹	$\sigma×10^4/$ (N/m)	Pr
0	0.00611	999.9	0	4.212	55.1	13.1	1788	1.789	−0.81	756.4	13.67
10	0.01227	999.7	42.04	4.191	57.4	13.7	1306	1.306	+0.87	741.6	9.52
20	0.02338	998.2	83.91	4.183	59.9	14.3	1004	1.006	2.09	726.9	7.02
30	0.04241	995.7	125.7	4.174	61.8	14.9	801.5	0.805	3.05	712.2	5.42
40	0.07375	992.2	167.5	4.174	63.5	15.3	653.3	0.659	3.86	696.5	4.31
50	0.12335	988.1	209.3	4.174	64.8	15.7	549.4	0.556	4.57	676.9	3.54
60	0.19920	983.1	251.1	4.179	65.9	16.0	469.9	0.478	5.22	662.2	2.99
70	0.3116	977.8	293.0	4.187	66.8	16.3	406.1	0.415	5.83	643.5	2.55
80	0.4736	971.8	355.0	4.195	67.4	16.6	355.1	0.365	6.40	625.9	2.21
90	0.7011	965.3	377.0	4.208	68.0	16.8	314.9	0.326	6.96	607.2	1.95
100	1.013	958.4	419.1	4.220	68.3	16.9	282.5	0.295	7.50	588.6	1.75
110	1.43	951.0	461.4	4.233	68.5	17.0	259.0	0.272	8.04	569.0	1.60
120	1.98	943.1	503.7	4.250	68.6	17.1	237.4	0.252	8.58	548.4	1.47
130	2.70	934.8	546.4	4.266	68.6	17.2	217.8	0.233	9.12	528.8	1.36
140	3.61	926.1	589.1	4.287	68.5	17.2	201.1	0.217	9.68	507.2	1.26
150	4.76	917.0	632.2	4.313	68.4	17.3	186.4	0.203	10.26	486.6	1.17
160	6.18	907.0	675.4	4.346	68.3	17.3	173.6	0.191	10.87	466.0	1.10
170	7.92	897.3	719.3	4.380	67.9	17.3	162.8	0.181	11.52	443.4	1.05
180	10.03	886.9	763.3	4.417	67.4	17.2	153.0	0.173	12.21	422.8	1.00
190	12.55	876.0	807.8	4.459	67.0	17.1	144.2	0.165	12.96	400.2	0.96
200	15.55	863.0	852.8	4.505	66.3	17.0	136.4	0.158	13.77	376.7	0.93
210	19.08	852.3	897.7	4.555	65.5	16.9	130.5	0.153	14.67	354.1	0.91
220	23.20	840.3	943.7	4.614	64.5	16.6	124.6	0.148	15.67	331.6	0.89
230	27.98	827.3	990.2	4.681	63.7	16.4	119.7	0.145	16.80	310.0	0.88
240	33.48	813.6	1037.5	4.756	62.8	16.2	114.8	0.141	18.08	285.5	0.87
250	39.78	799.0	1085.7	4.844	61.8	15.9	109.9	0.137	19.55	261.9	0.86
260	46.94	784.0	1135.7	4.949	60.5	15.6	105.9	0.135	21.27	237.4	0.87
270	55.05	767.9	1185.7	5.070	59.0	15.1	102.0	0.133	23.31	214.8	0.88
280	64.19	750.7	1236.8	5.230	57.4	14.6	98.1	0.131	25.79	191.3	0.90
290	74.45	732.3	1290.0	5.485	55.8	13.9	94.2	0.129	28.84	168.7	0.93
300	85.92	712.5	1344.9	5.736	54.0	13.2	91.2	0.128	32.73	144.2	0.97
310	98.70	691.1	1402.2	6.071	52.3	12.5	88.3	0.128	37.85	120.7	1.03
320	112.90	667.1	1462.1	6.574	50.6	11.5	85.3	0.128	44.91	98.10	1.11
330	128.65	640.2	1526.2	7.244	48.4	10.4	81.4	0.127	55.31	76.71	1.22
340	146.08	610.1	1594.8	8.165	45.7	9.17	77.5	0.127	72.10	56.70	1.39
350	165.37	574.4	1671.4	9.504	43.0	7.88	72.6	0.126	103.7	38.16	1.60
360	186.74	528.0	1761.5	13.984	39.5	5.36	66.7	0.126	182.9	20.21	2.35
370	210.53	450.5	1892.5	40.321	33.7	1.86	56.9	0.126	676.7	4.709	6.79

附录 8　　　　　　　　　　　液态金属的热物理性质

金属名称	$t/℃$	$\rho/$ (kg/m^3)	$\lambda/$ $[W/(m \cdot K)]$	$c_p/$ $[kJ/(kg \cdot K)]$	$a \times 10^6/$ (m^2/s)	$\nu \times 10^8/$ (m^2/s)	$Pr \times 10^2$
水银 熔点 -38.9 ℃ 沸点 357 ℃	20	13550	7.90	0.1390	4.36	11.4	2.72
	100	13350	8.95	0.1373	4.89	9.4	1.92
	150	13230	9.65	0.1373	5.30	8.6	1.62
	200	13120	10.3	0.1373	5.72	8.0	1.40
	300	12880	11.7	0.1373	6.64	7.1	1.07
锡 熔点 231.9 ℃ 沸点 2270 ℃	250	6980	34.1	0.255	19.2	27.0	1.41
	300	6940	33.7	0.255	19.0	24.0	1.26
	400	6865	33.1	0.255	18.9	20.0	1.06
	500	6790	32.6	0.255	18.8	17.3	0.92
铋 熔点 271 ℃ 沸点 1477 ℃	300	10030	13.0	0.151	8.61	17.1	1.98
	400	9910	14.4	0.151	9.72	14.2	1.46
	500	9785	15.8	0.151	10.8	12.2	1.13
	600	9660	17.2	0.151	11.9	10.8	0.91
锂 熔点 179 ℃ 沸点 1317 ℃	200	515	37.2	4.187	17.2	111.0	6.43
	300	505	39.0	4.187	18.3	92.7	5.03
	400	495	41.9	4.187	20.3	81.7	4.04
	500	434	45.3	4.187	22.3	73.4	3.28
铋铅 ($w_{Bi}=56.5\%$) 熔点 123.5 ℃ 沸点 1670 ℃	150	10550	9.8	0.146	6.39	28.9	4.50
	200	10490	10.3	0.146	6.67	24.3	3.64
	300	10360	11.4	0.146	7.50	18.7	2.50
	400	10240	12.6	0.146	8.33	15.7	1.87
	500	10120	14.0	0.146	9.44	13.6	1.44
钠钾 ($w_{Na}=25\%$) 熔点 -11 ℃ 沸点 784 ℃	100	852	23.2	1.143	26.9	60.7	2.51
	200	828	24.5	1.072	27.6	45.2	1.64
	300	808	25.8	1.038	31.0	36.6	1.18
	400	778	27.1	1.005	34.7	30.8	0.89
	500	753	28.4	0.967	39.0	26.7	0.69
	600	729	29.6	0.934	43.6	23.7	0.54
	700	704	30.9	0.900	48.8	21.4	0.44
钠 熔点 97.8 ℃ 沸点 883 ℃	150	916	84.9	1.356	68.3	59.4	0.87
	200	903	81.4	1.327	67.8	50.6	0.75
	300	878	70.9	1.281	63.0	39.4	0.63
	400	854	63.9	1.273	58.9	33.0	0.56
	500	829	57.0	1.273	54.2	28.9	0.53
钾 熔点 64 ℃ 沸点 760 ℃	100	819	46.6	0.805	70.7	55	0.78
	250	783	44.8	0.783	73.1	38.5	0.53
	400	747	39.4	0.769	68.6	29.6	0.43
	750	678	28.4	0.775	54.2	20.2	0.37

附录 9　　　　　　　　　　　几种饱和液体的热物理性质

液体	$t/℃$	$\rho/$ (kg/m^3)	$c_p/$ $[kJ/(kg·K)]$	$\lambda/$ $[W/(m·K)]$	$a×10^8/$ (m^2/s)	$\nu×10^6/$ (m^2/s)	$\beta×10^3/$ K^{-1}	$\gamma/$ (kJ/kg)	Pr
NH₃	−50	702.0	4.354	0.6207	20.31	0.4745	1.69	1416.34	2.337
	−40	689.9	4.396	0.6014	19.83	0.4160	1.78	1388.81	2.098
	−30	677.5	4.448	0.5810	19.28	0.3700	1.88	1359.74	1.919
	−20	664.9	4.501	0.5607	18.74	0.3328	1.96	1328.97	1.776
	−10	652.0	4.556	0.5405	18.20	0.3018	2.04	1296.39	1.659
	0	638.6	4.617	0.5202	17.64	0.2753	2.16	1261.81	1.560
	10	624.8	4.683	0.4998	17.08	0.2522	2.28	1225.04	1.477
	20	610.4	4.758	0.4792	16.50	0.2320	2.42	1185.82	1.406
	30	595.4	4.843	0.4583	15.89	0.2143	2.57	1143.85	1.348
	40	579.5	4.943	0.4371	15.26	0.1988	2.76	1098.71	1.303
	50	562.9	5.066	0.4156	14.57	0.1853	3.07	1049.91	1.271
R12	−50	1544.3	0.863	0.0959	7.20	0.2939	1.732	173.91	4.083
	−40	1516.1	0.873	0.0921	6.96	0.2666	1.815	170.02	3.831
	−30	1487.2	0.884	0.0883	6.72	0.2422	1.915	166.00	3.606
	−20	1457.6	0.896	0.0845	6.47	0.2206	2.039	161.81	3.409
	−10	1427.1	0.911	0.0808	6.21	0.2015	2.189	157.39	3.241
	0	1395.6	0.928	0.0771	5.95	0.1847	2.374	152.38	3.103
	10	1362.8	0.948	0.0735	5.69	0.1701	2.602	147.64	2.990
	20	1328.6	0.971	0.0698	5.41	0.1573	2.887	142.20	2.907
	30	1292.5	0.998	0.0663	5.14	0.1463	3.248	136.27	2.846
	40	1254.2	1.030	0.0627	4.85	0.1368	3.712	129.78	2.819
	50	1213.0	1.071	0.0592	4.56	0.1289	4.327	122.56	2.828
R22	−50	1435.5	1.083	0.1184	7.62	—	1.942	239.48	—
	−40	1406.8	1.093	0.1138	7.40	—	2.043	233.29	—
	−30	1377.3	1.107	0.1092	7.16	—	2.167	226.81	—
	−20	1346.8	1.125	0.1048	6.92	0.193	2.322	219.97	2.792
	−10	1315.0	1.146	0.1004	6.66	0.178	2.515	212.69	2.672
	0	1281.8	1.171	0.0962	6.41	0.164	2.754	204.87	2.557
	10	1246.9	1.202	0.0920	6.14	0.151	3.057	196.44	2.463
	20	1210.0	1.238	0.0878	5.86	0.140	3.447	187.28	2.384
	30	1170.7	1.282	0.0838	5.58	0.130	3.956	177.24	2.321
	40	1128.4	1.338	0.0798	5.29	0.121	4.644	166.16	2.285
	50	1082.1	1.414	—	—	—	5.610	153.76	—

液体	$t/℃$	$\rho/$ (kg/m³)	$c_p/$ [kJ/(kg·K)]	$\lambda/$ [W/(m·K)]	$a\times10^8/$ (m²/s)	$\nu\times10^6/$ (m²/s)	$\beta\times10^3/$ K⁻¹	$\gamma/$ (kJ/kg)	Pr
R152a	−50	1063.3	1.560	—	—	0.3822	1.625	351.69	—
	−40	1043.5	1.590	—	—	0.3374	1.718	343.54	—
	−30	1023.3	1.617	—	—	0.3007	1.830	335.01	—
	−20	1002.5	1.645	0.1272	7.71	0.2703	1.964	326.06	3.505
	−10	981.1	1.674	0.1213	7.39	0.2449	2.123	316.63	3.316
	0	958.9	1.707	0.1155	7.06	0.2235	2.317	306.66	3.167
	10	935.9	1.743	0.1097	6.73	0.2052	2.550	296.04	3.051
	20	911.7	1.785	0.1039	6.38	0.1893	2.838	284.67	2.965
	30	886.3	1.834	0.0982	6.04	0.1756	3.194	272.77	2.906
	40	859.4	1.891	0.0926	5.70	0.1635	3.641	259.15	2.869
	50	830.6	1.963	0.0872	5.35	0.1528	4.221	244.58	2.857
R134a	−50	1443.1	1.229	0.1165	6.57	0.4118	1.881	231.62	6.269
	−40	1414.8	1.243	0.1119	6.36	0.3550	1.977	225.59	5.579
	−30	1385.9	1.260	0.1073	6.14	0.3106	2.094	219.35	5.054
	−20	1356.2	1.282	0.1026	5.90	0.2751	2.237	212.84	4.662
	−10	1325.6	1.306	0.0980	5.66	0.2462	2.414	205.97	4.348
	0	1293.7	1.335	0.0934	5.41	0.2222	2.633	198.68	4.108
	10	1260.2	1.367	0.0888	5.15	0.2018	2.905	190.87	3.915
	20	1224.9	1.404	0.0842	4.90	0.1843	3.252	182.44	3.765
	30	1187.2	1.447	0.0796	4.63	0.1691	3.698	173.29	3.648
	40	1146.2	1.500	0.0750	4.36	0.1554	4.286	163.23	3.564
	50	1102.0	1.569	0.0704	4.07	0.1431	5.093	152.04	3.515
11号润滑油	0	905.0	1.834	0.1449	8.73	1336	—	—	15310
	10	898.8	1.872	0.1441	8.56	564.2	—	—	6591
	20	892.7	1.909	0.1432	8.40	280.2	0.69	—	3335
	30	886.6	1.947	0.1423	8.24	153.2	—	—	1859
	40	880.6	1.985	0.1414	8.09	90.7	—	—	1121
	50	874.6	2.022	0.1405	7.94	57.4	—	—	723
	60	868.8	2.064	0.1396	7.78	38.4	—	—	493
	70	863.1	2.106	0.1387	7.63	27.0	—	—	354
	80	857.4	2.148	0.1379	7.49	19.7	—	—	263
	90	851.8	2.190	0.1370	7.34	14.9	—	—	203
	100	846.2	2.236	0.1361	7.19	11.5	—	—	160

续表

液体	$t/℃$	$\rho/$ (kg/m^3)	$c_p/$ $[kJ/(kg \cdot K)]$	$\lambda/$ $[W/(m \cdot K)]$	$a \times 10^8/$ (m^2/s)	$\nu \times 10^6/$ (m^2/s)	$\beta \times 10^3/$ K^{-1}	$\gamma/$ (kJ/kg)	Pr
14 号润滑油	0	905.2	1.866	0.1493	8.84	2237	—	—	25310
	10	899.0	1.909	0.1485	8.65	863.2	—	—	9979
	20	892.8	1.915	0.1477	8.48	410.9	0.69	—	4846
	30	886.7	1.993	0.1470	8.32	216.5	—	—	2603
	40	880.7	2.035	0.1462	8.16	124.2	—	—	1522
	50	874.8	2.077	0.1454	8.00	76.5	—	—	956
	60	869.0	2.114	0.1446	7.87	50.5	—	—	462
	70	863.2	2.156	0.1439	7.73	34.3	—	—	444
	80	857.5	2.194	0.4131	7.61	24.6	—	—	323
	90	851.9	2.227	0.1424	7.51	18.3	—	—	244
	100	846.4	2.265	0.1416	7.39	14.0	—	—	190

附录 10　　　　　　过热水蒸气的热物理性质($p = 1.01325 \times 10^5$ Pa)

T/K	$\rho/$ (kg/m^3)	$c_p/$ $[kJ/(kg \cdot K)]$	$\mu \times 10^5/$ $[kg/(m \cdot s)]$	$\nu \times 10^5/$ (m^2/s)	$\lambda/$ $[W/(m \cdot K)]$	$a \times 10^5/$ (m^2/s)	Pr
380	0.5863	2.060	1.271	2.16	0.0246	2.036	1.060
400	0.5542	2.014	1.344	2.42	0.0261	2.338	1.040
450	0.4902	1.980	1.525	3.11	0.0299	3.07	1.010
500	0.4405	1.985	1.704	3.86	0.0339	3.87	0.996
550	0.4005	1.997	1.884	4.70	0.0379	4.75	0.991
600	0.3852	2.026	2.067	5.66	0.0422	5.73	0.986
650	0.3380	2.056	2.247	6.64	0.0464	6.66	0.995
700	0.3140	2.085	2.426	7.72	0.0505	7.72	1.000
750	0.2931	2.119	2.604	8.88	0.0549	8.33	1.005
800	0.2730	2.152	2.786	10.20	0.0592	10.01	1.010
850	0.2579	2.186	2.969	11.52	0.0637	11.30	1.019

附录 11　　　　　　　　　第一类贝塞尔函数简表

x	$J_0(x)$	$J_1(x)$	x	$J_0(x)$	$J_1(x)$	x	$J_0(x)$	$J_1(x)$
0.0	1.0000	0.0000	1.0	0.7652	0.4400	2.0	0.2239	0.5767
0.1	0.9975	0.0499	1.1	0.7196	0.4709	2.1	0.1666	0.5683
0.2	0.9900	0.0995	1.2	0.6711	0.4983	2.2	0.1104	0.5560
0.3	0.9776	0.1483	1.3	0.6201	0.5220	2.3	0.0555	0.5399
0.4	0.9604	0.1960	1.4	0.5669	0.5419	2.4	0.0025	0.5202
0.5	0.9385	0.2423	1.5	0.5118	0.5579			
0.6	0.9120	0.2867	1.6	0.4554	0.5699			
0.7	0.8812	0.3290	1.7	0.3980	0.5778			
0.8	0.8463	0.3688	1.8	0.3400	0.5815			
0.9	0.8075	0.4059	1.9	0.2818	0.5812			

附录 12　　　　　　　　　　　　　　　　误差函数简表

x	erf x	x	erf x	x	erf x
0.00	0.00000	0.36	0.38933	1.04	0.85865
0.02	0.02256	0.38	0.40901	1.08	0.87333
0.04	0.04511	0.40	0.42839	1.12	0.88679
0.06	0.06762	0.44	0.46622	1.16	0.89910
0.08	0.09008	0.48	0.50275	1.20	0.91031
0.10	0.11246	0.52	0.53790	1.30	0.93401
0.12	0.13476	0.56	0.57162	1.40	0.95228
0.14	0.15695	0.60	0.60386	1.50	0.96611
0.16	0.17901	0.64	0.63459	1.60	0.97635
0.18	0.20094	0.68	0.66378	1.70	0.98379
0.20	0.22270	0.72	0.69143	1.80	0.98909
0.22	0.24430	0.76	0.71754	1.90	0.99279
0.24	0.26570	0.80	0.74210	2.00	0.99532
0.26	0.28690	0.84	0.76514	2.20	0.99814
0.28	0.30788	0.88	0.78669	2.40	0.99931
0.30	0.32863	0.92	0.80677	2.60	0.99976
0.32	0.34913	0.96	0.82542	2.80	0.99992
0.34	0.36936	1.00	0.84270	3.00	0.99998

误差函数　　$\text{erf } x = \frac{2}{\sqrt{\pi}} \int_0^x e^{-v^2} dv$

误差余函数　$\text{erfc } x = 1 - \text{erf } x$